J. Zizi · Mathematica®
pour classes préparatoires et DEUG scientifiques

Springer
*Berlin
Heidelberg
New York
Barcelone
Budapest
Hong Kong
Londres
Milan
Paris
Santa Clara
Singapour
Tokyo*

Jacqueline Zizi

MATHEMATICA®
Version 2 et 3

pour classes préparatoires
et DEUG scientifiques

Tome 1 : programme commun aux
1ères et 2èmes années des classes de :
MPSI, PCSI, PTSI, MP, PC, PSI, PT, TPC, TSI

 Springer

Jacqueline Zizi
Ile Saint Amour
6, rue Cyprien Muret
F-91120 Palaiseau
e-mail: jaz@math.jussieu.fr

Mathematica est une marque déposée par Wolfram Research

Mathematics Subject Classification (1991): 00, 08, 68

Die Deutsche Bibliothek - CIP-Einheitsaufnahme
Zizi, Jacqueline:
Mathematica® pour classes préparatoires et DEUG scientifiques :
Tome 1 : programme commun aux 1ères et 2èmes années des classes de:
MPSI, PCSI, PTSI, MP, PC, PSI, PT, TPC, TSI / Jacqueline Zizi. - Berlin ;
Heidelberg ; New York ; Barcelona ; Budapest ; Hongkong ; London ; Mailand ;
Paris ; Santa Clara ; Singapur ; Tokio : Springer, 1997
ISBN 3-540-62736-7

ISBN 3-540-62736-7 Springer-Verlag Berlin Heidelberg New York

La disquette de notebooks qui accompagne cet ouvrage vous est offerte pour vous permettre de mieux mettre en pratique les exemples du livre. L'auteur ainsi que l'éditeur ne pourront en aucun cas être tenus pour responsables des préjudices ou dommages de quelque nature que ce soit pouvant résulter de l'utilisation de ces fichiers.

Tous droits de traduction, de reproduction et d'adaptation réservés pour tous pays. La loi du 11 mars 1957 interdit les copies ou les reproductions destinées à une utilisation collective. Toute représentation, reproduction intégrale ou partielle faite par quelque procédé que ce soit, sans le consentement de l'auteur ou de ses ayants cause, est illicite et constitue une contrefaçon sanctionnée par les articles 425 et suivants du Code pénal.

© Springer-Verlag Berlin Heidelberg 1997
Imprimé en Allemagne

Maquette de couverture: *design & production* GmbH, Heidelberg

SPIN 10572782   42/3143 - 5 4 3 2 1 0 - Printed on acid-free paper

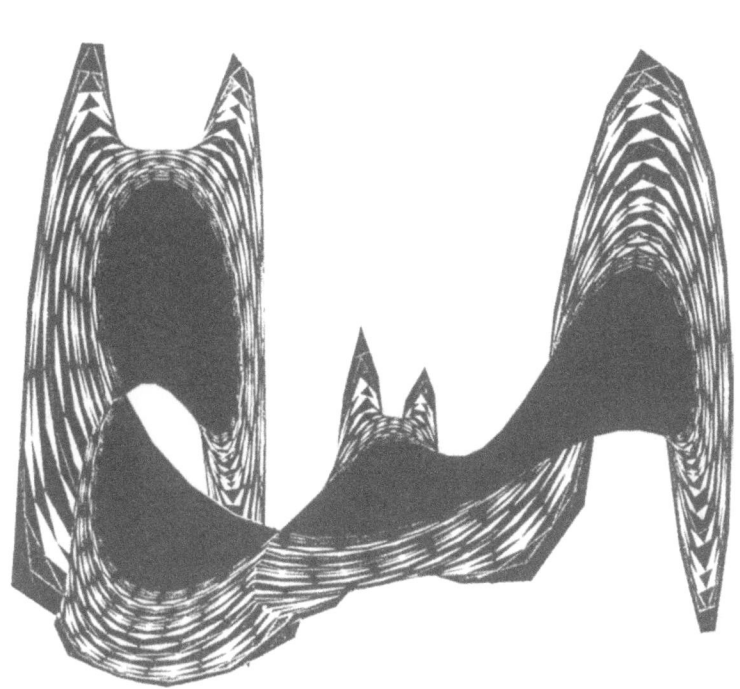

Variables

1. Variables globales, variables locales

1.1 Variable globale	63
1.2 Propriétés globales	64
1.3 Variable locale	66
1.4 Variable dépendant de l'environnement	67
1.5 Conclusion	68

2. Entier, rationnel, flottant & complexe

2.1 Entiers rationnels et valeurs approchées	70
2.2 Nombres complexes	73

3. Types et Têtes

3.1 Types sous-jacents	74
3.2 Fonctions caractéristiques d'ensemble	76

4. Chaînes de caractères

4.1 Interactions avec les systèmes d'exploitation	78
4.2 Création de symboles	78
4.3 Messages	80
4.4 Conclusion	81

5. Listes

5.1 Génération de listes par l'utilisateur	81
5.2 Manipulation de listes	84
5.3 Opérations élémentaires sur les listes	92
5.4 Opérations plus sophistiquées	95

Sommaire

!!!Avertissement !!! . . . .

En attendant que *Mathematica* offre des primitives intégrées ou packagées permettant d'effectuer automatiquement la mise en page du sommaire, ce qui sera peut-être déjà le cas au moment de la sortie de ce livre, j'ai décidé de simuler, à la main, cette table des matières en LaTeX. Ce sont les seules pages de cet ouvrage non écrites en *Mathematica*. Les curieux trouveront ci-contre un aperçu de ce qui peut se faire en *Mathematica* aujourd'hui (24 avril 1997). Les partisans et les spécialistes de la famille TeX, dont je faisais partie toutes ces dernières années (cf [12]), seront contents de se trouver en paysage connu.

Mais, s'ils sont honnêtes, au-delà, ils remarqueront que ce livre est un tournant. En effet, il n'est pas immédiat de réaliser une mise en page que j'appellerai *sémantique* avec le langage TeX (ou ses sur-couches LaTeX and Co.). Bien qu'il s'agisse de langages dédiés au traitement des textes scientifiques, leur manipulation est délicate lorsque la densité des figures est grande ou lorsqu'on veut réaliser des tableaux de formules ou encore lorsque les formules manipulées ne tiennent pas sur une ligne, ou enfin lorsqu'on veut respecter l'indentation du code écrit pour (ou généré par) un langage de programmation. De toute façon, et puisqu'ils ne sont pas des systèmes de calcul formel ou même des grapheurs, il faut bien lorsqu'on les utilise, générer par ailleurs, grâce à un système, les figures et autres résultats. Le lecteur qui doute, essaiera de simuler à partir de zéro la mise en forme des pages suivantes de cet ouvrage: 349, 350, 351, 352, 353, 354, 355, 356 ou 154, 155, 156, 157, 158, 159, 160 et aussi 148, 149, et encore celle des 37 pages de 179 à 216, sans oublier d'évaluer le temps mis TTC (c'est immédiat et WYSIWYG en *Mathematica*). Les pédagogues comprendront qu'il est peut-être plus judicieux de réserver ce temps à d'autres activités et en tout cas qu'il est fort mal venu, compte tenu de la lourdeur des programmes scolaires, d'essayer de courir, hors programme, pour imposer à TOUS les élèves scientifiques du niveau Bac à Bac + 2 une gymnastique TeX-isante. En effet, de toute façon, maintenant, ils DOIVENT déjà intégrer la pratique d'un système de calcul formel dans leurs activités.

Introductions

Préface
1. À propos de ce livre 1
   - 1.1 Objectifs, état d'esprit 2
   - 1.2 Contenu et structure, contraintes 3
   - 1.3 Faits et Preuves 8
   - 1.4 Réalisation technique 8
   - 1.5 Conventions 8
2. Mathematica et les autres... 9
   - 2.1 Pascal & langages procéduraux 10
   - 2.2 Lisp, Scheme & langages applicatifs typés 10
   - 2.3 Maple 13
3. Remerciements 13

Les incontournables
Introduction 17
1. Manipulation directe: version 2 & 3 18
2. Le dialogue 24
   - 2.1 La boucle d'interrogation 24
   - 2.2 Liaisons, environnement. Trace 26
3. Informations et aide 27
   - 3.1 Browser 27
   - 3.2 L'information directe 28
4. Création: nouveaux symboles & définitions de nouvelles fonctions 29
5. Méthodes de travail 31
6. L'indispensable syntaxe 34
   - 6.1 Délimiteurs espace "," et ";" 34
   - 6.2 Délimiteurs (), { }, [ ] 35
   - 6.3 Passage à la ligne et évaluation 35
7. Structures manipulées et syntaxe associée ... 36
8. Majuscules, minuscules & conventions de notations 38
9. Messages d'erreur 38
   - 9.1 La structure des messages 38
   - 9.2 Quelques erreurs délibérées 39
10. Contrôle et interruptions 42

Partie I: Regard informatique, sous-ensemble du langage à connaître

Fonctions - I

Introduction 45
1. Primitives, application, retour et composée 46
2. Définition et application de fonctions utilisateurs 47
   2.1 Exemples de définitions 47
   2.2 Exemples d'application ou d'utilisation 48
   2.3 Remarques 49
   2.4 De la définition à l'application: concepts, vocabulaire et fonctionnement 60
3. Un peu de ménage 66
4. Conclusion 67

Variables

Introduction 69
1. Variables globales, variables locales 69
   1.1 Variable globale 71
   1.2 Propriétés globales 72
   1.3 Variable locale 74
   1.4 Variable dépendant de l'environnement 75
   1.5 Conclusion 76
2. Entier, rationnel, flottant & complexe 77
   2.1 Entiers rationnels et valeurs approchées 77
   2.2 Nombres complexes 81
3. Types et Têtes 82
   3.1 Types sous-jacents 82
   3.2 Fonctions caractéristiques d'ensemble 84
4. Chaînes de caractères 85
   4.1 Interactions avec les systèmes d'exploitation 85
   4.2 Création de symboles 86
   4.3 Messages 88
   4.4 Conclusion 88
5. Listes 89
   5.1 Génération de listes par l'utilisateur 89
   5.2 Manipulation de listes 92
   5.3 Opérations élémentaires sur les listes 100
   5.4 Opérations plus sophistiquées 103

6.	Tableaux		105
	6.1	Définitions et exemples	105
	6.2	Autres points de vue informatiques	106
	6.3	Concepts mathématiques les plus proches	107
	6.4	Primitives `Table` et `Array`	108
	6.5	Sens naïf du terme tableau, décor	110
	6.6	Accès aux éléments d'un tableau	110
	6.7	Remarques	111
7.	Ensembles		113
	7.1	Représentation et opérations primitives	113
	7.2	Exemples	113
8.	Intervalles		115
	8.1	Représentation et opérations primitives	115
	8.2	Exemples	115
9.	Expressions algébriques		115
	9.1	Point de vue mathématique	115
	9.2	Point de vue informatique	116

Opérateurs: comparaison et logique

1.	Égalité		119
2.	Équations et systèmes d'équations (==)		119
3.	Comparaison		120
	3.1	Comparaison de deux expressions	120
	3.2	Relation d'ordre	124
4.	Connecteurs logiques		124

Structures de contrôle

1.	Structures conditionnelles		127
	1.1	`Switch`	127
	1.2	`Which`	129
	1.3	`If`	130
2.	Structures itératives		131
	Introduction		131
	2.1	La boucle conditionnelle `While`	132
	2.2	La boucle non conditionnelle `For`	133
	2.3	La boucle non conditionnelle `Do`	135
	2.4	Tests comparatifs de ces différentes boucles	136

Fonctions-II
    Introduction 137
    1.   Attributs 138
    2.   La fonctionnelle `Map` 144
    3.   Lambda-fonctions 147
    4.   La fonctionnelle `MapThread` 149
    5.   Fonctionnelle `Select` et données incomplètes 150
    6.   Fonctions récursives 151
    7.   Programmation modulaire 153
        7.1   Analyse du problème 154
        7.2   Programme 154
        7.3   Exécutions 156
    8.   Lecture de données? No problem 159
        8.1   Lecture d'un fichier de nom `Data` 160
        8.2   Quelques exemples de données lues 160
    Conclusion 165

Partie II: Regard mathématique, fonctionnalités

Graphiques
    1.   Introduction 169
    2.   Représentation des fonctions 172
        2.1   `Plot`, `Plot` et `Plot`...pour apprendre à naviguer
            sans trop risquer 172
        2.2   Les options de `Plot` 179
        2.3   Exemples de tracé & explications 179
        2.4   Décor et directives locales de tracé 187
    3.   Des "anomalies" aux problèmes 189
    Introduction 189
        3.1   Oscillations rapprochées 190
        3.2   Famille de courbes paramétriques 195
        3.3   Fonctions discontinues 199
        3.4   Tracés à l'aveuglette, erreurs 201
        3.5   Le beurre et l'argent du beurre 203
    4.   Fonctions implicites et courbes paramétriques 209
        4.1   En explicitant la fonction sous-jacente 209
        4.2   Par une représentation paramétrique 211
        4.3   En utilisant l'équation implicite 211

	4.4 En utilisant une primitive	212
5.	Figures géométriques	209
	Introduction	212
	Souris et coordonnées de points du plan	213
6.	Données statistiques	215

Calculs usuels

1.	Calculs exacts dans $\mathbb{N}$, $\mathbb{Z}$ et $\mathbb{Q}$	217
	Introduction	217
	1.1 Pratiques dangereuses	219
	1.2 *Mathematica* est lent ? Il est sans doute mal manipulé	224
	1.3 Calculatrices & petits services VERSUS *Mathematica*?	227
	1.4 Expressions à coefficients irrationnels (divertissement autour de Fibonacci)	228
	1.5 Les limitations du système	233
2.	Calculs approchés dans $\mathbb{R}$ et $\mathbb{C}$	235
	2.1 Vision approchée des nombres de Fibonacci	235
	2.2 Pour découvrir les petits points	236
	2.3 Conclusion	240
	2.4 Des petits points à la découverte des formules-clef	243
3.	Opérateurs, fonctions & constantes mathématiques	247
	3.1 Relation d'ordre	247
	3.2 Valeur absolue, module	251

Manipulations algébriques: polynômes et fractions rationnelles

	Introduction	255
1.	Développement et factorisation de polynômes	256
	1.1 Développement	256
	1.2 Factorisation	257
2.	Réduction de fractions au même dénominateur & somme	257
3.	Regroupement de termes	258
4.	Décomposition en éléments simples	259
	4.1 Directement	259
	4.2 À la main machinal	260
5.	Manipulations enchaînées	262
6.	Expressions paramétriques	263
7.	Polynômes à coefficients complexes	268

Trigonométrie
1. Formules classiques de trigonométrie 271
   - 1.1 Primitives **Expand, Simplify** & option **Trig** . . . 271
   - 1.2 À la main machinal: application de règles de reécriture 272
   - 1.3 Chargement du package de trigonométrie 272
2. Exemples de manipulations plus complexes 273

Dérivées
1. Dérivées des fonctions d'une variable 285
   - 1.1 Dérivée première 285
   - 1.2 Dérivées successives 287
   - 1.3 Dérivées d'ordre n & relations de récurrence 288
2. Dérivées des fonctions de plusieurs variables 297
   - 2.1 Dérivée partielles et équations aux dérivées partielles 297
   - 2.2 Jacobienne et Jacobien 299

Développements limités et asymptotiques
Introduction 301
1. Développements limités élémentaires 301
   - 1.1 Résultats directs 301
   - 1.2 À la main machinal: division par puissances croissantes 306
2. Développements limités de composées 309
   - 2.1 Résultats directs 309
   - 2.2 À la main machinal: substitutions 310
3. Développements limités moins simples 311
4. Représentations des parties régulières 313
   - 4.1 Parties régulières successives et engrangement des résultats 314
   - 4.2 Comparaison 323
5. Précision des branches infinies de courbes 328

Calculs de limites
Introduction 331
1. Limites toutes simples 331
2. Limites moins simples pour un humain 333
3. Limites moins simples pour *Mathematica* 334

	4.	Limites plus récalcitrantes	335
		4.1 Avant chargement du package	336
		4.2 Accès au package et chargement	336
		4.3 Après chargement du package	339
	5.	Limites dépendant d'un paramètre	341

Suites et séries

Introduction 343
1. Termes d'une suite numérique; plusieurs approches 343
    1.1 Sans mémorisation, calcul des termes un à un ... 344
    1.2 Avec mémorisation. On nomme le processus 345
    1.3 Représentation graphique 347
2. Convergence de suites de fonctions 349
    Introduction 349
    2.1 Sans nom, suite de fonctions indexées par un paramètre 350
    2.2 Sans nom, fonction à deux variables 352
    2.3 Sans nom, suite de fonctions de deux variables .. 352
    2.4 Définie comme une fonction simple de deux variables 353
    2.5 Définie comme une fonction polymorphe de deux variables 354
    2.6 Définie comme une suite de fonctions d'une variable indexées par une autre variable 355
    2.7 Valeurs différentes suivant la variable et le paramètre 355
    2.8 Ne pas négliger les messages d'erreur 357
3. Termes d'une série numérique 358
4. Somme d'une série 361

Calcul matriciel élémentaire

1. Opérations élémentaires 363
2. Inverse de matrices et pratiques numériques 365
    2.1 Calculs exacts 365
    2.2 Calculs approchés: danger! 366
3. Matrices industrielles 368
    3.1 Matrices de données 369
    3.2 Inverse de la première matrice 369
    3.3 Valeurs approchées, plus manipulables & affichage 369

	3.4	Valeurs approchées affichées & manipulées	371
	3.5	Effets du remplacement par des valeurs approchées	371
4.	Matrices avec paramètres		376
5.	Valeurs propres & vecteurs propres, polynôme caractéristique		377
	5.1	Valeurs propres d'un système & vecteurs propres .	377
	5.2	Polynôme caractéristique	378
	5.3	Valeur propre: plus petite en valeur absolue & plus grande valeur propre réelle	378
	5.4	Systèmes à valeurs propres complexes	379

Systèmes d'équations: solution formelle et numérique

Introduction 381
1. Exemples très simples 382
2. Exemples moins simples 383
3. Substitutions élémentaires & solution "à la main" 386
4. Système non linéaire: substitutions élémentaires 389
5. Manipulations globales de lignes 392
6. Résolution numérique 395

Intégration des fonctions

Introduction 397
1. Calcul de primitives 398
2. Intégrales définies 399
3. Calculs d'aire et de masse 402
4. Intégrales plus délicates 405
5. Intégrales généralisées 407
6. Intégrales dépendant d'un paramètre 410
7. Intégration numérique 411

Systèmes différentiels

Fonction clef 413
1. Solution générale 413
   1.1 Retour d'expressions 414
   1.2 Retour de fonctions 415
2. Solution avec conditions initiales 417
3. Manipulations symboliques 418
   3.1 Résolution directe 418
   3.2 Résolution par transformation symbolique 420

	3.3	Remarque	427
	3.4	Nettoyage	427
Intégration numérique		428

Outils vectoriels
1. Calcul de produits scalaires et vectoriels 429
    1.1 Produit scalaire 429
    1.2 Produit vectoriel 429
2. Analyse vectorielle: gradient, rotationnel et divergence . . 431

Bibliographie   **435**

Index   **439**

Extraits du B.O. [1]

II.2.2. Sous-ensemble du langage à connaître

Variables

- entier, rationnel, flottant, complexe ;
- chaîne de caractères ;
- tableau à une ou plusieurs dimensions d'indice entier ;
- ensemble, liste, intervalle ;
- expressions algébriques.

On expliquera, de façon succincte, la représentation arborescente des expressions manipulées par le logiciel de calcul formel.

Opérateurs de comparaisons, opérateurs logiques et états logiques

- $=, \neq, <, >, \leq, \geq$, et, ou, non, vrai, faux.

Il faut souligner la différence entre le test d'égalité et l'affectation.

Structures de contrôle

- structures conditionnelles : si...alors...sinon... ;
- structures itératives : boucles conditionnelles ou non conditionnelles.

Fonctions

- arguments ;
- retour de résultats.

Les fonctions peuvent être éventuellement récursives (récursivité simple). La récursivité est abordée comme moyen d'expression de la récurrence en mathématiques.

Les étudiants doivent connaître la distinction qui existe entre les variables globales et les variables locales.
L'usage de variables locales dans les fonctions est à préférer.
On insiste sur la nécessité d'une programmation très modulaire, reposant sur l'écriture de petits modules.
Le seul mode exigible de passage des arguments est le passage par valeurs.

II.2.3. Fonctionnalités

Calculs usuels de type arithmétique ou flottant

- calculs exacts dans **N**, **Z**, **Q**, et sur les expressions ;
- calculs approchés dans **R** et **C** ;
- utilisation des opérateurs, fonctions et constantes mathématiques usuels.

Manipulations de polynômes et fractions rationnelles

- développement et factorisation.

Manipulations d'expressions trigonométriques

Commandes mathématiques

- dérivation des fonctions ;
- développements limités et asymptotiques ;
- calcul de limites ;
- suites et séries ;
- calcul matriciel élémentaire ;
- résolution formelle ou numérique de systèmes d'équations ;
- intégration des fonctions ;
- résolution de systèmes d'équations différentielles ;
- analyse vectorielle : gradient, rotationnel, divergence.

Les limitations du système sont présentées de manière succincte.

Commandes graphiques 2D et 3D

- représentation de courbes et surfaces en coordonnées cartésiennes, paramétriques, polaires, cylindriques et sphériques ;
- courbes et surfaces implicites.

II.3. ALGORITHMIQUE ET PROGRAMMATION

II.3.1. Contexte

L'enseignement de la programmation ne constitue pas une fin en soi et est limité à un petit nombre de concepts permettant de décrire un enchaînement d'opérations de base.

Les algorithmes à mettre en œuvre sont de type formel ou numérique. L'objectif principal est d'entraîner les étudiants à combiner, sur des exemples simples, un petit nombre de commandes dont la fonction est clairement indiquée, en vue de résoudre un problème pratique donné. Aucune connaissance n'est exigible sur la complexité des algorithmes et sur les techniques de preuve de programmes.

La mise en œuvre de la programmation n'est pas séparée de l'utilisation du logiciel de calcul formel en tant qu'outil et s'effectue à l'occasion des séances d'interrogations orales, appliquées à la résolution de problèmes de mathématiques, de physique, de chimie, de mécanique et automatique.

II.3.2. Utilisation interactive du logiciel de calcul formel

Le logiciel est utilisé comme une aide au calcul et la représentation de résultats. Les étudiants doivent être familiers des menus, et des opérations simples d'entrée-sortie. Ils doivent savoir éditer et exécuter des commandes, simples ou enchaînées, pour résoudre un exercice de mathématiques, de sciences physiques ou de sciences industrielles et parvenir à l'obtention d'un résultat formel, numérique ou graphique. L'écriture, syntaxiquement correcte, et la commande de l'évaluation d'expressions doivent être maîtrisées.

L'outil informatique n'est pas une fin en soi mais un moyen efficace pour faire des mathématiques, des sciences physiques ou des sciences industrielles. La connaissance de la liste exhaustive des fonctions prédéfinies et des bibliothèques ne peut être exigée des étudiants. Toutefois, ils doivent savoir utiliser l'aide en ligne ou la documentation du logiciel pour retrouver les informations utiles.

Préface

Cette préface concerne l'écriture de ce livre et elle comporte trois parties. La première détaille les objectifs, le contenu et les difficultés rencontrées. La deuxième situe *Mathematica* très globalement dans le paysage informatique et explique ainsi implicitement le choix fait du système pour satisfaire les objectifs fixés. Les remerciements constituent la troisième et dernière partie.

1. À propos de ce livre

Conrad Wolfram à qui j'avais montré le manuscrit de mon livre sur la programmation [**] en juillet 95, m'a demandé l'automne de cette même année, s'il serait possible d'en détacher quelques exemples pour les élèves et enseignants des classes préparatoires aux grandes écoles. C'est ainsi qu'est partie l'idée d'un livre d'exemples dédié aux prépas et premiers cycles universitaires. Deux tomes sont prêts aujourd'hui. Il ne faut pas les voir comme des substituts de [2]; ils en sont au contraire des compléments spécifiques. Pour avoir une vue d'ensemble sur les systèmes de calcul symbolique et formel, on peut consulter [12] ou s'en faire une idée très rapide à l'aide de [15]. Pour tous les problèmes concrets d'interface spécifiques à une plateforme déterminée, il est recommandé d'utiliser [3].

■ 1.1 Objectifs, état d'esprit

Suivre au plus près les programmes des classes préparatoires parus aux B.O. (Bulletins Officiels [1]), tant sur le contenu que dans l'état d'esprit, a été mon premier objectif et cela pour deux raisons essentielles:

• souvent critiqués, les programmes scolaires représentent pourtant un exploit, car ils sont tout à la fois: une synergie de réflexions, un compromis entre différents lobbies et une transition douce entre les impasses précédentes et l'avenir. Par conséquent, jusqu'à preuve du contraire, ils représentent la norme de ce qui doit être fait aujourd'hui pour ce niveau (Bac à Bac + 2) tant du point de vue de la liste des bases scientifiques à acquérir, que de l'approche des problèmes. Apporter une plante dans ce jardin et des éléments pour une évolution favorable des programmes s'inscrit tout naturellement dans la lignée de mes précédents travaux [14], [12 - 1], [12 - 2] et [12 - 3], qui se présentaient comme un état des lieux pour un appel à la réflexion et un changement;

• lorsque l'on commence à savoir tourner en ski, il n'est pas pour autant facile de tourner entre les piquets d'un slalom. Souvent, au début, on ne passe seulement que les premières portes, débordé par sa propre vitesse, ou au contraire on arrive au bout, mais tellement lentement que le jeu n'en vaut plus la chandelle. De même, les livres *"Introduction à..."* libres de leur parcours, surfent les difficultés, laissant les lecteurs se débrouiller pour slalommer les programmes scolaires et les boucler dans les temps. Dans le monde industriel où le critère est la rapidité de production et la rentabilité, on teste les langages informatiques suivant les critères de temps machine et de temps de développement, fondamentaux pour atteindre ces objectifs. Dans le domaine scolaire, slalommer les programmes officiels et montrer qu'un système est capable de se faire oublier pour réaliser les objectifs scientifiques et pédagogiques qui y sont décrits me semble un défi-test raisonnable pour éprouver un système symbolique, même si jusqu'à présent personne ne s'y est frotté.

Mon second objectif est d'offrir aux enseignants et élèves concernés des éléments pour qu'ils puissent, par analogie, construire et avancer suivant leurs propres besoins, goûts et acquis, selon les instructions officielles: *"L'application des outils informatiques dans les disciplines scientifiques n'a pas pour objectif de faire apprendre aux étudiants un catalogue de solutions. Il s'agit tout au contraire de développer chez eux la capacité d'utiliser ces outils à bon escient"* ([1] p. 226). Bien, mais comment faire? Ayant remarqué, que, comme moi, mes étudiants aimaient principalement tester, modifier et jouer avec les éléments logiciels, j'offre sur disquette ces éléments, je dirais "sans le baratin" et avec une structure adaptée. Mais en même temps, j'ai aussi remarqué que les mêmes étudiants étaient bien contents d'avoir un support linéaire, avec un cadre structuré immuable servant de repère pour leurs activités de destruction et de construction en terrain dynamique. On peut donc aussi voir ce livre comme un bâton de pèlerin statique, accompagnement utile d'activités scientifiques et logicielles.

1. À propos de ce livre

■ 1.2 Contenu et structure, contraintes

La contrainte des programmes scolaires

Fidèle aux objectifs ci-dessus, cet ouvrage traite dans ce tome **les bases**, regroupées dans les BO [1] sous le titre *programme d'informatique*. De façon plus précise, voici les correspondances avec les filières concernées:

Première année

Filières	Volume	Page principale	Autres pages
M P S I	2	227	225, 226, 228
P C S I	2	300	298, 299, 301
P T S I	3	370	368, 369, 371
T S I	3	425	423, 424, 426
T P C	4	480	478, 479, 481

Sigle	Filière
M P S I	Mathématiques, physique et sciences de l'ingénieur
P C S I	Physique, chime et sciences de l'ingénieur
P T S I	Physique, technologie et sciences de l'ingénieur
T S I	T echnologie et sciences Industrielles
T P C	Technologie, physique et chimie

Seconde année

Filières	Volume	Page principale	Autres pages
M P	5	645	643, 644, 646
P C	5	704	702, 703, 706
P S I	6	776	774, 775, 777
P T	6	828	826, 827, 829
T SI	7	884	882, 883, 885
T P C	7	931	929, 930, 931
M T	7	937	

Sigle	Filière
M P	Mathématiques et physique
P C	Physique et chime
P S I	Physique et sciences de l'ingénieur
P T	Physique et technologie
T S I	Technologie et sciences Industrielles
T P C	Technologie, physique et chimie
M T	Mathématiques et Technologie

Les **exercices,** des exemples de travaux pratiques (signalés par § dans les B.O. comme devant être traités avec un système de calcul formel) les TIPE (travaux d'initiatives personnelles) font l'objet d'un deuxième tome. Les problèmes matériels d'efficacité ont aussi été affectés à ce deuxième tome.

Le lecteur est invité à consulter les dernières pages du B.O numéro 7 paru à la rentrée 1996-1997 page 969, 970 et 971.

"Ce logiciel (de calcul formel), n'est pas fixé par le programme. Une liste des logiciels agréés est publiée, et régulièrement mise à jour: elle comprend actuellement les logiciels MAPLE et MATHEMATICA"

Une touche personnelle

La lecture des programmes officiels parus aux B.O. m'a laissée perplexe sur un certain nombre de points et il m'a fallu faire des choix entre différentes orientations préconisées par ces programmes, qui m'apparaissent comme contradictoires, ce qui explique deux faibles divergences par rapport à l'ordre de présentation préconisé.

1) Le premier point concerne la place des fonctions en informatique, reléguée en dernière position dans [1] p.227; en effet:

- quelque soit le système de calcul formel, comment suivre l'ordre d'exposition de II.2.2 des programmes? Comment, en effet, travailler et en particulier définir et manipuler un tableau, une expression ou une liste avec un système de calcul formel, sans parler au préalable de *fonction primitive* donc de fonction?

- comment suivre les instructions [1] p. 121: *"donner une formation scientifique solide et équilibrée, organisée autour des mathématiques... de l'informatique et de leurs interactions..."* et mettre l'accent [1] p. 227 sur *les flottants, les chaînes de caractères, les structures de contrôle, les boucles conditionelles et non conditionnelles"* tous absents des mathématiques?

- enfin, puisque, dans [1] p. 122, on lit, concernant les mathématiques: *"le programme est centré sur des notions essentielles. Il comporte deux titres: analyse et géométrie différentielle..."* puis un tout petit peu plus loin:*"... (il) est organisé autour des concepts fondamentaux de suite et de fonction"* pourquoi ne pas reconnaître alors en informatique ce rôle essentiel aux fonctions, rôle que d'ailleurs elles ont, même si mathématiciens et certains informaticiens les voient parfois différemment? Qu'évoque en effet pour un mathématicien traditionnel cette définition relevé dans un grand classique du règne Pascalien: *"les fonctions sont des morceaux de programme (au même titre que les procédures) qui calculent une valeur de type scalaire ou pointeur utilisable dans l'évaluation d'une expression"* p. 76 de [22].

Voilà pourquoi, dans la première partie: *"Sous-ensemble du langage à connaître"*, j'ai choisi de traiter une première partie sur les fonctions (notion de primitive, définition des fonctions utilisateurs) avant tout autre chose, reléguant, comme indiqué dans les programmes à la fin de ce thème, les points plus délicats (fonctionnelles, attributs, recursivité etc.);

2) Le deuxième point concerne les représentations graphiques. On lit dans [1] p. 226: *"II.1.2 Environnement... le système d'exploitation doit intégrer une interface graphique (environnement multi-fenêtres avec souris ou dispositif équivalent)"* mais, en réalité dans ces programmes scolaires, les *" Commandes graphiques en 2D et 3D"* viennent après coup, en toute dernière position, comme un ultime item, un décor ou un clou de programmation et non un environnement de travail.

Voilà pourquoi dans la rubrique *II.2.3 Fonctionnalités*, j'ai choisi de traiter les représentations graphiques en premier afin de pouvoir en disposer par la suite, en particulier lors des comparaisons d'expressions trigonométriques.

La contrainte conjoncturelle des vocabulaires. Notations

Les mots du vocabulaire courant ont pris un sens très précis en mathématiques, aussi l'emploi de ce même vocabulaire courant par les informaticiens avec un sens parfois différent est source de malentendus, surtout s'il s'agit de manipuler des objets mathématiques. C'est le cas par exemple des mots *variable, fonction, paramètre, calcul, constante, valeur, tableau, suite, ensemble, graphique, application, démonstration, objets, données, hypothèse,* etc. Ainsi par exemple, en informatique, par *représentation des données*, on entend aussi bien représentation des *résultats*. Autre exemple, la *démonstration* dont mon dictionnaire Larousse donne plusieurs définitions:

• un premier sens de ce mot ne déroute pas le mathématicien: "raisonnement par lequel on établit la vérité d'une proposition";

• mais au verbe *démontrer*, on trouve un deuxième sens plus proche de celui employé par les physiciens ou les informaticiens: "Expliquer par des expériences le fonctionnement d'un appareil";

• enfin le sens du mot "démonstration" pour les militaires:"manoeuvre ayant pour but d'induire l'adversaire en erreur ou de l'intimider", est certainement celui retenu par bien des élèves...

L'affaire est d'autant plus corsée que le vocabulaire courant de l'informaticien moyen est celui des langages informatiques, donc au trois quart et demi anglo-saxons, qu'il soit passé ou non à la moulinette des traductions. Par ailleurs, le métalangage, les sous-entendus et raccourcis propres à l'intelligence humaine et forts utilisés en mathématiques, posent de véritables problèmes aux informaticiens, confrontés à la rigueur de la machine qui ne se livre, elle, à aucune concession. Par exemple, en mathématiques ou en pratique scolaire, le symbole = a des significations différentes. Ainsi, dans l'expression: "a + b = b + 3 pour a = 3", le signe = n'a pas le même sens que dans: "$\frac{1}{3}= 0.3333 \ldots$"; $(a + b)^2 = a^2 + 2 a b + b^2$ ou $x^2 - 1 = 0$ ou encore dans "$\frac{1}{3} = \frac{2}{6}$". Distinguer ce que les pratiques mathématiques ont l'habitude de confondre, oblige à des notations nouvelles et donc inhabituelles en mathématiques et choquantes pour certains. Enfin, les habitudes de travail ont fait passer à l'état de réflexe ou de choix inconscients un certain nombre d'actions faisant intervenir d'autres critères comme l'esthétique. Par exemple, chaque humain en face d'une expression algébrique un peu complexe utilisera suivant son goût et la situation rencontrée, parenthèses crochets ou accolades. Tout le monde s'y retrouve, sans problèmes. Mais il est bien difficile de faire comprendre ça à un système informatique, surtout si de surcroît, on espère en plus, voir ces *délimiteurs* : (), [ ] et { }, distinguer la nature les objets manipulés.

Dans les programmes scolaires, il est assez facile sous le titre informatique de mettre un sous-titre "*fonction* " et en dessous un autre sous-titre "*arguments* " (cf [1] p. 227) puis "*retour de résultats*". Tout le monde comprend alors qu'il s'agit de fonctions au sens informatique du terme, et même si on ne sait plus très bien ce que sont les paramètres et les arguments, on ne confondra pas avec les paramètres au sens mathématique du terme. Mais dans la pratique de tous les jours, on rencontre, si on veut travailler les mathématiques avec un ordinateur, des fonctions à voir au sens mathématique du terme et au sens informatique du terme, sans que le contexte ne permette de se situer. Faut-il parier que les mathématiques et l'informatique seront un jour des branches d'une même méta-science et qu'alors, dans ce contexte les choses seront plus claires, ou faut-il choisir un clan avec un vocabulaire prédominant en espérant que les autres s'y feront? L'inclusion du programme d'informatique dans les programmes scolaires de mathématiques pourraient laisser penser à ce second choix, mais comment, par exemple, définir *l'affectation* dans le cadre des mathématiques traditionnelles (analyse, algèbre linéaitre, etc.) sans parler de *machine*? alors que faire? En attendant que l'avenir décide, et m'adressant à des enseignants et élèves qui connaissent tous le vocabulaire et les habitudes mathématiques, j'ai essayé, lorsque possible, de montrer à travers des exemples, que derrière les différences de vocabulaire, derrière la nature des objets manipulés, les concepts, l'approche et l'attitude sont en fait très semblables. Prenons par exemple le concept de fonction. En mathématiques traditionnelles, on voit une fonction comme une partie d'un produit cartésien; mais, dans bien des situations, est associé également à la notion de fonction, une correspondance, une action, une transformation, voire une suite de transformations. Les fonctions en informatique sont beaucoup plus proches de ce dernier point de vue et on voit mal comment par exemple, la fonction primitive Print pourrait se définir simplement comme une partie d'un produit cartésien. Pourtant, la correspondance est claire: il y a les objets informatiques en mémoire d'une part et les objets sur les feuilles de papier sorties par l'imprimante ou l'écran d'autre part, et la fonction Print effectue la transmission entre les deux.

Comme les mathématiciens, les informaticiens distinguent la fonction f qui à x associe f(x), de la valeur f(x) de cette fonction en un point donné. Le mot *expression* n'est pas, en *Mathematica*, réservé aux expressions algébriques et trigonométriques, mais il désigne aussi tout f(x) pour tout f et pour tout x, f étant défini ou construit avec les primitives de *Mathematica* et autres fonctions utilisateur ou packagée. Ceci est à prendre au sens large: par exemple, x + y , vu comme l'image de (x,y) → x+ y , est aussi une expression; 3 vu comme l'image de la fonction constante x→3 est aussi une expression. *L'évaluation* d'une expression f(x) consiste à associer au couple (f, x) une *valeur* et ceci dans le *contexte* ou *environnement* du moment, c'est-à-dire en

1. À propos de ce livre

tenant compte des valeurs des symboles ou de leurs liaisons existants à cet instant.

Pour terminer et ne rien arranger, l'informatique étant une science naissante, son vocabulaire n'est pas encore définitivement fixé. C'est pourquoi, il arrive d'utiliser de façon indifférente des mots différents pour désigner la même chose ou encore des choses approchantes. Il arrive aussi que des mots courants soient utilisés par habitude pour désigner des actions ou des concepts nouveaux pour l'utilisateur qui puise dans son vocabulaire existant, dans l'ignorance du vocabulaire utilisé par les spécialistes du domaine. Il arrive encore que ces mêmes spécialistes ne soient pas d'accord sur le vocabulaire à employer. Ainsi, le mot *commande* se comprend aisément lorsque la programmation est une liste d'*instructions* que la machine doit effectuer dans un contexte ou le programmeur entend tout maîtriser. En réalité, plus la programmation est évoluée, plus les réactions du système manipulé sont complexes et moins il est facile de tout dominer, donc de tout prévoir. On peut donc continuer à commander mais croire qu'il suffit de commander n'importe quoi pour être servi devient de plus en plus risqué. Aujourd'hui il existe des programmes informatiques qui résolvent des problèmes correctement sans que l'on comprenne vraiment pourquoi [10]. C'est dire que l'ère où les programmes ne faisaient que ce qu'on leur avait appris ou commandé est déjà largement dépassé. C'est ainsi qu'au mot de commande, s'est ajouté petit à petit ceux de *dialogue* et de *demande*.

En fait, en plus des calculs traditionnels que l'on peut commander sans trop grand risque de déception, s'ouvrent par le jeu de demandes successives et de la programmation, pour qui sait observer les réactions d'un système et comprendre les résultats retournés, de larges portes vers des terrains inexplorés. Cette porte ouverte sur l'aventure, inabordable à la main il y a quelques années, même pour les chercheurs chevronnés, est offerte à tout un chacun aujourd'hui par une simple machine personnelle vendue dans les grandes surfaces. Ainsi de nouveaux objets et phénomènes sont découverts et le vocabulaire s'enrichit des noms que l'on est amené à leur donner.

Mathematica numérote automatiquement les demandes faites par l'utilisateur, dans l'ordre des demandes. Comme c'est *Mathematica* qui travaille, ces demandes, recensées par le système, sont considérées comme des entrées et elles sont gérées par la fonction In. Les réponses *sortent* de *Mathematica* et sont numérotées par la fonction Out. Voici un exemple:

In[13]:= 2 + 2

Out[13]= 4

Il s'agit ici de la 13ème demande faite au système depuis son ouverture (et de la réponse). Fondamentale dans une manipulation logicielle dynamique, la numérotation des entrées - sorties, dans le cadre d'un ouvrage statique, comme un livre, est sans importance. Par contre, il m'a semblé utile de mettre en regard, dans ce livre, autant que faire se peut, les demandes et les réponses. À mon sens, livre et logiciel correspondent à deux utilisations différentes. Il n'y a donc aucune raison pour que les présentations soient identiques. Le lecteur ne devra donc pas s'inquiéter des légères différences qui pourront exister entre son écran et le livre. Ce sera particulièrement vrai s'il n'utilise qu'une version 2.

■ 1.3 Faits et Preuves

Le tome 2 donne des exemples précis de faits et de preuves informatiques. Ainsi cette question fondamentale est abordée par l'exemple, mais il serait vain de le faire sans les bases nécessaires. On ne cherchera donc pas dans ce premier tome des démonstrations au sens mathématique du terme réalisées informatiquement. De même, il ne sera pas question de programmation ou même d'initiation à la programmation dans ce premier tome, mais toutefois quelques exemples en sont donnés. De même qu'en mathématiques, une démonstration combine des éléments primitifs (définitions axiomes) et des résultats antérieurs (lemmes, propositions et théorèmes) pour obtenir par une suite logique de nouveaux résultats, en informatique, programmer, c'est combiner en suivant une méthodologie de programmation, toutes les briques de base (primitives et résultats utilisateurs). *Mathematica* permet tous les paradigmes de programmation existants, c'est donc en dire toute la richesse, qu'il n'est pas le lieu de développer ici. Les personnes intéressées par des ouvrages en français, pourront se rapporter, par exemple, pour une introduction à la programmation en *Mathematica* à "L'essentiel" [*] et pour des exemples réels relevant de la recherche ou d'applications industrielles à [**] du même auteur et à paraître.

■ 1.4 Réalisation technique

Tous les *notebooks* constituant ce livret ont été réalisés en un mois sur un Mac II fx (agé de plus de 5 ans) du service de prêt d'Apple France (département Education et Recherche) avec la version 2.2 de *Mathematica* en novembre 1995. Ensuite, au fil du temps, certaines fonctions ont été testées sur divers Mac et divers PC. Le lecteur intéressé par les performances de ces machines trouvera, dans le tome II, les mesures et remarques relatives à tous ces essais.

Invitée chez Wolfram Research dans le cadre des "Visiting Scholar", j'ai eu ainsi la chance d'utiliser des beta versions de la version 3.0 avant sa sortie, pour avancer ma propre recherche sur les graphes et les catégories. Convaincue alors que désormais, je pouvais me passer de TeX, LaTeX, dès mon retour, j'ai repris l'ensemble des deux premiers tomes pour prépas afin d'effectuer toutes les corrections et la mise en page avec cette nouvelle version peu après la sortie officielle de cette version 3.0 de *Mathematica*. Grand pas en avant dans le domaine du traitement de textes scientifiques et de la mise en page, la version 3 sur un Power Mac 7600/1200 prêté par Apple France m'a été d'une aide précieuse deux semaines durant pour la reprise définitive. Les finitions se sont effectuées sur les machines de mes amis les groupistes et au coin du feu sur papier. Décembre 1996 et janvier 97 ont été très rudes! Les dernières retouches, après avis des "referees" ont fleuri au printemps 1997...

■ 1.5 Conventions

Les variables globales utilisateur sont entourées de $ à l'instar des Lispiens qui ont souvent l'habitude d'entourer leurs variables globales par des étoiles.

Le symbole $ a été choisi parce qu'il est déjà utilisé dans *Mathematica*. Par exemple, le symbole $Version contient quelques renseignements sur la version utilisée.

```
$Version

Power Macintosh 3.0 (September 26, 1996)
```

ou encore:

```
$Version

Power Macintosh 3.0 (January 30, 1997)
```

☉ Lorsqu'une façon de faire risque d'être lente ou lorsque des tests comparatifs de rapidité de machines sont faits, cela est signalé par une petite montre.

☿ Les exemples sont signalés par la présence d'une petite lampe.

▦ Les points importants sont encadrés par des boîtes grisées.

☐ Les petits programmes exemples sont encadrés simplement.

Il arrive, comme en mathématiques, que l'on fasse des choix qui localement sont valables, mais qui ne se généralisent pas facilement; ils sont signalés par ☺.

Certains sont dangereux; ils sont signalés par ☺.

Quant à ☺, il évoque un certain contentement et donc est associé à une action tranquille, généralisable.

2 *Mathematica* et les autres...

La représentation des données a fait couler beaucoup d'encre en informatique et une des principales difficultés de certains styles de programmation réside dans le choix de la représentation des données. Dans ce cas, il n'y a généralement qu'un seul paradigme de programmation, pris parmi les paradigmes les plus répandus aujourd'hui: procédural, applicatif (on dit aussi fonctionnel), par objet ou par règle et un seul niveau conceptuel.

Au contraire, dans d'autres langages comme Lisp ou *Mathematica*, il n'y a qu'une seule représentation des données. *Mathematica* ne manipule que des expressions. Mais alors, ce sont les changements de niveaux conceptuels et d'abstraction qui en font la puissance, par exemple les fonctionnelles considèrent les fonctions comme des éléments. Pour *Mathematica*, il faut ajouter la possibilité de choisir le paradigme de programmation, ce qui permet de coller au mieux à la pensée, sans avoir à se plier aux contingences de la machine. Les différences et analogies avec les autres systèmes de calcul symbolique et formel sont détaillées dans [12- 1] et un survol en est présenté dans [15] . De façon pratique, par rapport aux autres langages informatiques que le lecteur peut avoir été amené à pratiquer, cela donne:

■ 2.1 Pascal & langages procéduraux

En *Mathematica*, pas de déclarations, pas d'obligation de typage, pas de précautions inconnues des mathématiciens à prendre (convertions ou changement de type).

Pas d'obligation, non plus, de penser en terme d'affectation, de boucle et de test ou de structure de contrôle.

Par contre, il y a lieu de respecter le contexte ou environnement, c'est-à-dire les liens établis entre les symboles et les valeurs et propriétés des symboles, ainsi que la suite des évènements (demandes et réponses).

Plusieurs niveaux de manipulation et de programmation, plusieurs paradigmes sont offerts. Par exemple, les fonctionnelles opèrent sur des fonctions considérées comme des éléments. Choisir le bon paradigme, c'est analyser sa pensée mathématique et y associer le paradigme le plus adapté. Dans [15], on trouvera une vulgarisation et des exemples de ces idées. Elles sont développées par ailleurs et illustrées par de nombreux exemples dans [*] et [**]. Le lecteur qui s'intéresse à ce point de vue peut aussi consulter [12-2] où sont détaillés dans des langages de programmation spécifiques, les différents paradigmes de programmation.

Si l'ordre des évaluations est sans importance pour la définition des fonctions, il est par contre, fondamental pour la valeur attribuée à une expression. On peut corriger n'importe quoi, n'importe où et le resoumettre ensuite à évaluation. Ainsi, il ne s'agit pas de *"dicter des ordres à la machine"*, ni même de savoir comment *Mathematica* organise la *mémoire*. Tout au contraire, l'objectif de la programmation est très proche de celui de la discipline mathématique. Il consiste à:*"développe(r) progressivement une attitude de questionnement et de recherche"*. ([1] p.140 du Volume 1) et comme pour les mathématiques, la programmation en *Mathematica* est: *"en perpétuelle évolution ... et ... le dogmatisme n'est pas la référence en la matière"* ([1] p. 164 du volume 2)

■ 2.2 Lisp, Scheme & langages applicatifs typés

D'une certaine façon, on peut voir *Mathematica*, entre autres, comme un très bon Lisp avec une bibliothèque graphique et mathématique particulièrement bien fournie, pattern-matching et couche objet minimale. Les Lispiens et autres Schemeurs retrouveront en *Mathematica* à la fois les primitives classiques, l'environnement de travail et l'ordre de valeurs qui leur sont chers. Toutes ces choses existent dans tous les systèmes symboliques ou de calcul formel avec plus ou moins de cohérence ou d'ouverture à l'utilisateur. Ainsi, dans DERIVE par exemple, seule une poignée de ces primitives sont accessibles à l'utilisateur.

LISP, langage de programmation inventé par Mac Carthy dans les années 60 pour faire de la dérivation symbolique, devenu l'archétype de toute une famille de langage (LOGO, SCHEME, AUTOCAD, etc.), et langage de programmation numéro 1 des chercheurs en intelligence artificielle est le soc de tous les langages symboliques et de calcul formel. *"Au début des années 80, les premiers LISP performants*

2. Mathematica et les autres...

commençaient à être utilisés en France... Là régnaient à la fois la rigueur et la liberté, l'exploration et le souci de l'élégance caractéristiques des mathématiques" (Jacques Ferber - préface de [12]). Cette vision décrit parfaitement le bain Lispien et s'applique en particulier à *Mathematica*. Pourtant, *Mathematica* est beaucoup plus qu'un très bon LISP: je pense en particulier à l'omni-présence des règles de transformation représentées par une flèche → et beaucoup d'autres choses, comme les attributs, les directives graphiques ou les options, qu'il n'est pas le lieu de développer ici, mais dont le lecteur aura un aperçu au fil des exemples. Pour plus de précision, se rapporter à [2] et [6]. Tous ces langages ont un soc conceptuel unique: le lambda calcul.

Dans la famille des langages applicatifs, on trouve également ML et une version plus de chez nous appelée CAML qui se réclame plutôt du lambda calcul typé. Ces langages associent un fort typage à l'esprit applicatif. Vus comme des hybrides entre le procédural et l'applicatif, donc sécurisant par les uns; vu comme des Lisp auxquels on aurait coupé les ailes par les autres, nous voilà en pleine guerre des types.

La guerre des types

La programmation est une entreprise très délicate, car la machine ne fait aucun cadeau et travaille plus vite que nous. Le problème de la vérification des résultats est donc un problème crucial. Il est des écoles d'informaticiens qui pensent qu'un bon garde-fous est le typage. Mais, de même qu'en mathématiques, on peut arriver avec un raisonnement faux à des résultats corrects, on peut en informatique, avoir des types corrects avec des résultats mathématiques faux. En voici un exemple en CAML, que tout un chacun pourra vérifier facilement, car l'INRIA distribue pour le moment ce produit gratuitement. CAML sur Mac fonctionne avec 2 fenêtres, une pour les entrées et une autre pour les résultats ou s'inscrivent alors demandes et réponses. La copie d'écran suivante représente une petite session. Les demandes sont en face de # et les réponses en dessous, en face de -. Pour éviter les lourdeurs Pascaliennes, le typage est effectué automatiquement par le système et affiché suivi du résultat du calcul. `int` représente les entiers.

```
                    Résultats de Caml Light
>        Caml Light version 0.71/mac
#1 * 2;;
- : int = 2
#10 * 2;;
- : int = 20
#1000 *2;;
- : int = 2000
#100000000 *2;;
- : int = 200000000
#10000000000000 * 2;;
- : int = 484786176
#1000000000000000000000000000000000 * 2;;
- : int = 0
#100000000000000000000000000000 * 2;;
- : int = 0
#10000000000000000 * 2 ;;
- : int = -545128448
#
```

Pascal ne ferait pas mieux. Par contre, tous les bons Lisp ne tombent pas dans ce travers. Ils sont légions et il en existe des gratuits et des français et même des français gratuits, l'école Lispienne étant une des meilleures au monde. Les systèmes de calcul formel, dignes de ce nom, connaissent aussi tous leur arithmétique élémentaire. Ci-après, voici un notebook *Mathematica* comportant le fichier sauvegardé par CAML et lu et enjolivé en *Mathematica* et la session *Mathematica* correspondante. Attention, README et fichiers générés par Caml ne sont pas lisibles par CAML directement ni non plus en double-cliquant dessus, mais ils s'ouvrent facilement à partir de n'importe quel traitement de textes comme Word ou Textures ou *Mathematica*.

```
                    Les entiers

     Le fichier
       >         Caml Light version 0.71/mac
     #1 * 2;;
      - : int = 2
     #10 * 2;;
      - : int = 20
     #1000 *2;;
      - : int = 2000
     #100000000 *2;;
      - : int = 200000000
     #10000000000 * 2;;
      - : int = 484786176
     #100000000000000000000000000000000 * 2;;
      - : int = 0
     #10000000000000000000000000000 * 2;;
      - : int = 0
     #10000000000000000 * 2 ;;
      - : int = -545128448
     #
```

```
In[1]:=
    1 * 2
Out[1]=
    2
In[2]:=
    1000 *2
Out[2]=
    2000
In[3]:=
    100000000 *2
Out[3]=
    200000000
In[4]:=
    10000000000000000000000000000000 * 2
Out[4]=
    20000000000000000000000000000000
In[5]:=
    10000000000000000000000000000 * 2
Out[5]=
    20000000000000000000000000000
In[6]:=
    10000000000000000 * 2
Out[6]=
    20000000000000000
```

■ 2.3 Maple

Plus agé que *Mathematica,* il fut un temps ou Maple était concurrentiel de *Mathematica,* jeune frère qui le rattrapait, ce qui ne s'est pas passé d'ailleurs sans crises de jalousie de l'aîné Maple. Ce n'est plus le cas aujourd'hui. *Mathematica* mène d'un grand pas l'avancée pour diverses raisons qui se résument en ces quelques mots, porteurs de beaucoup:

• cohérence de l'ensemble;

• programmation;

• évolution;

• traitement de textes.

Conclusion

> En conclusion, travailler avec *Mathematica* c'est avant tout *dialoguer* avec l'interprète, choisir son chemin, le niveau de manipulation utile, réfléchir aux concepts sous-jacents à la résolution d'un problème, analyser les réponses, préciser sa pensée, garder trace de ses efforts et de ses progrès, retrouver facilement la fonction adaptée et son mode d'utilisation, retrouver dans ses propres exemples regroupés dans des notebook interactifs, un chemin et des résultats pour pouvoir aller de l'avant.

3. Remerciements

Ma première pensée va vers Stephen Wolfram, pour ses idées et son audace. Se lancer dans une entreprise pareille et la mener à bien n'est certainement pas chose facile. Aussi, il a su rester scientifiquement intègre et compétent. Techniquement il est le seul à avoir pu répondre à des questions que je me posais sans perdre pour autant sa simplicité. Il n'hésite pas à bouleverser son emploi du temps s'il voit qu'il faut prendre ce temps pour répondre à des questions car il est très proche et à l'écoute des personnes intéressées. Je pense en particulier au Workhop pour auteurs de l'automne 96, où il était prévu qu'il passe 1/2 heure et où finalement il est resté 5h sous le feu de nos questions.

Plus près de nous géographiquement, Conrad Wolfram, m'a incitée à écrire quelques exemples pour les prépas. Ils sont devenus ces livres; ses remarques et ses réactions m'ont toujours été très précieuses.

Ce livre n'aurait pas pu voir le jour sans mes amis les MAC. Petits ou gros, leur fiabilité, leur efficacité, leur simplicité et leur robustesse ont su toujours répondre à l'appel, sans m'empoisonner avec tous ces détails matériels qui m'agacent. Présents à chaque instant, ils se font oublier afin de mieux pouvoir manipuler les idées. Ma reconnaissance va principalement à Apple France et tout particulièrement à Jan Stransky mon interlocuteur depuis plusieurs années, toujours prêt à aider et dont la compétence est ma perche de secours.

Il ne faut pas voir là, un refus de la communauté PC, au contraire. Mes interlocuteurs chez IBM, COMPAQ et TOSHIBA respectivement, ont déployé tous les efforts nécessaires pour me fournir les machines que je désirais, au moment où je le voulais. L'idée étant d'offrir aux lecteurs des tests correspondants aux machines récentes de diverses games afin qu'ils puissent faire un choix en connaissance de cause. Je remercie tout particulièrement, Agnès Auffray, chez IBM, Nathalie Witkowski chez Compaq et Dominique Forêt chez Toshiba, toujours à l'écoute et efficaces. Il n'est pas possible de tester tous les matériels. C'est pourquoi j'ai fait un mailing sur tous les constructeurs sérieux. Je me suis contentée de contacter les marques durables et fiables sur le marché et ces trois marques ont fait leur maximum. Les autres n'ont pas répondu, n'ont pas de service de prêt ou n'ont pas cru utile de donner suite.

Côté programmes scolaires, je remercie Monsieur Attali, doyen de l'inspection générale de mathématiques, qui a bien voulu me recevoir et à qui j'ai exposé mes doutes quant aux deux entorses effectuées à l'ordre des programmes scolaires. Son écoute, sa gentillesse et son ouverture d'esprit m'ont aidée à franchir le pas final puisque: "l'ordre des programmes n'a jamais été imposé". Et puisque les circonstances ont fait que Jacques Moisan s'est joint à notre entretien, je le remercie également des échanges que nous avons eues, cette fois et les précédentes...

Il y aurait beaucoup à dire sur ma famille, mes relecteurs et tous ceux qui m'ont aidée. Je pense en particulier à Khelifa, mon mari, qui a relu un des tout premiers brouillons ainsi que mon fils Tarik dont les remarques très pertinentes et les encouragements m'ont été très précieuses. P. Gosse a fait une relecture très attentive; il m'a soutenu le moral par courrier électronique et m'a envoyé des documents bien intéressants. H. Dang Vu avec qui j'ai fait sur son PC mes premiers pas en Lisp, il y a bien longtemps, est un de mes plus anciens, fidèle et attentif relecteur. Innover n'est jamais très facile. Il faut une direction et des encouragements pour ne pas se perdre dans des milliers de détails. Là j'étais heureuse de trouver à la fois des personnes compétentes, assez amies ou franches pour dire les choses comme elles sont, et qui ont, en plus, acquis un point de vue profond et global sur leur discipline et bien au delà... Alors, un geste, un regard, une question, une note écrite à la hâte dans le métro suffisent pour déclencher des tonnes de réflexions et reprendre des pans entiers d'un brouillon. Je pense à Jacques Ferber, mais aussi à Emmanuel Saint-James, Alberto Arabia et à Jean Bénabou.

Je remercie toute l'équipe de théorie des groupes et applications de Jussieu (URA 748) et en particulier Paul Gérardin qui la co-dirige pour sa présence et son accueil chaleureux; je lui dois le contrat passé avec cette équipe.

Marc Giusti est responsable du centre de calcul formel de l'école polytechnique. En plus, il est le directeur d'une équipe d'environ 200 chercheurs auxquels il offre les meilleurs moyens de calcul en France pour ce domaine. Je le remercie d'avoir accepté,

3. Remerciements

malgré ses lourdes charges, une invitation personnelle, un week-end de printemps 94, pour assister au séminaire annuel de l'APMEP où a été présentée la réforme des classes prépas. Nous lui devons beaucoup. En effet, il a compris immédiatement que la réforme des prépas risquait de s'enliser dans une sombre ornière commerciale. Le forum qu'il a fait mettre en place sur le site de l'X a joué un rôle déterminant et cela a été un tournant décisif vers des objectifs scientifiques et pédagogiques exclusifs.

Joël Marchand, ingénieur système de Marc et bien connu de toute la communauté pour son extrême compétence et gentillesse, m'encourage périodiquement vers des aventures Unixiennes et Webiennes. C'est lui qui a eu l'idée et finalisé la mise à disposition sur le Web de tous les exercices de mes premiers livres [12]. C'est à lui que nous devons la concrétisation et la gestion au jour le jour du forum et de tous ces fabuleux moyens, qui alors, n'étaient pas encore ce qu'il est commun d'appeler aujourd'hui les autoroutes de l'information.

Pour terminer, je pense à Joe Grohens directeur des publications chez Wolfram Research et à André Kuzniarek, responsable des documents électroniques chez Wolfram Research. Pour les avoir vu travailler jour et nuit sans discontinuité jusqu'au bord de l'épuisement, pour avoir trouvé auprès d'eux beaucoup de compétence et d'écoute, pour avoir utilisé dans la mise en page les conseils et fonctions qu'ils m'ont fournies, je les remercie vivement.

Toute l'équipe de Ritme, m'a toujours reçue avec beaucoup de gentillesse et a fait ce qu'il était possible de faire dans la mesure de ses moyens. Je pense en particulier à Monsieur Kunz, E. Harrar et M.Perrier.

Beaucoup de choses m'intéressent et la finalisation d'un livre est comme les derniers moments d'une grossesse, le moment le plus pénible, à cette différence près que cela peut s'éterniser indéfiniment, ce qui n'est pas le cas pour les enfants qui finissent, eux, toujours par naître. Sans J.E. Mittelmann directeur chez Springer France, Ingrid Beyer et Catriona Byrne éditeur chez Springer Europe, ce livre serait toujours en gestation.

Les incontournables

Introduction

Tronc commun valable pour tous les systèmes actuels et futurs, les programmes scolaires parus au B.O ne détaillent ni leurs spécificités, ni leur prise en main.

Pourtant un minimum est à connaître pour que le dialogue avec le système ne soit pas un profond malentendu. C'est l'objectif de ce chapitre-notebook. Ce minimum tend vers zéro, par suite des progrès réalisés par les systèmes du côté interface, comme le prouve par exemple le passage de la version 2 à la version 3 de *Mathematica* dont quelques exemples sont donnés dans une première section de ce chapitre. Cette mutation est *complètement ascendante*. Cela veut dire que ce qui est acquis pour la version 2 est conservé (à quelques exceptions près). L'utilisateur n'a pas de crainte à avoir ni quant à ses connaissances acquises ni quant à ses fichiers. Il est des sociétés où la règle "pour faire marcher le commerce" interdit la compatibilité entre les versions successives d'un logiciel ou pire encore, d'un système d'exploitation, comme cela a été encore le cas dernièrement dans le monde PC. Toutefois, la complexité de tels sytèmes qui ont nécessité le travail de centaines de personnes pendant de nombreuses années, oblige à quelque modestie. Il ne faut pas croire que l'on peut en faire le tour en 5 minutes, même si on a une impression de facilité de plus en plus grande. Par contre, on peut très rapidement et très facilement obtenir des résultats mathématiques qui demanderaient à la main d'interminables heures de calcul, d'explications ou de dessin. Le passage délicat se trouve ensuite, entre la phase presse-boutons dans une utilisation genre calculatrices et une phase plus sophistiquée où on arrive par le *dialogue* à obtenir du système ce que l'on veut, bien que cela ne soit pas livré en standard. C'est un kit à construire soi même. Cette dernière phase, la *programmation* englobe en particulier, si besoin est, l'algorithmique traditionnelle. Mais il ne faudrait pas croire qu'elle s'y réduit, comme on va le voir sur de nombreux exemples tout au long de ce livre. Avec un système comme *Mathematica*, tout un chacun peut programmer de façon naturelle, mais à différents niveaux, de la même manière que tout le monde fait ou utilise des mathématiques, à sa convenance et suivant ses moyens et nécessités, y compris dans la vie de tous les jours, sans pour autant, forcément en être conscient et développer des démonstrations délicates ou faire preuve de connaissances extraordinaires.

Le système est constitué de millers de fonctions réparties entre le noyau, l'interface et Mathlink qui permet l'échange entre les deux. Ces fonctions livrées en standard et disponibles à tout moment sont appelées des *primitives*.

1. Manipulation directe: version 2 & 3

Point commun entre ces versions, le lancement du système variable suivant les plateformes (par exemple, double cliquer sur l'icône dans le monde Mac). Ensuite l'utilisateur se retrouve en face d'une fenêtre vide avec des menus déroulants en haut de l'écran. À lui de jouer. Nous commencerons par la manipulation directe: *Mathematica* est alors utilisé comme une calculatrice, un traceur de courbes et un traitement de textes.

■ version2

On utilise les touches du clavier, sans plus. Par exemple, on écrit 1+ 1 et on valide, c'est-à-dire on demande au système la réponse en appuyant sur des touches. Par exemple, dans le monde PC & MAC : shift return. Pour les Macs le return du pavé numérique convient aussi. Dans les deux cas l'utilisateur peut aussi utiliser les menus pour déclencher l'évaluation. Mais pour les choses un peu plus compliquées comme les fractions, les puissances ou les radicaux, cela demande d'écrire in extenso la fonction agissante. L'écrire les symboles spéciaux utilisés en mathématiques, comme π ou $\int$ ou $\cap$ se fait également in extenso (c'est-à-dire respectivement: Integrate, Pi, Intersection).

■ version3

À toutes les possibilités précédentes s'ajoutent des possibilités dites WYSIWYG (What You See is What You Get) qui forment deux autres volets de l'interface et prolongent le clavier: les palettes et l'encodage de touches à la TeX-like. Elles évitent la saisie au clavier du nom des fonctions agissantes, en utilisant la calligraphie habituelle en mathématiques. L'ergonomie est cohérente et *Mathematica* comprend les formules mathématiques comme il les affiche, permettant à l'utilisateur d'y effectuer toutes les modifications qu'il souhaite, ce qui n'est pas le cas pour Maple, qui ne dispose que d'une sortie à la TeX-Like.

Encodage

[ESC]int[ESC]

donne

$\int$

[ESC]sum[ESC]

Σ

1. Manipulation directe: version 2 & 3

[ESC]inter[ESC]

donne

∩

Le principe de cet encodage est simple et il se résume ainsi:

Encodage : [ESC]raccourci[ESC]

Palettes

Les palettes livrées en standard sont accessibles par le menu file et l'item Palette. Ce sont des annexes au fichier sur lequel on travaille. On peut aussi créer ses propres palettes et se livrer à la programmation d'interface en utilisant l'item: Generate Palette From Selection (pour plus de détails voir [2] et [3]). Les triangles à base verticale s'ouvrent par un simple clic de souris et dévoilent les fonctionnalités incluses. Voici par exemple la palette BasicCalculations.nb toute fermée:

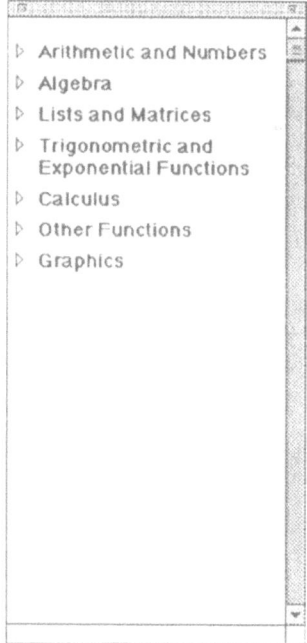

puis partiellement ouverte:

puis partiellement ouverte:

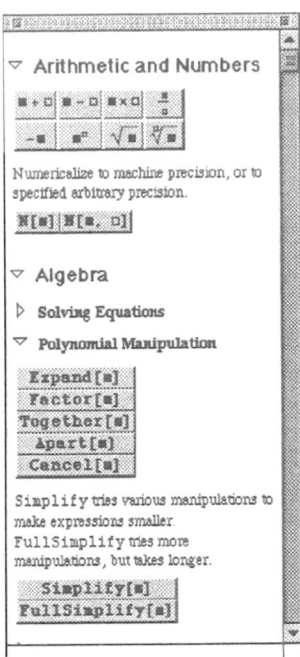

et encore partiellement ouverte pour un autre usage:

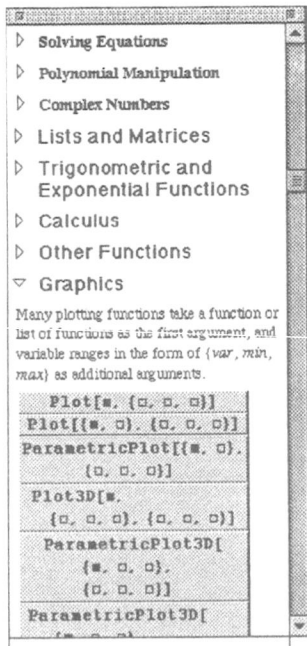

Manipulation des palettes

Deux grandes voies d'utilisation s'offrent avec les palettes. Soit on clique dessus, sans avoir sélectionné quoi que ce soit au préalable, ou au contraire on a marqué à la souris un groupe d'éléments sur lesquels on travaille dans le fichier principal. Dans le premier cas, la case de la palete sur laquelle on clique vient s'inscrire à l'endroit où le spot était dans le fichier principal. Dans le second cas, la fonction désignée par le bouton de la palette opère alors sur le groupe d'éléments sélectionné.

▽ Exemple

Si on clique sur la toute première case, on obtient:

```
□ + □
```

à l'endroit où on était juste avant de cliquer sur la palette. On remplit alors la première case:

```
1 + □
```

puis on passe à la seconde en utilisant la touche de tabulation pour se positionner sur la seconde que l'on remplit

```
1 + 1
```

et on valide pour obtenir le résultat.

▽ Exemple

Développer $(x + 1)^3$

> version2

```
Expand [(x + 1)^3]
```

> version3

On peut opérer comme en version 2, mais vouloir visualiser autrement la puissance:

> - en standard: choisir dans le menu Cell, l'item ConvertTo et standardForm
>
> $(x + 1)^3$
>
> - en traditionnel: choisir cette fois TraditionalForm, toujours en suivant le même chemin
>
> $(x + 1)^3$

On peut aussi utiliser les palettes:

soit à partir de

    x + 1

marquer à la souris x+1, puis cliquer sur le bouton ▫️▫️ de la palette

    (x + 1)▫️

et inscrire le 3 dans la case exposant

    (x + 1)³

puis marquer le tout et appuyer sur le bouton

    Expand[▫️]

qui se trouve dans Algebra, Polynomial Manipulations de la palette BasicCalculations

Ou bien encore, à partir du bouton

    ▫️▫️

puis

    (▫️ + ▫️)▫️

puis

    (x + ▫️)▫️

puis

    (x + 1)▫️

puis

    (x + 1)³

puis enfin:

    Expand[(x + 1)³]

et on valide pour obtenir le résultat.

    $1 + 3x + 3x^2 + x^3$

☺ Plus facile de le faire ou de le montrer que de le l'écrire…!

dont on peut transformer le look en utilisant le menu Cell, l'item ConvertTo et traditionalForm.

$$x^3 + 3x^2 + 3x + 1$$

۞ Exemple

Représenter x Sin (x) entre 0 et π

■ version2

```
Plot[x Sin[x], {x, 0, Pi}]
```

■ version3

On peut procéder exactement comme en version 2 ou bien utiliser la palette BasicCalculations

```
Plot[□, {□, □, □}]
```

puis

```
Plot[x Sin [x], {x, 0, π}]
```

pour écrire π, plusieurs solutions, soit, à la TeX-Like:

[ESC] pi [ESC]

ou encore en utilisant les palettes CompleteCharacters, Letters, Greek; ou encore en écrivant Pi que l'on peut transformer en forme standard en utilisant le menu Cell, ConvertTo.

Et on valide pour obtenir le résultat.

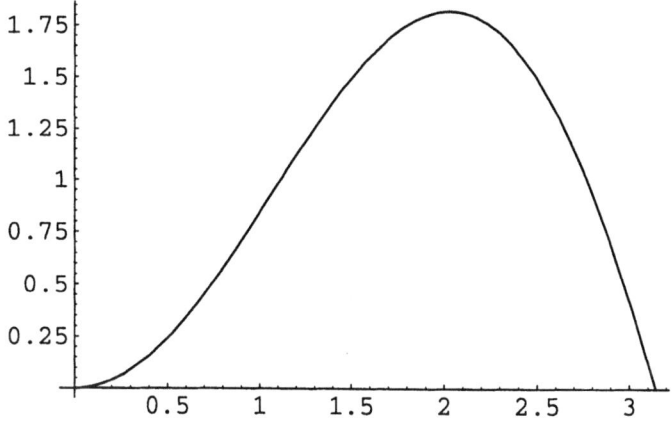

2. Le dialogue

Mathematica est tout un monde où l'utilisateur choisit sa route. Près de 200 livres y sont déjà consacrés et beaucoup d'autres viendront. Pénétrer dans ce monde est une fabuleuse aventure à deux: l'utilisateur et *Mathematica*. Dans cette section j'ai relevé ce qui me semblait primordial pour l'usage concerné, mais à mon sens, ce qui fait la richesse de *Mathematica*, c'est à la fois sa **cohérence** et sa **diversité**. Ceci est à comparer aux êtres humains qui réagissent différemment suivant les circonstances, aussi variées soient-elles, tout en gardant une unité qui fait leur personnalité.

■ 2.1 La boucle d'interrogation

Mathematica est un langage *interprété* dans la lignée des langages Lisp à l'origine des systèmes de calcul symbolique et formel et qui les sous-tendent tous comme détaillé dans ([12.I]). L'interprète est constitué de fonctions *primitives* dont la tâche consiste à:

- lire les demandes de l'utilisateur, au fur et à mesure qu'il les formule;

- associer à chaque demande une *valeur*, c'est-à-dire un sens dans le contexte du moment (qui dépend des demandes antérieures);

- fournir une réponse.

C'est ce qu'on appelle *la boucle d'interrogation* (cf définition 8 de [11]). Les valeurs associées dépendent de la nature des demandes, des valeurs des objets qui la constituent, de leurs propriétés ou des options utilisées. Éventuellement, l'interprète appelle le *compilateur* interne si le calcul demandé est traité ainsi plus rapidement (c'est en particulier le cas pour les calculs numériques nécessaires pour effectuer les représentations graphiques).

Les fonctions se composent comme en mathématiques, en partant de l'intérieur; c'est pourquoi l'évaluation se fait dans le même ordre en partant des expressions les plus emboîtées et non pas dans l'ordre de lecture.

ϒ Exemples

L'utilisateur souhaite que la valeur 2 soit attribuée à a. Il écrit :

```
a = 2
```

puis valide, (appuyer par exemple sur la touche Enter du pavé numérique pour un Mac ou à la fois sur les deux touches Shift et Enter pour un PC ou un Mac).

Le système lit la demande et il attribue au symbole a la valeur 2, puis il *retourne* cette valeur. Cela veut dire qu'il ajoute un numéro de série à la demande et qu'il affiche sa réponse en prenant soin de tout numéroter:

2. Le dialogue

```
a = 2
2
```

et il en tiendra compte par la suite. Ainsi, si on demande a

```
a
2
```

on obtient 2 en retour et si on interroge le système à propos de a:

```
?a
Global`a
a = 2
```

pour b, il n'a aucune valeur pour le moment, et dans ce cas, il retourne b lui même:

lorsque l'utilisateur demande:

```
a + b
```

Mathematica retourne:

```
2 + b
```

en effet, à ce stade, a vaut 2 et b n'a pas encore de valeur.

Supposons que l'utilisateur souhaite alors résoudre une équation. Il utilise donc la fonction adéquate, Solve:

```
Solve[x² + 1 == 0, x]
 qui retourne :
   {{x -> -I}, {x -> I}}
```

Mathematica interprète la demande en évaluant d'abord les arguments de la fonction: $x^2 + 1$ n'a pas de valeur particulière à cet instant donc l'équation résolue est celle proposée par l'utilisateur.

Par contre:

```
Solve[x² + a == 0, x]
 retourne :
  { {x -> -I √2 }, {x -> I √2 }}
```

puisque le symbole a a la valeur 2.

■ 2.2 Liaisons, environnement. Trace

L'exemple précédent met en évidence ce que l'on appelle une *liaison*.
L'*environnement* est constitué de toutes les liaisons. La fonction Trace, permet de voir ce qui se passe avec un peu d'habitude:

Trace[Solve[x^2 + a == 0, x]] retourne en effet:

{{{{a, 2}, x^2 + 2, 2 + x^2},
  2 + x^2 == 0},
 Solve[2 + x^2 == 0, x],
 {$MessageList = {}, {}},
 {$MessageList = {}, {}},
 {{x -> -I $\sqrt{2}$},
  {x -> I $\sqrt{2}$}}}

L' état des liaisons est ici très simple. En effet, il n'y a pour le moment qu'une liaison: le symbole a est lié à la valeur 2 et cette liaison est représentée par le couple {a, 2} inscrit au début de l'expression. Pour évaluer l'expression, proposée, *Mathematica* commence par l'expression la plus imbriquée et qui est x^2 + a. Celle-ci est remplacée par une autre expression où il est tenu compte des liaisons, ici {a, 2} qui indique que le symbole a a pour valeur 2. Ensuite *Mathematica* réécrit x^2 + 2 en 2 + x^2, car *Mathematica* travaille avec les polynômes ordonnés en sens croissant. La question posée revient donc, pour *Mathematica* à résoudre 2 + x^2 = 0 dans le contexte indiqué et les solutions sont retournées, comme précédemment. Dans ce cas simple, la fonction Trace permet de comprendre, en les affichant, les réactions de l'interprète. Quand l'interprète ne comprend pas, c'est-à-dire s'il ne peut associer aucune valeur à la demande effectuée, il considère par défaut qu'il est en présence de symboles et il leur applique les règles relatives aux symboles. Ainsi:

    Bonjour Mathematica!

retourne:

    Bonjour Mathematica!

mais:

    Mathematica est super!

retourne:

    est Mathematica super!

les 3 mots de la dernière phrase sont considérés comme 3 symboles distincts. Aucun n'a de valeur et ils sont retournés dans l'ordre alphabétique. Pour faire comprendre à *Mathematica* qu'il s'agit d'un message, il faut le prévenir en entourant la phrase par des guillemets:

"Mathematica c'est chouette!"

retourne:
```
Mathematica c'est chouette!
```

3. Informations et aide

■ 3.1 Browser

Pour avoir une idée de l'ensemble des fonctions offertes, il y a lieu, suivant les plateformes, de consulter le *browser* sur Mac (cf ci-dessous) ou l'*aide hypertexte* en ligne sur PC ou station. Dans le browser, dont l'idée revient à Smalltalk, archétype des langages à objets, les grandes classes de fonctions apparaissent dans la colonne de gauche. Le choix d'une de ces grandes classes étant fait (à la souris), toutes ses sous-classes apparaissent dans la colonne du milieu. Lorsque l'on choisit une sous-classe, toutes les primitives la constituant apparaissent alors dans la dernière colonne, la plus à droite, etc. Dans le cas de l'aide en hypertexte, cliquer sur les mots soulignés mène à une fiche détaillée concernant le concept sous-jacent, ergonomie largement développée sous Unix et dans le Web. A partir de là, une fonction donnée étant choisie, des facilités très simples sont offertes, pour ne pas avoir à taper au clavier l'application de la fonction.

Dans la version 3, l'aide hypertexte est intégrée au Browser (menu Help) qui a gagné une colonne depuis la version 2. L'aide permet de naviguer dans tout le livre de Stephen Wolfram [2] et les fiches d'explications sont assorties de nombreux exemples qui peuvent être évalués sur place transformés ou copiés et collés.

■ 3.2 L'information directe

Tous les objets de *Mathematica* sont porteurs de leur informations et de leur mode d'application. Pour obtenir directement des renseignements sur une fonction donnée foo on peut faire ?foo ou ??foo pour plus de précisions. Pour avoir toutes les fonctions de même racine faire ?*racine*.

ࣧ Exemple

Pour obtenir des renseignements sur la primitive Solve :

```
?Solve
```

```
Solve[eqns, vars] attempts to solve an equation or set
of equations for the variables vars. Any variable in
eqns but not vars is regarded as a parameter.
Solve[eqns] treats all variables encountered as vars
above.
Solve[eqns, vars, elims] attempts to solve the equations
for vars, eliminating the variables elims.
```

Pour obtenir plus de renseignements :

```
??Solve
```

```
Solve[eqns, vars] attempts to solve an equation or set
of equations for the variables vars. Any variable in
eqns but not vars is regarded as a parameter.
Solve[eqns] treats all variables encountered as vars
above.
Solve[eqns, vars, elims] attempts to solve the
equations for vars, eliminating the variables elims.

Attributes[Solve] = {Protected}

Options[Solve] =
  {InverseFunctions -> Automatic,
  MakeRules -> False, Method -> 3,
  Mode -> Generic,
  Sort -> True, VerifySolutions -> Automatic,
  WorkingPrecision -> Infinity}
```

Pour connaître toutes les fonctions qui contiennent Plot comme racine

```
? *Plot*
```

```
ContourPlot       ListPlot3D       PlotDivision
PlotRegion        DensityPlot      ParametricPlot
PlotJoined        PlotStyle        ListContourPlot
ParametricPlot3D  PlotLabel        Plot3D
ListDensityPlot   Plot             PlotPoints
Plot3Matrix       ListPlot         PlotColor
PlotRange
```

Il y a lieu de se rapporter à [3] ou aux indications portées dans les menus pour trouver tous les raccourcis clavier et toutes les fonctionnalités offertes, détaillées suivant les plateformes.

4. Création: nouveaux symboles, définitions de nouvelles fonctions

Comme en mathématiques, la *définition* d'une nouvelle fonction, n'est que la demande de nomination d'une suite d'autres choses. Elle ne provoque donc aucune autre action et en particulier, les actions du *corps* de la définition ne sont pas effectuées.

۩ Exemples

```
a = 3
```

retourne:

```
3
```

mais

$$f[x\_] := If\left[x < 1, \frac{1}{x-2}, Min[x^2 - 3, Cos[x]]\right]$$

ne retourne rien.

Toutefois, *Mathematica* a retenu la définition de f, car si on le questionne:

```
? f
```

il répond:

```
Global`f
f[x_] := If[x < 1, 1/(x - 2), Min[x^2 - 3, Cos[x]]]
```

Une fois un symbole défini, toute demande le concernant provoque son évaluation. Ainsi, a est remplacé par 3 dans toutes les expressions où il intervient:

$a + 4$

7

$a x^2 + b x + c$

$c + b x + 3 x^2$

f [x] est remplacée par son expression pour tout x qui est un symbole. En voici quelques exemples:

f est remplacée par son expression et le *filtre* de nom x (indiqué par x_), est remplacé par x:

f[x]

$\text{If}\left[x < 1, \dfrac{1}{x - 2}, \text{Min}[x^2 - 3, \text{Cos}[x]]\right]$

f est remplacée par son expression et le filtre de nom t par t.

f[t]

$\text{If}\left[t < 1, \dfrac{1}{t - 2}, \text{Min}[t^2 - 3, \text{Cos}[t]]\right]$

f est remplacée par son expression et la valeur filtrée est 0:

f[0]

$-\dfrac{1}{2}$

f est remplacée par son expression, le filtre est a et la valeur filtrée est donc 3.

f[a]

Cos[3]

puisque: $a^2 - 3$ vaut 6. on remarquera que Cos [3] reste symbolique. Certaines valeurs symboliques standard sont connues:

f[3 π]

-1

Mais si la fonction est appliquée sur deux éléments, le filtrage ne peut pas se faire et la demande est retournée intacte:

```
f[x, y]
f[x, y]
```

5. Méthodes de travail

Cette section détaille les instructions des programmes scolaires officiels: *"L'utilisation du logiciel peut s'envisager, soit de façon interactive, par exécution de commandes directes, soit au moyen de l'écriture de programmes enchaînant des commandes, les deux points de vue étant très liés "* ([1] p. 226). Toutefois, pour les raisons invoquées précédemment concernant le vocabulaire, j'utiliserai en place du mot *commande*, le mot *demande* dans la suite de ce livre.

Mode interactif

Ce livre d'exemples a été réalisé en *interactif*. On demande et *Mathematica* répond. Le dialogue qui s'établit ainsi avec des fonctions primitives est ensuite, ou en même temps, complété et mis en page dans des *notebooks* que l'on peut voir comme des chapitres d'un livre logiciel complètement évolutif.

Rédaction - Traitement de textes

Un notebook est un fichier informatique que l'on sauvegarde, duplique, manipule, imprime et modifie à loisir. *Mathematica* avec la version 3.0 est aussi un traitement de textes scientifique WYSIWYG performant, synthèse intelligente entre les traitements de texte traditionnels avec *éditeur d'équations* et les langages de programmation dédiés à l'édition scientifique dont TeX est l'archétype. *Mathematica* amène dans ce domaine des innovations intéressantes et nombreuses qu'il n'est pas le lieu de développer ici. Disons simplement que pour l'écriture des formules, à la facilité offerte par les premiers, s'adjoint la qualité des second avec des plus, comme par exemple:

- une césure automatique des grandes formules;
- une grande facilité d'insertion des figures;
- des formules comprises et traitées par *Mathematica* ;
- des sauvegardes automatiques en TeX ou HTML;
- un *preview* manipulable;
- etc.

Mathematica distingue les cellules qui constituent un notebook, par leurs propriétés. Ces propriétés sont schématisées par la forme des crochets situés à droite de l'écran. Leur ensemble constitue un *style* et il définit les règles de transformations ou de comportement des cellules. On trouve dans le menu style et dans [3], toutes les informations à ce sujet.

Une cellule est une expression *Mathematica* comme une autre qui livre ses secrets en quelques touches avec la version 3. Par exemple ci-dessous, voici cette cellule recopiée et dévoilée (sélectionner le crochet et faire ⌘ E)

```
Cell[TextData[{
  "Une cellule est une expression ",
  StyleBox["Mathematica",
    FontSlant->"Italic"],
  " comme une autre qui livre ses secrets
  en quelques touches. \
Par exemple ci-dessous, voici cette cellule
 recopi\[EAcute]e et   \
d\[EAcute]voil\[EAcute]e   (s\[EAcute]lectionner
le crochet et \
faire  \[CloverLeaf] E)"
}], "Text",
  PageWidth->PaperWidth,
  CellMargins->{{Inherited, 14},
                {Inherited, Inherited}},
  Evaluatable->False,
  TextAlignment->Left,
  TextJustification->1,
  AspectRatioFixed->True]
```

Et voici un petit échange suivi de leurs formes internes pour les passionnés de la programmation d'interface:

```
        Integrate [x^3, {x, 1, Pi}]
```

$$-\frac{1}{4} + \frac{\pi^4}{4}$$

```
In[2] :=
Cell[BoxData[
  RowBox[{"Integrate", " ", "[",
    RowBox[{
      RowBox[{"x", "^", "3"}], ",",
      RowBox[{"{",
        RowBox[{"x", ",", "1", ",", "Pi"}], "}"}]}], "]"}]],
  "Input",
  CellLabel -> "In[2]:="]

Out[2] =
Cell[BoxData[
  RowBox[{
    RowBox[{"-",
```

```
        FractionBox["1", "4"]}], "+",
     FractionBox[
      SuperscriptBox["π", "4"], "4"]}]], "Output",
  CellLabel -> "Out[2]="]
```

Mais, au passage, on remarquera que l'apport pour les humains des détails internes ne simplifie pas forcément la compréhension des choses... C'est pourquoi tous les moyens pour structurer le texte sont offerts sous d'autres formes plus visuelles. Par exemple, sur la prochaine copie d'écran, on voit cette introduction partiellement ouverte à une étape de sa fabrication. On remarquera la symbolique différente des crochets qui permet de distinguer une cellule de titre, d'une cellule de texte ou encore d'une cellule de demande ou de réponse ou de graphique. Les parties cachées de texte sont signalées par un triangle plein (ou un rectangle en version 2) en bas du crochet. Pour les obtenir il suffit de double-cliquer sur la cellule.

Quelques commodités parmi des milliers...

Pour éviter de ressaisir la réponse fournie par *Mathematica*, on peut utiliser % qui la remplace ou %% qui remplace l'avant dernière réponse (ou encore %n où n est le numéro de réponse). Mais il faut être très prudent car lorsqu'on travaille un notebook, l'ordre des évaluations est fondamental et peut très bien ne pas être l'ordre de lecture habituel. Les liaisons entre symboles peuvent donc changer suivant l'ordre d'évaluation des cellules et par suite les réponses à des questions inchangées peuvent changer du jour au lendemain. Il faut donc effectuer, si on utilise %, %% ou %n les mises à jour dans les demandes (Input) ce qui est particulièrement laborieux et dangereux. Une autre façon de faire et qui évite l'utilisation trop fréquente de % et %% est le copier-coller, par cellule entière ou par sélection partielle (vive la souris!).

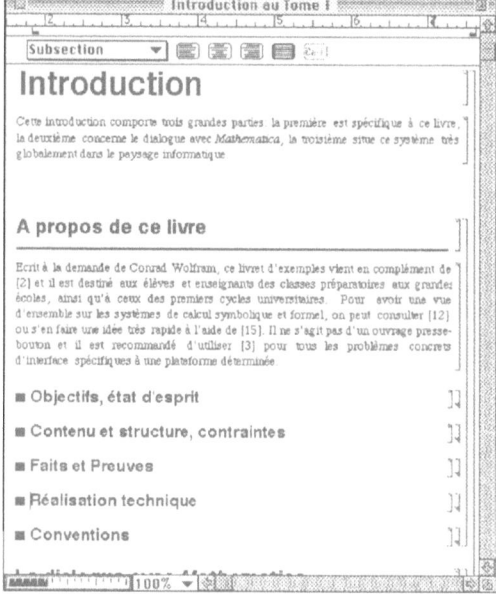

Packages

Les potentialités de *Mathematica* peuvent être accrues par d'autres fonctions dont la définition constitue des *packages* livrés en standard avec le système ([4]) ou récupérées dans une banque de données par courrier électronique ou sur CDROM. De même, l'utilisateur peut écrire des *programmes* qui ne sont autres qu'une liste de définitions de nouvelles fonctions. Ces définitions peuvent être écrites directement, dans un notebook que l'on sauvegarde sous la forme désirée (notebook ou package, en utilisant dans le menu `File` l'item adéquat). On peut aussi tout à fait mettre au point les fonctions en interactif dans un notebook de brouillon, puis les sauvegarder au fil du déroulement des opérations, dans un package, où elles s'ajoutent petit à petit, pour une utilisation ultérieure. Pour une fonction donnée, *Mathematica* se charge de sauvegarder automatiquement toutes les définitions et valeurs globales liées à la définition de cette fonction. Ceci facilite grandement la tâche de l'utilisateur, minimise les risques d'erreurs et permet d'obtenir un package optimisé, au sens où il est débarrassé de ses tentatives infructueuses.

Quelques mini-packages, leur secret de fabrication et leur mode d'emploi sont donnés à titre d'exemple:

- Tome I: un jeu de menus interactifs pour situer des points sur un cercle trigonométrique;
- Tome II: un package pour le tracé des enveloppes de droites;
- Tome II: un package pour la représentation des racines n-èmes de l'unité.

Les définitions y sont présentées de façon progressive et naturelle afin que chacun puisse à partir de ces exemples, fabriquer ses propres packages pour s'entraîner sur les notions mathématiques de base qu'il a choisies.

6. L'indispensable syntaxe

Les trois paragraphes suivants expliquent la syntaxe de façon conceptuelle. Des exemples sont donnés dans les sections suivantes et en particulier dans celle intitulée: structures manipulées et syntaxe associée.

■ 6.1 Délimiteurs: espace "," et " ;"

La virgule sépare les éléments;

6. L'indispensable syntaxe

> Le point-virgule autorise ou non les fonctions d'affichage à écrire à l'écran la valeur attribuée à la demande effectuée;

> L'espace entre deux symboles est considéré, dans les cellules de demande, comme une multiplication potentielle ou réelle des éléments entre lesquels, il se situe.

■ 6.2 Délimiteurs: () {} et []

> Les crochets simples [] sont réservés à la définition et à l'application des fonctions;

> Les parenthèses ( ) servent à regrouper;

> Les accolades {} délimitent les *suites* au sens informatique du terme, c'est-à-dire des n-uplets au sens mathématique du terme; elles sont utilisées aussi bien pour définir des couples ou triplets d'éléments différents, que pour décrire des intervalles d'intégration ou de variation; dans ce dernier cas, la variable est la première composante, les deux autres étant les bornes de l'intervalle.

■ 6.3 ↵ Passage à la ligne
⌧ Demande d'évaluation

Il y a lieu de distinguer le passage à la ligne (lorsqu'on écrit un texte ou une fonction sur plusieurs lignes) de la demande d'évaluation. Le passage à la ligne se fait avec le retour chariot, c'est-à-dire la grosse touche marquée d'une flèche ↵ sur le clavier des lettres. La demande d'évaluation diffère suivant les plate-formes:

• sur les Macs munis d'un pavé numérique, on peut utiliser la plus grosse des touches de ce pavé ⌧ ou la touche qui fournit une majuscule et la touche Enter du pavé littéral;

• sur les PC, on peut utiliser la grosse touche du pavé numérique ou littéral en appuyant en même temps sur la touche qui permet d'obtenir une majuscule.

Dans les deux cas, il est tout à fait possible également de dérouler le menu Action (version 2.2) ou Kernel (Version 3.0) et de déclencher l'évaluation grâce à la souris.

La demande d'évaluation concerne une cellule quelconque, un ensemble de cellules (pas forcément connexes) ou un notebook entier. Elle peut être faite à n'importe quel moment. Pour une simple cellule il suffit de positionner le curseur de la souris n'importe où dans la cellule. Pour évaluer plusieurs cellules en même temps, cliquer sur les crochets icôniques caractérisants les cellules. Pour plus de précision sur tous ces points, se rapporter à [3].

7. Structures manipulées et syntaxe associée

Les exemples donnés dans cette section ont été choisis parmi les exemples traités plus loin dans le corps du livre. Il ne faut pas, ici dans cette introduction, leur attribuer un sens: ils sont donnés juste pour regarder la structure des objets manipulés. Les lecteurs qui souhaitent comprendre de quoi il s'agit, pourront se rapporter aux chapitres-notebooks dont le nom figure entre parenthèses pour chacun des exemples concernés.

ϙ **Exemple** (cf trigonométrie)

$$\text{résultat5} = \left\{-(\text{Cos}[t]\,\text{Sin}[t]^2),\ \frac{\text{Sin}[t]^3}{\text{Cos}[t]+2}\right\}$$

au symbole résultat5 est affecté une valeur qui est un couple. Chaque composante est une expression algébrique constituée à partir des opérations élémentaires et des valeurs des fonctions primitives Cos et Sin en t.

ϙ **Exemple** (cf trigonométrie)

$$\text{ParametricPlot}[\text{résultat5},\ \{t,\ 0,\ 2\,\pi\}];$$

il s'agit de l'application de la primitive ParametricPlot. Les deux éléments sur laquelle cette fonction agit sont le symbole résultat5 et un triplet {t, 0, 2 π}. Le point virgule final "; " indique que seule la représentation graphique est demandée. On dispense le système du retour de la valeur de ce graphique. On verra dans le chapitre-notebook sur les graphiques que la valeur d'une telle demande est en fait une expression comme une autre, mais qui porte un uniforme. ϴ Ceci suppose que résultat5 dépend de t et que t (qui représente le temps) est toujours un symbole non défini lorsque la représentation graphique est demandée.

ϙ **Exemple** (cf trigonométrie)

$$\{\text{résultatCorrect},\ \text{résultat1},\ \text{résultat3}\}\ /.\ t \to \frac{\pi}{3}$$

il s'agit d'un triplet auquel on applique une règle de transformation. Elle remplace t par $\frac{\pi}{3}$ dans l'évaluation des symboles résultatCorrect, résultat1 et résultat3. Si ces symboles ne dépendent pas de t, la règle ne s'applique pas et c'est tout.

◊ **Exemple** (cf TP-enveloppes - Tome II)

```
droite[t_] := a[t] x + b[t] y + c[t]
```

il s'agit de la définition d'une fonction d'une variable dont la valeur est définie à partir de celle des fonctions a, b, c et des symboles x et y, combinés de façon élémentaire. Ceci est local et suppose plus ou moins que ces variables ne sont pas liées.

◊ **Exemple** (cf TP-enveloppes - Tome II)

```
enveloppeParamétrée[t_, x_, y_] :=
  Solve[{droite[t] == 0, ∂_tdroite[t] == 0}, {x, y}]
```

il s'agit de la définition d'une fonction de 3 variables, t, x, et y à partir de la valeur de la fonction Solve. Cette primitive opère ici comme une fonction de deux variables:

- la première variable est un couple:

```
{droite [t] == 0, D [droite [t], t] == 0}
```

de première composante une équation droite[t] == 0 et pour seconde composante une autre équation:

```
D [droite [t], t] == 0;
```

le premier membre de cette équation étant la valeur de la fonction D à deux variables, droite [t] et t.

- la seconde variable est un autre couple: {x, y} qui indique en fait les symboles à considérer comme variables (au sens mathématique du terme).

◊ **Exemple** (cf TP-enveloppes - Tome II)

```
représentationGraphique := With[{equations =
    Flatten[{x, y} /. enveloppeParamétrée[t, x, y]]},
    ParametricPlot[equations, {t, $a$, $b$}]]
```

il s'agit de représenter une courbe par un symbole. Cette fonction est une fonction constante. Elle ne dépend en effet explicitement d'aucune variable: le symbole représentationGraphique n'est pas suivi de crochet ouvrant. En fait, son action et sa valeur dépendent des valeurs et des actions de ses constituants au moment où elle est appliquée. En particulier, enveloppeParamétrée [t, x, y] est la valeur de la fonction définie dans l'exemple précédent. Les symboles x, y et t sont supposés connus ou jouer un rôle connu auparavant.

8. Majuscules minuscules & conventions de notations

Mathematica est sensible aux minuscules et majuscules. Toutes les fonctions primitives commencent par des majuscules et il est conseillé de commencer les noms de fonction utilisateur par des minuscules pour éviter tout risque de confusion. Par ailleurs, pour les noms composés fabriqués à partir de plusieurs noms, ce sont les conventions en cours dans les langages à objets qui sont adoptées (majuscule aux noms constituants). Par exemple, `TableForm` et `fonctionInverse` représentent respectivement une fonction primitive et une fonction utilisateur.

Les constantes du système sont précédées d'un dollar.

Nous avons déjà vu, par exemple, `$Version` qui donne le numéro de version de *Mathematica*. La liste de toutes les variables globales de *Mathematica* est donnée à la fin de [2].

9. Messages d'erreur

Les dialogues entre les humains ne sont pas toujours faciles. Il en va de même pour la communication dite homme-machine. Passer outre les messages d'erreur est risqué (cf suites et séries, section : "Ne pas négliger les messages d'erreur"). Comment comprendre ces messages? le livre de références est [5]. D'un point de vue global, il y a la structure des messages, le contenu et puis localement, la compréhension du phénomène. Cette dernière est facilitée lorsqu'on prend le point de vue des langages à objets: "et si j'étais cet objet (fonction), quel serait mon action, et comment je réagirais?"

■ 9.1 La structure des messages

Provoquons la faute en effectuant une demande restreinte à une parenthèse ouverte:

```
[
    Syntax::sntxi: Incomplete expression.
```

le message consiste en un symbole suivi de :: suivi d'une abréviation suivie de : et du message.

C'est la fonction Syntax qui réagit.

et encore:

```
{]
Syntax::bktmch: "{" must be followed by "}", not "]".
```

il s'agit encore d'une erreur de syntaxe mais cette fois c'est le message bktmch (pour brackets matching) qui répond.

Reprenons maintenant une des demandes faites ci-dessus, mais en y glissant une erreur:

```
Solve[3 x + 2 = 0]
Set::write: Tag Plus in 3 x + 2 is Protected.
Solve::eqf: 0 is not a well-formed equation.
Solve[0]
```

Ici il y a 2 messages d'erreur:

• le premier concerne Set. Set est le posons des mathématiciens pour ainsi dire. De façon abrégée il est représenté par = qui a pour tâches:

... évaluer le membre de droite;

... associer au membre de gauche la valeur trouvée. Ici 0 ;

... attribuer au membre de gauche cette valeur. Or le membre de gauche est une somme, il n'est donc pas possible d'écrire (write) cette valeur au compte de +; c'est pourquoi le message correspondant est affiché;

• la seconde concerne eqf qui concerne la formation des équations. *Mathematica* ne reconnaît pas une équation bien formée (symbolisée par la présence de ==).

Le retour de la demande est Solve[0], *Mathematica* a tout simplement remplacé 3 x + 2 = 0 par la dernière valeur qu'il a trouvée et comme Solve n'a pu opérer, il en reste là et retourne 0.

■ 9.2 Quelques erreurs délibérées...

A partir de la demande correcte (cf graphiques),

```
Plot[{f[x], x, -x+2}, {x, -10, 10}, PlotPoints → 100];
```

on obtient un résultat correct. Maintenant, nous allons jouer au jeu des erreurs dans les demandes pour voir les réactions de *Mathematica*.

𝛷 *Erreur 1*: on oublie une accolade:

```
Plot [{f[x], x, -x+2, {x, -10, 10}, PlotPoints -> 100];

Syntax::bktmch:
    "{f[x], x, -x+2, {x, -10, 10}, PlotPoints -> 100"
must be followed by "}", not "]".
```

il s'agit donc d'une erreur de syntaxe, le message concerne les appariemments de délimiteurs (), [ ] ou {} et l'erreur est localisée à la suite de: {f[x], x, -x+2, {x, -10, 10}, PlotPoints -> 100

𝛷 *Erreur 2* : on oublie deux accolades:

```
Plot[{f[x], x, -x + 2}, x, -10, 10, PlotPoints fi 100];

Plot::pllim: Limit specification x is not of the form
{x, xmin, xmax}.
```

La fonction concernée est Plot, le message est pllim (pour plotLimit). Il y a une erreur dans la façon de spécifier les bornes d'étude.

𝛷 *Erreur 3* : l'option est mal spécifiée:

```
Plot[{f[x], x, -x + 2}, {x, -10, 10}, PlotPoints = 100];

Plot::nonopt: Options expected (instead of PlotPoints
= 100) beyond position 2 in Plot[{f[x], x, -x + 2},
{x, -10, 10}, PlotPoints = 100]. An option must be a
rule or a list of rules.
```

La fonction Plot est concernée. Le message est nonopt (pour nonOption). On vous rappelle qu'une option doit être une règle ou une liste de règles. On est en présence de = (i.e. Set) qui n'est pas une règle de transformation.

9. Messages d'erreur

☝ *Erreur 4* : *une faute de frappe s'est glissée en plus:*

```
Plit[{f[x], x, -x+2}, {x, -10, 10}, PlotPoints = 100];

General::spell1: Possible spelling error: new symbol
name "Plit" is similar to existing symbol "Plot".
Set::wrsym: Symbol PlotPoints is Protected.
```

Il y a deux messages d'erreur en version 2:

• le premier message n'a pas pu être associé à un symbole précis connu du système, puisque la faute de frappe dénature justement le nom du symbole, et donc ce premier message est attribué à General. Le message spell1 attire l'attention : il peut s'agir d'une faute de frappe.

• le second message concerne PlotPoints. On remarquera qu'il n'est pas le même que précédemment bien que l'erreur soit la même. En effet, l'environnement a changé et cette fois, la fonction initiale n'a pas pu être identifiée. *Mathematica* signale tout de même, que quoiqu'il en soit, il risque bien d'y avoir un autre problème au sujet de PlotPoints.

En version 3. 0, il n'y a qu'un message d'erreur

```
Plit[{f[x], x, -x+2}, {x, -10, 10}, PlotPoints = 100];

Set::wrsym : Symbol PlotPoints is Protected.
```

Erreur 5 : *on veut représenter graphiquement plusieurs fonctions dont une qui n'est pas définie:*

```
Plot[{f[x], x, -x+2}, {x, -10, 10}, PlotPoints fi 100];

Plot::plnr:      CompiledFunction[{x},           f[x],
-CompiledCode-][x] is not a machine-size real number
at x = -10..

Plot::plnr:      CompiledFunction[{x},           f[x],
-CompiledCode-][x] is not a machine-size real number
at x = -9.79798.

Plot::plnr:      CompiledFunction[{x},           f[x],
-CompiledCode-][x] is not a machine-size real number
at x = -9.59596.

General::stop:
    Further output of Plot::plnr
    will be suppressed during this calculation.
```

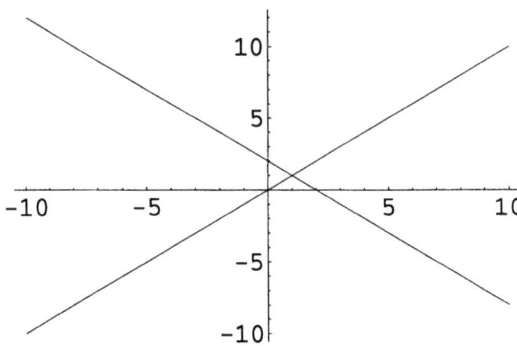

Il y a 4 messages d'erreur. Dans les trois premiers, la fonction concernée est Plot; le message est plnr (pour PlotNonReal); la fonction f n'a pas été définie donc f[x] n'a pas de valeur réelle. Le premier message a été émis pour x= -10, le second pour x = -9.79798 et le troisième pour x = -9.59596. Lorsque le même message est émis 3 fois de suite, il y a arrêt du processus d'évaluation de l'expression concernée. Cela ne veut pas forcément dire arrêt total. En effet, on constate que les deux droites représentant l'identité et la fonction affine définie par -x+2, sont bien, elles, représentées.

10. Contrôle et interruptions

Arrêter un calcul ou entrer dans une phase d'observation est un recours presque toujours possible en *Mathematica*. Les fonctions disponibles sont appelables par le menu Action dans la Version 2.2 et Kernel dans la version 3.0.

PARTIE I

Regard informatique
Sous ensemble du langage à connaître

`itereMilieux[depart, 4]`

Fonctions - I

Introduction

Afin de pouvoir concilier certaines parties des programmes parus au BO[1] et ainsi qu'il a été dit dans l'introduction, j'ai choisi de faire une légère entorse à l'ordre de présentation. J'ai partagé la rubrique "fonctions" en deux.

Une première partie est indispensable à la manipulation d'un système symbolique quel qu'il soit. Il s'agit des primitives et de la définition de fonctions utilisateur. C'est l'objet de ce chapitre-notebook.

La seconde partie concerne un premier pas vers la programmation applicative, sans laquelle les systèmes de calcul formel, considérés comme des calculettes performantes, sont relégués au stade d'outils à portée scientifique et pédagogique limitée. Cette seconde partie (incluant un avant goût sur les fonctionnelles, la récursivité, la programmation modulaire et les lambda fonctions) est située à l'endroit prescrit par les programmes au BO [1]. Cet éclatement est artificiel. Le reste du titre des programmes scolaires: "Sous-ensemble du langage à connaître", qui constitue l'essentiel de la programmation pour les langages procéduraux traditionnels, peut très bien être vu comme marginal. C'est en particulier le cas si on prend le point de vue programmation applicative pure ou par objets ou par règles. Le choix que j'ai fait doit donc être vu comme un compromis entre les programmes officiels [1] d'une part et les livres de références comme [2] et [6] ou une libre approche de *Mathematica* [*] et [**] d'autre part.

1. Primitives, application, retour et composée

Mathematica est composé de milliers de petites fonctions qui sont disponibles dès que *Mathematica* est chargé. Ces fonctions intégrées à *Mathematica* s'appellent des *primitives*. Les symboles qui les représentent commencent tous par une lettre majuscule. Leur *application retourne* un ou plusieurs résultats (graphiques, valeurs symboliques ou numériques, messages etc.), qui peuvent être des arguments dans l'application d'autres fonctions. Ces primitives se composent comme en mathématique et sont soumises aux mêmes règles de cohérence.

❡ Exemple 1

retour numérique, pour une composée d'une valeur approchée (N) et de $f(x)=\frac{\sqrt{x}}{2}$

$$N[\frac{\sqrt{\pi}}{2}]$$

0.886227

❡ Exemple 2

retour symbolique, pour l'intégration d'une exponentielle:

$$\int_0^\infty \text{Exp}[-x^2]\, dx$$

$$\frac{\sqrt{\pi}}{2}$$

❡ Exemple 3

retour d'un objet graphique

$$\text{Plot}\left[e^{-x^2}, \{x, 0, 4\}\right]$$

- Graphics -

La représentation graphique est une image de l'objet `-Graphics-`. Nous verrons au chapitre-notebook `Graphiques` ce que contient cet objet graphique.

💡 **Exemple 4**

retour d'une liste de règles, pour la résolution d'une équation polynomiale:

```
Solve[x² + x - 3 == 0]
```

$$\left\{\left\{x \to \frac{1}{2}\left(-1-\sqrt{13}\right)\right\}, \left\{x \to \frac{1}{2}\left(-1+\sqrt{13}\right)\right\}\right\}$$

Les primitives mathématiques fondamentales et inscrites au programme des classes préparatoires aux grandes écoles de 1995 et 1996 font l'objet d'une étude plus détaillée dans la suite de ce livre dans la seconde partie intitulée: "Regard mathématique: fonctionnalités".

2. Définition et application de fonctions utilisateurs

Comme on vient de le voir, l'utilisateur peut appliquer et composer les fonctions primitives sans avoir à donner explicitement un nom à ce qu'il manipule. Il peut tout aussi bien, s'il le souhaite, définir lui même des fonctions utilisateur en s'appuyant sur ces primitives ou d'autres fonctions qu'il a défini au préalable.

Il faut lire la suite ci-dessous comme un exemple de dialogue d'une *session*: définitions de fonction utilisateur et exemples d'applications de ces fonctions. Ensuite nous ferons quelques remarques concernant toutes ces définitions, réponses à des questions que le lecteur n'aura pas manqué de se poser.

■ 2.1 Exemples de définitions

💡 **Exemple 5**

```
f[x_] := (x + 1) Exp[x²]
```

$$g[x\_] := (x + 1) \, Log[x^2] - \frac{1}{x - 2}$$

$$x[t\_] := 2 \, Cos[t] - Sin\left[t - \frac{\pi}{4}\right]$$

```
A[h_] := f[h+x] - f[x]/h

F[x_] := Abs[f[x] - g[x]]

f[x_, y_] := √(x² + y²)
```

$$A = x\left[\frac{\pi}{2}\right] - x\left[\frac{\pi}{3}\right]$$

$$\frac{-1+\sqrt{3}}{2\sqrt{2}} - \frac{1}{\sqrt{2}} - 1$$

```
X = 3 x + 2
```

$$3x+2$$

```
foo[x_] := Abs[x (x-1)] + 1 /; x < 0

foo[x_] := Exp[x] + x Sin[x²] /; x ≥ 0

f1[x_Integer] := If[OddQ[x], 0, x/2 + 7]
```

Dans ces définitions, Abs représente la valeur absolue et OddQ teste les entiers impairs. À deux reprises, il s'est produit un retour. Où?

■ 2.2 Exemples d'application ou d'utilisation

۞ Exemple 6

```
f[2]
```

$$3e^4$$

```
f'[x]
```

$$2e^{x^2} x(x+1) + e^{x^2}$$

```
Limit[g[x], x → 0]
```

$$-\infty$$

```
F[t]
```

$$\left| e^{t^2}(t+1) - (t+1)\log(t^2) + \frac{1}{t-2} \right|$$

```
f[-1]
0
```

```
f[X]
```
$$e^{(3x+2)^2} (3x+3)$$

```
f[A]
```
$$\left(\frac{-1+\sqrt{3}}{2\sqrt{2}} - \frac{1}{\sqrt{2}}\right) e^{\left(\frac{-1+\sqrt{3}}{2\sqrt{2}} - \frac{1}{\sqrt{2}} - 1\right)^2}$$

```
N[%]
```
−3.65179

```
f[3, 4]
```
5

```
Plot[foo[x],{x,-1,π},
    AspectRatio-> Automatic]
```

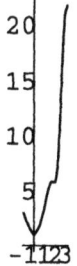

f1[3]	donne 0
f1[6]	donne 10
f1[π]	donne f1 (π)
f1[3/2]	donne f1 (3/2)
f1[2.4]	donne f1 (2.39999999999999991`)

■ 2.3 Remarques

A partir de ces quelques exemples où sont définis des fonctions et des symboles, voici quelques remarques dont les intitulés sont:

- Les x_
- Faut faire = ou := ?
- Demandes et définitions
- Quelques conventions. Exemple
- Indentation et espaces
- Parenthèses ( ), accolades { }, crochets [ ] et autres séparateurs

- Signes de ponctuation , et ;
- Domaine de définition et fonctions définies par intervalles
- Polymorphisme
- Retour

Les x_

Les variables mathématiques peuvent être vues comme des symboles que l'on remplace par des valeurs particulières le moment choisi. Lorsqu'on définit une fonction, on souhaite voir les variables être systématiquement remplacées par leur valeur (même symbolique). De telles variables (au sens mathématique du terme) sont représentées en informatique par des *filtres*. Les façons les plus courantes pour noter un filtre de nom x en informatique sont ?x ou x? ou encore _x ou x_. C'est cette dernière notation qui a été retenue en *Mathematica*. Bien que dans Maple les variables d'intégration soient désignées par _Ci, les entrées ne sont pas filtrées. Ceci amène l'utilisateur à jongler pour passer des expressions aux fonctions et une vigilance particulière est parfois demandée (cf par exemple [15]). CAML filtre les entrées. Toutefois ce langage informatique n'est pas un système de calcul formel car par exemple, il ne gère ni x+x ni f'(x) et encore moins f'(2).

ϕ Exemple 7

Par conséquent, si on définit f ainsi:

f[x_] := 3 x

cela veut dire que les valeurs filtrées lors de l'application seront appelées ensuite x dans toute la suite. Ainsi, dans le deuxième membre, 3 x désigne 3 fois la valeur filtrée (si on mettait x_ au deuxième membre on aurait 3 fois le filtre). Par exemple, on obtient ainsi f[2]:

f[2]

6

ou f (x):

f[x]

3 x

par contre, si on omettait le _, on obtiendrait juste f[x] mais pas le remplacement automatique de x par 2. En effet, si on définit g par:

g[x] := 3 x

alors:

2. Définition et application de fonctions utilisateurs

    g[2]

    $g(2)$

et g [2] n'est pas calculé. Par contre,

    g[x]

    $3x$

et la valeur de g(x) se manipule sans problème. Dans une autre expression, g(x) est bien remplacé par sa valeur:

    4 x + g[x]

    $7x$

Faut faire = ou := ?

Pour = comme pour := le membre de gauche se voit attribué la valeur du membre de droite. Dans le cas de := le membre de droite est évalué au moment de l'application de la fonction ainsi définie, tandis que pour = la valeur du membre de droite correspond à l'environnement au moment où la définition est faite. On utilise généralement := mais si on veut définir une fonction à partir de résultats antérieurs en utilisant %, il faut utiliser =. Pour plus de précisions, voir l'exemple 17.

▽ Exemple 8

En écrivant:

    f[x_] = Sin[x]

    $\sin(x)$

on définit la valeur de f [x] globalement, comme étant Sin [x] dans l'environnement du moment. Comme l'environnement est sans influence sur la valeur de Sin [x], cela revient au même que d'écrire la définition avec :=

f[2]	sin (2)
N[%]	0.9092974268256816957
f'[x]	cos (x)

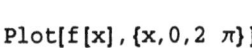 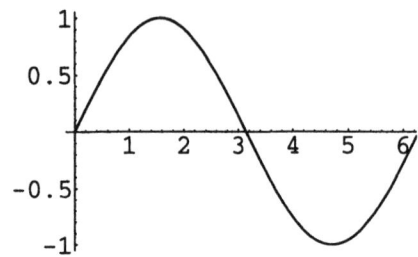

Demandes et définitions

La définition d'une fonction est un acte qu'il faut considérer comme une définition en mathématiques. De même qu'en mathématiques, donner une définition est sans effet immédiat sur le cours d'une démonstration, la définition d'une fonction en *Mathematica* par := ne fait rien qui se voit. Il n'y a pas de réponse à la demande de définition d'une fonction (sauf messages d'erreur si elle contient des impossibilités syntaxiques). Par contre, le symbole ainsi introduit remplace un processus plus complexe ou plus long à écrire.

Lorsque la fonction est appliquée lors d'une demande, l'expression est réécrite, les *paramètres* sont remplacées par les *arguments* et les autres symboles sont remplacés par les valeurs qu'ils ont dans l'environnement du calcul.

Quelques conventions. Exemple

Tous les symboles représentant les fonctions définies par l'utilisateur commencent par une minuscule et il n'y pas d'abréviation. C'est une discipline qui permet d'une part de ne pas mélanger les torchons (faits par l'utilisateur) et les serviettes (livrées dans *Mathematica*). Quant aux abréviations, c'est un problème de choix personnel fait pour mieux s'y retrouver dans une grande quantité de travail accumulé. Aucune de ces conventions n'est obligatoire.

Indentation et espaces

De même que l'on pose les additions plutôt verticalement qu'horizontalement lorsqu'on trouve que cela est plus lisible, on dispose souvent verticalement les différents arguments d'une fonction. Regarder par exemple la représentation graphique de l'exemple 6. Quels sont les arguments de Plot?Plot a trois arguments séparés par des virgules. Les espaces avant les crochets sont un reflexe-manie personnel qui facilite bien la relecture lorsque les choses se compliquent un peu, mais n'ont rien du tout d'obligatoire. Le tout est d'avoir un code dont la calligraphie soit assez éclairée afin que la structure des éléments manipulés se voit immédiatement. Cela facilite grandement la mise au point, le debug et surtout la relecture pour une utilisation ultérieure.

Dans les langages informatiques procéduraux, comme par exemple Turbo Pascal ou Fortran, l'objectif est l'écriture des programmes. Une fois que le programme tourne,

2. Définition et application de fonctions utilisateurs

on n'y touche plus (sauf en cas de problème et alors on a recours soit à un *gourou* chargé de comprendre ce qui se passe et d'y remédier, soit à un *patch* : on rustine localement pour que ça marche). Ici les choses sont différentes car il s'agit d'une construction perpétuelle comme en mathématiques. Il arrive assez souvent que l'on soit amené à regarder le code exactement comme on regarde les détails d'une démonstration en mathématiques, soit pour généraliser le code (en informatique) ou le théorème (en mathématiques), soit pour vérifier sa correction, soit pour l'utiliser comme modèle en face d'un problème analogue, ou encore l'intégrer totalement ou partiellement dans une autre démonstration (ou théorème) en l'adaptant légèrement.

Les espaces sont considérés comme des multiplications, y compris dans le cas d'un oubli d'une virgule entre deux paramètres ou arguments. Parfois il y a message d'erreur, parfois c'est seulement en vérifiant les résultats que l'on prend conscience de l'oubli d'une virgule.

Parenthèses ( ), accolades { } , crochets [ ] et autres séparateurs

> Les crochets marquent les applications de fonctions. Les parenthèses servent au regroupement d'expresssions. Les accolades sont utilisées pour les suites d'éléments ou encore les intervalles d'indexation ou d'intégration.

▽ Exemple 9

Pour faire la somme des carrés des 5 premiers entiers, on écrira:

```
Sum [i, {i, 1, 3}]
```

ou en version 3:

$$\sum_{i=1}^{5} i^2$$

55

en utilisant la palette BasicInput (menu File - item Palette)

▽ Exemple 10

Pour intégrer de 0 à π:

```
Integrate [x Sin [x], {x, 0, π}]
```

ou en version 3:

$$\int_0^\pi x \operatorname{Sin}[x]\, dx$$

en utilisant la palette BasicInput (menu File - item Palette)

✧ Exemple 11

Autre exemple, un couple d'éléments réels sera écrit:

    {1, 2}

et un triplet

    {x, y, z}

Signes de ponctuation , et ;

Les points-virgules séparent différentes applications de fonctions en empêchant l'affichage des valeurs retournées. Tandis que les virgules séparent les paramètres ou les arguments dans une définition ou dans un appel ou une application de fonction.

Domaine de définition et fonctions définies par intervalles

Plusieurs possibilités sont offertes pour définir des fonctions par intervalles ou sur un domaine de définition bien précisé (cf foo et f1). Soit on donne plusieurs définitions du même symbole, soit on donne une définition faisant intervenir une sélection (par exemple à l'aide de If). Cette dernière solution est souvent plus coûteuse (du point de vue de l'écriture et de la mise au point de la fonction et aussi du point de vue des temps d'exécution). Pour indiquer le domaine de définition, on peut soit filtrer les entrées en indiquant l'ensemble choisi (par exemple _Integer filtre les entiers) soit imposer des conditions en utilisant les deux caractères accolés "/;".

Polymorphisme

En mathématiques, deux fonctions de même expression, mais définies sur des domaines différents sont généralement considérées comme distinctes, sauf convention contraire. Toutefois, il arrive que l'on représente une fonction et sa restriction par le même symbole. De même, *Mathematica* considère comme distinctes diverses définitions d'un même symbole sur des espaces différents. Il accepte donc plusieurs définitions pour un même symbole. Un symbole f peut aussi représenter plusieurs fonctions suivant l'espace sur lequel elles travaillent. Voici un exemple:

✧ Exemple 12

Définition d'une fonction f:

```
f[x_] := 3 x² Cos[x]
```

Application de la fonction f; valeur en x:

```
f[x]
```
$$3 x^2 \cos(x)$$

Valeur en π/4:

```
f[π/4]
```
$$\frac{3\pi^2}{16\sqrt{2}}$$

Valeur approchée de la valeur en π/4:

```
N[f[π/4]]
```
1.308537037432289913

Valeurs en plusieurs points

```
f[Table[kπ/6, {k, 1, 8}]]
```
$$\{\frac{\pi^2}{8\sqrt{3}}, \frac{\pi^2}{6}, 0, -\frac{1}{3}(2\pi^2), -\frac{25\pi^2}{8\sqrt{3}}, -3\pi^2, -\frac{49\pi^2}{8\sqrt{3}}, -\frac{1}{3}(8\pi^2)\}$$

Définition d'une fonction f à deux variables avec le même symbole:

```
f[x_, y_] := a x² + b y x + c y²
```

et d'une fonction sur les entiers, toujours avec le même symbole:

```
f[x_Integer] := x + 1
```

Mathematica garde ces trois définitions pour f dans l'ordre *du plus simple au plus compliqué.*

```
? f

Global`f

f[x_Integer] := x + 1

f[x_] := 3*x^2*Cos[x]

f[x_, y_] := a*x^2 + b*x*y + c*y^2
```

Il n'y a donc par d'écrasement d'une fonction par une autre.

Mais:

si on redéfinit f sans plus de précision sur un espace à une dimension, c'est cette nouvelle définition qui sera choisie pour ce cas.

```
f[x_] := (x + 1)/(x - 1)

? f

Global`f

f[x_Integer] := x + 1

f[x_] := (x + 1)/(x - 1)

f[x_, y_] := a*x^2 + b*x*y + c*y^2
```

Lors de l'application de f, *Mathematica* choisit la première expression pour laquelle la fonction a un sens. C'est la définition pour les entiers qui est choisie.

```
f[3]

4
```

car 3 est entier. De même:

$$f\left[\frac{1}{3} + \frac{1}{2}\right]$$

−11

car la fonction est appliquée sur un seul argument et cet argument (1/3 + 1/2) n'est pas un entier.

De même:

```
f[1.4]

6.
```

tandis que

$$f\left[\frac{1}{3} + \frac{2}{3}\right]$$

2

en effet, *Mathematica* évalue d'abord 1/3 + 2/3, il simplifie le résultat en 1, puis applique la fonction f à la valeur trouvée qui est entière.

Le même symbole a aussi été défini comme une fonction de deux variables

```
f[x, y]
```
$$a x^2 + b x y + c y^2$$

et:

```
f[2, 3]
```
$$4a + 6b + 9c$$

Les variables sont remplacées par 2 et 3 respectivement et *Mathematica* prend la définition adéquate.

Si maintenant les autres symboles sont définis comme étant constants:

```
a = 1; b = -5; c = m;
```

alors

```
f[2, 3]
```
$$9m - 26$$

Une redéfinition de ces constantes redonne pour f[2, 3] une autre valeur:

```
a = m; b = -5 m; c = -3 m;

f[2, 3]
```
$$-53 m$$

Toutefois,

```
f[1, 2, 3]
```
$$f(1, 2, 3)$$

n'est pas reconnue, car f est appliquée sur 3 arguments et *Mathematica* n'a pas de définition correspondante.

Enfin,

```
f[couleur]
```
$$\frac{\text{couleur} + 1}{\text{couleur} - 1}$$

est le résultat obtenu pour l'application de cette fonction. Ceci aura un sens si le symbole couleur est codé en un nombre entier ou autre, mais sera retourné tel que dans les autres cas.

Ambiguïté

Que se passe-t-il si f est défini avec une ambiguïté? Par exemple, f est définie en plus par deux formules différentes sur l'intervalle [0, 1]:

```
f[x_] := x /; x ≥ 0 && x ≤ 2

f[x_] := 1/x /; x ≥ -1 && x ≤ 1

? f
Global`f

f[x_Integer] := x + 1

f[x_] := x /; x >= 0 && x <= 2

f[x_] := 1/x /; x >= -1 && x <= 1

f[x_] := (x + 1)/(x - 1)

f[x_, y_] := a*x^2 + b*x*y + c*y^2
```

on aura:

```
f[1]
2
```

et

```
f[0.5]
0.5
```

Mathematica applique la première définition attachée au symbole f et convenant.

Conclusion:

> Au cas où un même symbole représente plusieurs fonctions différentes, pour comprendre les choix de *Mathematica*, il faut penser à demander les définitions associées à ce symbole. Les définitions *les plus simples* sont rangées en premier.

Retour

Définir une fonction ne retourne rien lorsque := est utilisé. Appliquer une fonction retourne la valeur que l'auteur de la fonction a choisit de retourner. Définir un symbole retourne sa valeur.

2. Définition et application de fonctions utilisateurs

De même que les primitives retournent des objets de natures différentes qui sont réutilisés par d'autres primitives, les fonctions utilisateur peuvent retourner toutes sortes d'objets. Ces valeurs retournées lors de l'application des fonctions (généralement la ou les dernières valeurs du corps de la fonction), sont fondamentales dans le processus de dialogue avec le système. Dans d'autres langages informatiques, ne disposant pas de possibilité d'interaction, on est obligé de nommer les éléments manipulés ou bien on est forcé de les imprimer. Par exemple, supposons que l'on souhaite écrire une fonction qui associe à un élément quelconque son signe si cela a un sens. En *Mathematica*, on écrira simplement:

ϕ Exemple 13

définitions:

```
signe[x_] := "+" /; x > 0

signe[x_] := "-" /; x < 0

signe[0] = "+ ou - au choix";
```

exemples d'application:

```
signe[2]
+

signe[-7.5]
-

signe[0]
+ ou – au choix

signe[ 3/2 ]
+

signe[√2 ]
signe(√2)
```

en effet, Sqrt [2] est symbolique donc sa comparaison à 0 n'a pas de sens. Mais:

```
signe[N[√2 ]]
+
```

de même:

```
signe[π]
```
+

mais:
```
signe[tartanpion]
```
signe(tartanpion)

```
signe[N[tartanpion]]
```
signe(tartanpion)

et
```
signe [I]
Greater::nord : Invalid comparison with I attempted.
Less::nord : Invalid comparison with I attempted.
signe[I]
```

> On remarquera qu'on a obtenu tous les renseignements désirés sans faire la moindre commande Print. On n'a pas non plus été obligé de donner un nom aux résultats, pas plus qu'on a été obligé de les "mettre dans des variables".

■ 2.4 De la définition à l'application: concepts, vocabulaire et fonctionnement

Ici, il s'agit d'expliciter l'implicite. Par exemple, dans les commentaires de [1], on lit p. 227: "*le seul mode exigible de passage des arguments est le passage par valeurs*" Qu'est-ce que cela veut dire? Et est-ce qu'avec *Mathematica* on est bien dans les normes? Nous commencerons par préciser le vocabulaire utile, puis nous prendrons, pour fixer les idées un exemple classique. Ensuite nous chercherons à comprendre les tenants et aboutissants de ces situations et enfin nous indiquerons le comportement standard de *Mathematica* face à ces situations et comment éventuellement le détourner pour lui faire faire ce que l'on veut.

2. Définition et application de fonctions utilisateurs

Paramètre ou argument?

Le paradigme applicatif étant incontournable dans les systèmes de calcul formel, je retiendrai, parmi tout ce que l'on peut trouver à ce sujet dans la littérature, les définitions en vigueur dans cette école de programmation et tout particulièrement celles qui se trouvent dans l'ouvrage de base d'Emmanuel Saint James [11]. Il distingue ainsi ces deux termes, page 66:

"Définition 24: un paramètre est un identificateur figurant dans l'en-tête d'une fonction écrite en langage évolué.

Définition 25: un argument est une expression figurant dans un appel de fonction."

ϙ Exemple 14

La fonction f définie ci-dessous a un *paramètre* x:

```
f[x_] := (x+1) Exp[x²]
```

La valeur de f en -1 s'obtient par application de f. L'*argument* de f est alors -1. La valeur de f en x s'obtient pour la valeur x de l'argument:

```
f[-1]
0

f[x]
```
$e^{x^2} (x+1)$

On voit donc que x peut être considéré comme paramètre ou comme argument suivant les circonstances. En *Mathematica*, de nombreuses fonctions admettent un nombre quelconque d'arguments. C'est en particulier le cas de Plot qui permet de tracer les représentations de fonctions réelles à valeurs réelles dans le plan. On peut en effet effectuer un tracé avec le nombre d'options que l'on veut et en plus dans l'ordre ou l'on veut.

Notations: dans la littérature, les paramètres sont parfois appelés paramètres *formels*, quant aux arguments, il sont ausi appelés *paramètres réels* ou *effectifs*.

Passage des arguments par valeurs, passage par adresse (ou par référence)

Cette remarque s'adresse seulement, il me semble, aux personnes qui ont pratiqué ou pratiquent le langage Pascal. En effet, dans ce langage, comme dans d'autres langages informatiques procéduraux, le fil directeur de la pensée est "la case mémoire" et la "variable", entité abstraite qui représente le contenu de la case mémoire à un instant donné. Les procédures (respectivement fonctions), listes d'instructions de changement de la mémoire ou de commandes des périphériques, doivent être définies suivant une syntaxe rigoureuse:

procédure <identificateur><liste des paramètres et de leur type>

(respectivement

function <identificateur><liste des paramètres et de leur type><:type du retour>)

Dans la liste des paramètres, on distingue les *paramètres d'entrée* dont la valeur est exploitée mais pas modifiée et les paramètres *d'entrée-sortie*, donc modifiables (on dit aussi *variables*). Les paramètres variables sont déclarés précédés du mot (réservé) VAR. Les variables correspondant aux paramètres d'entrée-sortie variables contiennent les résultats; leur valeur initiale peut ou non être exploitée.

Il existe d'autres langages procéduraux où la notion de paramètre variable n'existe pas: le langage C par exemple.

Quoiqu'il en soit, en Pascal, pour mettre des éléments dans les cases, à usage prédéfini par un système de typage, on utilise l'affectation. Il y a deux moyens d'accéder au contenu des cases: soit directement en indiquant l'adresse, soit indirectement en modifiant le contenu de la variable qui la représente.

Lorsque *"les paramètres sont passés par valeur"*, ils peuvent être utilisés et modifiés localement, mais la valeur réelle, en dehors de la procédure, n'est pas modifiée. S'ils sont *"passés par adresse"*, (on dit encore par *référence*), il est alors possible de modifier leur valeur globale. De façon pratique, la distinction entre les deux modes de passages se fait au niveau de la déclaration de la procédure par la présence ou non du mot réservé VAR.

Un exemple classique en Pascal

Ecrire une procédure qui échange le contenu de deux variables fait partie des exemples traditionnels. Que peut-on faire en effet avec des cases mémoires? Les remplir, les vider et les échanger sont les premières opérations élémentaires auxquelles on peut penser.

Voici deux façons classiques d'écrire une procédure d'échange.

```
procedure ECHANGER1 (Var A, B : integer);
  Var
    tampon: integer;
  begin
    tampon := A; A := B; B := tampon
  end;

procedure ECHANGER2 (adresseA, adresseB : pointeurs);
  Var
    tampon: integer;
  begin
    tampon := adresseA^; adresseA^ :=adresseB^;
adresseB^ := tampon
  end;
```

La première procédure utilise des paramètres variables dans un processus par passage d'adresse. Lors de l'application de cette procédure, les contenus des cases mémoires représentées par A et B sont échangées. Si par exemple:

a := 5;

b := 1;

ECHANGER1 (a, b)

a pour effet de mettre 5 dans la case qui est représentée par b et 1 dans celle qui est représentée par a. Les valeurs des arguments a et b sont changées. La seconde procédure a pour effet de changer le contenu des cases se trouvant à l'adresse adresseA et adresseB. Par contre, adresseA et adresseB ne sont pas modifiées; adresseA^ désigne en effet le contenu de la case à l'adresse de A.

a := 5;

b := 1;

ECHANGER2 (@a, @b);

La première procédure correspond à un passage par adresse, la seconde procédure à un passage par valeur (bien qu'elle s'applique à des adresses). Dans le second cas, en effet, l'application de la procédure ne touche pas aux arguments (les adresses) mais transforme les contenus des cases mémoires se trouvant à ces adresses. Pour réaliser ce changement en utilisant exclusivement des paramètres d'entrée, on passe donc en argument les adresses des variables et non pas leur valeur, ce qui est quelque peu déroutant sur le plan du vocabulaire.

Habitudes programmatoires et réalité mathématique

Le désarroi peut être plus profond. Par exemple, voici une phrase que tout pratiquant de TurboPascal comprend bien: *"Ainsi pour échanger le contenu de deux entiers, ..."* *p. 141 [24]*(ceci veut dire: "Ainsi pour échanger le contenu des cases mémoires situées dans la zone dédiée aux entiers et représentées par des variables ayant le type entier"). Mais pour le mathématicien, quel sens cela pourrait-il avoir?

Mathematica est assez souple pour autoriser tous les paradigmes de programmation (procédural, fonctionnel, par objets et par règles). De même qu'en mathématiques, et suivant les circonstances, on utilise différentes sortes de raisonnement adaptées au problème posé et des théorèmes variés, en *Mathematica*, être efficace, c'est avant tout adopter le paradigme le mieux adapté au problème posé, c'est-à-dire le plus mathématique au sens: le plus simple possible, le plus généralisable possible. Les habitués de Turbo Pascal, afin de profiter au mieux de *Mathematica*, devront faire un effort particulier pour considérer les problèmes sous tous leurs aspects et s'aventurer hors des chemins et habitudes programmatoires, en restant près de la pensée mathématique. Reprenons l'exemple précédent. Quel sens mathématique cela peut-il avoir de "changer le contenu de deux cases mémoires?" Dans quelles circonstances est-on appelé à effectuer ce changement et pourquoi? Mathématiquement l'idée la plus proche consiste à permuter deux éléments d'un ensemble. En représentant les éléments de l'ensemble par une liste, il s'agit alors d'appliquer une transformation et on écrira tout simplement:

۞ Exemple 15

```
{M1, A, M3, B, M5} /. {A → B, B → A}
```
{M1, *B*, M3, *A*, M5}

S'il s'agit simplement de permuter A et B, on écrira:

```
RotateLeft[{A, B}]
```
{*B*, *A*}

ou on définira la fonction:

```
échanger[{a_, b_}] := {b, a}

échanger[{3, b}]
```
{b, 3}

```
échanger[{p, q}]
```
{q, p}

⊖ En *Mathematica*, écrire des procédures telles que ECHANGER1 ou ECHANGER2, risque donc bien de ne pas se présenter du tout. Toutefois, ceux qui voudraient tout

2. Définition et application de fonctions utilisateurs

de même le faire doivent être mis en garde. Écrire une fonction à la Pascal-like, sans plus de réflexion comme:

- ☺ `echanger1[a_, b_] :=`
  `tampon = a; a = b; b = tampon`

provoque *des effets de bord,* c'est-à-dire des résultats non souhaités. En effet, considérons une situation où aucun des symboles n'a de valeur spécifique

a	a
b	b
tampon	tampon

Appliquons la fonction echanger1:

`echanger1[a, b]`

a

Première surprise, la valeur du retour de la fonction est a. Deuxième surprise, a et b n'ont pas été échangés. Troisième surprise, tampon a pris la valeur a.

a	a
b	b
tampon	a

En effet, lorsque la fonction est appliquée, tampon valeur globale prend la valeur a. En tant que valeur globale a n'est pas affectée, pas plus que b d'ailleurs. Le retour de la fonction est la valeur de la dernière expression, qui est tampon, mais tampon vaut a donc le retour est a.

- ☻ D'aucun dirons, "repartons d'un bon pied" et commencerons par:

  `Clear[A, a, B, b, tampon]`

- ☻ Mais alors direz-vous, *Mathematica* n'obéit pas? On pourrait peut-être mettre un `Print` pour voir ce qui se passe?

  - ☺ `echanger2[a_, b_] :=`
    `(tampon = a; a = b; b = tampon;`
    `  Print[a, " ", b, " ", tampon])`

- ☻ Et appliquons la fonction modifiée

  `echanger2[a, b]`

  b b b

 !

Eh bien oui. Lorsque la demande `echanger2[a,b]` est faite, le filtre `a_` est remplacé par a localement, c'est-à-dire pour toutes les opérations définies dans la fonction. Donc tampon prend la valeur a; puis a prend la valeur b, puis b prend la valeur tampon, mais tampon vaut a, qui lui même vaut b comme on vient de le voir, d'où le résultat.

☉ Le plus grave dans l'affaire, c'est que des valeurs ont été liées par effet de bord. Ces liaisons demeurent:

a	b
b	b
tampon	b

Conclusion

Lorsqu'un problème se pose, comprendre sa portée et voir sa signification. Choisir parmi les possibilités offertes la plus approchante est un bon réflexe. Imaginer qu'une simple traduction d'habitudes pascaliennes ou autres va marcher est illusoire.

3. Un peu de ménage ...

Nous avons vu que moins on lie les symboles et moins on risque d'erreurs. Nous verrons dans le chapitre-notebook Fonctions-II comment travailler avec des fonctions sans leur donner de nom, c'est-à-dire sans leur attribuer un symbole. Toutefois, il arrive que l'on soit amené à le faire. Voici comment faire l'opération inverse et comment libérer les symboles consommés:

▽ **Exemple 16**

```
Clear[f, g, x, X, A, B, F, a, b, c, signe, echanger1,
    echanger2]
```

cette demande a pour effet de couper les liens de ces symboles avec leurs valeurs éventuelles (on a vu qu'il pouvait y en avoir plusieurs pour un symbole donné dans le paragraphe sur le polymorphisme). Cela n'a aucun effet sur les attributs donnés éventuellement aux fonctions en cours de route. Les symboles nettoyés de leur valeur continuent à être connus du système avec les attributs aloués. Pour enlever complètement le symbole du système, c'est la primitive Remove qu'il faut employer quant aux attributs, c'est la fonction ClearAttributes qu'il y a lieu d'appliquer.

4. Conclusion

En présence d'un problème à traiter par informatique, deux attitudes sont possibles:

- si on a une pratique d'autres langages et en particulier, je pense aux enseignants ayant pratiqué Turbo Pascal, on peut penser suivant cette pratique, puis essayer d'adapter ce que l'on ferait en Turbo Pascal pour écrire un programme en *Mathematica*. Il y a quelques rares cas où cela est possible, mais dans la plupart des cas, cela s'avère plus un détour complexe, moins efficace qu'une approche directe et surtout c'est assez décevant. En effet, d'une part on se prive des possibilités offertes par *Mathematica* qui sont beaucoup plus vastes que celle de Turbo Pascal et d'autre part, *Mathematica* ne réagit pas du tout comme le compilateur de Turbo Pascal;

- une alternative consiste à analyser la démarche de sa pensée sur le plan mathématique et à trouver parmi les possibilités offertes par *Mathematica* celle qui, à chaque instant, est le mieux adaptée à la situation.

Dans tous les cas et puisqu'il s'agit ici d'un chapitre-notebook sur les fonctions:

> - on s'attachera à voir si le problème mathématique posé relève bien d'une approche fonctionnelle ou non (par exemple si on manipule des relations on choisira plutôt le paradigme objet sans chercher à décomposer la relation en fonctions);
>
> - on regardera s'il est utile de nommer la fonction manipulée ou non (dans ce dernier cas on se rapportera à fonctions-II);
>
> - on distinguera la fonction f de sa valeur f(x) en un point; autrement dit, on distinguera le symbole f de l'expression f(x);
>
> - on analysera soigneusement ensemble de départ et d'arrivée de la fonction à définir ou de celle que l'on doit appliquer; autrement dit on connaîtra avec précision les éléments sur lesquels opère la fonction ainsi que la nature de ceux qu'elle retourne. S'il s'agit d'un opérateur entre espaces fonctionnels, on se rapportera au notebook fonctions-II qui se situe à la fin de cette première partie;
>
> - Enfin on prendra connaissance ou conscience de la façon dont la fonction traite ses arguments: les évalue-t-elle ou non? Par défaut les fonctions utilisateurs évaluent leur arguments. Cette propriété peut être modifiée par l'application d'une fonctionnelle de la famille Hold. En ce qui concerne les primitives, pour savoir comment elles réagissent il suffit de leur demander.
>
> Par exemple, pour bien comprendre la différence entre = et :=, il suffit de demander à Mathemetica les renseignements utiles.

◊ **Exemple 17**

```
? =
```

```
lhs = rhs evaluates rhs and assigns the result to be the value
of lhs. From then on, lhs is replaced by rhs whenever it
appears. {l1, l2,...} = {r1, r2, ...} evaluates the ri, and
assigns the results to be the values of the corresponding li.
Attributes[Set] = {HoldFirst, Protected}
```

Traduction adaptée

lhs = rhs évalue rhs (membre de droite et donne cette valeur à lhs (membre de gauche). À partir de là, lhs est remplacé par cette valeur toutes les fois où il apparait. {l1, l2,...} = {r1, r2, ...} évalue les ri, et affecte ces valeurs comme étant celles des li.

```
? :=
```

```
lhs := rhs assigns rhs to be the delayed value of lhs. rhs is
maintained in an unevaluated form. When lhs appears, it is
replaced by rhs, evaluated afresh each time.
Attributes[SetDelayed] = {HoldAll, Protected}
```

Traduction adaptée

lhs := rhs affecte à lhs (membre de gauche) la valeur différée de rhs. rhs n'est pas évalué. Quand lhs apparaît, il est remplacé par la valeur de rhs qui est évalué à chaque fois.

On remarquera que = (Set) n'évalue pas le membre de gauche (HoldFirst) mais évalue le membre de droite au moment de sa définition, tandis que := (SetDelayed) n'évalue ni le membre de droite, ni le membre de gauche (HoldAll), à l'instant de la définition. Lorsque le membre de gauche est invoqué directement dans une demande ou bien indirectement au cours d'un calcul, le membre de droite est évalué dans le cadre de l'environnement d'application s'il s'agit de :=. S'il s'agit de =, lorsque le membre de gauche est invoqué, il est remplacé par la valeur qu'a le membre de droite au moment de la définition du membre de gauche par =.

La différence entre := et = se retrouve de façon analogue entre -> et :> et ^= et ^:= Il n'y a pas d'équivalent en Turbo Pascal. On peut comparer cela avec le fait qu'en mathématiques il arrive que dans un cacul, on garde une expression sous une forme aussi longtemps que l'on souhaite, puis le moment venu, on choisit de la remplacer par une forme équivalente. Autre analogie, en physique on fait les calculs sous forme littérale aussi longtemps que désiré, puis le moment venu, on passe aux applications numériques en remplaçant les formules littérales par les valeurs numériques spécifiques au problème.

Variables

Introduction

Afin de tenir compte des recommandations jointes aux B. O. [1] et en particulier: *"Les étudiants doivent connaître la distinction qui existe entre les variables globales et les variables locales"* (B.O. [1] p. 227), avant de détailler le contenu de la rubrique "Variables", il paraît intéressant de préciser cette distinction.

1. Variables globales, variables locales

■ Introduction

Historiquement, au tout début de l'informatique, le dialogue avec les machines s'effectuait au plus *bas* niveau, c'est-à-dire le plus près du langage binaire, seul alors compris par les machines. Le vocabulaire traduit donc des habitudes de techniques matérielles et logicielles issues de ces origines. C'est pourquoi le sens des mots issus du langage naturel et adaptés aux circonstances originelles, peut ne pas avoir le même sens qu'en mathématiques.

- Par exemple, la variable x en mathématiques est un symbole qui peut être manipulé en tant que tel ou remplacé par un autre symbole, une valeur numérique ou une expression algébrique, etc.

- En informatique, le mot *variable* représentait à l'origine *une case mémoire* dans laquelle on mettait des valeurs numériques qui *s'écrasaient*. L'utilisateur gérait à la main la répartition des nombres en prévoyant à l'avance ce dont il aurait besoin. Ainsi, il devait *déclarer* les nombres entiers (par exemple limités entre -32768 et 32767 en TurboPascal sur la plupart des machines) parce qu'ils étaient représentés par *deux octets* en mémoire en ayant soin de les distinguer des *flottants* ou *réels* qui en fait n'étaient que des décimaux, mais beaucoup plus gourmands côté mémoire, que les entiers.

Maintenant, d'une part, les langages informatiques évolués gèrent automatiquement l'organisation de la mémoire, d'autre part, la *mémoire virtuelle*, espace disque utilisé pour cette gestion, étend considérablement la notion de mémoire, autrefois limitée aux contingences physiques de la machine. En particulier, *Mathematica* gère dynamiquement la mémoire et vouloir l'utiliser avec des représentations conceptuelles informatiques non adaptées, et en particulier celles de "case mémoire" et "d'écrasement" est source de complications et de déceptions pour l'utilisateur. C'est un petit peu comme si on voulait faire démarrer une Mercédès tous les matins à la manivelle.

> Mathematica manipule essentiellement des fonctions représentées par des symboles et la notion de variable, au sens initial informatique du terme y est donc marginale.

Toutefois, il y a lieu d'être très attentif aux espaces sur lesquels ces fonctions travailllent, ce que les informaticiens appellent la représentation des données. En mathématiques, il arrive parfois que pour clarifier la situation, on nomme les éléments ou un groupe d'éléments de l'espace de départ (et que les informaticiens appellent *données*) ou encore de l'espace d'arrivée (que les informaticiens appellent *sorties*). Par exemple, on écrit en mathématiques: "On appelle E l'espace vectoriel ..." ou encore: "Soit A = f(x) - g(x) ..."; en informatique symbolique, dans ce cadre particulier, les symboles E et A seront plutôt appelés des variables.

De façon générale, les objets mathématiques peuvent avoir une valeur (par exemple, x vaut 3) ou des propriétés (par exemple, un triangle est isocèle). Valeurs comme propriétés sont relatives à une situation, c'est-à-dire toute une théorie (comme en mathématiques, i dans le corps des complexes ou bien e, valeur de la fonction exponentielle en 1) ou encore elles existent localement, dans le cours d'une démonstration par exemple (en mathématiques, on utilise: "on pose a = ..." ou "soit a = ..."). C'est pourquoi, on distinguera en informatique les variables globales (pour l'ensemble d'un programme - on dit encore *statiques*) des valeurs locales (valeurs momentanées voulues par le programmeur) des valeurs différées (valeurs dépendants de l'environnement du moment - on dit encore *dynamiques*). De la même façon on distinguera des propriétés globales statiques de propriétés locales et dynamiques.

Dernier point, de même qu'il peut ne pas être utile de dépenser un symbole pour nommer une fonction, comme on le verra dans *fonctions - II*, il peut ne pas être utile de donner un nom (et encore moins de chercher à attribuer une case mémoire) à une expression pour la manipuler. Par exemple, comme en mathématiques, pour connaître la valeur d'une expression pour une valeur de la variable, il n'est pas utile de donner un nom à une expression, comme il a déjà été vu au chapitre-notebook précédent. En effet, il suffit de substituer à la variable, la valeur souhaitée.

ϙ **Exemple 1**

$$5 x^2 - \text{Cos}[x] + 3 \ /. \ x \to \frac{\pi}{2}$$

$$3 + \frac{5 \pi^2}{4}$$

> Substituer x par x0 dans A [x] s'écrit: A [x] /. x -> x0.

1. Variables globales, variables locales

> De façon plus générale, pour faire opérer des règles de transformations ou règles de réécriture, on notera:
>
> A /. Règles

Cette opération peut également s'effectuer de façon instantanée (- >) en version 2 et (→) en version 3 ou de façon différée (:>) en version 2 et (:↦) en version 3. Dans ce dernier cas, les règles s'adaptent alors à l'environnement.

Dans le cadre de cet ouvrage, et pour rester aussi près des programmes scolaires que possible, nous nous attacherons à mettre en évidence seulement certaines de ces possibilités.

■ 1.1 Variable globale

Les variables globales utilisées par *Mathematica* commencent toutes par un dollar. Par exemple, $Version donne le numéro de la version de *Mathematica* avec laquelle on travaille.

۞ Exemple 2

Les premiers notebook ont été réalisés avec la version:

```
$Version
Macintosh 2.2 (May 4, 1993)
```

Et la reprise et la mise en page avec la version:

```
$Version
Power Macintosh 3.0 (September 26, 1996)
```

et

```
Power Macintosh 3.0 (October 5, 1996)
```

۞ Exemple 3

Les premiers notebook ont été réalisés avec un Mac de précision:

```
$MachinePrecision
19
```

Et la reprise et la mise en page avec un Mac de précision:

| $MachinePrecision | 16 |

16 est donc la précision de la machine avec laquelle ce livre a finalement été réalisé. Si l'utilisateur a besoin de telles variables globales, il peut en définir mais il est sage qu'il choisisse une convention, pour distinguer ces symboles qui ont toujours la même valeur des autres symboles qui, suivant l'environnement, prennent des valeurs différentes.

> ⚠ ⚠ ⚠ En effet, la principale source d'erreur de manipulation de *Mathematica* provient d'un abus d'utilisation de variables définies par l'utilisateur.

Il arrive que celui-ci donne plusieurs fois le même nom à des choses différentes (ce que *Mathematica* peut interpréter à sa façon) ou encore qu'il ait moins bien en tête que *Mathematica*, tous les liens qu'il a créés au fur et à mesure de l'avancement de la session, ainsi que les conséquences de ces liens.

> Attribuer à un symbole, une valeur définitive unique globale, se fait avec =

ϙ Exemple 4

```
A = 3
3
```

A vaut 3 pour toujours (jusqu'au prochain A =) et sera remplacé systématiquement par 3 dans tout calcul ultérieur en particulier si on écrit A et que l'on valide, on a:

```
A
3
```

■ 1.2 Propriétés globales

Un objet mathématique a généralement plusieurs propriétés.

> Attacher à un symbole, une caractéristique fixée (les informaticiens disent *attribut*), se fait avec ^=

ϙ Exemple 5

```
coordonnées[B] ^= {4, 5}
{4, 5}

couleur[B] ^= rouge
rouge
```

1. Variables globales, variables locales

```
forme[B] ^= croisillon
croisillon
```

Toutefois, ceci n'a pas pour effet d'affecter une valeur à B. en effet:

```
B
B
```

Ceci ne veut pas dire que les informations sont perdues. En effet, le système connaît B:

```
? B
Global`B
coordonnées[B] ^= {4, 5}
couleur[B] ^= rouge
forme[B] ^= croisillon
```

et on peut obtenir toutes les informations précédentes, par exemple la couleur de B

```
couleur[B]
rouge
```

et on remarquera la différence entre A (qui a une valeur mais pas de propriété) et B (qui a des propriétés mais pas de valeur):

```
? A
Global`A
A = 3
```

lorsqu'un symbole s'est vu attribué une valeur globale, il n'est plus possible de lui attacher des propriétés:

```
couleur[A] ^= rouge
UpSet::write : Tag Integer in
   couleur[3] is Protected.
rouge
```

en effet, A est remplacé systématiquement par sa valeur et le nombre 3 n'a pas la propriété d'être rouge. On a donc toujours:

```
? A
Global`A
A = 3
```

■ 1.3 Variable locale

On peut donner localement un nom à une expression ou plus exactement utiliser un symbole pour la représenter :

✧ Exemple 6

a priori, x n'est pas connu de *Mathematica*, pas plus que y ou z.

```
x
x
```

Il peut arriver qu'on souhaite calculer différentes expressions pour un même jeu de valeur des variables. Voici une façon de faire :

```
{x + y + z, x y z, (x^y)^z} /. {x → 3, y → 5, z → 4}
{12, 60, 3486784401}
```

et en voici une autre :

```
With[{x = 3, y = 5, z = 4}, {x + y + z, x y z, (x^y)^z}]
{12, 60, 3486784401}
```

et après ces demandes, x, y et z ne sont plus connus de *Mathematica* :

```
{x, y, z}
{x, y, z}
```

Si la variable a une valeur avant une telle demande, elle est prise en compte localement :

```
{A = 10, B = 20}
{10, 20}
```

A et B valent 10 et 20 respectivement.

```
With[{A = 3, y = 5}, {A + B + y, A B y, A B}]
{28, 300, 60}
```

1. Variables globales, variables locales

Dans les calculs demandés, A est remplacé par 3 et B par 20. Ensuite, A et B reprennent leurs valeurs.

{A, B}

{10, 20}

Par contre lorsque l'on fait opérer des règles, l'expression est d'abord évaluée et ce sont les valeurs globales qui sont retenues:

{A + B + y, A B y, A B} /. {A → 3, y → 5}

{35, 1000, 200}

et les valeurs de A et B sont bien sûr inchangées:

{A, B}

{10, 20}

■ 1.4 Variable dépendant de l'environnement

Bien souvent, on souhaite que la valeur d'un objet s'adapte à son environnement, c'est-à-dire les valeurs des autres symboles à ce moment là, et aussi à son objectif. C'est en particulier le cas des fonctions. En mathématiques, on passe de l'expression f (x) = x^2 − 1, par exemple, à f (2) =3 en remplaçant x par 2. Mais si on veut la valeur de la dérivée en 2, on aimerait bien, pour le calcul de la dérivée, que f(x) reste sous sa forme symbolique et ensuite seulement, que x soit remplacé par 2. Si de plus on considère la fonction définie par f(x) = $m x^2$ − 1, où m est un paramètre, on aimerait bien obtenir 15 pour la valeur de f(2) lorsque m vaut 4, mais si le paramètre vaut 3, on aimerait obtenir la valeur 11. Pour que la valeur de l'expression soit calculée dynamiquement au moment où elle est utilisée et non pas, comme dans le cas des affectations globales, une fois pour toutes, *Mathematica* offre :=

> *Attribuer à un symbole, une expression qui va être évaluée suivant l'environnement, se fait avec* :=

Voici un couple {x, y} pour lequel les composantes ne suivent pas le même traitement:

▽ Exemple 7

A = 3

3

{X := A + π, Y = A + π};

A cet instant la valeur de A et celle de B sont les mêmes:

{X, Y}

{3 + π, 3 + π}

Mais si la valeur de A est modifiée:

A = 5;

alors ces deux symboles prennent des valeurs différentes

{X, Y}

{5 + π, 3 + π}

En effet, Y=A+π est appliqué définitivement avec les valeurs qu'ont tous les symboles au moment où = est écrit. Dans notre exemple, A vaut 3 quand Y=A+π est écrit.

Par contre, X:=A+π indique au système que, dans la suite, lorsque X sera utilisé, pour avoir sa valeur, il faudra remplacer A par sa valeur. C'est pourquoi, quand A vaut 3, X vaut 3+π et quand A vaut 5, X vaut 5+π. La répercussion est la même sur tous les calculs qui font intervenir A et B. En voici quelques exemples:

{(X + B)^2, (Y + B)^2}

{(25 + π)^2, (23 + π)^2}

$\left\{ (X + B)^2 \text{ /. } B \to \frac{1}{2}, (Y + B)^2 \text{ /. } B \to \frac{1}{2} \right\}$

{(25 + π)^2, (23 + π)^2}

La souplesse qui en résulte et qui n'existe pas dans les langages procéduraux traditionnels, est par contre bien connue des lispiens qui l'ont implémentée les premiers et qu'ils ont appelée *évaluation dynamique ou différée*.

■ 1.5 Conclusion

La distinction entre = et := se retrouve de la même façon entre ^= et ^:= ou encore entre -> et :>.

En résumé:

- Attribuer à un symbole, une valeur définitive se fait avec =

- Attribuer à un symbole, une expression qui va être évaluée suivant l'environnement, se fait avec :=

- Attacher à un symbole, une caractéristique fixée, se fait avec ^=

- Attacher à un symbole, une caractéristique déterminée par l'environnement se fait avec ^:=

- Remplacer dans une expression un symbole par une valeur fixée se fait avec les signes -> (version 2) (respectivement → en version 3)

- Remplacer dans une expression un symbole par une valeur dépendant de l'environnement se fait avec :> (:→)

- Attribuer à un symbole, une valeur locale choisie par l'utilisateur, se fait, suivant les cas, en utilisant les primitives `With`, `Module` ou `Block`. Les trois suivent la même syntaxe. On utilise:

  ☺ `With` pour donner un nom à une ou plusieurs variables locales à une fonction, en utilisant des arguments de cette fonction. Les variables locales ainsi introduites ne sont pas modifiables. Elles sont seulement utilisées;

  ☺ `Module` pour donner un nom à une ou plusieurs variables locales à une fonction, en utilisant des arguments de cette fonction. Les variables locales ainsi introduites sont modifiables localement. Si elles ne sont pas effectivement modifiées, préférer un `With` moins coûteux.

  ⚠ `Block` pour donner localement à une variable globale, une valeur locale. Cette valeur locale sera perdue à la sortie de l'application de la fonction, pour retrouver sa valeur globale.

Ne pas avoir compris ces différences et vouloir obtenir des résultats corrects en utilisant une de ces fonctionnalités "un peu au hasard", c'est prendre les mêmes risques que ceux des élèves qui, en face d'une situation un peu complexe, remplacent x par sa valeur avant de dériver par rapport à x.

2. Entier, rationnel, flottant & complexe

En *Mathematica*, les entiers, rationnels et décimaux sont représentés comme en Mathématiques et le système effectue les opérations entre ces nombres de façon naturelle, sans que l'on ait à se soucier de leur nature ou de leur représentation interne (c'est-à-dire dans l'ordinateur). La multiplication est notée comme en mathématiques par une espace ou comme dans les autres langages informatiques par le symbole *. L'élévation à la puissance s'exprime par un accent circonflexe suivi de l'exposant qui doit être mis entre parenthèses s'il n'est pas un simple nombre ou un symbole. En version 3, la notation standard offerte **directement** par palette (menu File → Palettes → Basic Input) est traitée directement.

■ 2.1 Entiers, rationnels et valeurs approchées

Les calculs exacts se font dans l'ensemble des rationnels sans problème.

ϔ Exemple 8

$$\frac{2}{3} - \frac{7}{13\ 5\ 3}$$

$$\frac{41}{65}$$

$$\left(1 + \frac{4}{3}\right) 5$$

$$\frac{35}{3}$$

Les nombres algébriques (comme $\sqrt{2}$) sont représentés par l'application de la fonction qui permet leur calcul (Sqrt [2] en version 2 et $\sqrt{2}$ en version 3). Les nombres transcendants courants comme π ou e sont représentés par un symbole (Pi, E) en version 2 et aussi (π, *e*) en version 3, et manipulés comme tels.

Si besoin est, une valeur approchée peut être demandée en faisant agir la fonction N. En standard, elle donne une valeur approchée en utilisant la précision de la machine sur laquelle le calcul est effectué. Comme nous l'avons vu à l'exemple 3, la variable globale $MachinePrecision donne la précision de la machine sur laquelle on travaille. Pour obtenir le résultat correspondant à un calcul effectué avec une précision souhaitée, il y a lieu d'appliquer N avec 2 paramètres, le deuxième paramètre étant la précision désirée. Le résultat donné est correct avec la précision p demandée. Il peut comporter moins de chiffres significatifs que p.

ϔ Exemple 9

calculs exacts dans **Q**[$\sqrt{3}$]

$$2\sqrt{27} - 8\sqrt{48}$$

$$-26\sqrt{3}$$

valeur approchée du résultat précédent:

N[%]

-45.0333

même chose mais les calculs sont effectués avec 50 chiffres significatifs. Le résultat peut comporter moins de chiffres significatifs:

N[2 $\sqrt{27}$ - 8 $\sqrt{48}$, 50]

-45.033209967908096317136048791526815405129365990 7

2. Entier, rationnel, flottant & complexe

En entrée, tout nombre qui comporte un point est considéré comme un décimal représentant une valeur approchée. Les calculs effectués sont réalisés en tenant compte de cette information. Ainsi, toutes les opérations contenant un décimal et des entiers ou des fractions auront pour résultat une valeur approchée représentée par un décimal.

✒ Exemple 10

$$\frac{17.}{3}$$

5.66667

$$\frac{17}{3}$$

$$\frac{17}{3}$$

$$a = \frac{17.}{3}$$

5.66667

Il n'est donc pas anodin de remplacer x par x. dans un calcul. Les réflexes issus d'autres pratiques informatiques où d'une part les conversions de types de données sont nécessaires et d'autre part la précision est rivée aux potentialités d'une machine, ne sont pas, en *Mathematica*, sans conséquences fâcheuses dans certains cas. En effet, il se peut qu'ainsi, on limite les potentialités de *Mathematica* en particulier si on recopie (on ressaisit) des résultats tel que pour les inclure dans d'autres calculs. Quant à *Mathematica*, il ne travaille pas avec les valeurs affichées des résultats. Par exemple, le résultat affiché juste avant ce paragraphe n'est pas la valeur avec laquelle *Mathematica* travaille. Par exemple, il suffit de copier ce résultat dans une nouvelle cellule, et de lui donner le style Input en version 2, pour obtenir les 19 chiffres significatifs (c'est la précision de la machine sur laquelle on opère):

    5.666666666666666666

En version 3, il suffit de modifier une sortie de *Mathematica* pour obtenir une recopie automatique.

    Clear[a]

✒ Exemple 11

La valeur de l'expression suivante est à comparer avec la dernière expression de l'exemple 9.

    N[2 $\sqrt{27.}$ - 8 $\sqrt{48}$, 50]
    -45.0333209967908

Les expressions numériques entrées sont simplifiées automatiquement dans le corps algébrique auquel elles appartiennent comme on l'a déjà vu dans un cas simple à l'exemple 9. Cette simplification s'effectue autant que faire se peut:

☿ Exemple 12

$$(2\sqrt{8} - 3\sqrt{2})^2$$

$$2$$

mais si les éléments manipulés font partie d'extensions simples différentes, alors aucun choix n'est fait et aucun calcul n'est effectué.

$$(2\sqrt{3} - 3\sqrt{2})^2$$

$$(-3\sqrt{2} + 2\sqrt{3})^2$$

Si on veut développer cette expression, il suffit de faire agir la fonction **Expand**.

```
Expand[%]
```

$$30 - 12\sqrt{6}$$

> Il n'y a pas de conversions ou de précautions à prendre pour faire des opérations sur des nombres de natures différentes comme les entiers, les rationnels, les décimaux ou les symboles.

☿ Exemple 13

Voici une liste de calculs à effectuer; pour signaler le produit, des étoiles ont été mises dans le deuxième terme, mais pas dans le dernier:

$$\{\frac{15.5}{3}, \frac{2\,0.75 * \sqrt{2}}{3\,3}, \frac{248\,\pi}{2}\}$$

$$\{5.16667, 0.235702, 124\,\pi\}$$

<u>Remarque</u>

Le lecteur attentif aura vu qu'il n'est pas fait mention de nombre *flottant* dans ce qui précède. Cette notion, très liée à la représentation en machine des nombres, et que l'on ne rencontre pas en mathématiques, n'a pas à être manipulée par l'utilisateur de *Mathematica*. Les nombres décimaux, utilisés pour les calculs approchées, sont à voir avec le même regard qu'en mathématique ou en physique.

■ 2.2 Nombres complexes

Les nombres complexes sont représentés comme en mathématiques, le nombre *i* des mathématiciens étant représenté par I en version 2 et 3 ou *i* en forme traditionnelle en version 3.

ϙ Exemple 14

Le symbole i des mathématiciens n'est pas reconnu par *Mathematica*. Ainsi si on lui demande d'effectuer le calcul suivant:

$$1 / (1 - i) + 1 / (1 + i)$$

il retourne l'expression, mais formatée:

$$\frac{1}{1-i} + \frac{1}{1+i}$$

ceci peut être exploité avec la version 2.2 pour mettre sous forme plus lisible le calcul à effectuer, mais il faut savoir que *Mathematica*, à ce stade, a pris i seulement comme un symbole, sans lui attribuer de sens.

Avec I, l'expression complexe est reconnue et simplifiée:

$$\frac{1}{1-I} + \frac{1}{1+I}$$
$$1$$

Avec la version 3.0, ces manipulations ne sont pas utiles. On utilisera plutôt dans le menu Cell, l'item Convert to qui permet de formater les expressions, soit de façon *standard*, c'est-à-dire traitables par *Mathematica* et proches de l'écriture mathématique ou *traditionnelle* qui correspond à une présentation plus jolie (à la TeX).

Les opérations algébriques se notent de façon habituelle. Partie réelle, imaginaire, module, argument et conjugué sont donnés respectivement par les fonctions Re, Im, Abs, Arg et Conjugate

✧ **Exemple 15**

Re$[\frac{1}{I}]$	0
Abs$[\frac{1}{2} + \frac{I\sqrt{3}}{2}]$	1
Arg$[\frac{1}{2} + \frac{I\sqrt{3}}{2}]$	$\frac{\pi}{3}$
Re$[$Exp$[\frac{I\pi}{4}]]$	$\frac{1}{\sqrt{2}}$
Im$[$Exp$[\frac{I\pi}{4}]]$	$\frac{1}{\sqrt{2}}$
Conjugate$[1 + I]$	$1 - I$

3. Types et Têtes

On travaille en *Mathematica* avec les nombres comme en Mathématiques, sans avoir à se soucier de leur type lié à leur représentation machine, qui est automatiquement gérée. Si le besoin se fait sentir (et seulement dans ce cas, par exemple pour les filtrer), on peut utiliser leur *type*:

■ 3.1 Types sous-jacents

✧ **Exemple 16**

les entiers:
```
Head[3]
Integer
```

les rationnels:
```
Head[3/2 + 1/3]
Rational
```

mais:
```
Head[3/2 + 1/2]
Integer
```

$\sqrt{2}$ est vu comme la valeur de la fonction puissance 1/2 en 2:

3. Types et Têtes

    Head[$\sqrt{2}$]

    Power

π est un symbole:

    Head[π]

    Symbol

les valeurs approchées ont le type Real:

    Head[3.]

    Real

les complexes ont le type Complex:

    Head[I]

    Complex

    Head[1 + I]

    Complex

Mais il y a lieu d'être attentif. En effet, les inclusions classiques en mathématiques (un entier est aussi un rationnel par exemple) ne se transfèrent pas automatiquement en informatique pour les types. Par exemple, on a naturellement:

    Head[$\frac{1}{3}$] === Rational

    True

le nombre 3 est un entier et c'est aussi un rationnel et un réel en mathématiques. Mais en informatique les choses sont différentes et les types sont des ensembles disjoints. Aussi, un élément de type entier n'est ni de type rationnel, ni de type réel:

    Head[3] === Rational

    False

    Head[3] === Real

    False

C'est pourquoi il est préférable d'utiliser les primitives booléennes associées à ces notions. Elles correspondent aux fonctions caractéristiques d'ensemble et prennent des valeurs 1 (vrai) ou 0 (faux) suivant que l'élément de départ est ou non dans l'ensemble considéré.

■ 3.2 Fonctions caractéristiques d'ensemble

Les primitives se terminant par la lettre Q (pour question), représentent les fonctions caractéristiques d'ensemble.

ϕ Exemple 17

Le nombre argument est-il entier?

IntegerQ[3]	True
IntegerQ[$\frac{3}{2}$]	False
IntegerQ[52.]	False
IntegerQ[$\frac{5}{2}$]	False

Le nombre est-il pair?

| EvenQ[45] | False |
| EvenQ[1996] | True |

Le nombre est-il impair?

| OddQ[52] | False |
| OddQ[123] | True |

```
OddQ[1245454545896785121215486329758124586 38778454685]
True
```

Le nombre avec lequel on travaille est-il un flottant, c'est-à-dire une valeur approchée correspondant à la précision de la machine sur laquelle sont effectués les calculs?

```
MachineNumberQ[5]
False

MachineNumberQ[
  5125634897512965454545547589654 85658921]
False

MachineNumberQ[
  512563489751296.5454545545475 89654 85658921]
False

MachineNumberQ[51256348.5454758]
True
```

L'argument est-il un nombre?

NumberQ[4]	True
NumberQ[$\frac{4}{3}$]	True
NumberQ[$\frac{4\,1.2}{3}$]	True
NumberQ[51256348.5454758]	True

```
NumberQ[512563489751296.5454545545475896548565892l]
True
```

4. Chaînes de caractères

L'emploi des chaînes de caractères dans les systèmes symboliques est relativement restreint et les domaines d'utilisation assez bien ciblés. En gros, les chaînes de caractères sont utilisées pour les interactions avec les systèmes d'exploitation (lecture ou sauvegarde dans des fichiers par exemple), ou bien pour les constructions de symboles et aussi pour les messages dans le cadre de jeux (ou programmes) interactifs.

> Les chaînes de caractères n'ont pas de valeur et il ne peut leur être attribué aucune propriété. Pour pouvoir les distinguer des symboles, elles sont entourées de " " en entrée.

■ 4.1 Interactions avec les systèmes d'exploitation

Les systèmes d'exploitation ne sont pas des systèmes symboliques et par conséquent lorsqu'un dialogue s'établit entre un système symbolique et un système d'exploitation, par exemple pour une impression ou une sauvegarde, un protocole entre les deux doit être établi. Plus souples et plus puissants que les systèmes d'exploitation, les systèmes symboliques s'adaptent. C'est pourquoi, par exemple, lors d'une sauvegarde, le nom d'un fichier est généralement une chaîne de caractère.

ϒ Exemple 18

```
<< "CountRoots.m"
```

charge le package `CountRoots.m` et rend ainsi disponible les fonctions qu'il contient, ainsi que les informations à leur sujet :

```
? CountRoots

CountRoots[f,{x,a,b}] uses Sturm's method to compute
the number of zeros of the real polynomial f  on the
interval x->[a,b].  The endpoints may be  infinite.
Duplicated roots are only counted once.
```

Traduction adaptée

> CountRoots [f, {x, a, b}] utilise la méthode de Sturm pour calculer le nombre de zéros du polynôme f, à coefficients réels, sur l'intervalle (a, b). Les bornes de cet intervalle peuvent être infinies. Les racines multiples ne sont comptées qu'une seule fois.

cette primitive peut alors être appliquée:

> CountRoots[x^4 - 3, {x, -10, 10}]
>
> 2

■ 4.2 Création de symboles

Par ailleurs, il peut être intéressant de fabriquer automatiquement des noms de symboles suivant une logique conceptuelle particulière. Par exemple, M1, M2, ... Mn. De nombreuses fonctions sont disponibles pour opérer de telles dénominations et transformer des chaînes de caractères en symboles. Elles sont dans la sous-classe `String Manipulation` de la classe `Programming` du Browser.

۞ Exemple 19

pour créer 3 noms M1, M2, M3:

> {"M" <> "1", "M" <> "2", "M" <> "3"}
>
> {M1, M2, M3}

mais on ne peut pas associer de valeurs à ces noms:

۞ Exemple 20

> "M1" = 15
>
> Set::setraw : Cannot assign to raw object M1.
>
> 15

4. Chaînes de caractères

```
"M2" = Bonjour

Set::setraw : Cannot assign to raw object M2.

Bonjour

"M3" = "Bonjour"

Set::setraw : Cannot assign to raw object M3.

Bonjour
```

Afin de pouvoir attribuer une valeur ou bien une propriété à un objet connu du système comme étant une chaîne de caractères (par exemple dans le cas où ce nom provient d'un échange avec des systèmes non symboliques), on peut transformer cette chaîne de caractère en symbole. Il est alors possible d'attribuer une valeur ou une propriété au symbole ainsi défini :

۩ Exemple 21

```
ToExpression[{"M1", "M2"}];

couleur[M1] ^= violet;

coordonnées[M1] ^= {1, 4};

M2 := 2 A Cos[π/4] - B Sin[2π/3];

? M1
Global`M1
coordonnées[M1] ^= {1, 4}

couleur[M1] ^= violet

? M2
Global`M2
M2 := 2 * A * Cos[Pi / 4] - B * Sin[(2 * Pi) / 3]

Clear[M1, M2, M3]
```

■ 4.3 Messages

Comme dans tous les langages de programmation et par exemple dans le cadre de jeux interactifs, on peut être amené à inscrire un message pour que l'utilisateur sache ce qu'il doit faire. Par exemple, supposons que l'on veuille jouer au jeu des chiffres et des lettres. Le programme commencera par demander au joueur qu'il donne un chiffre ou une lettre. Ceci se fait grâce à la fonction Input:

💡 **Exemple 22**

    Input["Donner un chiffre ou une lettre"]

une fenêtre s'ouvre alors dans laquelle l'utilisateur entre sa réponse (ici par exemple 2)

et la fonction Input retourne la réponse de l'utilisateur.
    2

■ 4.4 Conclusion

Bien souvent, on aimerait automatiser la construction de tels symboles pour pouvoir générer automatiquement M1, M2, M3, ... Mn par exemple. Dans un autre contexte, on peut vouloir regrouper tous les messages, par exemple pour avoir une version bilingue du programme que l'on fait (il suffit alors d'y appliquer des règles de correspondance). La nécéssité se fait donc sentir de pouvoir regrouper des éléments afin de faire opérer un même traitement. C'est l'objet de la section suivante.

5. Listes

Les couples et plus généralement les n-uples, éléments de produits cartésiens d'ensembles identiques ou différents sont représentés par des *listes*.

> Syntaxiquement les listes sont reconnues par Mathematica grâce à la présence d'accolades. Les séparateurs entre les éléments de la liste sont les virgules.

■ 5.1 Génération de listes par l'utilisateur

> La fonction **Table** fournit des listes d'éléments d'un ensemble E qui peuvent être vues comme un élément de l'ensemble E^n. L'accès au ième élément d'une liste se fait grâce à [[ ]]

```
?Table

Table[expr, {imax}] generates a list of imax copies of
expr.
Table[expr, {i, imax}] generates a list of the values
of expr when i runs from 1 to imax.
Table[expr, {i, imin, imax}] starts with i = imin.
Table[expr, {i, imin, imax, di}] uses steps di.
Table[expr, {i, imin, imax}, {j, jmin, jmax}, ...]
gives a nested list. The list associated with i is
outermost.
```

Traduction adaptée

```
Table [expression, {n}] génère une liste de n copies de
expression.
Table [expression, {i, imax}] génère une liste constituée des
valeurs successives de expression pour les valeurs de i allant
de 1 à imax.  Table[expr, {i, imin, imax}] commence à i = imin.
Table [expr, {i, imin, imax, di}] même chose mais avec un pas
di.
Table [expr, {i, imin, imax}, {j, jmin, jmax}, ...] donne une
liste de listes avec les notations matricielles habituelles: i
est l'indice de ligne et j celui des colonnes.
```

On remarquera que la structure d'application de la primitive Table est toujours la même: le premier paramètre est une expression et le deuxième est un ensemble d'indexation.

Les coordonnées d'un point du plan (exemple 5 et exemple 21) sont une liste; les valeurs des variables locales, affectées de façon indépendantes dans un With (exemples 6, 7, 21), sont représentées par une liste (exemple ; les demandes {X, Y} concernant deux variables indépendantes ont été regroupées dans une liste dans un paragraphe précédent, etc.)

Les nombreuses applications de ce concept sont présentées ici classées dans des rubriques: "Autour des entiers", "Autour etc". mais il ne faut pas y voir là des barrières conceptuelles. Ce classement est juste pédagogique afin que le lecteur s'y retrouve dans le suivi du livre, mais en réalité, dans l'application tout ceci est extrêmement imbriqué.

Autour des entiers

⚡ Exemple 23

```
Table[i, {i, 1, 10}]
{1, 2, 3, 4, 5, 6, 7, 8, 9, 10}
```

fournit la liste des 10 premiers entiers qui peut être vue comme un élément de $\mathbb{N}^{10}$

Pour avoir la liste des inverses des carrés des 10 premiers entiers:

$$\text{Table}\left[\frac{1}{i^2}, \{i, 1, 10\}\right]$$

$$\left\{1, \frac{1}{4}, \frac{1}{9}, \frac{1}{16}, \frac{1}{25}, \frac{1}{36}, \frac{1}{49}, \frac{1}{64}, \frac{1}{81}, \frac{1}{100}\right\}$$

le 5ème élément est

$$\text{Table}\left[\frac{1}{i^2}, \{i, 1, 10\}\right][\![5]\!]$$

$$\frac{1}{25}$$

Les listes générées peuvent suivre des lois simples.

⚡ Exemple 24

Liste des 10 premiers entiers impairs:

```
Table[i, {i, 1, 20, 2}]
{1, 3, 5, 7, 9, 11, 13, 15, 17, 19}
```

⚡ Exemple 25

Liste des 10 premiers entiers pairs non nuls:

```
Table[i, {i, 2, 20, 2}]
{2, 4, 6, 8, 10, 12, 14, 16, 18, 20}
```

ϕ Exemple 26

Écrire la liste des multiples de 7 plus petit que 100

$$\text{Table}\left[7\,i,\ \left\{i,\ 1,\ \frac{100}{7}\right\}\right]$$

{7, 14, 21, 28, 35, 42, 49, 56, 63, 70, 77, 84, 91, 98}

ϕ Exemple 27

Écrire la liste des 13 premiers multiples de 11

```
Table[11 i, {i, 1, 13}]
```

{11, 22, 33, 44, 55, 66, 77, 88, 99, 110, 121, 132, 143}

ϕ Exemple 28

La croissance des coûts suit une loi sur les douze mois de l'année.

$$\text{Table}\left[i^2 - \frac{3\,i}{4},\ \{i,\ 1,\ 12\}\right]$$

$\{\frac{1}{4},\ \frac{5}{2},\ \frac{27}{4},\ 13,\ \frac{85}{4},\ \frac{63}{2},\ \frac{175}{4},\ 58,\ \frac{297}{4},\ \frac{185}{2},\ \frac{451}{4},\ 135\}$

Autour des symboles et des chaînes de caractères

ϕ Exemple 29

Pour écrire 15 fois le symbole bonjour :

```
Table[Bonjour, {5}]
```
{Bonjour, Bonjour, Bonjour, Bonjour, Bonjour}

ϕ Exemple 30

Pour créer une douzaine de fichiers résultats:

```
Table["fichierRésultats"<>ToString[i], {i, 1, 12}]
```

{fichierRésultats1, fichierRésultats2, fichierRésultats3,
 fichierRésultats4, fichierRésultats5, fichierRésultats6,
 fichierRésultats7, fichierRésultats8, fichierRésultats9,
 fichierRésultats10, fichierRésultats11,
 fichierRésultats12}

۞ Exemple 31

Pour créer de 15 *noms* M1, M2, ..., M15:

```
Table["M"<>ToString[i], {i, 1, 15}]
```

{M1, M2, M3, M4, M5, M6, M7, M8, M9, M10, M11, M12,
 M13, M14, M15}

Pour créer les 15 *symboles* M1, M2, ..., M15, auxquels on pourra associer des valeurs quelconques, il suffit d'écrire:

```
Table[ToExpression["M"<>ToString[i]], {i, 1, 15}]
```

{M1, M2, M3, M4, M5, M6, M7, M8, M9, M10, M11, M12, M13,
 M14, M15}

■ 5.2 Manipulation de listes

Toutes les fois qu'il s'agit de travailler avec plusieurs éléments indépendants, la structure de liste intervient. Les primitives agissant sur les listes forment une classe de fonctions particulièrement importante en *Mathematica.*. On les trouve dans la classe `Lists and Matrices` du Browser des primitives (`Built-in Functions`).

5. Listes

Les langages applicatifs dont LISP est l'archétype (Logo, Scheme, Autocad, etc.) ne manipulent que des atomes (représentant les éléments) et des listes (représentant les appels de fonctions ou leur application). La représentation informatique des fonctions par des listes en Lisp est à l'origine de tout le développement du calcul symbolique et formel. Rien d'étonnant donc, à voir les listes très souvent utilisées en *Mathematica*, aussi bien en entrée (demande) qu'en sortie (réponse).

ϔ Exemple 32

Représenter 2 courbes dans un même repère:

```
Plot[{x² Sin[x], x² Log[x]}, {x, 1, 6}];
```

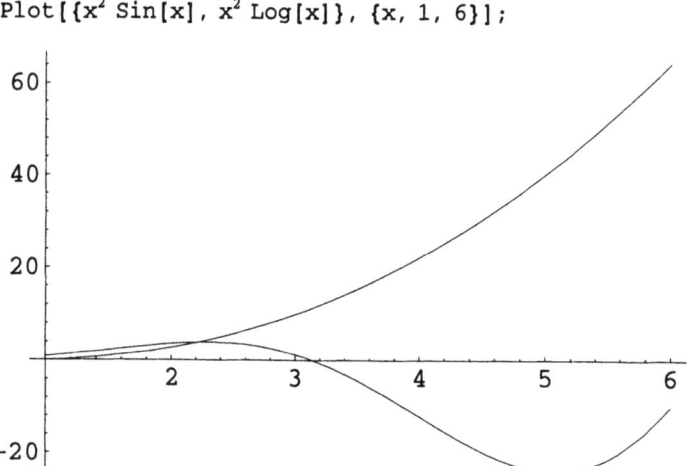

ou une famille de courbes:

```
Plot[Evaluate[Table[Sin[a x], {a, 1, 5}]], {x, 0, 2 π}];
```

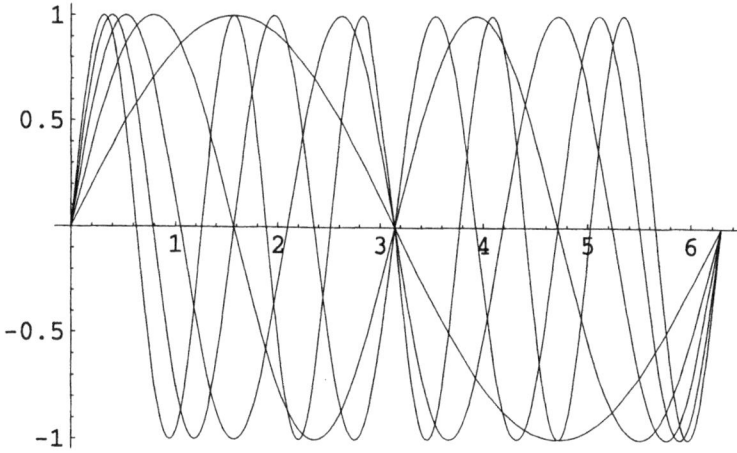

La fonction `Plot` n'évalue pas son premier argument afin d'éviter toute transformation des fonctions à représenter. Par conséquent, il est nécessaire de demander l'évaluation de l'argument en faisant agir la primitive `Evaluate`.

۞ Exemple 33

Représenter les solutions d'une équation

```
Solve[x⁴ - x³ + x² - x + 1 == 0]
```

$$\{\{x \to \sqrt[5]{-1}\}, \{x \to -(-1)^{2/5}\}, \{x \to (-1)^{3/5}\}, \{x \to -(-1)^{4/5}\}\}$$

On remarquera que la réponse de *Mathematica* est donnée sous forme de listes de règles, ce qui permet facilement de distinguer les solutions si désiré. En effet on peut leur donner un nom ou pas. Voici par exemple déjà comment leur donner un nom:

```
{x1, x2, x3, x4} = x /. %;

x3
```

$(-1)^{3/5}$

```
Clear[x1, x2, x3, x4]
```

Voici maintenant comment obtenir directement la troisième règle sans être obligé de donner des noms aux racines:

```
Solve[x⁴ - x³ + x² - x + 1 == 0][[3]]
```

$\{x \to (-1)^{3/5}\}$

۞ Exemple 34

Représentation d'un système d'équations et de ses solutions:

```
Solve[
    {2 x + 3 y - 5 z == 1, 5 x + 7 y + 8 z == 1/3, 7 x + 2 y - 4 z == 5},
    {x, y, z}]
```

$$\{\{x \to \frac{151}{201}, y \to -\frac{24}{67}, z \to -\frac{23}{201}\}\}$$

On remarquera que la réponse de Mathematica est donnée sous forme de listes de règles, ce qui permet facilement d'obtenir x, y et z ou toute liste de ces variables.

```
{x, z} /. %
```

$\{\{\frac{151}{201}, -\frac{23}{201}\}\}$

5. Listes

ϙ Exemple 35

Les matrices sont vues comme des listes de lignes, c'est-à-dire de listes.

    matrice = {{1, 2, 3}, {4, 5, 6}, {7, 8, 9}}
    {{1, 2, 3}, {4, 5, 6}, {7, 8, 9}}

en effet:

    MatrixQ[matrice]
    True

et:

    MatrixQ[{{1, 2, 3}, {4, {3, 5}, 6}, {7, 8, 9}}]
    False

Voici aussi quelques calculs de déterminants qui prouvent que *Mathematica* considère bien les listes de listes comme des matrices.

    Det[{{1, 2, 3}, {4, 5, 6}, {7, 8, 9}}]
    0

    Det[Table[$\frac{1}{i\,(i+1)}$, {i, j, j+3}, {j, 2, 5}]]
    $\frac{1}{53343360000}$

ϙ Exemple 36

Ecrire la matrice suivante:

$$\begin{pmatrix} \frac{1}{2*3} & \frac{1}{3*4} & \frac{1}{4*5} & \frac{1}{5*6} \\ \frac{1}{3*4} & \frac{1}{4*5} & \frac{1}{5*6} & \frac{1}{6*7} \\ \frac{1}{4*5} & \frac{1}{5*6} & \frac{1}{6*7} & \frac{1}{7*8} \\ \frac{1}{5*6} & \frac{1}{6*7} & \frac{1}{7*8} & \frac{1}{8*9} \end{pmatrix}$$

La première ligne

    Table[$\frac{1}{i\,(i+1)}$, {i, 2, 5}]
    {$\frac{1}{6}$, $\frac{1}{12}$, $\frac{1}{20}$, $\frac{1}{30}$}

La deuxième ligne

$$\text{Table}\left[\frac{1}{\text{i (i + 1)}},\ \{\text{i, 3, 6}\}\right]$$

$$\{\frac{1}{12},\ \frac{1}{20},\ \frac{1}{30},\ \frac{1}{42}\}$$

La troisième ligne

$$\text{Table}\left[\frac{1}{\text{i (i + 1)}},\ \{\text{i, 4, 7}\}\right]$$

$$\{\frac{1}{20},\ \frac{1}{30},\ \frac{1}{42},\ \frac{1}{56}\}$$

La quatrième ligne

$$\text{Table}\left[\frac{1}{\text{i (i + 1)}},\ \{\text{i, 5, 8}\}\right]$$

$$\{\frac{1}{30},\ \frac{1}{42},\ \frac{1}{56},\ \frac{1}{72}\}$$

On peut avec un peu plus d'habitude écrire la table complète, d'un seul coup:

$$\text{Table}\left[\frac{1}{\text{i (i + 1)}},\ \{\text{i, j, j + 3}\},\ \{\text{j, 2, 5}\}\right]$$

$$\{\{\frac{1}{6},\ \frac{1}{12},\ \frac{1}{20},\ \frac{1}{30}\},\ \{\frac{1}{12},\ \frac{1}{20},\ \frac{1}{30},\ \frac{1}{42}\},$$
$$\{\frac{1}{20},\ \frac{1}{30},\ \frac{1}{42},\ \frac{1}{56}\},\ \{\frac{1}{30},\ \frac{1}{42},\ \frac{1}{56},\ \frac{1}{72}\}\}$$

Mise en forme, pour y voir plus clair:

```
TableForm[%]
```

$\frac{1}{6}$	$\frac{1}{12}$	$\frac{1}{20}$	$\frac{1}{30}$
$\frac{1}{12}$	$\frac{1}{20}$	$\frac{1}{30}$	$\frac{1}{42}$
$\frac{1}{20}$	$\frac{1}{30}$	$\frac{1}{42}$	$\frac{1}{56}$
$\frac{1}{30}$	$\frac{1}{42}$	$\frac{1}{56}$	$\frac{1}{72}$

```
MatrixForm[%%]
```

$$\begin{pmatrix} \frac{1}{6} & \frac{1}{12} & \frac{1}{20} & \frac{1}{30} \\ \frac{1}{12} & \frac{1}{20} & \frac{1}{30} & \frac{1}{42} \\ \frac{1}{20} & \frac{1}{30} & \frac{1}{42} & \frac{1}{56} \\ \frac{1}{30} & \frac{1}{42} & \frac{1}{56} & \frac{1}{72} \end{pmatrix}$$

En version 3, on peut utiliser directement le menu Input et l'item Create Table/Matrix/Palette qui donne une trame que l'on peut remplir et manipuler à

5. Listes

souhait en cliquant sur l'endroit où on désire entrer les valeurs. Voici un exemple de trame vide :

et en voilà un autre:

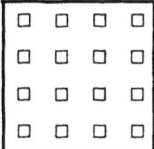

et encore une autre:

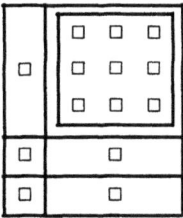

et en voici une partiellement rempli:

12121212122121	□	□	□
□		□	□	□
□	$\frac{15}{2}$	□	□
□	□	□	□

▽ Exemple 37

Les demandes précédentes, présentées détaillées et séparées pour des raisons pédagogiques, se composent pour pouvoir écrire ce que l'on souhaite obtenir directement comme en mathématiques. Voici, par exemple le crible d'Eratosthène des 200 premiers nombres premiers (où i est l'indice de lignes et j celui des colonnes):

```
MatrixForm[Table[Prime[10 i + j], {i, 0, 20}, {j, 1, 10}]]
```

$$\begin{pmatrix}
2 & 3 & 5 & 7 & 11 & 13 & 17 & 19 & 23 & 29 \\
31 & 37 & 41 & 43 & 47 & 53 & 59 & 61 & 67 & 71 \\
73 & 79 & 83 & 89 & 97 & 101 & 103 & 107 & 109 & 113 \\
127 & 131 & 137 & 139 & 149 & 151 & 157 & 163 & 167 & 173 \\
179 & 181 & 191 & 193 & 197 & 199 & 211 & 223 & 227 & 229 \\
233 & 239 & 241 & 251 & 257 & 263 & 269 & 271 & 277 & 281 \\
283 & 293 & 307 & 311 & 313 & 317 & 331 & 337 & 347 & 349 \\
353 & 359 & 367 & 373 & 379 & 383 & 389 & 397 & 401 & 409 \\
419 & 421 & 431 & 433 & 439 & 443 & 449 & 457 & 461 & 463 \\
467 & 479 & 487 & 491 & 499 & 503 & 509 & 521 & 523 & 541 \\
547 & 557 & 563 & 569 & 571 & 577 & 587 & 593 & 599 & 601 \\
607 & 613 & 617 & 619 & 631 & 641 & 643 & 647 & 653 & 659 \\
661 & 673 & 677 & 683 & 691 & 701 & 709 & 719 & 727 & 733 \\
739 & 743 & 751 & 757 & 761 & 769 & 773 & 787 & 797 & 809 \\
811 & 821 & 823 & 827 & 829 & 839 & 853 & 857 & 859 & 863 \\
877 & 881 & 883 & 887 & 907 & 911 & 919 & 929 & 937 & 941 \\
947 & 953 & 967 & 971 & 977 & 983 & 991 & 997 & 1009 & 1013 \\
1019 & 1021 & 1031 & 1033 & 1039 & 1049 & 1051 & 1061 & 1063 & 1069 \\
1087 & 1091 & 1093 & 1097 & 1103 & 1109 & 1117 & 1123 & 1129 & 1151 \\
1153 & 1163 & 1171 & 1181 & 1187 & 1193 & 1201 & 1213 & 1217 & 1223 \\
1229 & 1231 & 1237 & 1249 & 1259 & 1277 & 1279 & 1283 & 1289 & 1291
\end{pmatrix}$$

La liste de ces nombres premiers se représente graphiquement en appliquant la primitive `ListPlot`:

```
ListPlot[Table[Prime[i], {i, 1, 200}]];
```

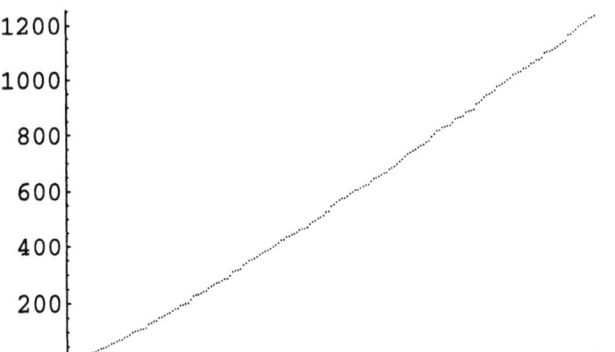

Dans le tome II, un TP est consacré entièrement à la répartition des nombres premiers et à la construction de cribles plus sophistiqués.

۞ Exemple 38

Représenter des systèmes différentiels.

5. Listes

```
DSolve[{x'[t] == 2 x[t] + 3 z[t] - 1, y'[t] ==
    x[t] - 7 y[t] + z[t] - 6 u[t], z'[t] == -2 x[t] - 3 z[t] + 1,
    u'[t] == -2 x[t] + 12 y[t] - 2 z[t] + 10 u[t],
    x[0] == 1, y[0] == -1, z[0] == 1, u[0] == 1},
   {x[t], y[t], z[t], u[t]}, t]
```

et leurs solutions:

$$\{\{x[t] \to E^{-t}(-4 + 5 E^t), y[t] \to 2 - 9 E^t + 6 E^{2t},$$
$$z[t] \to -E^{-t}(-4 + 3 E^t), u[t] \to -2 + 12 E^t - 9 E^{2t}\}\}$$

On remarquera que la réponse de *Mathematica* est donnée sous forme de *listes* de règles de réécritures, ce qui permet facilement de manipuler les fonctions solutions dans des opérations ultérieures, par exemple voici la valeur d'une expression dépendant de y et de u, solutions du système:

```
3 Exp[t] y[t] + t^2 u[t] /. %
```

$$\{3 E^t (2 - 9 E^t + 6 E^{2t}) + (-2 + 12 E^t - 9 E^{2t}) t^2\}$$

d'où la représentation graphique de la fonction ainsi construite:

```
Plot[%, {t, 0, 1}];
```

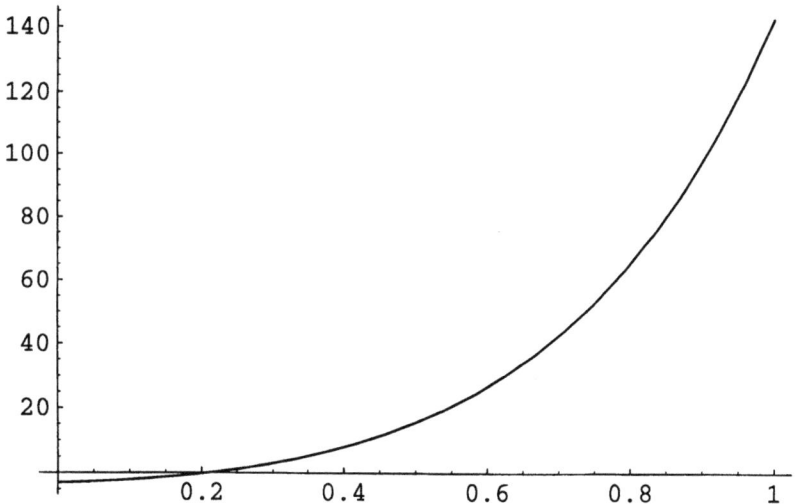

■ 5.3 Opérations élémentaires sur les listes

L'importance de la représentation des données par des listes n'a pas échappé même aux informaticiens utilisant des langages informatiques non applicatifs. La définition des *listes linéaires* donnée dans le livre de Patrick Cousot [25] est intéressante: *"Une liste linéaire est une variable dont la valeur est une suite <<v1, v2, ..., vn>>, n≥0 de valeurs v1, v2, ...,vn de même type sur laquelle on peut effectuer les actions d'initialisation, de recherches, insertion et suppression d'éléments".*

En effet, ces opérations ont alimenté les cahiers d'exercices des cours d'informatique procédurale, comme exemples de parcours et de boucles alors que de tout temps elles sont effectuées directement par des primitives en LISP et donc aussi en *Mathematica* de façon récursive (c'est-à-dire en s'appuyant sur un raisonnement de proche en proche en partant du cas le plus simple). Par ailleurs en utilisant des combinaisons de ces primitives, il est assez simple de se livrer à toute sorte de manipulations sans être obligé du tout de *parcourir les listes éléments par éléments*, ni d'ailleurs *d'écrire des boucles*. Le paragraphe sur les fonctions en donnera des exemples significatifs. Voici, pour commencer, des exemples élémentaires:

ϔ **Exemple 39**

Ajouter 15 à tous les éléments d'une liste

```
Table[i, {i, 1, 12}] + 15
{16, 17, 18, 19, 20, 21, 22, 23, 24, 25, 26, 27}
```

ϔ **Exemple 40**

Écrire une combinaison linéaire de deux listes:

```
liste1 = {x, y, z}; liste2 = {x', y', z'};

a liste1 + b liste2
{a x + b x', a y + b y', a z + b z'}
```

ϔ **Exemple 41**

Repérer où sont tous les zéros dans une liste:

```
Position[{1, 5ᵐ, 2, 0, 3 a + b⁵, 0, 4ª, 0, 5, 0, 8, 71, 10},
 0]
{{4}, {6}, {8}, {10}}
```

5. Listes

✧ Exemple 42

Repérer toutes les puissances symboliques "pures" dans une liste:

```
Cases[{1, 5^m, 2, 0, 3 a + b^5, 0, 4^a, 0, 5, 0, 8, 71, 10}, _^_]
{5^m, 4^a}
```

Repérer dans une liste toutes les sommes où apparaîssent des puissances symboliques :

```
Cases[{1, 5^m, 2, 0, 3 a + b^5, 0, 4^a, 0, 5, 0, 8, 71, 10},
  _ + _ ]
{3 a + b^5}
```

✧ Exemple 43

Trouver le nombre de chiffres d'un entier quelconque:

```
Length[Characters[ToString[14587965321985642]]]
17
```

l'idée est de transformer le nombre donné en chaîne de caractères, puis de dresser une liste des caractères intervenant et enfin de les compter.

```
Length[Characters[ToString[50!]]]
65
```

✧ Exemple 44

Écrire les 15 premiers entiers en ordre décroissant

```
Reverse[Table[p, {p, 1, 15}]]
{15, 14, 13, 12, 11, 10, 9, 8, 7, 6, 5, 4, 3, 2, 1}
```

✧ Exemple 45

Voici un exemple très courant en informatique de gestion. Il s'agit d'effectuer un certain nombre d'opérations sur les salaires. Les salaires dépendent de l'ancienneté et de l'échelle.

Ancienneté / Échelle → ↓	1	2	3
1 an	6578 F	6689 F	6950 F
2 ans	7000 F	7000 F	7200 F
3 ans	7300 F	7500 F	7985 F

Ces données peuvent s'écrire:

```
salaire[1, 1] = 6578;
salaire[1, 2] = 6689;
salaire[1, 3] = 6950;
salaire[2, 1] = 7000;
salaire[2, 2] = 7000;
salaire[2, 3] = 7200;
salaire[3, 1] = 7300;
salaire[3, 2] = 7500;
salaire[3, 3] = 7985;
```

et on peut redemander un salaire quelconque. Il y sera liée une valeur ou non.

```
salaire[3, 2]

7500

salaire[5, 3]

salaire[5, 3]
```

On peut à partir de là se poser bien des questions, comme:

• avoir tous les salaires:

```
Table[salaire[i, j], {i, 1, 3}, {j, 1, 3}]

{{6578, 6689, 6950}, {7000, 7000, 7200},
 {7300, 7500, 7985}}
```

• avoir tous les salaires en colonne:

```
TableForm[Table[salaire[i, j], {i, 1, 3}, {j, 1, 3}]]

6578    6689    6950
7000    7000    7200
7300    7500    7985
```

• avoir la liste de tous les salaires

```
Flatten[Table[salaire[i, j], {i, 1, 3}, {j, 1, 3}]]

{6578, 6689, 6950, 7000, 7000, 7200, 7300, 7500, 7985}
```

5. Listes

- donner les salaires correspondant à une année d'ancienneté

    Table[salaire[x, y], {x, 1, 1}, {y, 1, 3}]

    {{6578, 6689, 6950}}

- donner les salaires correspondant à la deuxième échelle

    Table[salaire[x, y], {x, 1, 3}, {y, 2, 2}]

    {{6689}, {7000}, {7500}}

- augmenter tous les salaires de la deuxième échelle de 3%

    $N\left[\frac{103}{100}\right.$ Table[salaire[x, y], {x, 1, 3}, {y, 2, 2}]$\left.\right]$

    {{6889.67}, {7210.}, {7725.}}

- ou plutôt dans le contexte actuel, diminuer tous les salaires de 200F:

    Table[salaire[i, j], {i, 1, 3}, {j, 1, 3}] - 200

    {{6378, 6489, 6750}, {6800, 6800, 7000},
    {7100, 7300, 7785}}

- situer l' échelle et l'ancienneté correspondant à un salaire de 7300F:

    Position[Table[salaire[x, y], {y, 1, 3}, {x, 1, 3}],
    7300, 2]

    {{1, 3}}

C'est le salaire de la première colonne et de la troisième ligne

■ 5.4 Opérations plus sophistiquées

En considérant les listes comme des éléments, on peut définir des opérations qui les prennent comme argument, ce qui permet d'obtenir facilement des résultats indépendants du nombre d'éléments dans la liste.

▽ **Exemple 46**

Dans le cas d'une équation polynomiale de degré assez élevé, si les racines peuvent être explicitées, elles le sont sous forme de liste. Parfois, on peut récupérer un résultat peu lisible, comme:

```
Solve[x^6 - 8 x^5 + 26 x^4 - 44 x^3 + 39 x^2 - 14 x == 0]
{{x → 0}, {x → 1}, {x → 2}, {x → 5/3 -
    2/(3 (17 + 3 √33)^(1/3)) + 1/3 (17 + 3 √33)^(1/3)},
 {x → 5/3 + (1 + I √3)/(3 (17 + 3 √33)^(1/3)) -
    1/6 (1 - I √3) (17 + 3 √33)^(1/3)},
 {x → 5/3 + (1 - I √3)/(3 (17 + 3 √33)^(1/3)) -
    1/6 (1 + I √3) (17 + 3 √33)^(1/3)}}
```

On peut remédier à ceci en agrandissant la largeur de la cellule (version 3) ou améliorer la présentation en faisant opérer la fonction `Print` sur chaque élément de la liste:

$\{x \to 0\}$

$\{x \to 1\}$

$\{x \to 2\}$

$\{x \to \frac{1}{3}\sqrt[3]{17+3\sqrt{33}} - \frac{2}{3\sqrt[3]{17+3\sqrt{33}}} + \frac{5}{3}\}$

$\{x \to -\frac{1}{6}\left((1-i\sqrt{3})\sqrt[3]{17+3\sqrt{33}}\right) + \frac{5}{3} + \frac{1+i\sqrt{3}}{3\sqrt[3]{17+3\sqrt{33}}}\}$

$\{x \to -\frac{1}{6}\left((1+i\sqrt{3})\sqrt[3]{17+3\sqrt{33}}\right) + \frac{5}{3} + \frac{1-i\sqrt{3}}{3\sqrt[3]{17+3\sqrt{33}}}\}$

Ceci aurait pu s'écrire aussi `Print/@%;` :

mais on peut tout aussi bien utiliser des fonctions de formatage:

```
TableForm[Solve[x^6 - 8 x^5 + 26 x^4 - 44 x^3 + 39 x^2 - 14 x == 0]]
```

$x \to 0$

$x \to 1$

$x \to 2$

$x \to \frac{5}{3} - \frac{2}{3\,(17+3\sqrt{33})^{1/3}} + \frac{1}{3}(17+3\sqrt{33})^{1/3}$

$x \to \frac{5}{3} + \frac{1+I\sqrt{3}}{3\,(17+3\sqrt{33})^{1/3}} - \frac{1}{6}(1-I\sqrt{3})(17+3\sqrt{33})^{1/3}$

$x \to \frac{5}{3} + \frac{1-I\sqrt{3}}{3\,(17+3\sqrt{33})^{1/3}} - \frac{1}{6}(1+I\sqrt{3})(17+3\sqrt{33})^{1/3}$

◊ **Exemple 47**

Reconstitution de noms complets à partir de la liste des prénoms et de la liste des noms de famille.

```
MapThread[StringJoin,
  {{"Jean", "Marie", "Paul", "Pierre"},
   {" Dupont", " Duval", " Martin", " Lacour"}}]
```

{Jean Dupont, Marie Duval, Paul Martin, Pierre Lacour}

et de la même façon, on peut construire une liste de correspondances entre des mots français et des mots anglais:

```
TableForm[MapThread[StringJoin, {{"un ", "deux",
    "trois", "quatre", "cinq", "six", "sept", "huit"},
   {" <-> one", " <-> two", " <-> three", " <-> four",
    " <-> five", " <-> six", " <-> seven",
    " <-> eight"}}]]
```

```
un     <-> one
deux   <-> two
trois  <-> three
quatre <-> four
cinq   <-> five
six    <-> six
sept   <-> seven
huit   <-> eight
```

MapThread est une fonctionnelle à deux paramètres. Le premier paramètre est la fonction StringJoin (correspondant aux caractères <>), le deuxième est la liste des deux listes à considérer. De façon plus précise, la fonction StringJoin est définie sur des couples et la fonction MapThread prolonge l'action de StringJoin à deux listes quelconques de même longueur, en travaillant composante par composante.

6. Tableaux

Les langages non applicatifs qui ne peuvent pas gérer des listes de façon dynamique en standard, utilisent des *tableaux*, *tables* et *vecteurs*.

■ 6.1 Définitions et exemples

En COBOL, dans [26] (p. 16 et suivantes) on lit la définition suivante d'une table:

"groupe de données composé d'éléments simples ayant tous des attributs identiques".

L'indice est le numéro d'ordre dans la table.

Parmi les exemples classiques de table, on trouve des quantités définies par leur lieu de stockage:

Table	Quantité A	Quantité B	Quantité C	Quantité D
Indices	1	2	3	4

et pour les tables à plusieurs indices, l'exemple précédent (45) des salaires.

■ 6.2 Autres points de vue informatiques

• En Turbo PASCAL dans le manuel utilisateur [23], seuls les tableaux sont définis.

" Un tableau est un type structuré constitué d'un nombre fixe de composants qui sont tous du même type appelé type du composant ou le type de base. Chaque composant peut être atteint individuellement par un index dans le tableau"

• En Turbo PASCAL, dans le livre de Patrick Cousot [25], on lit:

"La notion de tableau exploite l'organisation de la mémoire centrale qui permet un accès dit aléatoire ou direct (en une seule instruction machine) à un mot quelconque d'adresse donnée. Cette notion de tableau se retrouve donc sous une forme ou sous une autre dans presque tous les langages de programmation"

puis:

"une table est un ensemble de couples appelés entrées constituées d'un indicatif ou clé et d'une information associée à cette clé, chaque clé ne figurant qu'une fois dans la table"

• En langage C, dans [27], on lit:

"1.6 Les Tableaux

Ecrivons un programme qui compte les occurrences des dix chiffres, des caractères d'espacement (espace, tabulation, fin de ligne), et de tous les autres caratères. Cet exemple est artificiel, mais il permet d'illustrer plusieurs aspects du C dans un seul programme.

Nous avons défini douze catégories de caractères en entrée, il est donc pratique de se servir d'un tableau pour stocker..."

• En CAML, dans [21], seule la notion de tableau est définie ainsi que celle de table de hachage:

"Les tableaux aussi appelés "vecteurs" sont des suites finies et modifiables d'un même type"

• Dans les livres de E. Saint James[11] et J.Ferber [10], ni table, ni tableau ne figurent dans l'index ou la table des matières.

■ 6.3 Concepts mathématiques les plus proches

Dans tous les exemples précédents, les tables et tableaux sont, en fait, des suites finies d'éléments d'un ensemble (au sens mathématique du terme). Les indices sont les éléments de ℕ (table et tableau à 1 dimension) ou de ℕxℕx...ℕ (tableau à plusieurs dimensions), qui indexent l'ensemble. Une table ou un tableau à une dimension d'éléments d'un ensemble E, peuvent donc aussi être vus comme un seul élément de l'ensemble E^n, c'est-à-dire une liste d'éléments.

Une suite d'éléments d'un ensemble est l'image d'une fonction définie dans ℕ. "Table", "vecteur", "Tableau" indexés par des entiers sont donc simplement des suites (au sens mathématique du terme), c'est-à-dire des listes (au sens informatique du terme). Voilà pourquoi, dans les livres sur les langages informatiques évolués (au sens loin de la machine) ces termes disparaissent petit à petit du vocabulaire. Toutefois, lorsque le langage n'est pas un langage applicatif, le recours aux tables vecteurs et tableaux comme structure de données fondamentales s'avère en pratique bien utile. De façon plus générale, les applications de I dans E correspondent aux tableaux "indexés par des éléments de I" et sont hors programme [1]. Si dans certains langages de programmation, y compris certains langages de calcul formel, représenter ou utiliser de telles fonctions pose problème, cela n'est pas le cas en *Mathematica* . En voici quelques exemples:

۞ Exemple 48

Aux feux de croisement tricolores que l'on rencontre partout en France et ailleurs, le petit bonhomme pour piétons aux feux rouges peut se schématiser ainsi:

feu vert -> bonhomme de signalisation en rouge

feu rouge -> bonhomme de signalisation en vert

les indices sont: vert, rouge et les éléments de la table:
bonhommeSignalisationrouge et bonhommeSignalisation vert.

Il s'agit de représenter une fonction de l'ensemble {feu vert, feu rouge} dans l'ensemble {bonhomme de signalisation en rouge, bonhomme de signalisation en vert}

Cet exemple de l'éclairage des bonhommes de signalisaton aux feux de signalisation peut s'écrire ainsi:

```
bonhommeSignalisation[feuVert] = rouge;

bonhommeSignalisation[feuRouge] = vert;
```

et on a:

```
bonhommeSignalisation[feuVert]
rouge
```

◊ **Exemple 49**

Une homothétie est une transformation du plan parfaitement définie lorsque l'on donne son centre et son rapport. Donc on peut définir une application (I, a) -> homothétie (I, a). Chacune de ces applications agit sur tous les points du plan. Ceci peut s'écrire:

```
homothétie[I_, k_][M_] := k (M - I) + I
```

et on a:

```
homothétie[{1, -2}, 3][{2, 5}]
{4, 19}

homothétie[{1, -2}, 3][{1, -2}]
{1, -2}
```

$$\text{homothétie}[\{1, -2\}, 3]\left[\left\{-\frac{2}{3}, 7.1\right\}\right]$$

```
{-4, 25.3}
```

et on pourrait très bien dire que l'on fabrique ainsi un tableau (infini certes) ou une famille indexée par des éléments non entiers à savoir les couples formés d'un point du plan et d'un nombre réel. Cette situation se rencontre très souvent en Mathématiques (les barycentres et les transformations géométriques usuelles en sont d'autres exemples).

■ 6.4 Primitives Table et Array

Pour générer automatiquement des tableaux, il y a de multiples façons de faire en *Mathematica*. Pour construire des listes, la primitive de base est `List`. Nous avons déjà vu des exemples avec la primitive `Table`, voici maintenant quelques exemples avec la primitive `Array`.

Primitive Array pour écrire f [1] , f [2] , f [3] ... f [n] pour n donné

Dans le cas où tous les éléments de l'ensemble sont l'image d'une même fonction, pour obtenir f[1], f[2] etc. jusqu'à f[n], n étant un entier fixé, on peut procéder de deux manières: ou en utilisant la fonction `Table`, ou bien plus simplement encore en utilisant la fonction `Array`.

Voici une fonction:

✧ Exemple 50

$$f[x\_] := x^2 - \frac{3x}{4}$$

On peut obtenir la valeur de cette fonction pour différentes valeurs, à la main, en indiquant les valeurs retenues:

```
f[{1, 2, 3, 4, 5, 6, 7, 8, 9, 10}]
```

$\{\frac{1}{4}, \frac{5}{2}, \frac{27}{4}, 13, \frac{85}{4}, \frac{63}{2}, \frac{175}{4}, 58, \frac{297}{4}, \frac{185}{2}\}$

On peut aussi écrire les premières valeurs précédentes en utilisant la fonction Table:

```
Table[f[i], {i, 1, 10}]
```

$\{\frac{1}{4}, \frac{5}{2}, \frac{27}{4}, 13, \frac{85}{4}, \frac{63}{2}, \frac{175}{4}, 58, \frac{297}{4}, \frac{185}{2}\}$

ou plus simplement en utilisant la fonction Array.

```
Array[f, 10]
```

$\{\frac{1}{4}, \frac{5}{2}, \frac{27}{4}, 13, \frac{85}{4}, \frac{63}{2}, \frac{175}{4}, 58, \frac{297}{4}, \frac{185}{2}\}$

Remarque

On remarquera que Array prend une fonction f comme paramètre et non pas la valeur de cette fonction en x. On remarquera également que ce sont les 10 premiers termes d'indice entier qui sont donnés. Par défaut, *Mathematica* calcule f[1], f[2], etc. jusqu'au nombre indiqué.

Si par erreur on remplace f par f[x], ainsi, par exemple:

```
Array[f[x], 4]
```

on obtient:

$\{\left(-\frac{3x}{4}+x^2\right)[1], \left(-\frac{3x}{4}+x^2\right)[2], \left(-\frac{3x}{4}+x^2\right)[3],$
$\left(-\frac{3x}{4}+x^2\right)[4]\}$

en effet, *Mathematica* a remplacé f[x] par sa valeur $x^2 - \frac{3x}{4}$ et comme il n'a pas d'éléments lui indiquant comment considérer cette expression (qui définit f), comme une fonction, il retourne le résultat tel que. Autrement dit, comme les bons élèves, *Mathematica* ne confond pas, f et f[x] ...

■ 6.5 Sens naïf du terme tableau, décor

Un tableau évoque une liste d'objets bien rangés ou bien disposés dans des lignes et colonnes. Souvent les regroupements par catégorie sont indiqués dans les en-têtes.

En *Mathematica*, on appliquera donc une des nombreuses primitive d'interface, dont la tâche consiste à bien présenter les choses.

⚡ Exemple 51

Voici une façon de faire sur un exemple numérique:

```
TableForm[Table[{i + 5 j²}, {i, 1, 6}, {j, 1, 5}]]
```

6	21	46	81	126
7	22	47	82	127
8	23	48	83	128
9	24	49	84	129
10	25	50	85	130
11	26	51	86	131

et si on veut border ce tableau par les valeurs de i et j:

```
TableForm[Table[{i + 5 j²}, {i, 1, 6}, {j, 1, 5}],
    TableHeadings → Automatic]
```

	1	2	3	4	5
1	6	21	46	81	126
2	7	22	47	82	127
3	8	23	48	83	128
4	9	24	49	84	129
5	10	25	50	85	130
6	11	26	51	86	131

■ 6.6 Accès aux éléments d'un tableau

Lorsque la valeur d'un symbole est un tableau, on peut accéder à n'importe quel élément du tableau grâce à la fonction représentée par [[ ]]:

```
tableau = Table[f[i], {i, 1, 10}];
```

```
tableau[[9]]
```

$$\frac{297}{4}$$

```
tableau = Array[f, 10];
```

6. Tableaux 111

```
tableau[[3]]
```
$$\frac{27}{4}$$

Accéder à des éléments d'un tableau en fournissant un indice erroné provoque une erreur:

```
tableau[[50]]
Part::partw : Part 50 of {f[1], f[2], f[3], f[4],
    f[5], f[6], f[7], f[8], f[9], f[10]} does not
    exist.
```

$$\{\frac{1}{4},\ \frac{5}{2},\ \frac{27}{4},\ 13,\ \frac{85}{4},\ \frac{63}{2},\ \frac{175}{4},\ 58,\ \frac{297}{4},\ \frac{185}{2}\}[\![50]\!]$$

le tableau est remplacé par sa valeur et l'utilisateur peut voir directement que le 50ème élément n'existe pas.

■ 6.7 Remarques

Dans un tableau, le nombre d'éléments de l'ensemble est donné d'emblée

En informatique traditionnelle, ce nombre n'est pas modifiable facilement. En Mathematica, le nombre d'éléments peut très bien être variable suivant l'environnement ou géré par une fonction primitive ou une fonction écrite par l'utilisateur:

▽ **Exemple 52**

Supposons que la valeur de n ait été définie par ailleurs, par:

```
n = 5;
```

alors:

$$\text{Table}\left[i^2 - \frac{3\,i}{4},\ \{i,\ 1,\ n\}\right]$$
$$\{\frac{1}{4},\ \frac{5}{2},\ \frac{27}{4},\ 13,\ \frac{85}{4}\}$$

si on change la valeur de n:

```
n = 10;
```

alors:

$$\text{Table}\left[i^2 - \frac{3\,i}{4},\ \{i,\ 1,\ n\}\right]$$

$$\{\frac{1}{4},\ \frac{5}{2},\ \frac{27}{4},\ 13,\ \frac{85}{4},\ \frac{63}{2},\ \frac{175}{4},\ 58,\ \frac{297}{4},\ \frac{185}{2}\}$$

donne une liste de 10 termes.

Le nombre d'éléments de la liste peut varier suivant une fonction quelconque. Par exemple, considérons une borne réagissant suivant la parité d'un paramètre. Supposons que si la variable est impaire, on ne prend que les 3 premiers termes de cette suite et que sinon, on les prend tous.

ϒ Exemple 53

```
borne[variable_] := 3 /; OddQ[variable]

borne[variable_] := variable
```

ce qui veut dire que la borne est 3 si l'argument est impair et la borne est elle-même pour les autres valeurs de l'argument.

Alors, *Mathematica* en tient compte dans la création du tableau. Voici une borne impaire:

$$\text{Table}\left[i^2 - \frac{3\,i}{4},\ \{i,\ 1,\ \text{borne}[51]\}\right]$$

$$\{\frac{1}{4},\ \frac{5}{2},\ \frac{27}{4}\}$$

et une borne paire:

$$\text{Table}\left[i^2 - \frac{3\,i}{4},\ \{i,\ 1,\ \text{borne}[10]\}\right]$$

$$\{\frac{1}{4},\ \frac{5}{2},\ \frac{27}{4},\ 13,\ \frac{85}{4},\ \frac{63}{2},\ \frac{175}{4},\ 58,\ \frac{297}{4},\ \frac{185}{2}\}$$

> De façon pratique, les tableaux permettent de travailler avec un grand nombre d'éléments sans avoir à leur donner des noms différents.

Si besoin est, un symbole unique permet de dénoter la collection, le système d'indexation, permettant de manipuler chacune des entités. Ceci est bien connu des mathématiciens qui écrivent une suite $(xi)_{i=1...n}$ et non pas (a,b,...) parce qu'après z, effectivement, on est un peu coincé si on doit manipuler 100, 1000, 10 000, 100 000, 1000 000 etc. éléments. En *Mathematica*, on écrira x [i].

> En conclusion, en *Mathematica* on dispose des listes et des fonctions qui recouvrent très largement le concept informatique de tableau ou celui de table.

Voici de façon synthétique quelles sont les grandes différences:

Liste	Tableau
• éléments de nature quelconque	• éléments de même nature
• nombre d'éléments variable	• nombre fixe d'éléments
• manipulation élémentaire ou globale	• manipulation élémentaire

7. Ensembles

■ 7.1 Représentation et opérations primitives

Les ensembles sont représentés par des listes sans répétition de terme. Aux primitives qui agissent sur les listes, s'ajoutent les primitives correspondant aux opérations ensemblistes usuelles: union, intersection, passage au complémentaire. Ces primitives sont respectivement: Union, Intersection, Complement. En particulier, pour se débarasser des éléments superflus dans une liste, il suffit d'appliquer la primitive Union (ou Intersection). En version 2 on utilisera les mots entiers. En version 3, les symboles usuels $\cup$, $\cap$, $\Rightarrow$, $\rightarrow$, $\neg$ s'obtiennent avec la palette Basic Input (menu File, item Palette).

■ 7.2 Exemples

▽ **Exemple 54**

```
Union[{1, 1, 2, 1, 3, 5, 8}]
{1, 2, 3, 5, 8}

Intersection[{1, 1, 2, 1, 3, 5, 8}]
{1, 2, 3, 5, 8}
```

▽ **Exemple 55**

Quels sont les caractères distincts contenus dans la phrase suivante extraite de [1]?*"les étudiants doivent savoir utiliser ces résultats pour le dénombrement des p-listes d'éléments (des p-listes d'éléments distincts deux à deux) d'un ensemble fini."*

```
liste1 = Union[Characters["les étudiants doivent
     savoir utiliser ces résultats pour le
     dénombrement des p-listes d'éléments (des
     p-listes d'éléments        distincts deux
     à deux) d'un ensemble fini."]]
```

{(,), -, ., ',   , a, à, b, c, d, e, é,
 f, i, l, m, n, o, p, r, s, t, u, v, x}

Quels sont les caractères distincts contenus dans la phrase suivante? *"les étudiants doivent connaître les relations suivantes ainsi que leur interprétation ensemblistes"*

```
liste2 =
Union[Characters["les étudiants doivent connaître
     les relations suivantes        ainsi que
     leur interprétation ensemblistes"]]
```

{ , a, b, c, d, e, é, i, î, l, m, n, o, p,
 q, r, s, t, u, v}

Caractères contenus dans les deux listes:

```
liste1 ∩ liste2
```

{ , a, b, c, d, e, é, i, l, m, n, o, p, r,
 s, t, u, v}

Caractères contenus dans au moins une des deux listes:

```
liste1 ∪ liste2
```

{(,), -, ., ',   , a, à, b, c, d, e, é, f, i, î,
 l, m, n, o, p, q, r, s, t, u, v, x}

Quelle est donc la relation dont il est question dans [1], *que les étudiants doivent connaître* et qui est vérifiée ci-dessous dans le cas particulier des deux phrases choisies?

```
Length[liste1 ∪ liste2] ==
   Length[liste1] + Length[liste2] - Length[liste1 ∩ liste2]

True
```

8. Intervalles

■ 8.1 Représentation et opérations primitives

Les intervalles d'études de fonction, intervalle d'intégration, indexation dans les tableaux etc., comme nous l'avons vu dans les exemples précédents, sont représentés par des listes {x, a, b}.

Les intervalles (a , b) (au sens mathématique du terme), sont représentés par Interval[a, b] et il existe des fonctions permettant de travailler sur ces intervalles de nombres réels:

■ 8.2 Exemples

۞ Exemple 56

```
IntervalIntersection[Interval[{-10 √2 , 25 √2 }],
    Interval[{-5π/3, 40}]]
Interval[{-5π/3, 25 √2 }]

IntervalUnion[Interval[{-10 E², 25 √2/7 }],
    Interval[{-25π/3, 40.56}]]
Interval[{-10 E², 40.56}]
```

9. Expressions algébriques

■ 9.1 Point de vue mathématique

Cette section illustre essentiellement la recommandation suivante du BO [1]:

"On expliquera de façon succinte, la représentation arborescente des expressions manipulées par le logiciel de calcul formel"

En *Mathematica*, les expressions algébriques sont écrites comme en mathématiques, les parenthèses servant au regroupement d'expressions, et elles seules.

✧ Exemple 57

$$\frac{2x^3 - 3x^2 + 5}{2x + 1}$$

$$\frac{5 - 3x^2 + 2x^3}{1 + 2x}$$

✧ Exemple 58

$$\text{Simplify}\left[\frac{(a+b)^4 - (a-b)^4}{(a+b)^2 - (a-b)^2}\right]$$

$2(a^2 + b^2)$

■ 9.2 Point de vue informatique

La représentation interne des expressions manipulées par *Mathematica* s'obtient en appliquant la fonction `FullForm` ou la fonction `TreeForm`

✧ Exemple 59

```
FullForm[2 x³ - 3 x² + 5]
Plus[5, Times[-3, Power[x, 2]], Times[2, Power[x, 3]]]
```

La structure de l'expression est analysée globalement: il s'agit d'une somme de 3 termes: 5, -2 x^3 et 3 x^2.

Ces deux derniers termes sont des produits. Ainsi, 2 x^3 est le produit de 2 par x^3 et x^3 est une puissance.

La structure de cette représentation peut être mise en évidence en appliquant la fonction **TreeForm**

```
TreeForm[2 x³ - 3 x² + 5]
Plus[5, |                    , |                    ]
        Times[-3, |         ]   Times[2, |          ]
                  Power[x, 2]             Power[x, 3]
```

Et voici l'arbre représentant l'expression initiale.

9. Expressions algébriques

$$\text{TreeForm}\left[\frac{2x^3 - 3x^2 + 5}{2x + 1}\right]$$

```
Times[ |                                                    ,
       Power[ |                            , -1]
              Plus[1, |            ]
                      Times[2, x]
     |                                                       ]
Plus[5, |                    , |                            ]
        Times[-3, |        ]    Times[2, |                 ]
                  Power[x, 2]             Power[x, 3]
```

Cette représentation peut aussi être schématisée par un arbre réalisé avec un outil de dessin. En voici un intégré par copier-coller à ce livret d'exemples. Quelle est l'expression que représente l'arbre ci-dessous?

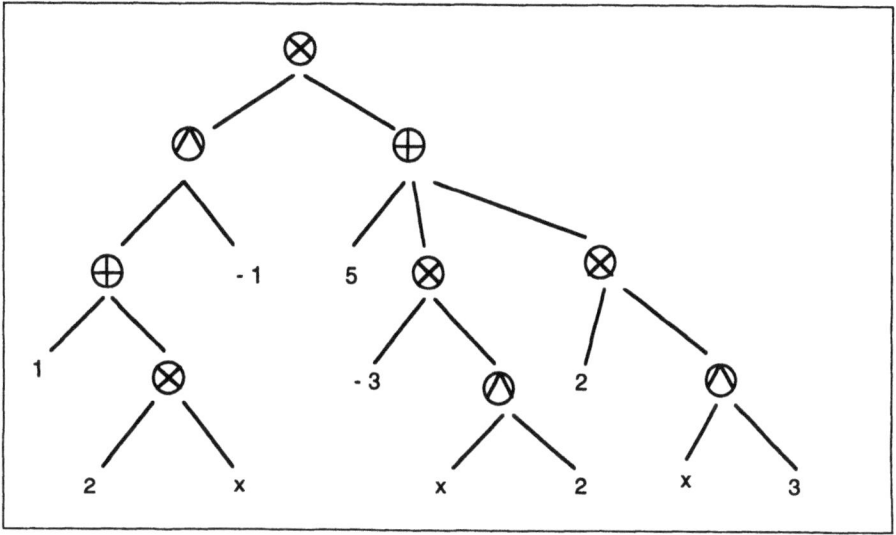

La représentation des expressions sous forme d'arbre permet:

• la manipulation d'opérations n-aires (nombre de paramètres non fixés); ainsi sur cet exemple, la première opération a deux arguments, ensuite la somme a trois arguments. On peut envisager de la même façon qu'il y ait un nombre n quelconque d'arguments. C'est grâce à cette propriété que les options sont réalisées. Lorsqu'une fonction admet des options, l'utilisateur applique la fonction avec les options qu'il veut en nombre indifférent et dans un ordre quelconque. La même fonction peut aussi s'appliquer sans option du tout ;

• une substitution aisée (on voit facilement où sont les x et on peut donc les lier à d'autres structures par lesquelles ils seront ensuite remplacés);

• l'application de fonctions sur ces expressions; en effet, les fonctions ayant la même représentation interne que les opérations, à la place de + ou multiplié, on peut écrire n'importe quel symbole f représentant une fonction;

• des constructions et recherches récursives.

Opérateurs: comparaison et logique

1. Égalité

L'égalité en mathématiques prend parfois des sens différents. Elle s'exprime donc de différentes manières en *Mathematica*. Par exemple, lorsqu'un jeune enfant commence à faire des opérations, s'il trouve le résultat, il dit "ça fait tant" ou "c'est égal à tant". De même, lorsqu'on utilise une calculatrice, la touche = donne le résultat. C'est exactement ce qui se passe quand *Mathematica* rencontre A = 3 x + 2 x. Il évalue 2 x + 3 x, il trouve que "c'est égal à 5 x" et il appelle ce résultat A. Voici une première façon de voir les choses.

2. Équations et systèmes d'équations ==

L'égalité se rencontre ailleurs également, et en particulier dans les équations et systèmes d'équations ou encore dans la comparaison de deux ensembles ou de deux objets.

> Pour les équations, systèmes d'équations, c'est le symbole == qui est utilisé.

ϕ Exemple 1

Résolution d'une équation.

```
Solve[x⁴ - 1 == 0]
{{x → -1}, {x → -I}, {x → I}, {x → 1}}
```

Réduction d'un système:

```
Reduce[{2 x - 3 y == a, m x + 5 y == 0}, {x, y}]
```

$$y == \frac{2x}{3} \&\&$$
$$a == 0 \&\& m == -\frac{10}{3} \;||$$
$$10 + 3m \neq 0 \;\&\&$$
$$y == -\frac{am}{10 + 3m} \&\&$$
$$x == \frac{5a}{10 + 3m}$$

> Ici, le résultat est donné sous forme logique. Les deux `&&` veulent dire et. Les deux barres verticales `||` veulent dire ou. `!=` veut dire différent.

```
DSolve[y'[x] == y[x], y, x]
{{y → (E^#1 C[1]&)}}
```

la solution en y est une famille de fonctions qui n'a pas de nom, mais qui est tout à fait manipulable (cf lambda fonctions dans fonctions-II)

3. Comparaison

■ 3.1 Comparaison de deux expressions

En *Mathematica* `==` et `===` sont des abréviations souvent utilisées à la place des fonctions `Equal` et `SameQ`. Lorsque deux objets ont la même valeur, `==` retourne `True`, c'est-à-dire `Vrai`. Lorsque deux objets sont identiques, la fonction `===` retourne `True`.

۞ Exemple 2

2 == 2	True
2 === 2	True
2 == 3	False
2 === 3	False

1/2 et 0.5 ont la même valeur, mais ils ne sont pas identiques

3. Comparaison

$\frac{1}{2}$==0.5	True
$\frac{1}{2}$===0.5	False

Pour 1/3, cela devient plus délicat, car cela dépend de la précision avec laquelle sont évaluées les valeurs approchées des objets à comparer. On a bien:

$$\frac{1}{3} == 0.33333333333333333333333$$
```
True
```

$$\frac{1}{3} == 0.333333333333333333333333333333333333$$
```
True
```

et:

$$\frac{1}{3} === 0.33333333333333333333333$$
```
False
```

$$\frac{1}{3} === 0.333333333333333333333333333333333333$$
```
False
```

mais:

$$\frac{1}{3} == 0.3333333$$
```
False
```

lorsqu'il y a 8 chiffres significatifs. Et:

$$\frac{1}{3} === 0.3333333333333333$$
```
False
```

lorsqu'il y a 17 chiffres significatifs. Et:

$$\frac{1}{3} == 0.33333333333333333$$
```
True
```

lorsqu'il y a 18 chiffres significatifs. En effet:

```
$MachinePrecision

16
```

De la même façon, on a:

$$N\left[\frac{1}{3}\right]$$

```
0.333333
```

mais si on recopie à la main (c'est-à-dire si on ressaisit), on a:

$$N\left[\frac{1}{3}\right] == 0.333333$$

```
False
```

par contre, si on recopie à la souris, on voit tous les autres chiffres apparaître, et on a:

$$N\left[\frac{1}{3}\right] == 0.3333333333333333333$$

```
True
```

Mais de toute façon 1/3 et 0.333.....3, quelque soit le nombre de décimales, ne sont pas identiques.

$$\frac{1}{3} ===$$

```
0.3333333333333333333333333333333333333333333333333333333.
3333333333333333333333333333333333333333333333333333333.
3333333333333333333333333333333333333333333333333333333.
3333333333333333333333333333333333333333333333333333333.
3333333333333333333333333333333333333333333333333333333.
3333333333333333333333333333333333333333333333333333333.
3333333333333333333333333333333333333333333333333333333.
3333333333333333333333333333333333333333333333333333333.
3333333333333333333333333333333333333333333333333333333.
3333333333333333333333333333333333333333333333333333333.
3333333333333333333333333333333333333333333333333333333.
3333333333333333333333333333333333333333333333333333333.
3333333333333333333333333333333333333333333333333333333.
3333333333333333333333333333333333333333333333333333333.
3333333333333333333333333333333333333333333333333333333.
3333333333333333333333333333333333333333333333333333333.
3333333333333333333333333333333333333333333333333333333.
3333333333333333333333333333333333333333333333333333333.
3333333333333333333333333333333333333333333333333333333.
3333333333333333333333333333333333333333333333333333333.
333333

False
```

Les nombres 1/3 et 0.33... le seraient, mais cette dernière représentation n'est pas encore manipulable en Mathematica.

Pour les expressions algébriques ou symboliques, il en va de même.

> $(a + b)^2 == a^2 + 2 a b + b^2$
>
> $(a + b)^2 == a^2 + 2 a b + b^2$

Mathematica ne peut pas attribuer de valeur à ces expressions donc il retourne la question telle que. Ces expressions ne sont pas non plus identiques:

> $(a + b)^2 === a^2 + 2 a b + b^2$
>
> False

On remarquera que dans ce cas, la différence essentielle entre == et === est que === retourne Faux, alors que == retourne les expressions non évaluées. Par contre,

> Expand[$(a + b)^2$] == $a^2 + 2 a b + b^2$
>
> True

et:

> Expand[$(a + b)^2$] === $a^2 + 2 a b + b^2$
>
> True

D'autre part, on a aussi:

> X = $(a + b)^2$ /. {a → 1, b → 2};
>
> Y = $a^2 + 2 a b + b^2$ /. {a → 1, b → 2};
>
> X == Y
>
> True
>
> X === Y
>
> True

Les négations de == et === sont représentées respectivement par != (en version 2 et ≠ en version 3) et =!=

▽ Exemple 3

$3 \neq \frac{6}{2}$	False
$3 =!= \frac{60000000}{20000000}$	False

car:

$$3 == \frac{60000000}{20000000} \quad \text{True}$$

en effet, le terme de droite est calculé et simplifié en 3

$$3 === \frac{60000000}{20000000} \quad \text{True}$$

■ 3.2 Relation d'ordre

<= (version 2 respectivement ≤ en version 3) correspond à la relation d'ordre habituelle sur les réels et a < b désigne la relation stricte correspondante.

☿ **Exemple 4**

$$5 \le \frac{10}{2}$$
True

Les procédures de tri utilisent cet ordre.

☿ **Exemple 5**

$$\text{Sort}\left[\left\{4, \frac{170.085}{42.5}, N\left[\frac{5.82842}{\sqrt{2}}\right], \frac{80005}{20000}\right\}\right]$$

$$\left\{4, \frac{16001}{4000}, 4.002, 4.12132\right\}$$

On remarquera que *Mathematica* ordonne des nombres quelle que soit leur nature, qu'il retourne une liste triée en tenant compte des valeurs des nombres donnés. Lorsque cela est possible(par exemple pour les fractions), il en donne une forme plus simple, mais sans pour autant les remplacer par des valeurs approchées si cela n'est pas demandé. Le lecteur intéressé par les fonctions de tri trouvera dans [**] des exemples plus sophistiqués de tris polymorphes.

4. Connecteurs logiques

☿ **Exemple 6**

Les connecteurs logiques *et* et *ou* se représentent respectivement par && et || en version 2 et respectivement signe ∧ et ∨ en version 3.

4. Connecteurs logiques

2==2&&2==3	False
2==2||2==3	True
2==3||2==2	True
2==3||2==4	False

Le chapitre-notebook sur `fontions-II` dans la suite de ce livre donne un exemple moins simple d'utilisation des connecteurs logiques.

ϙ Exemple 7

La négation s'exprime par `Not` ou en abrégé `!` en version 2 et ¬ en version 3. L'implication logique est représentée par la primitive `Implies` et le symbole ⇒ en version 3. On remarquera le retour de cette primitive lorsque a et b n'ont pas de valeur:

```
Implies [a || b, a && b]
Implies [a || b, a && b]
```

Maintenant, si on donne une valeur à a et b, par exemple:

a=True	True
b=False	False

on a bien :

Implies[a||b,a&&b]	False
Implies[a&&b,a||b]	True

Structures de contrôle

1. Structures conditionnelles

Les 3 fonctions les plus utiles sont Switch, Which, et If. En particulier dans les programmes de menus interactifs où l'utilisateur est questionné par le système grâce à la fonction Input (vue précédemment dans le chapitre-notebook sur les Variables); une fenêtre de dialogue s'ouvre alors et l'utilisateur répond au système.

■ 1.1 Switch

```
?Switch
```

```
Switch[expr, form1, value1, form2, value2, ...]
evaluates expr, then compares it with each of the formi
in turn, evaluating and returning the valuei
corresponding to the first match found.
```

Traduction adaptée

```
Switch[expr, form1, value1, form2, value2, ...] evalue
expr, puis compare la valeur obtenue successivement à
chaque form-i. Il évalue et retourne la première
value-i qui correspond à la première valeur filtrée
form-i.
```

La fonction Switch retourne ce qui correspond à la valeur du premier paramètre. Voici la même demande répétée plusieurs fois. Les réponses de l'utilisateur sont à lire dans le rectangle de la fenêtre "Local Kernel Input".

⚡ Exemple 1

```
With[{donnee = Input[]}, Switch[donnee,
rouge, "passage interdit",
vert, "c'est bon",
noir, Expand[(2 x + 1)^4],
12, "c'est une douzaine?",
_, "dernier cas, fourre tout"]]
```

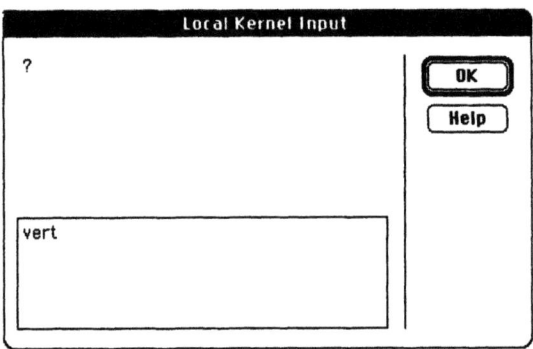

c'est bon

```
With[{donnee = Input[]}, Switch[donnee,
rouge, "passage interdit",
vert, "c'est bon",
noir, Expand[(2 x + 1)^4],
12, "c'est une douzaine?",
_, "dernier cas, fourre tout"]]
```

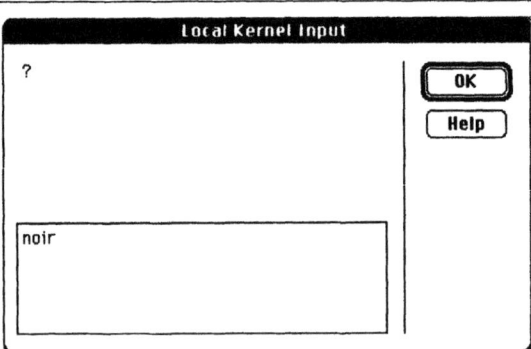

$1 + 8 x + 24 x^2 + 32 x^3 + 16 x^4$

1. Structures conditionnelles

```
With[{donnee = Input[]}, Switch[donnee,
rouge, "passage interdit",
vert, "c'est bon",
noir, Expand[(2x+1)^4],
12, "c'est une douzaine?",
_, "dernier cas, fourre tout"]]
```

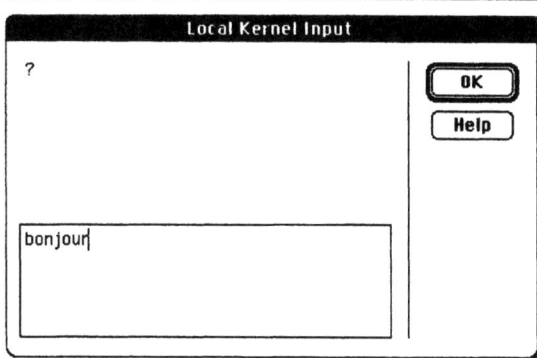

    dernier cas, fourre tout

■ 1.2 Which

```
?Which
```

> Which[test1, value1, test2, value2, ...] evaluates each
> of the testi in turn, returning the value of the valuei
> corresponding to the first one that yields True.

Traduction adaptée

> Which[test1, value1, test2, value2, ...] evalue chacun
> des testi, puis compare la valeur obtenue
> successivement à chaque formi. Il évalue et retourne la
> première valuei qui correspond au premier test testi
> satisfait.

La fonction Which s'applique et travaille comme la fonction Switch avec cette différence que le premier paramètre est un test au lieu d'être une valeur filtrante.

۞ Exemple 2

Toutes les fonctions définies par intervalle peuvent être définies ainsi. En voici un exemple:

    f[x_] := Which[x < -2, (x+2) Exp[x], -2 < x && x < 3,
       -x^4, x == 3, 5, True, 0]

f[3]	5
f[$-\frac{45}{2}$]	$-\frac{41}{2E^{45/2}}$
f[0.5]	−0.0625
f[1996]	0

■ 1.3 If

```
? If
```

If[condition, t, f] gives t if condition evaluates to
True, and f if it evaluates to False. If[condition, t,
f, u] givesu if condition evaluates to neither True nor
False.

Traduction adaptée

If[condition, t, f] retourne t si la condition a pour
valeur True (vrai), et f si elle a la valeur False
(faux).
If[condition, t, f, u] retourne u, si ni t ni f ne sont
vraies.

On remarquera que la fonction If permet de travailler en logique binaire ou en logique trivaluée.

✿ Exemple 3

La fonction If peut s'utiliser avec 3 arguments, en logique binaire. Voici une petite fonction qui retourne le signe d'un nombre:

signeBinaire[x_] := If[x ≥ 0, "+", "-"]

signeBinaire[2.4]	+
signeBinaire[Exp[I π]]	−
signeBinaire[Cos[$\frac{\pi}{2}$]]	+
signeBinaire[a]	If[True ≥ 0, +, -]

On remarque que *Mathematica* retourne l'expression telle que car a n'a pas de valeur.

De même:

signeBinaire[I]

```
GreaterEqual::"nord": "Invalid comparison with I
attempted.

If[I≥0,"+","-"]
```

agrémenté d'un message d'erreur car on a demandé une comparaison entre nombres complexes (ℂ n'est pas un corps ordonné)

La primitive If peut aussi s'utiliser avec 4 arguments en logique trivaluée:

```
signeTrivalué[x_] := If[x ≥ 0, "+", "-", "?"]
```

signeTrivalué[2.4]	+
signeTrivalué[Exp[I π]]	−
signeTrivalué[Cos[$\frac{\pi}{2}$]]	+
signeTrivalué[a]	?
signeTrivalué[I]	GreaterEqual::nord: Invalid comparison with I attempted. ?

Dans ce dernier cas la réponse est double.

2. Structures itératives

■ Introduction

Les structures itératives sont très largement utilisées en informatique non symbolique pour parcourir des structures de données (tableau, liste) ou pour les dialogues avec l'utilisateur. En mathématiques, l'approche numérique en fait également une grande consommation pour les mêmes raisons et aussi pour effectuer les calculs cumulatifs comme les sommes de séries par exemple ou pour les techniques d'approximation.

Nous verrons dans le chapitre-notebook fonctions-II que *Mathematica* met à la disposition de l'utilisateur de nombreuses primitives et des fonctionnelles extrêmement puissantes et efficaces qui évitent de faire "à la main" les parcours de tableaux et listes. Afin de consacrer ses efforts, non pas à la gestion des indices de boucle, mais à la compréhension des phénomènes mathématiques, il est préférable de manipuler ou de programmer Mathematica à un niveau plus élevé (i.e. plus loin de la machine). Par ailleurs, les techniques d'approximation sont récursives. Elles se font très bien en *Mathematica*, comme nous le verrons à l'occasion de l'étude des fonctions et dans l'étude de cas sur la fonction d'Ackermann dans le tome II. Là aussi, il est plus rapide, plus simple et plus efficace de travailler en suivant la pensée mathématique, plutôt que de s'évertuer à suivre les dédales des exécutions de la machine. Toutefois, *Mathematica* permet également de travailler avec des structures itératives. Nos exemples, dans ce paragraphe, seront choisis dans le domaine des séries, mais le lecteur ne doit pas s'y arrêter et il est invité à consulter le chapitre-notebook suites et séries ainsi que les différentes approches possibles de la fonction d'Ackermann dans la partie TIPE du tome II. Parmi les *boucles*, on distingue:

- *les boucles conditionnelles* qui *s'arrêtent*, suivant les cas, lorsqu'un test est satisfait ou non satisfait. L'égalité d'une expression à 0 ou de deux expressions lorsqu'on travaille avec des valeurs approchées en informatique numérique est un challenge non réussi à ce jour. Les tests d'égalité sont remplacés par des *seuils* et leur détermination, qui conditionne l'arrêt du processus, est tout un art. Il sera utile de revoir à ce propos le notebook opérateurs et de s'assurer d'avoir bien compris les réactions du système en particulier dans le cas des valeurs approchées de nombres réels.

- *les boucles non conditionnelles* dont le nombre *d'itérations* est fixé à l'avance.

⌚ Dans la suite de ce notebook cette petite montre indique dans la suite immédiate, des évaluations de temps d'exécution des calculs effectués. Les temps indiqués ici pour les exécutions sont des temps "machine" évalués sur un Mac IIfx agé de plus de 5 ans et qui a énormément de kilomètres derrière lui. C'est une machine sûre, robuste et confortable, qui sait se faire oublier et qui a déjà allègrement supporté des milliers de pages en LaTeX et en *Mathematica* (par exemple [12 - 1], [12- 2], [12-3], [*] et [**]). A son compte aussi, il faut inscrire le développement d'un outil de simulation en *Mathematica* dans le cadre industriel, ainsi que des explorations de recherche dans le domaine des polynômes chromatiques (cf [**]). Le lecteur avide de compétition dans le domaine d'exécution machine et le novice qui chercherait à s'équiper PC trouveront un chapitre-notebook consacré à des benchmarks réalisés sur des machines PC récentes de bonnes marques et sur des Macs dans le tome II. Ici il s'agit de comparer avec un seul étalon, à la portée de toutes les bourses, les temps d'exécution relatifs à différentes approches d'un même problème. Actuellement d'occasion, un Mac IIfx dépasse à peine le prix des calculettes utilisées par les élèves.

Les tests portent sur plusieurs façons procédurales pour travailler sur la série harmonique. Il s'agit de calculer les sommes partielles: $\frac{1}{2} + \frac{1}{3} + 1 \dots \frac{1}{n}$. Les algorithmes sont des algorithmes classiques et les tests effectués pour les valeurs données, sont en partie ceux donnés dans le livre de P.Cousot [25]. Nous verrons d'autres approches de cette série harmonique dans la suite de cet ouvrage, et en particulier dans les TP et dans la partie Fonctionnalités.

■ 2.1 La boucle conditionnelle While

```
?While
```

```
While[test, body] evaluates test, then body,
repetitively,until test first fails to give True.
```

2. Structures itératives

Traduction adaptée

> While[test, body] evaluate test, puis body (i.e. le corps du While) un certain nombre de fois jusqu'au premier moment où le test cesse de retourner vrai.

ϒ Exemple 4

serieWhile[n_] :=

$\left(h = 0; k = 1; \text{While}\left[k \leq n, h = N\left[h + \frac{1}{k}\right]; k++\right]; h\right)$

où k++ veut dire que k est augmenté de 1.

- Timing[serieWhile[50]]
- {0.25 Second, 4.49921}

- Timing[serieWhile[32767]]
- {159.383 Second, 10.9744}

une petite amélioration peut être apportée:

serieWhileBis[n_] :=

$\left(h = 0; k = 1; \text{While}\left[k \leq n, h = h + N\left[\frac{1}{k}\right]; k++\right]; h\right)$

- Timing[serieWhileBis[50]]
- {0.25 Second, 4.49921}

- Timing[serieWhileBis[32767]]
- {157.817 Second, 10.9744}

■ 2.2 La boucle non conditionnelle For

? For

For[start, test, incr, body] executes start, then repeatedly evaluates body and incr until test fails to give True.

Traduction adaptée

> For[start, test, incr, body] exécute start, puis répète
> l'évaluation de body (i.e. le corps) du For et
> l'incrémentation incr jusqu'à ce que le
> test cesse d'être vrai.

▽ Exemple 5

```
h = 0;

serieFor[n_] := For[k = 1, k ≤ n, k++, Print[h = N[h + 1/k]]]

serieFor[3]
1.
1.5
1.83333
```

En fait, si on s'intéresse seulement à la dernière valeur, le Print n'est pas utile:

```
h = 0;

serieForBis[n_] := (For[k = 1, k ≤ n, k++, h = N[h + 1/k]]; h)

serieForBis[3]

1.83333
```

Il est préférable d'englober l'initialisation de h sous le For, car ainsi on ne risque pas de faire d'erreur (oubli de revalider h à 0), ce qui donne:

```
serieForTer[n_] :=
    (For[h = 0; k = 1, k ≤ n, k++, h = N[h + 1/k]]; h)

serieForTer[3]

1.83333
```

2. Structures itératives

■ 2.3 La boucle non conditionnelle Do

> ? Do
>
> Do[expr, {imax}] evaluates expr imax times.
> Do[expr, {i, imax}] evaluates expr with the variable i successively taking on the values 1 through imax (in steps of 1).
> Do[expr, {i, imin, imax}] starts with i = imin.
> Do[expr, {i, imin, imax, di}] uses steps di.
> Do[expr, {i, imin, imax},{j, jmin, jmax}, ...] evaluates expr looping over different values of j, etc. for each i.
> Do[] returns Null, or the argument of the first Return it evaluates.

Traduction adaptée

> Do[expr, {imax}] évalue expr imax fois.
> Do[expr, {i, imax}] évalue expr pour les valeurs successives de la variable i jusqu'à imax avec un pas de 1.
> Do[expr, {i, imin, imax}] commence à i = imin.
> Do[expr, {i, imin, imax, di}] utilise un pas di.
> Do[expr, {i, imin, imax}, {j, jmin, jmax}, ...] évalue expr en itérant les valeurs de j, etc. pour tout i.
> Do[] retourne Null, ou l'argument du premier Return qu'il évalue.

۶ Exemple 6

```
h = 0;

serieDo[n_] := (Do[h = N[h + 1/k], {k, 1, n, 1}]; h)

serieDo[3]

1.83333

serieDoBis[n_] := Do[Print[h = N[h + 1/k]], {k, 1, n, 1}]

h = 0;
```

```
serieDoBis[3]
1.
1.5
1.83333
```

■ 2.4 Tests comparatifs pour les différentes boucles

    ◊ Timing[h = 0; serieForBis[50]]

    ◊ {0.233333 Second, 4.49921}

    ◊ Timing[h = 0; serieForBis[32767]]

    ◊ {152.267 Second, 10.9744}

    ◊ Timing[h = 0; serieForTer[50]]

    ◊ {0.233333 Second, 4.49921}

    ◊ Timing[h = 0; serieForTer[32767]]

    ◊ {152.4 Second, 10.9744}

    ◊ Timing[h = 0; serieDo[50]]

    ◊ {0.2 Second, 4.49921}

    ◊ Timing[h = 0; serieDo[32767]]

    ◊ {128.95 Second, 10.9744}

Ces chiffres sont repris dans des tableaux comparatifs dans le deuxième tome.

Et pour terminer, une question: pourquoi utilise-t-on toujours 32767? et pas 32768? Tout simplement parce que ces exemples ont été repris dans le livre de références de P.Cousot [25] sur la programmation en Turbo Pascal. Il se trouve qu'en Turbo Pascal, le type entier définit les entiers acceptables en fonction de la machine avec laquelle on travaille. Le plus grand entier représentable sur 16 bits (machine sur laquelle P.Cousot travaillait) est $2^{15} - 1$ soit 32767.

Fonctions - II

Introduction

Dans le notebook fonctions-I, nous avons vu dans une première approche les concepts fondamentaux indispensables à la manipulation directe de *Mathematica*. En particulier, de nombreux exemples de fonction primitive et de fonction utilisateur ont été donnés. Des points plus précis tels que: la différence entre paramètre et argument et l'exploitation du retour des fonctions ont également été traités dans ce premier notebook. Ici, dans cette deuxième partie, nous allons regarder les fonctions comme des objets élémentaires représentés par un symbole. On peut ainsi leur attacher des *attributs* ou les appliquer avec des *options* qui changent ou prolongent globalement leur comportement. Les fonctions ayant pour paramètres des fonctions sont appelées des *fonctionnelles* par la communauté des Lispiens et cette terminologie a aussi été employée par les mathématiciens.

- Nous verrons plus en détail dans le notebook graphique le jeu des options. Par exemple, suivant l'option choisie, Plot fournira un tracé en plein, en couleur ou en pointillé, avec un cadre ou non etc.

- Nous verrons l'attribut HoldAll dans le TP sur la règle de l'Hospital (tome II).

- D'autre part, nous avons rencontré deux fonctionnelles, Map et MapThread qui prennent comme argument des symboles représentant des fonctions.

Ici nous nous attacherons à mettre en relief le changement de point de vue d'abstraction (par exemple, une fonction peut être vue comme un simple symbole et manipulée comme un simple élément) et les différents niveaux de programmation qui en découlent, en donnant des exemples d'attributs et de fonctionnelles. Les fonctions (que ce soient des primitives ou des fonctions définies par l'utilisateur), sont alors considérées comme de simples symboles, exactement comme en mathématiques les opérateurs sur des espaces fonctionnels, sans souci de savoir à ce moment là, ce que réalise la fonction point par point sur l'espace sur lequel elle opère.

Les opérateurs de dérivation et d'intégration sont représentés par des fonctionnelles spécifiques qui seront étudiées plus en détail dans la deuxième partie de ce livre: "Regard mathématique: fonctionnalités". Il en est de même pour les opérateurs de résolution et de représentation graphique. Ici, nous donnerons quelques exemples de fonctionnelles plus générales.

1. Attributs

■ L'attribut Listable

L'attribut Listable permet à la fonction ainsi munie de cet attribut, de s'appliquer systématiquement sur toute liste d'éléments d'un ensemble sur lequel elle est définie. Un certain nombre de primitives ont cet attribut en standard, par exemple +

    ? +

    x + y + z represents a sum of terms.

    Attributes[Plus] = {Flat, Listable, OneIdentity,
    Orderless, Protected}

    Default[Plus] := 0

Les fonctions utilisateur qui ne font intervenir que des primitives ayant cet attribut s'appliquent automatiquement à des listes. C'est le cas par exemple de la fonction f définie dans l'exemple 12 de fonctions -I. En effet:

᪥ Exemple 1

Voici une fonction définie sur les réels:

    f[x_] := 3 x² Cos[x]

et voilà sa valeur en un point:

$$f[\frac{\pi}{2}]$$
$$0$$

Il est aussi possible d'avoir sa valeur sur une liste quelconque de points, comme un couple:

$$f[\{\frac{\pi}{4}, \frac{3\pi}{2}\}]$$
$$\{\frac{3\pi^2}{16\sqrt{2}}, 0\}$$

ou une liste générée automatiquement:

1. Attributs

$$f\left[\text{Table}\left[\frac{k\pi}{6}, \{k, 1, 8\}\right]\right]$$

$$\left\{\frac{\pi^2}{8\sqrt{3}}, \frac{\pi^2}{6}, 0, -\frac{2\pi^2}{3}, -\frac{25\pi^2}{8\sqrt{3}}, -3\pi^2, -\frac{49\pi^2}{8\sqrt{3}}, -\frac{8\pi^2}{3}\right\}$$

Ces valeurs sont obtenues sans aucun problème, alors que la fonction n'a été définie ni sur R^2, ni sur R^8.

Toutes les fonctions (qu'elles soient créées par utilisateur ou qu'elles soient des fonctions primitives) n'ont pas forcément cette propriété.

💡 Exemple 2

Ainsi, par exemple, la fonction borne définie dans le notebook Variables par:

    borne[variable_] := 3 /; OddQ[variable]

    borne[variable_] := variable

ne possède pas cette propriété en standard. En effet:

la fonction retourne bien un résultat inchangé pour un nombre pair:

    borne[5682]
        5682

et retourne 3 lorsqu'elle est appliquée à un nombre impair:

    borne[5683]
        3

Mais, dans le cas d'une liste, elle retourne la demande :

    borne[{333, 437, 5258}]
        {333, 437, 5258}

Si on souhaite obtenir la possibilité d'appliquer cette fonction borne systématiquement à une liste, on procède de la manière suivante:

    SetAttributes[borne, Listable]

et ainsi, la fonction borne s'applique aux listes.

    borne[{333, 437, 5258}]
        {3, 3, 5258}

✧ Exemple 3

Supposons maintenant qu'il s'agisse d'établir la table de vérité de la formule du livre de Cori-Lascar (cf [26] page 37 et 38)

$$G = (A \Rightarrow (((B \wedge \neg A) \vee (\neg C \wedge A)) \Leftrightarrow (A \vee (A \Rightarrow \neg B))))$$

L'analyse de cette formule montre qu'il s'agit d'une implication entre A d'une part et d'autre part une équivalence entre deux termes. La fonction G est définie sur des triplets. Tout ceci s'écrit en *Mathematica*: en utilisant les opérateurs logiques:

```
Implies, Not, && (And <-> et), || (Or <-> ou),
```

qui correspondent respectivement à l'implication, la négation, la conjonction et la disjonction comme nous l'avons vu dans le notebook opérateurs. La fonction equivalent est écrite en utilisant ces opérateurs.

Voici donc la définition des fonctions equivalent et G:

```
equivalent[P_, Q_] := Implies[P, Q] && Implies[Q, P]

G[A_, B_, C_] :=
 Implies[A, equivalent[B && ! A || ! C && A,
   A || Implies[A, ! B]]];
```

Et quelques valeurs des variables

```
A = False; B = True;

equivalent[Implies[A, B], Implies[B, A]]
    False

CC = False;

equivalent[A, CC]
    True

equivalent[A, CC] || equivalent[B, CC]
    True

{A, B, CC}
    {False, True, False}
```

1. Attributs 141

Tests concernant la fonction G:

```
G[A, B, CC]
    True

G[True, True, True]
    False

G[!A, B, !CC]
    False

G[A, B, CC]
    True
```

Maintenant si on veut la valeur de la fonction pour toutes les valeurs possibles des variables qui sont:

```
A = {False, False, False, False, True, True, True, True};

B = {False, False, True, True, False, False, True, True};

CC = {False, True, False, True, False, True, False, True};
```

on peut demander directement le résultat:

```
G[A, B, CC]
```

```
Implies[{False, False, False, False, True, True, True, True},
  Implies[{False, False, True, True, False, False, True, True} &&
    !{False, False, False, False, True, True, True, True} ||
      !{False, True, False, True, False, True, False, True} &&
      {False, False, False, False, True, True, True, True},
    {False, False, False, False, True, True, True, True} ||
    Implies[{False, False, False, False, True, True, True, True},
      !{False, False, True, True, False, False, True, True}]] &&
  Implies[{False, False, False, False, True, True, True, True} ||
    Implies[{False, False, False, False, True, True, True, True},
      !{False, False, True, True, False, False, True, True}],
    {False, False, True, True, False, False, True, True} &&
      !{False, False, False, False, True, True, True, True} ||
      !{False, True, False, True, False, True, False, True} &&
      {False, False, False, False, True, True, True, True}]]
```

mais on voit bien que le calcul n'a pas pu s'effectuer jusqu'au bout, car par exemple:

```
Implies[{False,False,False,False,True,True,True,True},
```

!{False,False,True,True,False,False,True,True}]

n'a pas pu être évalué. En effet:

```
?? Implies

Implies[p, q] represents the logical implication p -> q.

Attributes[Implies] = {Protected, ReadProtected}
```

donc Implies travaille avec **UNE** variable logique:

```
Implies[False, False]
    True
```

mais reste inopérante sur les **couples** ou n-uples de variables:

```
Implies[{False, True}, {False, False}]
    Implies[{False, True}, {False, False}]
```

Pour remédier à ceci, il suffit de prolonger la fonction G à une liste quelconque en lui donnant l'attribut Listable:

```
SetAttributes[G, Listable]
```

et on obtient alors le résultat désiré:

```
G[A, B, CC]
    {True, True, True, True, True, False, True, False}
```

Ces valeurs constituent une table de vérité de cette formule et elles sont bien conformes au résultat indiqué dans l'ouvrage référencé. Pour les personnes soucieuses des notations, il est très facile de revenir à la notation de l'ouvrage indiqué en remplaçant True par 1 et False par 0:

```
% /. {True → 1, False → 0}
    {1, 1, 1, 1, 1, 0, 1, 0}
```

Les symboles A, B, CC sont maintenant à nettoyer car inutiles:

```
Clear[A, B, CC, G, equivalent]
```

ϕ Exemple 4

Voici une fonction f définie par intervalle,

$$f[x\_] := If\left[N[x] < N\left[\frac{\pi}{2}\right], f1[x], f2[x]\right]$$

1. Attributs

avec une référence aux fonctions f1 et f2 définies ainsi:

$$f1[x\_] := 2 \cos\left[x - \frac{\pi}{2}\right] + \frac{\pi}{3}$$

$$f2[x\_] := \frac{\pi}{3} + 2 + \sqrt{x - \frac{\pi}{2}}$$

alors:

$f1\left[\frac{\pi}{2}\right]$

$2 + \frac{\pi}{3}$

$f2\left[\frac{\pi}{2}\right]$

$2 + \frac{\pi}{3}$

MAIS

$$f\left[\left\{-\frac{\pi}{4}, -\frac{2\pi}{3}, 0, \frac{\pi}{3}, \frac{5\pi}{12}, \frac{3\pi}{2}, \frac{24\pi}{5}\right\}\right]$$

$$\text{If}\Big[\{-0.785398, -2.0944, 0,$$
$$1.0472, 1.309, 4.71239, 15.0796\} < 1.5708,$$
$$f1\left[\left\{-\frac{\pi}{4}, -\frac{2\pi}{3}, 0, \frac{\pi}{3}, \frac{5\pi}{12}, \frac{3\pi}{2}, \frac{24\pi}{5}\right\}\right],$$
$$f2\left[\left\{-\frac{\pi}{4}, -\frac{2\pi}{3}, 0, \frac{\pi}{3}, \frac{5\pi}{12}, \frac{3\pi}{2}, \frac{24\pi}{5}\right\}\right]\Big]$$

car f est définie comme une fonction d'une variable réelle. Il suffit alors de lui attribuer la propriété Listable pour obtenir le résultat souhaité, correspondant à l'application de la fonction f sur la liste.

SetAttributes[f, Listable]

$$f\left[\left\{-\frac{\pi}{6}, -\frac{2\pi}{3}, 0, \frac{\pi}{3}, \frac{5\pi}{12}, \frac{3\pi}{2}, \frac{17\pi}{6}\right\}\right]$$

$$\left\{-1 + \frac{\pi}{3}, -\sqrt{3} + \frac{\pi}{3}, \frac{\pi}{3}, \sqrt{3} + \frac{\pi}{3}, \frac{1 + \sqrt{3}}{\sqrt{2}} + \frac{\pi}{3},\right.$$
$$\left. 2 + \sqrt{\pi} + \frac{\pi}{3}, 2 + \frac{\pi}{3} + \sqrt{\frac{7\pi}{3}}\right\}$$

en forme standard.

Ou encore en forme traditionnelle (menu Cell, Convert To, TraditionalForm)

$$\{-1+\frac{\pi}{3},$$
$$-\sqrt{3}+\frac{\pi}{3},$$
$$\frac{\pi}{3}, \sqrt{3}+\frac{\pi}{3},$$
$$\frac{1+\sqrt{3}}{\sqrt{2}}+\frac{\pi}{3},$$
$$2+\sqrt{\pi}+\frac{\pi}{3},$$
$$\sqrt{\frac{7\pi}{3}}+\frac{\pi}{3}+$$
$$2\}$$

Représentation graphique:

Plot[f[x],{x,-π,3 π},Frame→True];

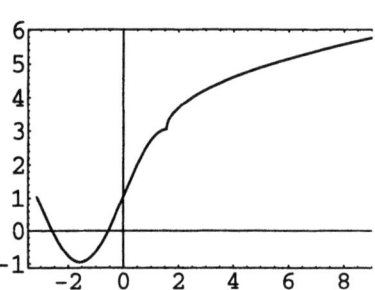

2. La fonctionnelle Map

Il arrive assez souvent que l'on veuille occasionnellement prolonger une fonction à une liste sans pour autant vouloir le faire systématiquement. Dans ce cas, on utilise la fonctionnelle Map.

```
? Map
```

```
Map[f, expr] or f /@ expr applies f to each element on
the first level in expr. Map[f, expr, levelspec]
applies f to parts of expr specified by levelspec.
```

Traduction adaptée

```
Map[f, expr] ou f /@ expr applique f à tous les
éléments de expr situés au premier niveau.
Map[f, expr, levelspec] applique f à toutes les parties
de expr au niveau d'imbrication indiqué par levelspec.
```

⚕ Exemple 5

Voici un exemple d'application, au premier niveau, de la fonctionnelle Map. Le premier argument dans cette application est la fonction borne (voir ci-dessus), le deuxième argument est une liste de valeurs:

```
Map[borne, {333, 437, 5258}]
```
{3, 3, 5258}

ce qui peut aussi s'écrire:

```
borne/@{333, 437, 5258}
```
{3, 3, 5258}

et en voici un autre exemple, cette fois au troisième niveau

```
Map[borne, {333,
   {{{{45, 87}, 157, 12}}}, {437, {1245}, 70}, {5257, 12}},
  3]
```
{3, {{{{45, 87}, 157, 12}}}, {3, {3}, 70}, {3, 12}}

333 est au premier niveau, il est traité. Le terme suivant est au 4ème niveau, il n'est pas traité. Le dernier terme est au maximum au troisième niveau, il est entièrement traité.

Pour la fonction f définie par intervalle à la section précédente, nous aurions pu obtenir le même résultat, sans utiliser SetAttributes, en appliquant simplement la fonction Map.

$$\text{Map}\left[f, \{-\frac{\pi}{6}, -\frac{2\pi}{3}, 0, \frac{\pi}{3}, \frac{5\pi}{12}, \frac{3\pi}{2}, \frac{17\pi}{6}\}\right]$$

$$\{-1 + \frac{\pi}{3}, -\sqrt{3} + \frac{\pi}{3}, \frac{\pi}{3},$$

$$\sqrt{3} + \frac{\pi}{3}, \frac{1+\sqrt{3}}{\sqrt{2}} + \frac{\pi}{3},$$

$$2 + \sqrt{\pi} + \frac{\pi}{3},$$

$$2 + \frac{\pi}{3} + \sqrt{\frac{7\pi}{3}}\}$$

et pour y voir plus clair:

```
Map [Print, %];
```

$$-1 + \frac{\pi}{3}$$

$$-\sqrt{3} + \frac{\pi}{3}$$

$$\frac{\pi}{3}$$

$$\sqrt{3} + \frac{\pi}{3}$$

$$\frac{1+\sqrt{3}}{\sqrt{2}} + \frac{\pi}{3}$$

$$2 + \sqrt{\pi} + \frac{\pi}{3}$$

$$\sqrt{\frac{7\pi}{3}} + \frac{\pi}{3} + 2$$

Les fonctionnelles s'appliquent à tous les objets de *Mathematica*

ϙ Exemple 6

Supposons que l'on veuille tracer un cercle de rayon 1 en chaque point d'un ensemble de points du plan, de coordonnées données:

```
M1 = {1, 2}; M2 = {3, 5}; M3 = {5, 6}; M4 = {7, 8}; M5 = {5, 9};
M6 = {0, 2}; M7 = {1, 4}; M8 = {1, -2}; M9 = {1, 5};
M10 = {1, 3};
```

la primitive `Circle` permet de générer un cercle. Pour voir ce cercle à l'écran, on transforme le cercle en objet graphique, puis on lui demande de se montrer:

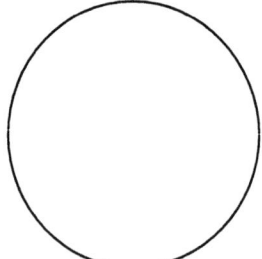

```
Show[
  Graphics[
    Circle[{0,0},1]]
    AspectRatio→Automatic];
```

L'option `AspectRatio` → `Automatic`, correspond à une représentation en axes orthonormés.

On peut définir à partir de la primitive `Circle` une fonction `cercleRayon1` qui ne dépend plus que de son centre:

```
cercleRayon1[M_] := Graphics[Circle[M, 1]]
```

Tracer ensuite les 10 cercles se fait très simplement en appliquant la fonction Map.

```
Show [cercleRayon1 /@
    {M1, M2, M3, M4, M5, M6, M7, M8, M9, M10},
    AspectRatio -> Automatic, Frame -> True];
```

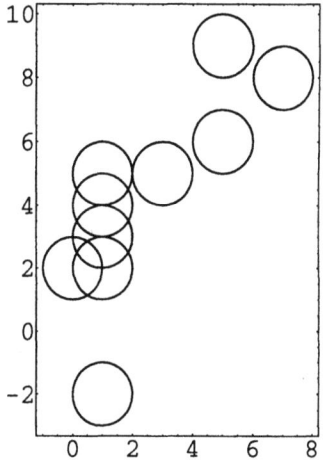

Exercice: qu'obtiendrait-on si on changeait le rôle des fonctions Show et Map? La réponse est à tester.

3. Lambda-fonctions

De même qu'il n'est pas toujours utile de donner un nom aux éléments que l'on manipule, il n'est pas forcément utile d'associer un symbole à une fonction. Il est tout à fait possible d'utiliser des fonctions sans les avoir nommées, comme argument de fonctionnelle, en particulier.

▽ Exemple 7

Dans l'exemple des cercles, la fonction cercleRayon1 n'est intervenue qu'une seule fois comme argument de Map. Il n'est donc pas vraiment utile de donner un nom à cette fonction. Le même résultat s'obtient en appliquant Map à une fonction sans nom dite *lambda fonction* ou *fonction pure*.

Comment écrire une telle fonction sans nom? Il y a deux façons de faire: on peut soit utiliser la primitive Function, soit un macrocaractère &. Le paramètre (ou les paramètres) étant remplacé(s) par # (ou #1, #2, ... #n), comme dans d'autres langages (TeX par exemple).

```
Show [Graphics [Circle [#1, 1]]& /@
   {M1, M2, M3, M4, M5, M6, M7, M8, M9, M10},
   AspectRatio -> Automatic, Frame -> True]
```

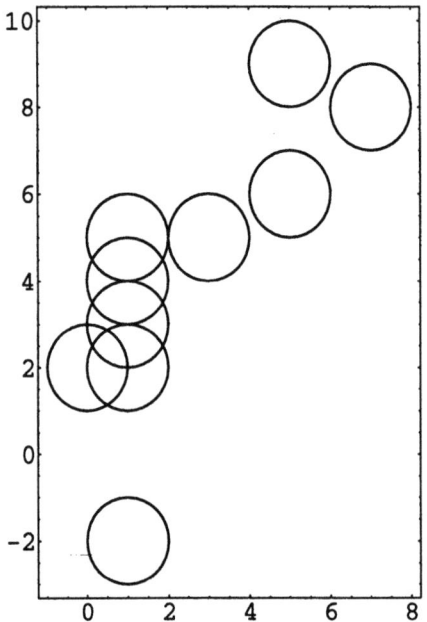

A moindre coût, on obtient alors tout aussi bien:

```
Show [Graphics [Circle [M1, #1]]& /@
    Table [i, {i, 1, 10}],
    AspectRatio -> Automatic, Frame -> True];
```

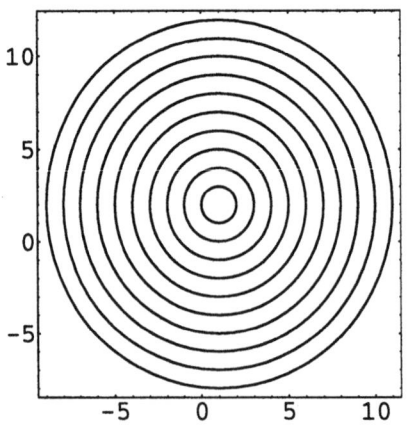

en faisant varier le rayon seulement.

4. La fonctionnelle `MapThread`

Et bien sûr, on peut faire varier les deux en même temps (cercle de centre M1 de rayon 1, cercle de centre M2 et de rayon 2, cercle de centre M3 et de rayon 3, etc. :

```
Show[
 MapThread[Graphics[
   Circle[#1, #2]]&,
  {{M1, M2, M3, M4, M5, M6, M7, M8, M9, M10},
   Table[i, {i, 1, 10}]}], AspectRatio → Automatic,
 Axes → True];
```

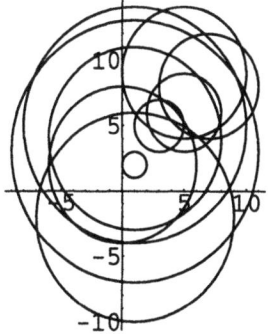

Ici ça fait désordre. On peut changer les coordonnées des points M1, M2, ...Mn. Par exemple:

```
M1 = {4, 0}; M2 = {4, 4}; M3 = {-4, 4}; M4 = {-4, -4};
```

d'où:

```
Show[MapThread[Graphics[Circle[#1, #2]]&,
  {{M1, M2, M3, M4}, Table[i, {i, 1, 4}]}],
 AspectRatio → Automatic, Axes → True];
```

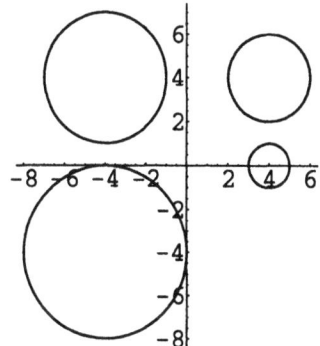

Dès que les points Mi, qui sont des variables globales, ne sont plus utilisés, il faut les nettoyer pour éviter des erreurs ensuite.

```
Clear[M1, M2, M3, M4, M5, M6, M7, M8, M9, M10]
```

5. Fonctionnelle Select et données incomplètes

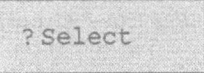

```
Select[list, crit] picks out
   all elements ei of list for which crit[ei] is True.
Select[list, crit, n] picks out the first n elements
   for which crit[ei] is True.
```

Traduction adaptée

```
Select[list, crit]
   choisit les éléments pour lesquels crit[ei] est vrai.
Select[list, crit, n] retourne les n premiers éléments
   pour lesquels crit[ei] est vrai.
```

◊ Exemple 8

Reprenons l'exemple des salaires. Quels sont les salaires supérieurs à 7150F? La fonctionnelle Select permet de retenir dans une liste, les éléments satisfaisant un critère donné. En utilisant une lambda fonction, on répond très facilement à la question posée sur les salaires:

```
Select[Flatten[Table[salaire[x, y], {x, 1, 3}, {y, 1, 3}]],
   #1 > 7150&]
{7200, 7300, 7500, 7985}
```

◊ Exemple 9

Supposons donnés des points du plan {M1, M2, M3, M4, M5, M6} auxquels on a attaché un certain nombre de renseignements: leurs coordonnées, leur couleur, la liste des figures auxquelles ils appartiennent etc., alors récupérer toutes les informations de même nature sur ces points se fait facilement en utilisant la fonction Map.

```
couleur[M1]  ^= rouge;  coordonnées[M1] ^= {2, 3};
couleur[M2]  ^= bleu;   coordonnées[M2] ^= {4, 5};
couleur[M3]  ^= vert;   coordonnées[M3] ^= {5, 6};
couleur[M4]  ^= noir;   coordonnées[M4] ^= {7, 8};
couleur[M5]  ^= orange; coordonnées[M5] ^= {9, 10};
couleur[M6]  ^= bleu;   coordonnées[M6] ^= {11, 12};
couleur[M7]  ^= jaune;  coordonnées[M7] ^= {13, 14};
couleur[M8]  ^= blanc;  coordonnées[M9] ^= {16, 3};
coordonnées[M10] ^= {2, 7};
```

Tous les points qui ont une couleur la donnent, quand on applique Map:

```
couleur /@ {M1, M2, M3, M4, M5, M6, M7, M8, M9, M10}
```

ou:

```
Map [couleur, {M1, M2, M3, M4, M5, M6, M7, M8, M9, M10}]

    {rouge, bleu, vert, noir,
     orange, bleu, jaune, blanc, couleur[M9],
     couleur[M10]}
```

De même, tous les points qui ont des coordonnées les donnent:

```
coordonnées /@ {M1, M2, M3, M4, M5, M6, M7, M8, M9, M10}
```

ou:

```
Map [coordonnées,
    {M1, M2, M3, M4, M5, M6, M7, M8, M9, M10}]

    {{2, 3}, {4, 5},
     {5, 6}, {7, 8}, {9, 10}, {11, 12}, {13, 14},
     coordonnées[M8], {16, 3}, {2, 7}}
```

Un bon exercice consiste à générer automatiquement les données précédentes en utilisant simplement la liste des couleurs et deux lambda fonctions.

6. Fonctions récursives

Informatiquement, une fonction récursive est une fonction dans la définition de laquelle intervient une application de cette fonction.

Toutes les fonctions faisant intervenir une construction de ce type se programment très très facilement en *Mathematica*. Nous verrons ici quelques exemples élémentaires. D'autres exemples dont certains plus sophistiqués se trouvent dans [12].

En particulier, [12 - II et III], p. 116 et suivante; p. 289; p. 332 et suivantes ainsi que dans [*] et [**].

ϕ Exemple 10

Cet exemple est un des exemples proposés par R.Amalberti à la réunion de rentrée 95 de la commission nationale informatique de l'APMEP (Association des Professeurs de Mathématiques de l'Enseignement Public). Il peut s'énoncer ainsi: *étant donné deux listes, L et LL, supprimer de la liste L les éléments ayant au moins une occurrence dans la liste LL.*

Par exemple, à partir de :

```
L = {1, 1, 2, 2, 3, 3, 4, 5};
```

et de:

```
LL = {3, 4, 4};
```

on veut obtenir: {1, 1, 2, 2, 5}. L'idée consiste à prendre le premier élément de LL et à l'enlever de L, puis à recommencer. En fait quand on recommence mentalement, on s'aperçoit que l'on risque de faire deux fois la même chose. Les concepts sous-jacents sont donc:

• prendre le premier élement d'une liste;

• enlever les élements d'une liste qui ressemblent exactement à un élement donné;

• éviter de faire deux fois la même chose, c'est à dire enlever les élements répétés d'une liste.

Si on ne connait pas les fonctions correspondantes, on peut les retrouver grâce au Browser et il est préférable de les tester auparavant sur des petits exemples pour voir si on a bien compris:

```
Union[LL]
   {3, 4}

DeleteCases[L, 3]
   {1, 1, 2, 2, 4, 5}

DeleteCases[L, 4]
   {1, 1, 2, 2, 3, 3, 5}
```

Le cas le plus simple est le cas où LL est vide, auquel cas, il n'y a rien à enlever.

```
chirurgieDeListes[L__, {}] := L
```

Ensuite, on écrit le With, puis DeleteCases [L, aEnlever] et enfin on borde par la fonction que l'on réapplique, à L privé du premier terme et au reste de LL.

```
chirurgieDeListes[L__, LL__] := With[
   {aEnlever = First[Union[LL]]}, chirurgieDeListes[
   DeleteCases[L, aEnlever], Rest[LL]]]
```

chirurgieDeListes[L, LL]

{1, 1, 2, 2, 5}

Remarque

Le lecteur attentif aura remarqué la présence de filtres spéciaux indiqués par 2 signes _. En fait la fonction que l'on pourrait écrire avec des filtres simples convient tout à fait aussi:

```
chirurgieDeListesBis[L_, LL_] := With[
   {aEnlever = First[Union[LL]]}, chirurgieDeListes[
   DeleteCases[L, aEnlever], Rest[LL]]]
```

chirurgieDeListesBis[L, LL]

{1, 1, 2, 2, 5}

Les deux signes _ indiquent simplement que les éléments à filtrer doivent être des listes.

7. Programmation modulaire

Nous aborderons cette question par une toute petite étude de cas pour montrer comment il est possible d'utiliser ces éléments dans une programmation modulaire. Il s'agit d'écrire un petit programme qui permette d'aider de jeunes élèves à situer un point sur le cercle trigonométrique en fonction de la donnée de l'angle par une fraction de π. On peut imaginer plusieur scénarios:

Scénario1:

l'élève donne une fraction de π et le système affiche le point sur le cercle.

Scénario2:

l'ordinateur propose des fractions aléatoires et pour ces valeurs, l'élève devra donner le bon quadrant où se situe le point correspondant. En cas d'erreur, le programme affiche le point sur le cercle et donne la solution correcte.

Après une analyse du problème, nous donnerons le programme, puis des exécutions et nous terminerons par des explications et des commentaires sur ce petit programme.

■ 7.1 Analyse du problème

Quels sont les éléments importants de ce petit problème?

• pouvoir gérer une boîte de dialogue et un menu;

• faire afficher un point sur le cercle;

• déterminer le quadrant correspondant à une valeur du type

$\frac{a\pi}{b}$, a et b étant entiers (b≠0);

• générer aléatoirement des fractions.

■ 7.2 Programme

• *le menu du jeu:*

```
jeu := Catch[menuJeu[Input["Quel scénario?
       Répondre 1 ou 2; Q pour quitter"]];
   jeu]
```

```
menuJeu[choix_] := Switch[choix,
q, Throw["Fin du jeu"],
Q, Throw["Fin du jeu"],
1, scénario1,
2, scénario2,
_, jeu]
```

• *le menu du scénario1:*

```
scénario1 := Catch[menu1[
    Input["Donner une fraction; Q pour quitter"]];
   scénario1]
```

7. Programmation modulaire

```
menu1[choix_] := Switch[choix,
 q, Throw[{}],
 Q, Throw[{}],
 _Rational, situeToi[choix * π],
 _, scénario1]
```

• *le menu du scénario2:*

```
scénario2 :=
 ($angle$ = angle;
 Catch[menu2[Input[ColumnForm[{$angle$,
                   "quadrant1, 2, 3 ou 4?",
                   "Q pour quitter"}]]]];
    scénario2])
```

```
menu2[choix_] := Switch[choix,
 q, Throw[{}],
 Q, Throw[{}],
 _, If[choix =!= quadrant[$angle$ * π],
     situeToi[$angle$ * π], scénario2]]
```

• *Une fonction qui dessine le cercle et situe le point correspondant sur le cercle*

```
situeToi[x_] := Show[Graphics[
    {Circle[{0, 0}, 1], Text[x, {Cos[x], Sin[x]}]}],
    {AspectRatio → Automatic, Axes → True}]
```

• *Une fonction qui donne le quadrant où se trouve le point*

```
quadrant[x_] :=
 Which[
  N[Sin[x]] > 0 && N[Cos[x]] > 0,
                    quadrant1,
  N[Sin[x]] > 0 && N[Cos[x]] < 0,
                    quadrant2,
  N[Sin[x]] < 0 && N[Cos[x]] < 0,
                    quadrant3,
  N[Sin[x]] < 0 && N[Cos[x]] > 0,
                    quadrant4,
  N[Cos[x]] == 0 || N[Sin[x]] == 0,
  Print[x, " est un multiple entier de π/2"]]
```

• *Une exemple qui génère des fractions au hasard*

$$\text{angle} := \frac{\text{Random[Integer, \{-45, 50\}]}}{\text{Random[Integer, \{1, 50\}]}}$$

et voilà ce petit problème résolu très simplement en *Mathematica*.

■ 7.3 Exécutions

Voici les copies d'écran qui montrent le déroulement d'une session. Pour débuter le jeu, il suffit d'écrire jeu et de valider

```
jeu
```

```
┌─────────────── Local Kernel Input ───────────────┐
│ Quel scénario? Répondre 1 ou 2; Q pour    ┌──OK──┐│
│ quitter                                   └──────┘│
│                                           ┌─Help─┐│
│                                           └──────┘│
│                                                   │
│  ┌─────────────────────────────────┐              │
│  │ 1│                              │              │
│  │                                 │              │
│  └─────────────────────────────────┘              │
└───────────────────────────────────────────────────┘
```

le joueur répond 1. Une fenêtre s'ouvre alors dans laquelle il donne une fraction:

```
┌─────────────── Local Kernel Input ───────────────┐
│ Donner une fraction; Q pour quitter       ┌──OK──┐│
│                                           └──────┘│
│                                           ┌─Help─┐│
│                                           └──────┘│
│                                                   │
│  ┌─────────────────────────────────┐              │
│  │ 7/6│                            │              │
│  │                                 │              │
│  └─────────────────────────────────┘              │
└───────────────────────────────────────────────────┘
```

7. Programmation modulaire

l'ordinateur répond en traçant le cercle trigonométrique et en plaçant le point choisi par le joueur.

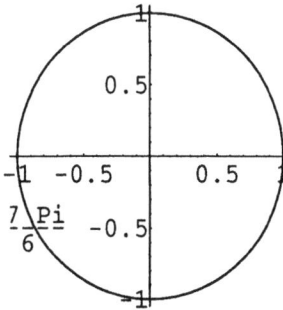

puis le jeu continue... Nous sommes toujours dans le scénario 1

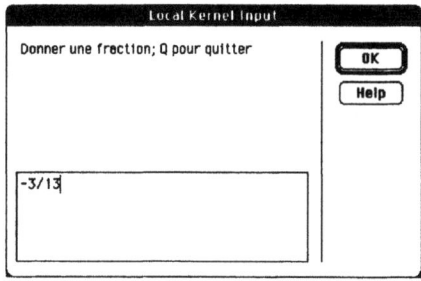

comme auparavant, l'ordinateur trace le cercle trigonométrique et place le point retenu par le joueur:

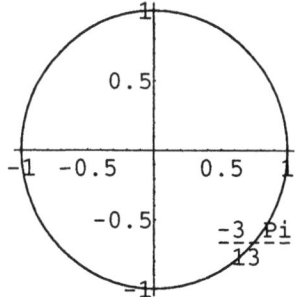

puis le jeu continue mais cette fois le joueur veut prendre le scénario 2. Il quitte donc d'abord le scénario 1:

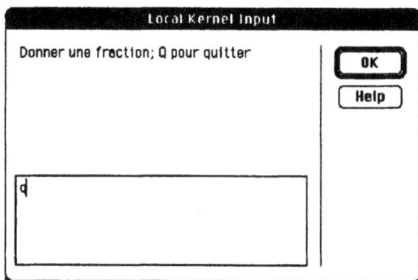

puis il choisit le scénario 2:

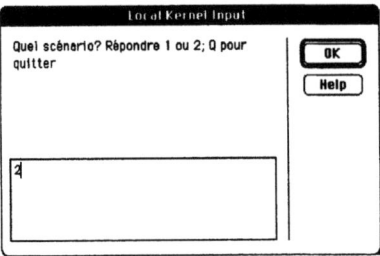

l'ordinateur propose alors une fraction et le joueur doit indiquer dans quel quadrant se situe le point correspondant:

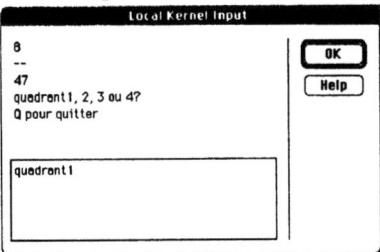

Le résultat est correct et donc aucun affichage n'est effectué; le candidat peut passer au nombre suivant ou arrêter. Il choisit de continuer:

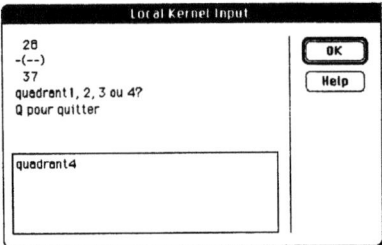

mais sa réponse n'est pas correcte. L'ordinateur trace donc le cercle trigonométrique et indique la position du point correspondant:

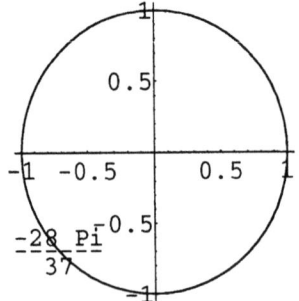

puis le joueur en a assez et il veut s'arrêter. Il choisit donc q:

8. *Lecture de données? No problem*

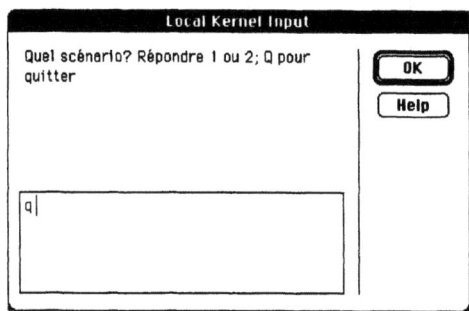

Fin du jeu

Remarques

- Cette dernière petite phrase est retournée par la fonction **jeu**
- La fonction Input affiche la fenêtre de dialogue et retourne la valeur lue;
- $angle$ est une variable globale entourée de deux dollars. Elle est utile car tout appel de la fonction angle génère une nouvelle fraction;
- On remarquera la simplicité des menus récursifs (jeu appelle jeu; jeu appelle menuJeu et menuJeu appelle jeu, etc.) qui ont une grande souplesse. Les acharnés peuvent jouer indéfiniment! Et puis, qu'importe les réponses, le jeu continue...
- Le couple de fonctions Catch, Throw, bien connu des pratiquants de Common Lisp, gère ce que les lispiens appellent des échappements. Catch retourne l'argument du premier Throw rencontré. Throw fait sortir de la boucle infinie provoquée par l'appel récursif de la fonction à elle-même;
- L'affichage est géré grâce aux possibilités de la primitive Show.

8. Lecture de données? No problem

Nous terminerons par un autre exemple traditionnel en informatique. Il s'agit de faire toutes sortes d'exercices autour de la gestion de fichiers de données. Supposons qu'un fichier de données ait été créé par un éditeur quelconque (pas un traitement de textes qui inscrit automatiquement des renseignements complémentaires inutiles et bruyants). Voici par exemple le contenu d'un tel fichier créé avec TEXTURES et qui porte le nom de Data.

■ 8.1 Lecture du fichier de nom Data

Ce fichier se trouvant au même niveau que *Mathematica* et le fichier appelant (i.e. celui-même dans lequel on travaille), on lit les données par une des primitives de la famille Read que l'on choisit suivant l'utilisation que l'on veut en faire.

```
? *Read*
```

LinkRead	LinkReadyQ	OpenRead	ReadList
$PreRead	LinkReadHeld	NotebookRead	Read
ReadProtected			

Comme il s'agit d'un exemple de manipulations de données, c'est la primitive ReadList qui a été choisie. Grâce à elle, les données sont lues et installées gentiment dans une liste qui respecte la structure désirée, c'est-à-dire des groupes de 3 mots.

```
ELEVES = ReadList ["Data", Table [Word, {3}]]
{{111, Bardon, Jean}, {05, Bobine, Jacques},
 {458, Bobine, Pierre}, {15A, Champoo, Joel},
 {7888, Content, Bruno}, {145R, Durail, Claire},
 {412, Dupon, Martine}, {1, Farniente, Pierre},
 {1258, Felix, Joel}, {12, Foutu, Eric},
 {785, Friant, Benoit}, {7, Godiche, Francine},
 {86741, Joli, Jean}, {84152, Loutre, Bernadette},
 {75, Lafin, Philippe}, {745, Ladamne, Corinne},
 {9562, Plouk, Annie}, {852, Souri, Philippe},
 {14232, Tortu, Sophie}, {652, Zazi, Marie},
 {852, Zozo, Jean-François}, {62, Zuti, Jean-Jacques}}
```

■ 8.2 Quelques exemples des données lues

On veut toutes les informations

```
TableForm [%]
111      Bardon      Jean
05       Bobine      Jacques
458      Bobine      Pierre
15A      Champoo     Joel
7888     Content     Bruno
145R     Durail      Claire
412      Dupon       Martine
1        Farniente   Pierre
1258     Felix       Joel
12       Foutu       Eric
785      Friant      Benoit
7        Godiche     Francine
86741    Joli        Jean
84152    Loutre      Bernadette
75       Lafin       Philippe
745      Ladamne     Corinne
9562     Plouk       Annie
852      Souri       Philippe
14232    Tortu       Sophie
652      Zazi        Marie
852      Zozo        Jean-François
62       Zuti        Jean-Jacques
```

Si on veut que les noms

```
NOMS = Map [Part [#, 2] &, ELEVES]
```

{Bardon, Bobine, Bobine, Champoo, Content, Durail, Dupon, Farniente, Felix, Foutu, Friant, Godiche, Joli, Loutre, Lafin, Ladamne, Plouk, Souri, Tortu, Zazi, Zozo, Zuti}

```
TableForm [%]
```

Bardon
Bobine
Bobine
Champoo
Content
Durail
Dupon
Farniente
Felix
Foutu
Friant
Godiche
Joli
Loutre
Lafin
Ladamne
Plouk
Souri
Tortu
Zazi
Zozo
Zuti

ou en une seule fois, sans avoir à donner de nom à cette liste:

```
TableForm [Map [Part [#, 2] &, ELEVES]]
```

Bardon
Bobine
Bobine
Champoo
Content
Durail
Dupon
Farniente
Felix
Foutu
Friant
Godiche
Joli
Loutre
Lafin
Ladamne
Plouk
Souri
Tortu
Zazi
Zozo
Zuti

Si on veut que les prénoms

```
PRENOMS = Map [Part [#, 3] &, ELEVES]
```

{Jean, Jacques, Pierre, Joel, Bruno, Claire, Martine, Pierre, Joel, Eric, Benoit, Francine, Jean, Bernadette, Philippe, Corinne, Annie, Philippe, Sophie, Marie, Jean-François, Jean-Jacques}

```
TableForm [%]
```

```
Jean
Jacques
Pierre
Joel
Bruno
Claire
Martine
Pierre
Joel
Eric
Benoit
Francine
Jean
Bernadette
Philippe
Corinne
Annie
Philippe
Sophie
Marie
Jean-François
Jean-Jacques
```

Si on veut les noms et les prénoms

Côte à côte:

```
MapThread [List,    {NOMS, PRENOMS}]
```

```
{{Bardon, Jean}, {Bobine, Jacques}, {Bobine, Pierre},
 {Champoo, Joel}, {Content, Bruno}, {Durail, Claire},
 {Dupon, Martine}, {Farniente, Pierre}, {Felix, Joel},
 {Foutu, Eric}, {Friant, Benoit}, {Godiche, Francine},
 {Joli, Jean}, {Loutre, Bernadette}, {Lafin, Philippe},
 {Ladamne, Corinne}, {Plouk, Annie}, {Souri, Philippe},
 {Tortu, Sophie}, {Zazi, Marie}, {Zozo, Jean-François},
 {Zuti, Jean-Jacques}}
```

```
TableForm [%]
```

```
Bardon      Jean
Bobine      Jacques
Bobine      Pierre
Champoo     Joel
Content     Bruno
Durail      Claire
Dupon       Martine
Farniente   Pierre
Felix       Joel
Foutu       Eric
Friant      Benoit
Godiche     Francine
Joli        Jean
Loutre      Bernadette
Lafin       Philippe
Ladamne     Corinne
Plouk       Annie
Souri       Philippe
Tortu       Sophie
Zazi        Marie
Zozo        Jean-François
Zuti        Jean-Jacques
```

8. Lecture de données? No problem   163

▌ L'un en dessous de l'autre

    NOMSPRENOMS =
    Flatten [MapThread [List, {NOMS, PRENOMS}]]

    {Bardon, Jean, Bobine, Jacques, Bobine, Pierre, Champoo,
    Joel, Content, Bruno, Durail, Claire, Dupon, Martine,
    Farniente, Pierre, Felix, Joel, Foutu, Eric, Friant,
    Benoit, Godiche, Francine, Joli, Jean, Loutre,
    Bernadette, Lafin, Philippe, Ladamne, Corinne, Plouk,
    Annie, Souri, Philippe, Tortu, Sophie, Zazi, Marie, Zozo,
    Jean-François, Zuti, Jean-Jacques}

    TableForm [%]

    Bardon
    Jean
    Bobine
    Jacques
    Bobine
    Pierre
    Champoo
    Joel
    Content
    Bruno
    Durail
    Claire
    Dupon
    Martine
    Farniente
    Pierre
    Felix
    Joel
    Foutu
    Eric
    Friant
    Benoit
    Godiche
    Francine
    Joli
    Jean
    Loutre
    Bernadette
    Lafin
    Philippe
    Ladamne
    Corinne
    Plouk
    Annie
    Souri
    Philippe
    Tortu
    Sophie
    Zazi
    Marie
    Zozo
    Jean-François
    Zuti
    Jean-Jacques

▌ Si on veut que les numéros et faire des opérations dessus

    Map [Part [#, 1] &, ELEVES]
    {111, 05, 458, 15A, 7888, 145R, 412, 1, 1258, 12, 785, 7,
     86741, 84152, 75, 745, 9562, 852, 14232, 652, 852, 62}

    ToExpression [%]
    {111, 5, 458, 15 A, 7888, 145 R, 412, 1, 1258, 12, 785,
     7, 86741, 84152, 75, 745, 9562, 852, 14232, 652, 852,
     62}

```
NUMEROS = %;
```

▌ Si on en veut le plus petit de tous:

```
Min   [NUMEROS]
Min[{1, 15 A, 145 R}]
```

▌ Si on en veut le plus petit de tous ceux qui sont des nombres

```
Min [Select [NUMEROS, NumberQ [#] &]]
1
```

▌ et le plus grand

```
Max [Select [NUMEROS, NumberQ [#] &]]
86741
```

▌ et la moyenne sur tous

```
Apply [Plus, NUMEROS] / Length [NUMEROS]
```

$$\frac{208862 + 15\ A + 145\ R}{22}$$

▌ ou sur ceux qui sont des nombres

```
Apply [Plus, Select [NUMEROS, NumberQ [#] &]]/
 Length [ Select [NUMEROS, NumberQ [#] &]]
```

$$\frac{104431}{10}$$

```
N [%]
10443.1
```

Conclusion

En informatique, comme en mathématiques, on évitera de définir des choses qui ne servent à rien. "Une bonne définition est une définition qui sert très souvent" (Jean Bénabou). On évitera donc l'emploi de variables globales autant que faire se peut. Pour les fonctions, le cas échéant, on utilisera des lambda fonctions. On réfléchira, comme en mathématiques, aux notations et aux structures de données les plus adaptées au problème posé. On évitera bien des erreurs en ne rivant pas sa pensée à la machine: "case mémoire, parcours de tableaux, boucles, commandes, etc.", au bénéfice d'un recul plus mathématique quant à la nature des problèmes à traiter: "sur quel espace travaille-t-on? Quelle est la structure des objets (éléments ou fonctions) manipulés? Quels sont les liens entre ces objets? Quelles sont leurs propriétés?".

Toutefois, il arrive, et en particulier si les calculs sont longs, de nommer un certain nombre de résultats intermédiaires ou d'utiliser des variables globales. Dans ce cas, il est recommandé, de les noter de façon significative et dès qu'on ne les utilise plus, de nettoyer les symboles correspondants. Il existe plusieurs manières pour nettoyer des symboles qui correspondent (en gros) à la manière dont on les utilise (Clear, ClearAll, Remove, etc.). À vrai dire, ce chapitre-notebook sur les fonctions montre que l'on peut écrire bien des programmes, sans utiliser de variables, à condition de respecter les concepts sous-jacents.

Enfin, on remarquera, par exemple en consultant [2], que seul un petit nombre de fonctionnelles ont été exposées ici. On n'hésitera pas à en découvrir d'autres et à les appliquer largement. En fait, *Mathematica* est bien fait et à chaque fois que l'on en a besoin, il se trouve une fonctionnelle adaptée.

PARTIE II

Regard mathématique
Fonctionnalités

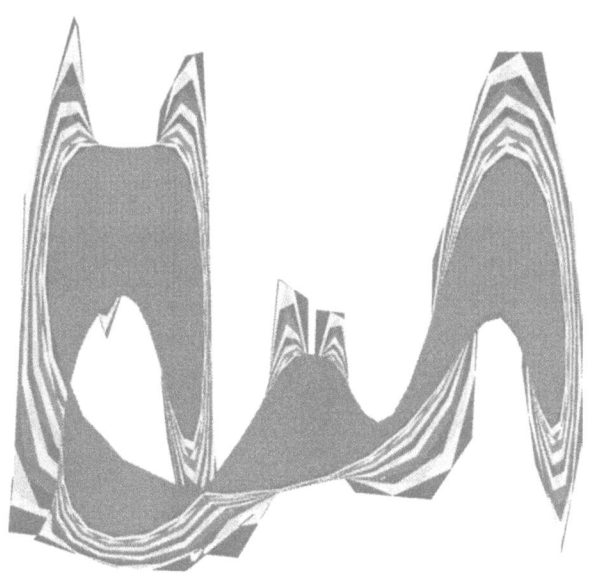

itereMilieux[depart, 20]

Graphiques

1. Introduction

Dans bien des langages informatiques et d'autres systèmes de calcul formel, les fonctionnalités graphiques ont été ajoutées ensuite ou bien restent figées en marge de la programmation. Ainsi, par exemple, dans le livre sur CAML [21], on trouve un chapitre sur les Graphiques avec de jolis dessins et en accroche: *"un petit dessin vaut mieux qu'un long discours"*, mais pour visualiser le déplacement des tours de Hanoi, ce sont des chaînes de caractères qui sont utilisées. Par exemple, un disque est représenté par <---> tout comme on le faisait autrefois, au début de l'informatique en Cobol, où les étoiles et autres petits tirets donnaient un air de fête aux bulletins de paye.

En *Mathematica* les objets graphiques sont des expressions construites comme les autres expressions à partir de primitives graphiques ou de primitives quelconques. Les graphiques se programment et s'insèrent donc tout naturellement dans les activités de recherche ou dans la résolution des problèmes. Le livre de Tom Wickham-Jones [6] précise et complète bien le livre de Stephen Wolfram [2]. En particulier, j'ai illustré dans le schéma de la page suivante quelques unes des multiples possibilités offertes. De façon plus précise, en partant du haut de ce schéma:

- la fonctionnelle Show permet de regrouper des objets graphiques de nature différente et du niveau précédent:

    ... tracés de courbes;

    ... représentation de suites de points;

    ... objets géométriques,

    pour les afficher ensemble dans une même entité isolée ou bien encore dans des tableaux de graphiques;

- les fonctionnelles Plot, ImplicitPlot, ParametricPlot, etc. construisent à partir de fonctions ou de relations, les courbes représentatives correspondantes;

- l'opérateur Graphics transforme les objets géométriques symboliques (cercles, triangles, droites etc.) en objets graphiques;

- une multitude de primitives graphiques, associées à des directives locales concernant la représentation du dessin (tracés en pointillés, épaisseur du trait, etc.) ou corrigées par des options globales (figure encadrée, tracé des axes, etc.), servent de base pour la construction des objets graphiques.

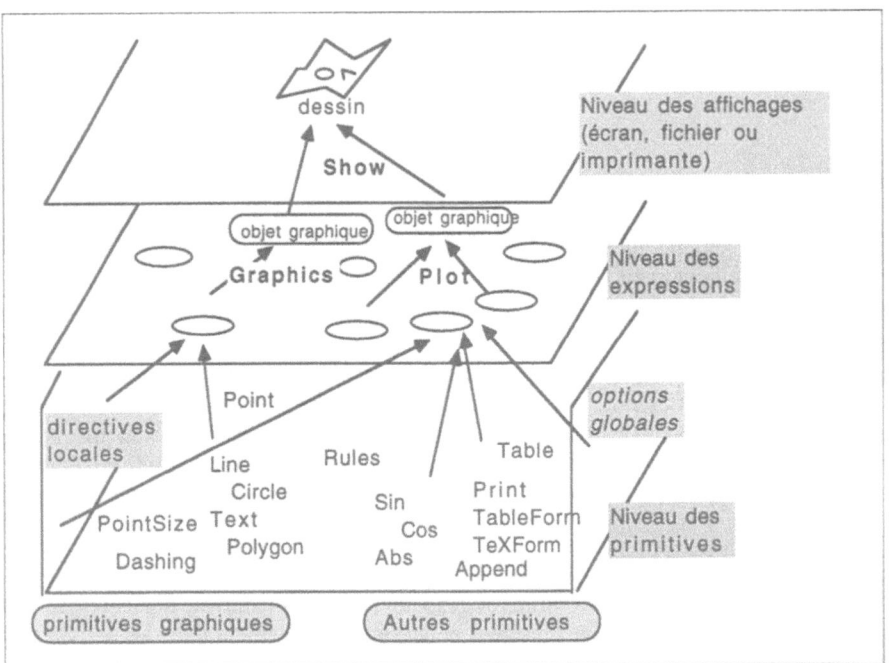

Les options des primitives Plot, ListPlot, Graphics, etc. s'obtiennent en faisant agir la fonctionnelle Options sur ces fonctions. Actuellement *Mathematica* offre à l'utilisateur de vastes possibilités, libre de suivre ses nécessités ou ses inspirations. La représentation graphique de phénomènes en informatique, trop souvent lourde et éloignée de la pratique symbolique, n'a pas joué, par le passé, le rôle que les mathématiciens lui confèrent spontanément. En mathématiques, on s'aventure, on applique des résultats et des définitions, on définit, on calcule, on rédige, on dessine et on redessine, au gré de son inspiration et rarement de façon linéaire; toutes ces activités se complètent pour bâtir une solution à un problème donné. Ensuite, lorsqu'une solution est trouvée, on passe au stade de la mise en forme des idées et à celui de la rédaction. On cherche alors les solutions les plus simples et les plus générales possibles, afin de tendre vers ce qu'on appelle en mathématiques: "une jolie solution". Il en va exactement de même en informatique lorsqu'on dispose de *Mathematica*. : il n'y a pas lieu de séparer ces activités. C'est pourquoi ce chapitre est placé tout au début de cette partie (petite entorse à l'ordre de "II.2.3Fonctionnalités" du programme [1]) afin que l'utilisateur profite indifféremment de la puissance de calcul et des possibilités graphiques de *Mathematica*. Dans le respect de toutes les autres recommandations:

• *"exploiter un logiciel de calcul symbolique et formel comportant à la fois de puissantes facilités graphiques et éditoriales et des éléments de programmation performants."* (p.123)

• *"Il convient d'interpréter graphiquement ..."* (p.177)

1. Introduction

- *"Les étudiants doivent connaître et savoir exploiter l'interprétation graphique"*
- *"Les étudiants doivent connaître l'interprétation graphique..." (p. 176)*
- *"le système d'exploitation doit intégrer une interface graphique (environnement multi-fenêtres avec souris ou dispositif équivalent" (p. 226)*

Extraire l'essentiel des possibilités offertes n'est pas tâche facile. Stephen Wolfram [2] et Tom Wickham-Jones [6] y consacrent, en effet à eux deux, plus d'un millier de pages. Les exemples que j'ai choisis permettront (j'espère) aux débutants de faire leur premiers pas et aux initiés de s'aventurer et de réussir. C'est ainsi en effet, que l'envie naît d'approfondir ce domaine. Ces quelques pages sont aussi écrites pour jouer et essayer de réconcilier les amateurs et les détracteurs de la calculette presse-boutons. Les premiers trouveront l'image comme point de départ, tandis que les autres pourront construire, comme on le faisait autrefois, avec un nombre fini de règles. Voir, rectifier, vérifier, comparer, se tromper, ajuster pour explorer et mieux comprendre, puis rédiger. C'est aussi à ça que sert *Mathematica*. Voilà pourquoi,

- plutôt que de faire, comme on en voit un peu partout, des beaux dessins que je n'aurais jamais été tentée de réaliser à la main ;
- au lieu de vouloir faire une étude exhaustive qui n'aurait pu qu'être incomplète ou un panorama qui n'aurait pu être que superficiel,

j'ai choisi quelques thèmes, en réponse à des questions que je me suis posées ou qui me l'ont été. Voici quelques unes de ces questions:

```
(0) Comment faire pour tracer la représentation graphique d'une
fonction?;
(1) Comment faire pour tracer la représentation graphique d'une
fonction? en même temps, y dessiner des figures géométriques?
(2) Comment naviguer et prendre conscience de toutes les
possibilités offertes?
(3) C'est quoi les options et à quoi ça sert?
(4) Est-ce que les singularités des courbes sont détectées et
comment?
(5) Comment on fait des pointillés?
(6) Est-ce qu'on peut mettre des flèches dans les dessins pour
indiquer un point précis?
(7) Est-ce qu'on peut tracer toute une famille de courbes dans un
même repère?
(8) Est-ce qu'on peut relever les coordonnées des points d'une
courbe à la souris?
(9) Est-ce qu'on peut récupérer ce qu'on a fait avec un traitement
de textes ou de dessin ordinaire?
(10)Est-ce qu'on peut insérer des dessins faits avec un  outil de
dessin par ailleurs et comment faire?
```

La réponse aux trois dernières questions figure dans [12-II], où j'ai étudié systématiquement les interfaces des systèmes de calcul formel usuels avec les traitements de textes et les outils de dessin. Le lecteur qui souhaite avoir une vue globale sur la question peut s'y référer. En gros, tout est possible, que ce soit en copier-coller (avec perte de qualité) ou par sauvegardes en Postscript dans des fichiers (moins immédiat mais résultat d'excellente qualité). Ici, il s'agit seulement de donner quelques exemples. Pour plus de précisions il y a lieu de se rapporter à [2] [3] [4] et [6]. Le plan suivi dans ce chapitre-notebook est le suivant:

- •• Représentation d'une ou plusieurs fonctions:

    - • Plot, Plot et Plot... pour apprendre à naviguer sans trop risquer; on y trouvera des réponses à (0), (1), (2) et (7);
    - • Les options de Plot (sous forme de règles) guident globalement le tracé; on y trouvera des réponses à (3) et (2);
    - • Des exemples de tracés de courbe et quelques explications des tracés; on y trouvera des réponses à (1), (4) et (5);

- •• Des "anomalies aux problèmes" des tracés graphiques par calculatrice ou ordinateur vers des problèmes élémentaires sur lesquels se pencher; on y trouvera des réponses à (7);

    - • Oscillations rapprochées
    - • Familles de courbes paramétrique
    - • Fonctions discontinues
    - • Tracés à l'aveuglette, erreurs
    - • Zoom: le beurre et l'argent du beurre

- •• Représentation des fonctions implicites et des courbes paramétriques;
- •• Représentation des figures géométriques. On y trouvera des réponses à (8);
- •• Représentation des données en vue de statistiques. On y trouvera des réponses à (6) et (8).

2. Représentation de fonctions

■ 2.1 Plot, Plot et Plot... pour apprendre à naviguer sans trop risquer

Tracer, en anglais se dit Plot. Voici tous les symboles primitifs qui contiennent ce mot comme racine.

```
?*Plot*
```

```
ContourPlot        ListPlot3D         PlotDivision
PlotRegion         DensityPlot        ParametricPlot
PlotJoined         PlotStyle          ListContourPlot
ParametricPlot3D   PlotLabel          Plot3D
ListDensityPlot    Plot               PlotPoints
Plot3Matrix        ListPlot           PlotColor
PlotRange
```

2. Représentation de fonctions 173

Certains correspondent à des fonctions comme `Plot` ou `ListPlot`, d'autre à des options:

Comment savoir? Eh bien demandez...

```
? PlotLabel

PlotLabel is an option for graphics functions that
specifies an overall label for a plot. With PlotLabel
-> None, no label is given. PlotLabel -> label
specifies a label.
```

Traduction adaptée

```
PlotLabel est une option pour les fonctions graphiques
qui spécifie une légende, pour une représentation
graphique donnée. En positionnant ainsi:
PlotLabel -> None, il n'y a pas de légende.
PlotLabel -> label précise que la légende est label.
```

et encore:

```
? Plot
```

```
Plot[f, {x, xmin, xmax}] generates a plot of f as a
function of x from xmin to xmax.
Plot[{f1, f2, ...}, {x, xmin, xmax}] plots several
functions fi.
```

Traduction adaptée

```
Plot[f, {x, xmin, xmax}] génère la représentation
graphique de f, fonction de x, pour x variant de xmin
à xmax.
Plot[{f1, f2, ...}, {x, xmin, xmax}] représente
graphiquement plusieurs fonctions.
```

et si on veut en savoir plus:

```
Attributes[Plot]

{HoldAll, Protected}
```

La fonction `Plot` n'évalue donc pas ses arguments. Par suite, si on veut faire agir `Plot` sur une expression qui demande une évaluation, il y a lieu de faire intervenir explicitement l'interprète en appliquant la fonction `Evaluate`. Pourquoi cette *évaluation forcée*? vraisemblablement pour éviter ce qu'on appelle les *effets de bord*, c'est-à-dire les effets indésirables d'affectations antérieures ou ultérieures. On remarquera que les fonctions construites à partir de primitives ne requièrent pas d'évaluation forcée:

ϙ Exemple 1

```
Plot[Cos[x], {x, 0, 2 π}];
```

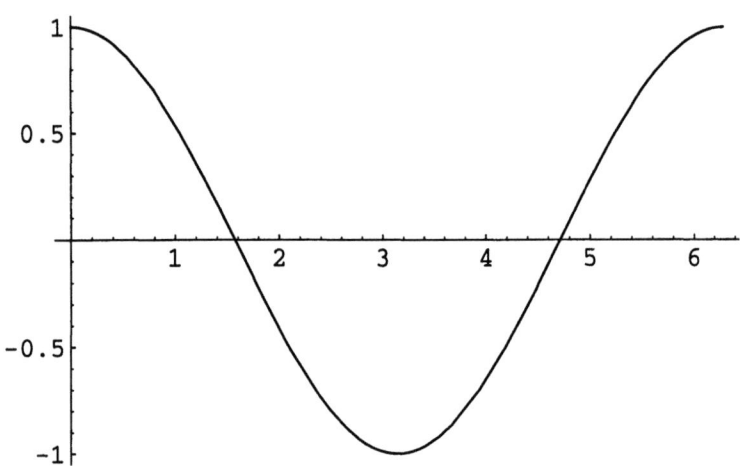

ou encore:

ϙ Exemple 2

$$\text{Plot}\left[\sqrt{\left(\frac{x}{\text{Cos}[x]} - \frac{1}{\text{Sin}[x]}\right)^2}, \{x, \pi, 2\pi\}\right];$$

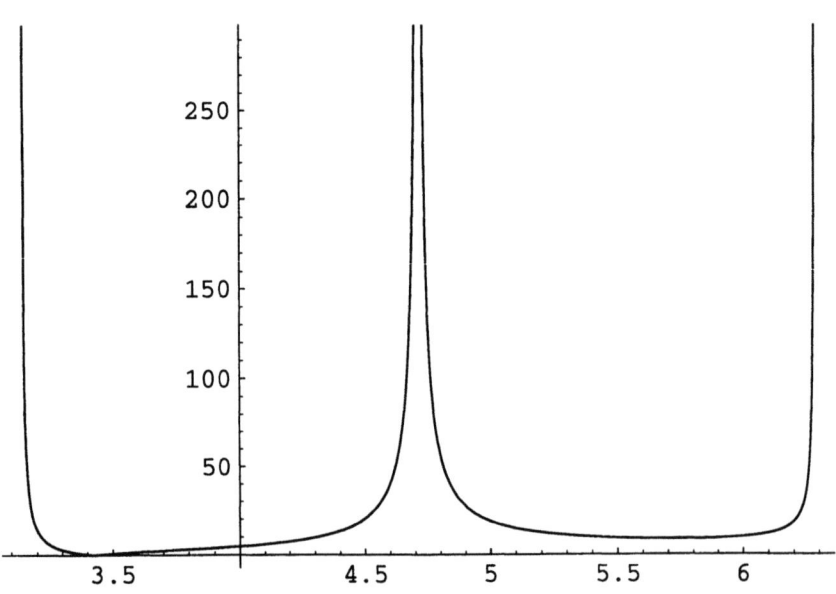

2. Représentation de fonctions

ou encore:

۩ Exemple 3

```
Plot[If[x < 0, 1, Exp[x]], {x, -1, 2}];
```

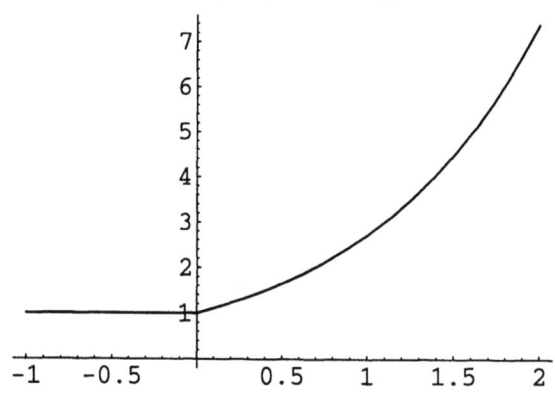

Mais

۩ Exemple 4

```
Plot[Table[a x³, {a, 1, 3}], {x, -1, 2}];
```

Plot::plnr: CompiledFunction[{x}, <<1>>,
-CompiledCode-][x] is not a machine-size real number at
x = -1..

Plot::plnr: CompiledFunction[{x}, <<1>>,
-CompiledCode-][x] is not a machine-size real number at
x = -0.875.

Plot::plnr: CompiledFunction[{x}, <<1>>,
-CompiledCode-][x] is not a machine-size real number at
x = -0.75.

General::stop:Further output of Plot::plnrwill be
suppressed during this calculation.

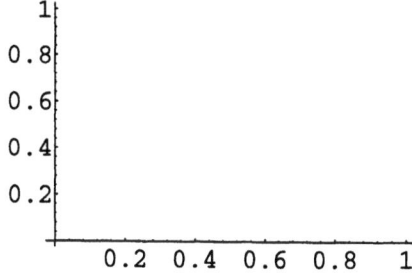

Cet exemple pose problèmes, pourtant:

```
Table[a x³, {a, 1, 3}]
```
$\{x^3, 2\ x^3, 3\ x^3\}$

En fait, à ce niveau, x, 2 x^3 et 3 x^3 sont purement symboliques. Il y a donc lieu de les évaluer, pour pouvoir concrétiser la courbe; les courbes sont correctes si on force l'évaluation :

```
Plot[Evaluate[Table[a x³, {a, 1, 3}]], {x, -1, 2}];
```

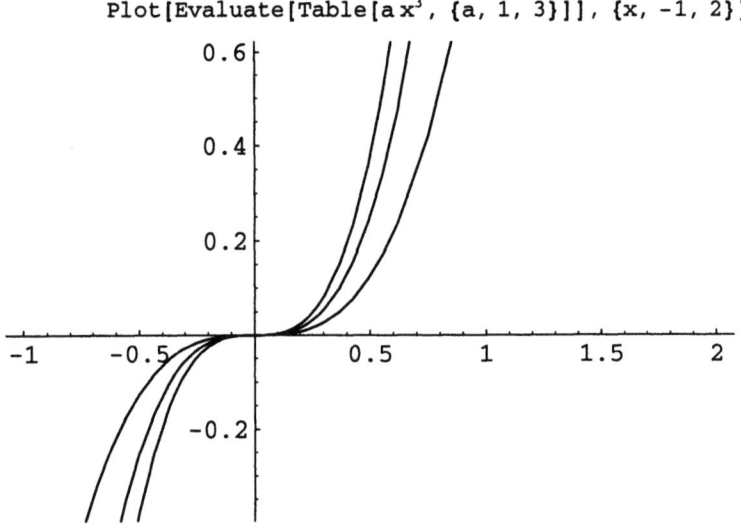

ϙ Exemple 5

Si on pose de même:

```
f[x_, a_] := If[x < a, 1, Exp[x] + 5 a]
```

alors:

```
Plot[f[x, 0], {x, -1, 2}];
```

2. Représentation de fonctions 177

mais si on pose

```
courbes = Table[f[x, a], {a, 1, 3}]
{If[x < 1, 1, Exp[x] + 5 1], If[x < 2, 1, Exp[x] + 5 2],
   If[x < 3, 1, Exp[x] + 5 3]}

Plot[courbes, {x, -1, 5}];
```

Plot::plnr: CompiledFunction[{x}, <<1>>,
-CompiledCode-][x] is not a machine-size real number at
x = -1..

Plot::plnr: CompiledFunction[{x}, <<1>>,
-CompiledCode-][x] is not a machine-size real number at
x = -0.75.

Plot::plnr: CompiledFunction[{x}, <<1>>,
-CompiledCode-][x]is not a machine-size real number at
x = -0.5.

General::stop:
   Further output of Plot::plnr
      will be suppressed during this calculation.

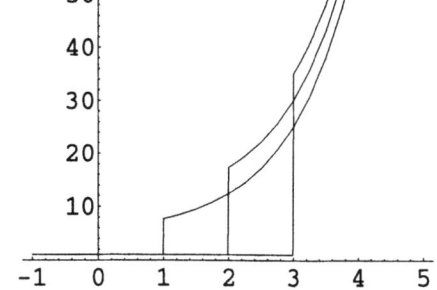

Les courbes sont correctes si on force l'évaluation :

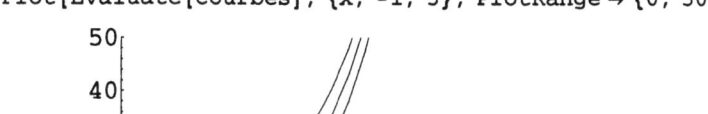

Remarque

> Les principales erreurs lorsqu'on manipule un langage applicatif proviennent des effets de bord provoqués par les affectations.

Les concepteurs de tels langages ne l'ignorent pas et mettent généralement des garde-fous qui limitent un peu les dégâts. Le rôle de l'évaluateur est de déceler la structure des expressions (s'agit-il d'une fonction simple ou d'une suite de fonctions?) et les liens éventuels (existe-t-il dans l'expression des paramètres au sens mathématique du terme et si oui, ont-ils des valeurs particulières?). Ce travail n'est pas un travail de représentation graphique (géré par Plot). Ainsi, si besoin est l'interprète (par l'application de la primitive Evaluate), rappelle à l'utilisateur les liaisons effectuées, si jamais celui-ci les avait oubliées.

۞ Exemple 6

Qui n'a jamais eu envie d'écrire un jour:

```
NSolve[13 x⁴ - 7 x / 3 - 5 == 0]
{{x -> -0.711894}, {x -> -0.0723433 - 0.790883 I},
 {x -> -0.0723433 + 0.790883 I}, {x -> 0.856581}}
```

puis de donner un nom, par exemple x, à la plus grande des racines réélles en écrivant

```
x = Last[x /. %]
0.856581
```

puis, après avoir été amené à voyager dans d'autres aventures à représenter graphiquement une fonction?

Si la fonction Plot évaluait ses arguments, à la question : Plot [courbes, {x, -1, 2}], on obtiendrait alors:

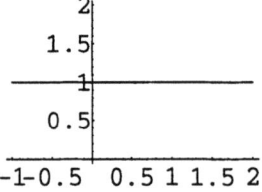

puisqu'en effet, pour la valeur de x choisie (0.856581), le symbole courbes est évalué à:

```
courbes
{1, 1, 1}
```

ce qui se fait sans message d'erreur et n'est pas, bien sûr, le but recherché (cf tracé correct des courbes à la page précédente). Il faut donc voir le fait que Plot n'évalue pas ses arguments comme un garde fous.

En effet lorsqu'on est obligé d'écrire:

```
Plot[Evaluate[courbes], {x, -1, 2}];
```

2. Représentation de fonctions

l'attention de l'utilisateur est attirée sur l'évaluation qui risque de provoquer des effets de bord en cas d'affectation et dans le cas précédent l'utilisateur voit bien que courbes est devenu {1, 1, 1} puisque:

```
Evaluate[courbes]
{1, 1, 1}
```

On voit alors qu'il ne s'agit plus de représenter les courbes données mais 3 fonctions constantes. C'est en suivant pas à pas la demande, et souvent à ce moment là seulement, que l'on comprend ce qui se passe.

■ 2.2 Les options de Plot

Les options de Plot guident globalement le tracé. Ce sont des règles. Pour obtenir la liste des options, il suffit de valider la demande:

```
Options[Plot]
```

Mais il est plus commode d'avoir une option par ligne:

```
Print/@Options[Plot];
```

Des commentaires ont été ajoutés à la réponse (cf page en forme paysage) pour faciliter la prise en main.

■ 2.3 Exemples de tracés & explications

Valeur retournée par un graphique

◊ **Exemple 7**

$$\text{Plot}\left[\frac{1}{x-2},\ \{x,\ -5,\ 5\}\right]$$

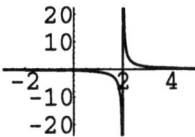

- Graphics -

l'objet graphique retourné qui porte *l'uniforme* Graphics, livre en fait facilement ses secrets, indépendants de la taille du dessin:

```
FullForm[%]
```

```
Graphics[List[List[Line[List[List[-5., -0.1428571428571428571],
   List[-4.583333333333333333, -0.15189873417721519899],
   List[-4.166666666666666667, -0.16216216216216216216221622],
   List[-3.75, -0.17391304347826086961],
   List[-3.3333333333333333, -0.1875],
   List[-2.9166666666666667, -0.20338983050847745763],
   List[-2.5, -0.22222222222222222222],
   List[-2.08333333333333333, -0.24489795918367346944],
   List[-1.66666666666666667, -0.27272727272727272723],
   List[-1.25, -0.30769230769230769231],
   List[-0.833333333333333334, -0.35294117647058823531],
   List[-0.416666666666666667, -0.41379310344827586211],
   List[-0.208333333333333334, -0.45283018867924528311];
   List[-5.4210108624275221710^-20, -0.5],
   List[0.208333333333333333, -0.55813953488372093021],
   List[0.41666666666666666, -0.63157894736842105261],
   List[0.625, -0.72727272727272727],
   List[0.72916666666666666, -0.78688524590163934421],
   List[0.83333333333333333, -0.85714285714285714281],
   List[1.04166666666666667, -1.04347826086956521711],
   List[1.14583333333333333, -1.17073170731707317311],
   List[1.25, -1.3333333333333333333],
   List[1.35416666666666667, -1.54838709677419354811],
   List[1.40625, -1.68421052631578947311],
   List[1.45833333333333333, -1.84615384615384615411],
   List[1.51041666666666666, -2.04255319148936170111],
   List[1.5625, -2.2857142857142857141],
   List[1.61458333333333333, -2.59459459459459459411],
   List[1.66666666666666667, -2.99999999999999999991],
   List[1.69270833333333333, -3.25423728813559322],
   List[1.71875, -3.5555555555555555541],
   List[1.74479166666666667, -3.91836734693877550811],
   List[1.77083333333333333, -4.3636363636363636351],
   List[1.796875, -4.9230769230769230741],
   List[1.82291666666666667, -5.64705882352941176],
   List[1.84895833333333333, -6.62068965517241379],
   List[1.86197916666666666, -7.2458301886792452111],
   List[1.875, -7.9999999999999999993],
   List[1.88802083333333333, -8.93023255813953487811],
   List[1.90104166666666667, -10.10526315789473683],
   List[1.9140625, -11.636363636363636351],
   List[1.92708333333333333, -13.71428571428571427],
   List[1.94010416666666667, -16.69565217391304344],
   List[1.953125, -21.333333333333333281],
   List[1.96614583333333333, -29.538461538461538411],
   List[1.9791666666666667, -47.999999999999999671],
   List[1.9921875, -127.9999999999999982],
   List[2.00520833333333333, 192.000000000000000027],
   List[2.01822916666666666, 54.857142857142857581];
   List[2.03125, 32.], List[2.0442708333333333,
   22.58823529411764711], List[2.05729166666666666,
   17.45454545454545459], List[2.0703125, 14.22222222222222222
   List[2.0833333333333333, 12.000000000000000001],
   List[2.09635416666666666, 10.3783783783783839],
   List[2.109375, 9.14285714285714285],
   List[2.13541666666666666, 7.38461538461538461],
   List[2.1484375, 6.73684210526315789],
   List[2.16145833333333333, 6.19354838709677419],
   List[2.1875, 5.33333333333333333],
   List[2.21354166666666667, 4.6829268292682686],
   List[2.23958333333333333, 4.17391304347826087],
   List[2.291666666666666667, 3.42857142857142857],
   List[2.317708333333333333, 3.14754098360655737],
   List[2.34375, 2.90909090909090909],
   List[2.39583333333333333, 2.52631578947368421],
   List[2.44791666666666666, 2.23255813953488372]; List[2.5
   List[2.60416666666666667, 1.65517241379310344],
   List[2.70833333333333333, 1.41176470588235294],
   List[2.8125, 1.23076923076923076],
   List[2.91666666666666667, 1.09090909090909090909],
   List[3.125, 0.8888888888888889],
   List[3.22916666666666667, 0.81355932203389831051],
   List[3.33333333333333333, 0.75],
   List[3.54166666666666667, 0.64864864864864864861],
   List[3.75, 0.5714285714285714285],
   List[3.95833333333333333, 0.51063829782978723404255],
   List[4.16666666666666667, 0.46153846153846153841],
   List[4.58333333333333333, 0.38709677419354838711],
   List[5., 0.3333333333333333333]]]]],
  List[Rule[PlotRange, Automatic],
   Rule[AspectRatio, Power[GoldenRatio, -1]]
   RuleDelayed[DisplayFunction, $DisplayFunction],
   Rule[ColorOutput, Automatic], Rule[Axes, Automatic],
   Rule[AxesOrigin, Automatic], Rule[PlotLabel, None],
   Rule[AxesLabel, None], Rule[Ticks, Automatic], Rule[GridLines
   Rule[Prolog, List[]], Rule[Epilog, List[]],
   Rule[AxesStyle, Automatic], Rule[Background, Automatic],
   Rule[DefaultColor, Automatic], RuleDelayed[DefaultFont, $Defa
   Rule[RotateLabel, True], Rule[Frame, False],
   Rule[FrameStyle, Automatic], Rule[FrameTicks, Automatic],
   Rule[FrameLabel, None], Rule[PlotRegion, Automatic]]]
```

2. Représentation de fonctions

Option	Valeur	Description
AspectRatio	$\to \frac{1}{\text{GoldenRatio}}$	rapport entre les unités prises sur les axes
Axes	$\to$ Automatic	bascule pour le tracé ou le non tracé des axes
AxesLabel	$\to$ None	tracé des axes, plusieurs options
AxesOrigin	$\to$ Automatic	placement des axes à l'origine ou ailleurs
AxesStyle	$\to$ Automatic	styles pour le tracé des axes
Background	$\to$ Automatic	couleur de fond
ColorOutput	$\to$ Automatic	couleur du tracé des représentations graphiques
Compiled	$\to$ True	bascule pour la compilation automatique
DefaultColor	$\to$ Automatic	couleur par défaut (objets graphiques de base)
Epilog	$\to$ {}	primitives appliquées après le tracé principal
Frame	$\to$ False	bascule pour l'encadrement ou non du graphique
FrameLabel	$\to$ None	légendes à placer aux bords du graphique
FrameStyle	$\to$ Automatic	choix du bord du cadre du dessin
FrameTicks	$\to$ Automatic	disposition des valeurs utiles sur les axes
GridLines	$\to$ None	lignes de rappel des points de la courbe
MaxBend	$\to$ 10	pente maximum entre les différentes interpolations
PlotDivision	$\to$ 20	nombre maximum de subdivisions
PlotLabel	$\to$ None	spécification des légendes pour les axes
PlotPoints	$\to$ 25	nombre de points au début de l'algorithme du tracé
PlotRange	$\to$ Automatic	intervalle à retenir pour l'image de f
PlotRegion	$\to$ Automatic	place à réserver au graphique sur le fond du tracé
PlotStyle	$\to$ Automatic	réservé à Plot, ListPlot pour le style : pointillé
Prolog	$\to$ {}	primitives appliquées avant le tracé principal
RotateLabel	$\to$ True	bascule de rotation pour la légende sur l'axe
Ticks	$\to$ Automatic	position et contenu des points spéciaux sur les axes
DefaultFont	:> $DefaultFont	fonte à utiliser par défaut
DisplayFunction	:> $DisplayFunction	mode d'affichage (ou non) ; choix pour l'émission des sons

Remarques

On remarque, par exemple, que:

- il s'agit d'une *expression* ordinaire;
  - le *nombre de points* ne correspond pas à la valeur par défaut de `PlotPoints` et qui est 25. Pourquoi?

`Plot` est en fait un algorithme sophistiqué qui ne se contente pas de couper l'intervalle en 26, d'évaluer la fonction en ces 25 points puis d'interpoler. En fait à partir de ces 25 points, d'autres points sont construits pour préciser le tracé lorsque nécessaire. Les paramètres de contrôle de cet algorithme adaptatif sont la pente de la tangente au point considéré, lorsqu'elle existe (`MaxBend`), et le nombre de points maximum autorisés pour une subdivision, c'est-à-dire un intervalle entre deux points de la subdivision précédente (`PlotDivision`). Mais bien évidemment, un juste milieu est à respecter pour que le tracé ne soit pas trop lent et c'est donc un minimum de points utiles qui est finalement retenu avant de passer la main au compilateur.

Détection des points anguleux

ῲ Exemple 8

```
f[x_] := Abs[x - 1] + Abs[ (x - 1)/x ]
```

où Abs désigne la valeur absolue. Par exemple, voici quelques valeurs:

```
f[1]
0

f[-1]
4

f[0]
Power::infy : Infinite expression 1/0 encountered.
```

voici une demande standard où 25 points sont pris au début de l'algorithme (par défaut)

2. Représentation de fonctions

```
Plot[f[x], {x, -10, 10}];
```

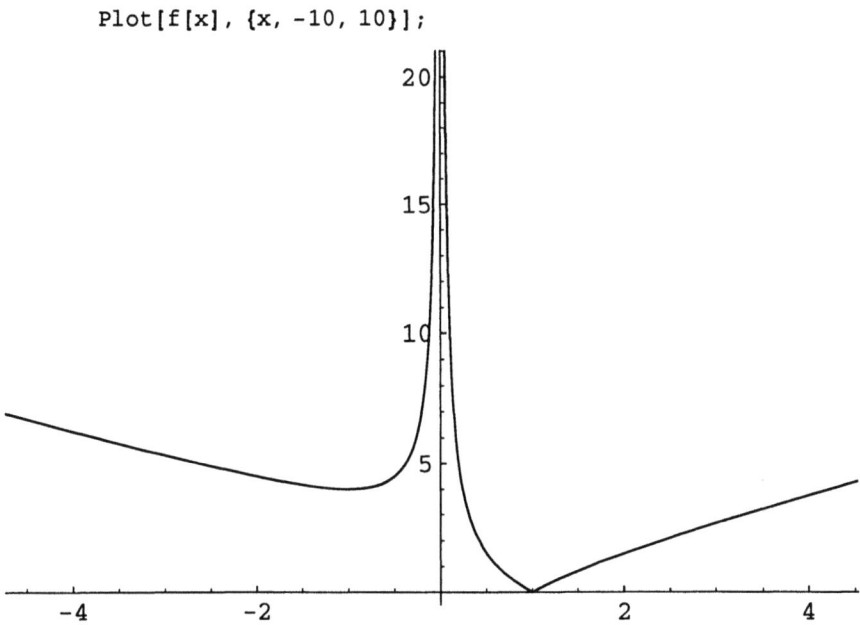

et la visualisation des points qui ont été utilisés s'obtient facilement de la manière suivante:

```
Show[% /. Line[pts_] :→ Point/@pts];
```

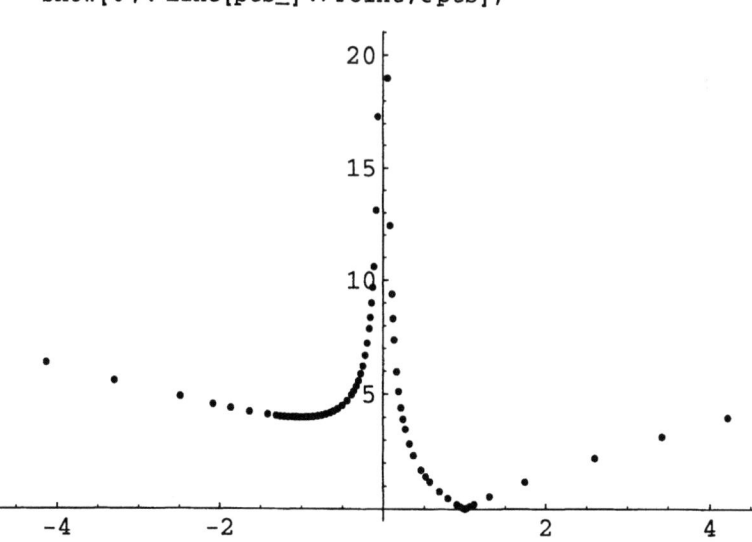

Voici le même exemple, mais obtenu cette fois en augmentant le nombre de points à la base du processus:

```
Plot[f[x], {x, -10, 10}, PlotPoints → 100];
```

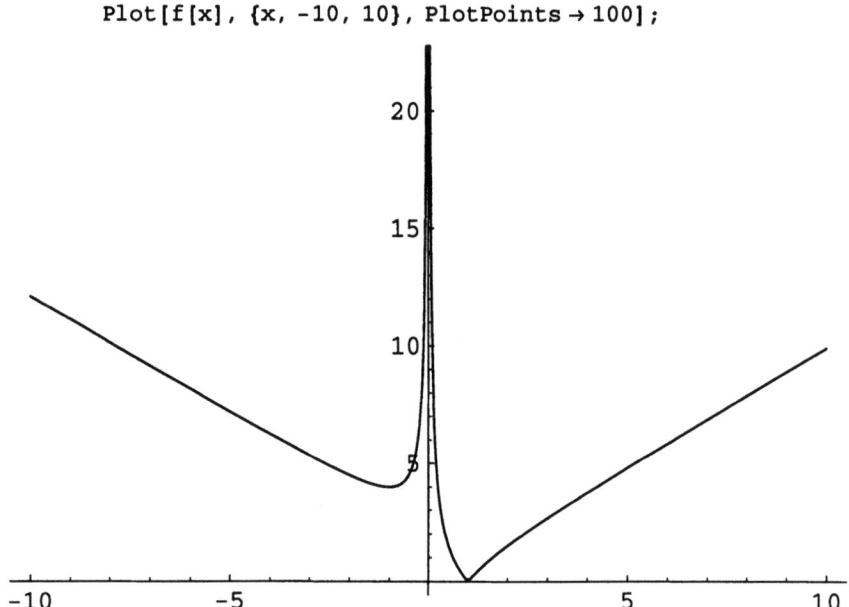

et les points qui ont été utilisés:

```
Show[% /. Line[pts_] :→ Point/@pts];
```

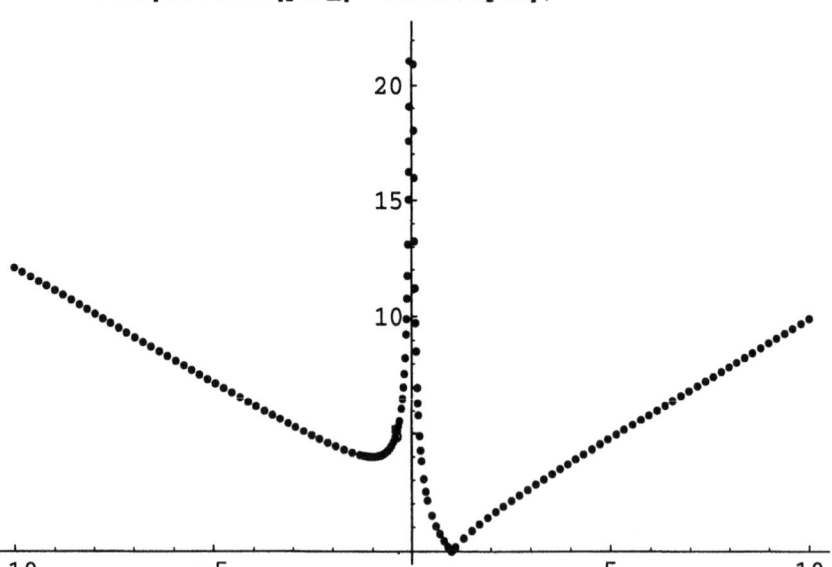

Pour obtenir la même courbe avec les tracés des asymptotes obliques, il suffit de considérer une liste de fonctions au lieu d'une seule fonction, ce qui change, en fait très peu de choses.

```
Plot[{f[x], x, -x + 2}, {x, -10, 10}, PlotPoints → 100];
```

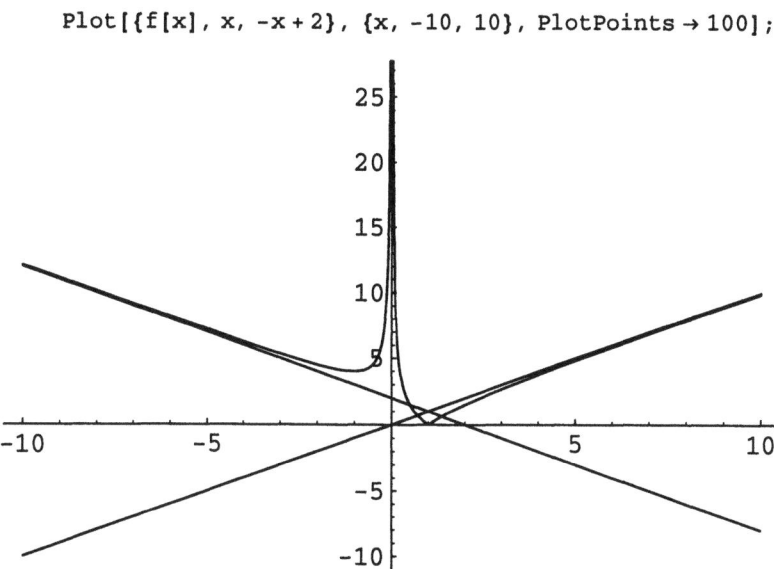

et voici les points utilisés:

```
Show[% /. Line[pts_] :→ Point /@ pts];
```

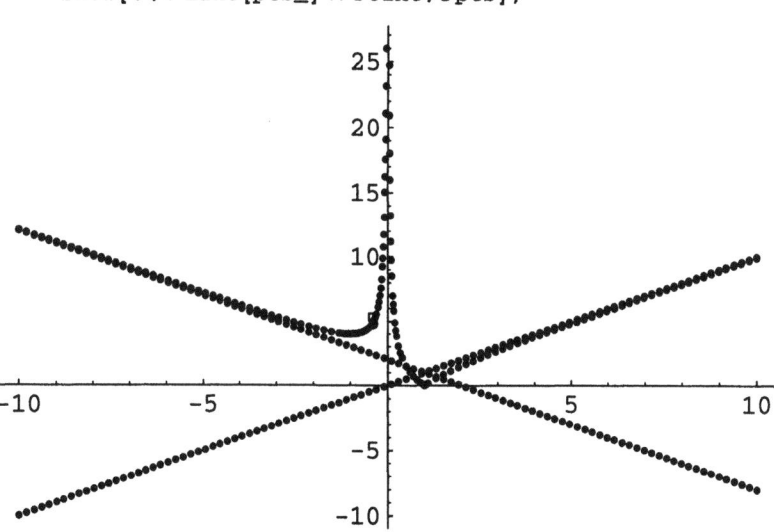

On remarquera que les points qui ont servi au tracé des asymptotes sont équirépartis, ce qui n'est pas le cas pour la courbe. Et maintenant on veut que les asymptotes soient moins visibles et tracées par exemple en pointillé différents, que peut-on faire? Il y a mille et une façon de procéder. En voici une:

```
Plot[{f[x], x, -x + 2},
  {x, -10, 10}, PlotPoints → 100, PlotStyle →
   {{}, {Dashing[{0.01}]}, {Dashing[{0.03, 0.02}]}}];
```

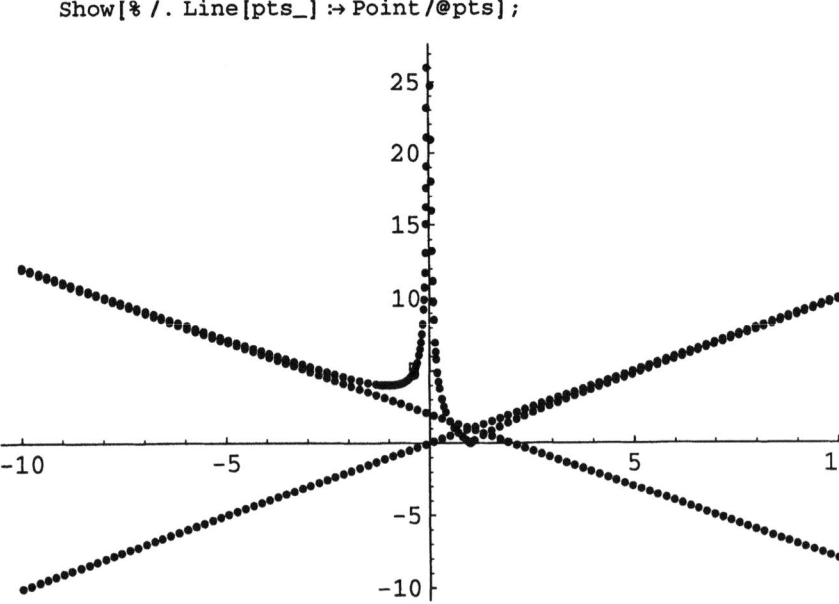

la demande de tracé a été reprise par copier-coller à la souris et complétée par l'option `PlotStyle`.

Et voici les points que *Mathematica* a utilisé:

```
Show[% /. Line[pts_] :> Point /@ pts];
```

On remarque alors que les tracés des asymptotes, bien réalisés en pointillé, relèvent encore d'autres techniques puisque les mêmes points que précédemment apparaissent.

2.4 Décor et directives locales de tracé

Supposons données maintenant 3 fonctions que l'on souhaite distinguer dans la représentation par la couleur des tracés. Ceci ne relève plus d'options globales, mais de *directives locales* qui sont appliquées au plus près de l'objet ou dans le cas des courbes représentant des fonctions, suivant une syntaxe proche du *"respectivement, respectivement"* que l'on utilise en mathématiques. Ainsi:

۞ Exemple 9

Soient 3 fonctions f1, f2 et f3 définies par:

```
f1[x_] := Cos[1.23758 x²]

f2[x_] := x² + 3

f3[x_] := 3.1254728 x² - 4.58721

Plot[{f1[x], f2[x], f3[x]},
    {x, 0, 3π/2}, PlotRange → {-5, 30},
    Ticks → {{1.215743, 2.652437}, Automatic},
    PlotStyle → {RGBColor[1, 0, 0], RGBColor[0, 1, 0],
        RGBColor[0, 0, 1]}];
```

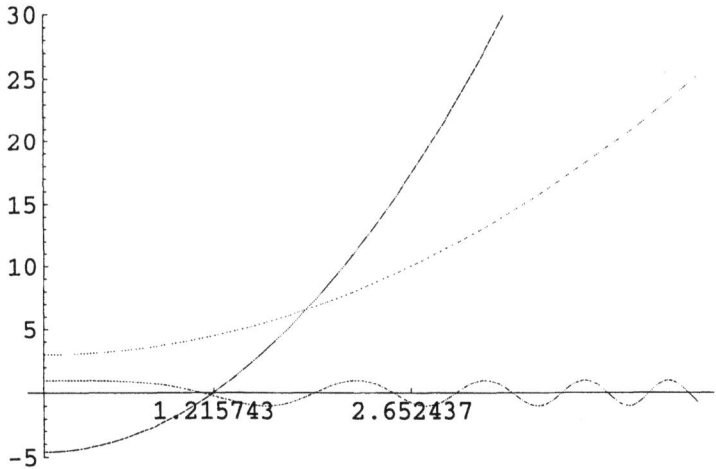

La première courbe est coloriée en rouge (R = red, rouge), la seconde est coloriée en vert (G = green, vert) et la dernière est coloriée en bleu (B = blue, bleu). Les palettes permettent de mélanger ces 3 couleurs fondamentales par un clic de souris pour obtenir n'importe quelle couleur. Les valeurs des arguments venant s'inscrire juste à l'endroit désiré de la demande, évitent la saisie des valeurs numériques correspondantes. Si on ne dispose pas de couleur ou si on préfère utiliser des pointillés pour distinguer les courbes, c'est tout à fait possible:

```
Plot[{f1[x], f2[x], f3[x]},
  {x, 0, 3π/2}, PlotRange → {-5, 30},
  Ticks → {{1.215743, 2.652437}, Automatic},
  PlotStyle → {Dashing[{0.5, 0.005}],
    Dashing[{0.001, 0.005}], Dashing[{0.03}]}];
```

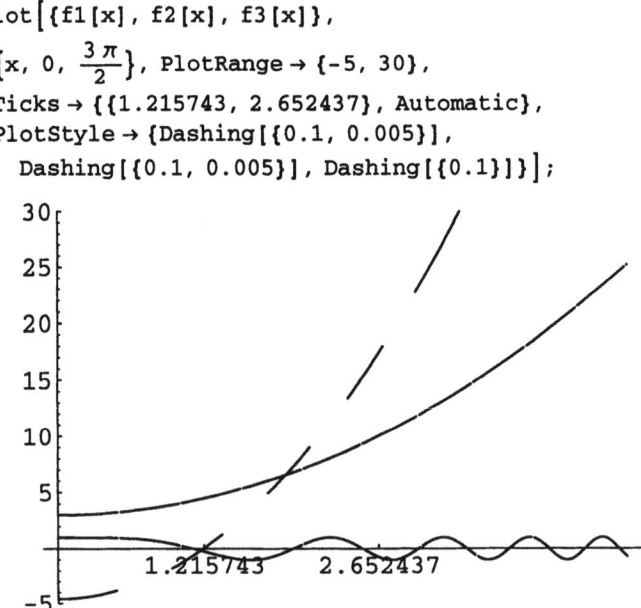

ou encore:

```
Plot[{f1[x], f2[x], f3[x]},
  {x, 0, 3π/2}, PlotRange → {-5, 30},
  Ticks → {{1.215743, 2.652437}, Automatic},
  PlotStyle → {Dashing[{0.1, 0.005}],
    Dashing[{0.1, 0.005}], Dashing[{0.1}]}];
```

On remarquera que la primitive Dashing a été appliquée une fois avec un argument et une autre fois avec deux arguments. On ira voir dans [2] ou [6] des précisions à ce sujet.

3. Des "anomalies" aux problèmes

■ Introduction

Des "anomalies ou impossibilités connues" des tracés graphiques par calculatrice (ou ordinateur) vers des problèmes élémentaires sur lesquels se pencher, voilà l'objectif de cette section.

La difficulté de l'écriture d'un bon algorithme de tracé de courbe réside dans les choix à faire entre les différents paramètres, comme lors des tracés à la main. Ces choix sont faits en *Mathematica* de façon conjoncturelle et dynamique, en fonction des options ou directives données par l'utilisateur, comme on vient de le voir à la section précédente. Ici, dans cette section, à partir d'exemples relevés dans des articles consacrés aux calculatrices graphiques et autres grapheurs, nous allons voir comment ne pas tomber dans les travers signalés et toucher du doigt la difficulté du problème, même s'il s'est banalisé en particulier chez les scolaires avec les calculatrices graphiques.

Les calculatrices graphiques ont fait couler beaucoup d'encre. En effet, en offrant en entrée la courbe qu'il n'était bien séant auparavant de n'offrir qu'aux meilleurs élèves en dessert, lorsqu'ils avaient franchi les barrières calculatoires imposées, les calculatrices ont suscité de vives réactions, mettant ainsi en évidence:

• le cloisonnement des activités calculatoires et graphiques en analyse lors de son enseignement aux scolaires;

• les faiblesses techniques des calculatrices et de certains systèmes de calcul formel dans la capacité de représentation des limites, discontinuité, points de rebroussement et familles paramétriques;

• d'autre part toute une réflexion autour de la pédagogie.

Ce livre d'exemples n'est pas le lieu pour être le porte-parole des enseignants et élèves "anti-machines", dont les remarques, souvent pertinentes, et les idées constructives, ne me semblent pas assez écoutées. C'est pourquoi, je ne pourrai aborder que quelques aspects techniques.Toutefois, il faut savoir que c'est par respect de l'éducation des humains par des humains, que mes choix ont été faits, sacrifiant ainsi délibéremment l'aspect "montreur d'ours", "magique-décoratif" et "presse-boutons" dont sont remplis d'autres livres et auxquels le lecteur peut se référer.

Le lecteur avisé comprendra également que les améliorations logicielles sont constantes. Toutefois, plus les choses apparaissent faciles, plus tous les efforts effectués sont transparents pour l'utilisateur. Aussi, il n'est pas inutile, parfois, d'entrer dans le vif du sujet de façon plus précise, ce qui permet alors de mieux comprendre les évolutions effectuées. À ce stade, il me parait formateur de bien comprendre les dessous scientifiques afin de mieux situer certaines affirmations et motivations médiatiques.

■ 3.1 Oscillations rapprochées

Roger Cuppens, dans son article [28], s'appuie pour son argumentation sur la représentation graphique par une calculatrice graphique de sin (2 π x + π/2) entre 0.2 et 95.2 . Cet exemple qu'il dit avoir emprunté à l'IREM de Montpellier (mais qui figure aussi dans un papier de Fatemann - ISSAC'92), ne montre que des encéphalogrammes plats et il conclut: *"ici aussi, seule une connaissance du fonctionnement de l'écran graphique permet d'expliquer ces phénomènes. Mais quelle meilleure illustratoin du concept de fonction périodique?"* Il n'est pas le lieu ici de répondre à la question pédagogique, mais la tentation est forte de voir comment s'y prendre de façon naïve en *Mathematica* pour montrer que même à partir de là, il y a sujet à réflexion.

⚱ Exemple 10

un premier réflexe:

$$g[x\_] := \text{Sin}\left[2 \pi x + \frac{\pi}{2}\right]$$

amène à un premier résultat obtenu avec la version 2:

```
Plot[g[x], {x, 0.2, 95.2}];
```

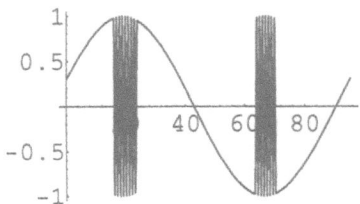

quant à la version 3, nous obtenons:

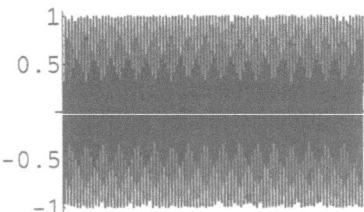

une première remarque et une première idée

C'est déjà mieux qu'un encéphalogramme plat, mais quand même... La courbe n'est pas régulière ou illisisble et cela incite à chercher le nombre de points d'intersection de la courbe avec l'axe des x.

une quatrième remarque

Il est raisonnable, pour chaque arche, d'avoir 7 points au moins au départ: les deux extrémités, le sommet et deux points intermédiaires de chaque côté de l'arche. Combien d'arches y-a-il? Avec 350 points au départ, on devrait obtenir quelquechose. Voyons:

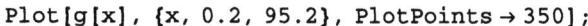

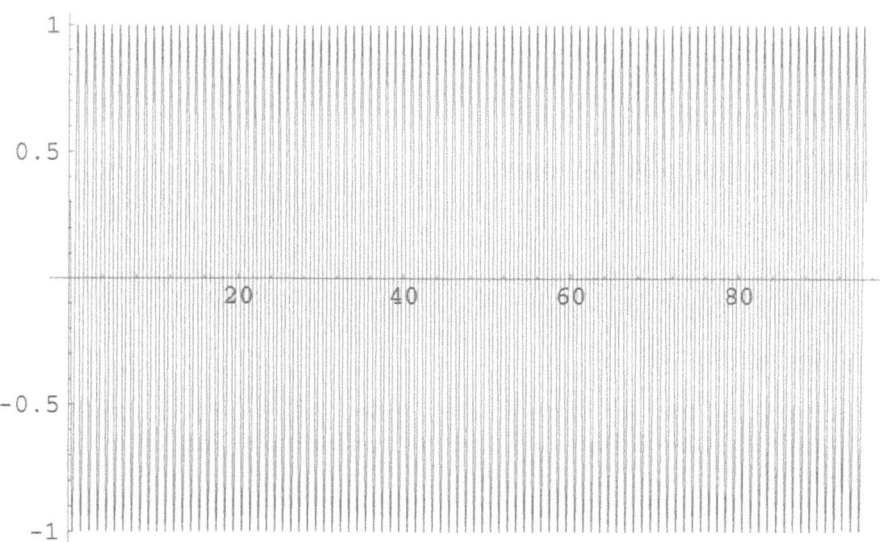

trois évidences:

1°) le dessin est illisible;

2°) les 0.2 n'ont pas été respectés;

3°) l'objectif fixé, à savoir, donner un exemple du concept de fonction périodique, s'est volatilisé.

Qui ferait mieux à l'ancienne avec papier millimétré, crayon-gomme ou encre de chine? Qui oserait exiger ce travail de tous ses élèves?

conclusion et une autre tentative:

on peut réfreiner ses ambitions dessinatoires et travailler sur un intervalle plus petit, l'intervalle (0, 10) par exemple, avec 10 fois moins de points.

3. Des anomalies aux problèmes 191

```
Solve[g[x] == 0, x]
```

Solve::ifun: Warning: Inverse functions are being used by Solve,
so some solutions may not be found.

{{x -> $\frac{1}{4}$}}

une deuxième remarque

La question posée a une infinité de solutions. La solution retournée en est une, ce qui nous intéresse peu.

une deuxième piste

Voyons voir comment faire sur papier:

$$N\left[\frac{95.2}{\pi}\right]$$

30.3031

une troisième remarque

sur un papier A4 avec ses 20 cm de large, ça fait donc $\frac{2}{3}$ cm pour représenter π. Hum, pas très commode, mais alors comment représenter 0.2? Exactement, hum, ça fait à peu près:

$$N\left[\frac{2\ 0.2}{3\ \pi}\right]$$

0.0424413

c'est-à-dire 4/10 de millimètre. Impossible de faire ça "à la main", même avec mes lunettes...

une troisième piste

Combien de fois la courbe coupe-t-elle l'axe des x et où?

$$\text{Solve}\left[2\pi x + \frac{\pi}{2} == \pi + k\pi, x\right]$$

{{x -> $\frac{1 + 2\ k}{4}$}}

```
Table[x /. %, {k, 0, 4}]
```

{{$\frac{1}{4}$}, {$\frac{3}{4}$}, {$\frac{5}{4}$}, {$\frac{7}{4}$}, {$\frac{9}{4}$}}

Il s'agit donc de placer un point tous les 1/6 de mm.

3. Des anomalies aux problèmes

```
Plot[g[x], {x, 0, 10}, PlotPoints → 35];
```

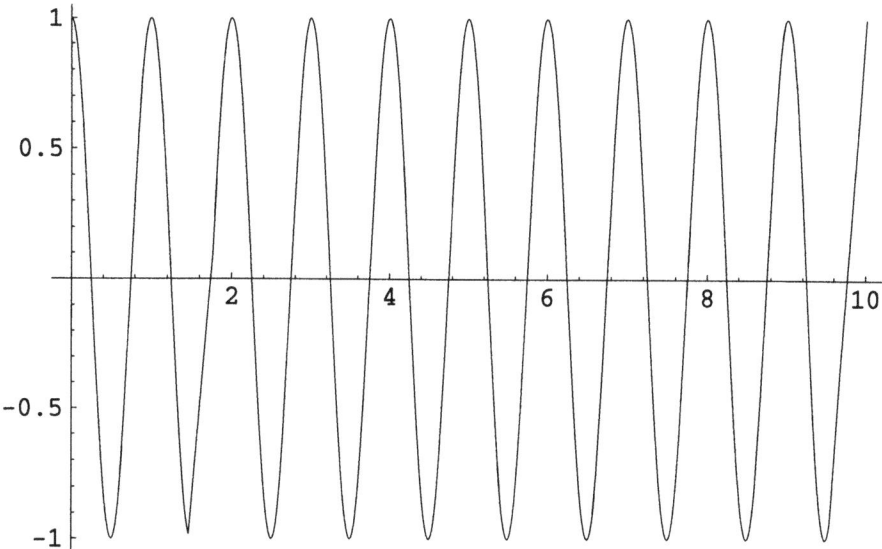

Question subsidiaire: n°1

Discuter la citation de la page 16 au sujet de la résolution de l'écran.

```
Clear[g]
```

Question subsidiaire n°2

Voici deux choix différents de l'option `PlotPoints`

$$\text{Plot}\left[\text{Sin}\left[2\pi x + \frac{\pi}{2}\right], \{x, 0, 15\}, \text{PlotPoints} \to 30\right];$$
$$\text{Plot}\left[\text{Sin}\left[2\pi x + \frac{\pi}{2}\right], \{x, 0, 15\}, \text{PlotPoints} \to 40\right];$$

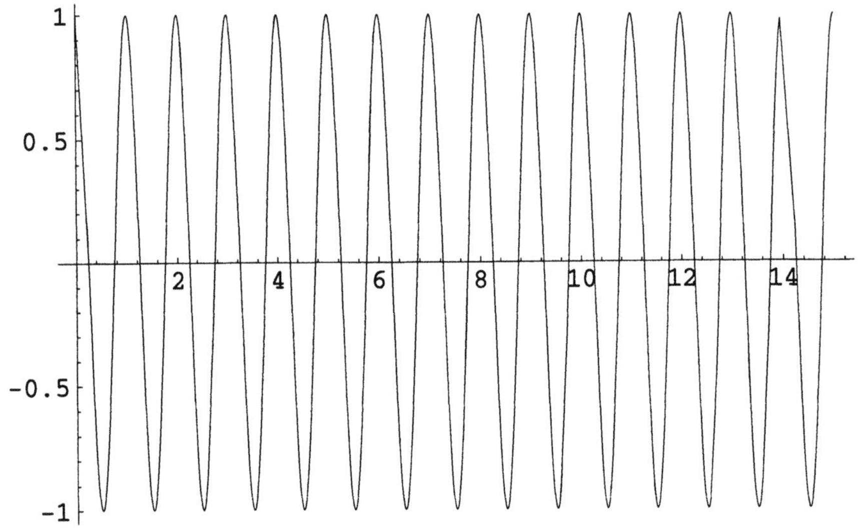

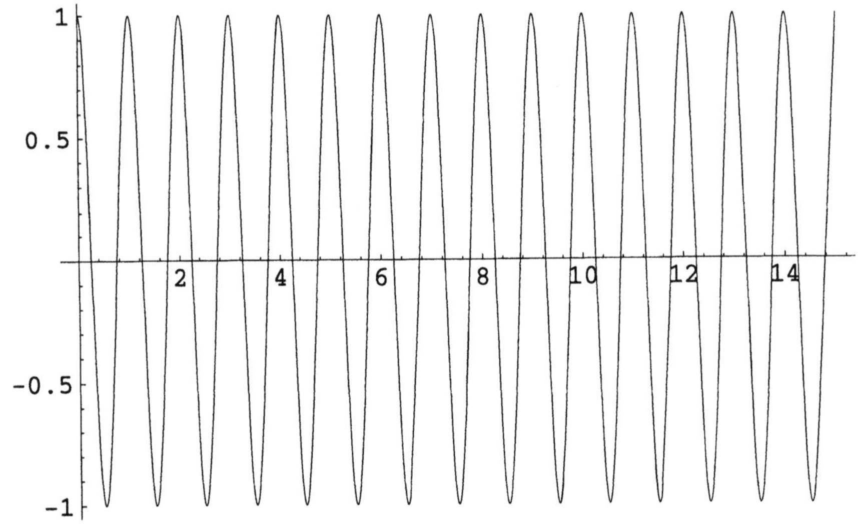

On remarque qu'il existe des différences entre les deux représentations graphiques correspondants. Laquelle? La dernière arche supérieure du premier de ces deux dessins est anormalement pointue. Pourquoi? On pourra essayer de localiser par tentatives successives la valeur adéquate de l'option. Pour répondre à la question, on peut aussi remarquer que le problème consiste à répartir x points dans y cases.

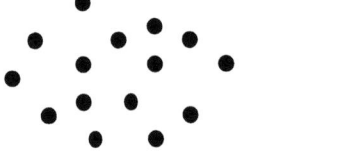

3. Des anomalies aux problèmes

Le problème est inévitable avec 25 points au départ, si on dispose de 30 cases. Ceci est insuffisant, quelque soit l'algorithme d'affinage utilisé ensuite.

ϔ Exemple 11

On traitera de la même façon "l'anomalie" suivante (cf Plot 95 [] et Fateman 92)

```
Plot[Sin[x], {x, 0, 95 π}];
```

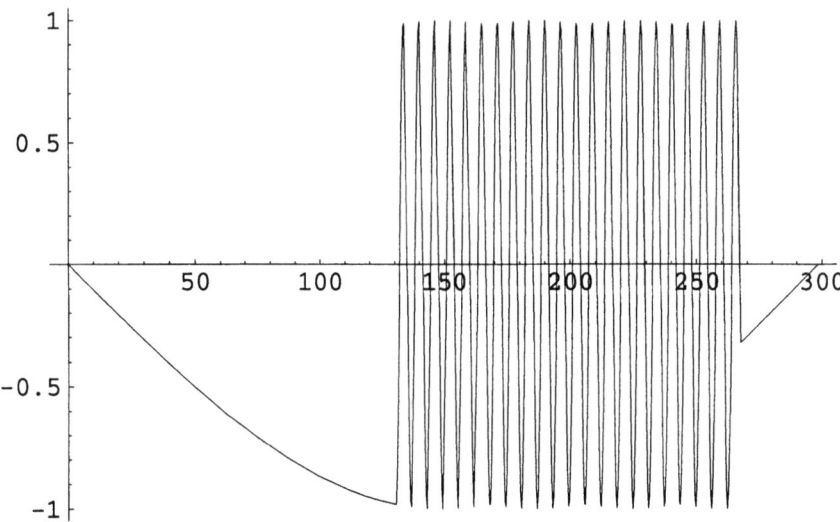

■ 3.2 Familles de courbes paramétriques

Les familles de courbes dépendant de paramètres symboliques, si elles s'avèrent difficiles à manipuler sur les calculatrices et autres logiciels numériques, ne posent aucun problème en *Mathematica*. Voici quelques exemples:

ϔ Exemple 12

```
f[n_][x_] := x (n - Log[x])
```

Tracé d'une courbe et de sa tangente en x0=a.

Dérivée de f:

```
∂ₓ f[n][x]
-1 + n - Log[x]
```

Équation de la tangente en a:

```
y - y0 == f' (x0) (x - x0) //.
  {y0 → f[n][x0], f' (x0) → (∂ₓf[n][x] /. x → x0), x0 → a}
y - a (n - Log[a]) == (-a + x) (-1 + n - Log[a])
```

Équation sous forme explicite:

```
Solve[%, y]
{{y -> a - x + n x - x Log[a]}}

y /. %
{a - x + n x - x Log[a]}
```

d'où une représentation explicite possible:

```
tangente[n_][x_][a_] := a - x + n x - x Log[a];
```

Quelques exemples d'application: une courbe de la famille (n = 2) et sa tangente en x0 = a = 3

```
Plot[{f[2][x], tangente[2][x][3]}, {x, 1, 10}];
```

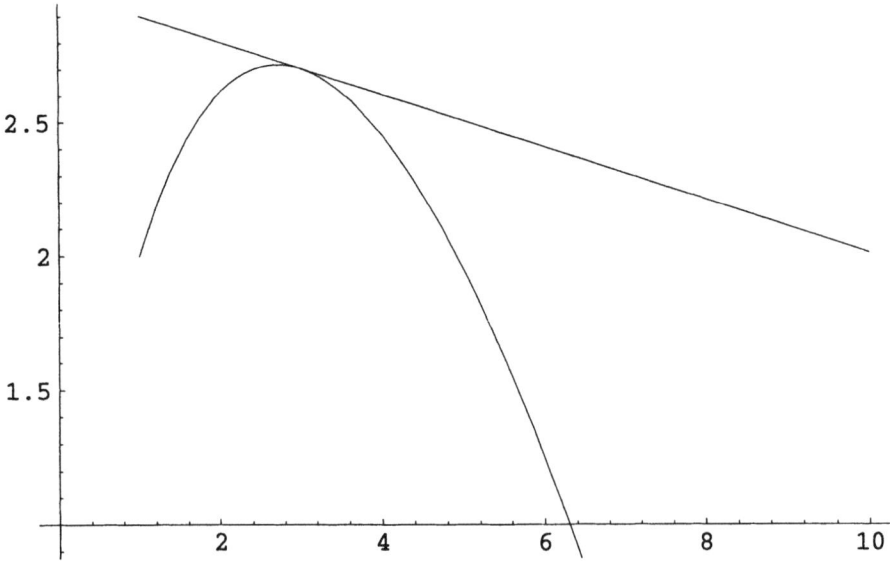

3. Des anomalies aux problèmes

Une courbe de la famille (n = 2) et ses tangentes en plusieurs points de a= 3 à a=4 avec un pas de 0.1:

```
Plot[Evaluate[Append[
    Table[tangente[2][x][a], {a, 3., 8., 0.3}], f[2][x]]],
  {x, 1, 10}];
```

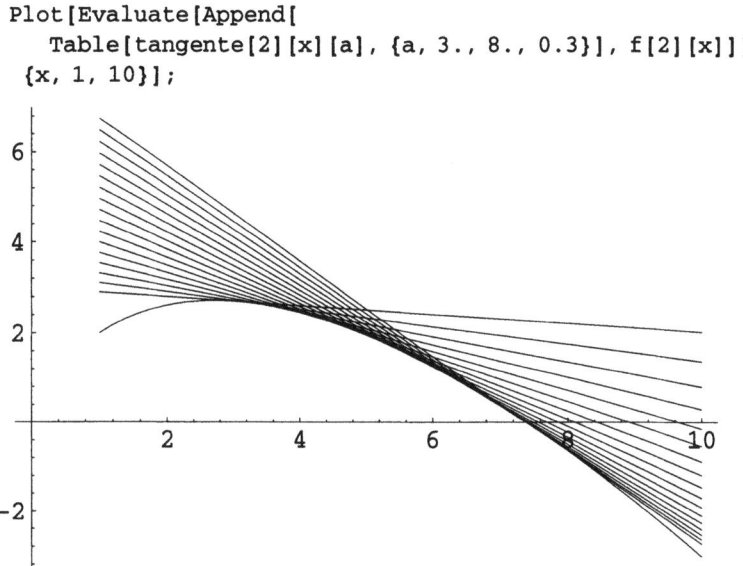

La famille des tangentes est générée par la fonction Table. La fonction elle-même y est adjointe en utilisant la fonction Append. Ici, il y a lieu de demander l'évaluation de la composée de fonctions. Pour avoir les mêmes intervalles que dans le cas d'une seule tangente, il suffit de restreindre l'image de la fonction en utilisant l'option PlotRange:

```
Plot[Evaluate[Append[
    Table[tangente[2][x][a], {a, 3., 8., 0.3}], f[2][x]]],
  {x, 1, 10}, PlotRange → {1, 3}];
```

Pour avoir plusieurs courbes de la famille (n variant de 2 à 3 par pas de 0.5) et leurs tangentes en un point donné (a=6)

```
Plot[Evaluate[Join[
    Table[{f[n][x], tangente[n][x][6]}, {n, 2, 3, 0.1}]]],
  {x, 0, 10}];
```

Infinity::indet: Indeterminate expression 0. (Infinity)
    encountered.

Plot::plnr: CompiledFunction[{x},   x   <<1>>,
-CompiledCode-][x]
    is not a machine-size real number at x = 0..

Infinity::indet: Indeterminate expression 0. (Infinity)
    encountered.

Plot::plnr: CompiledFunction[{x},   x   <<1>>,
-CompiledCode-][x]
    is not a machine-size real number at x = 0..

Infinity::indet: Indeterminate expression 0. (Infinity)
    encountered.

General::stop:
    Further output of Infinity::indet
        will be suppressed during this calculation.

Plot::plnr: CompiledFunction[{x},   x   <<1>>,
-CompiledCode-][x]
    is not a machine-size real number at x = 0..

General::stop:
    Further output of Plot::plnr
        will be suppressed during this calculation.

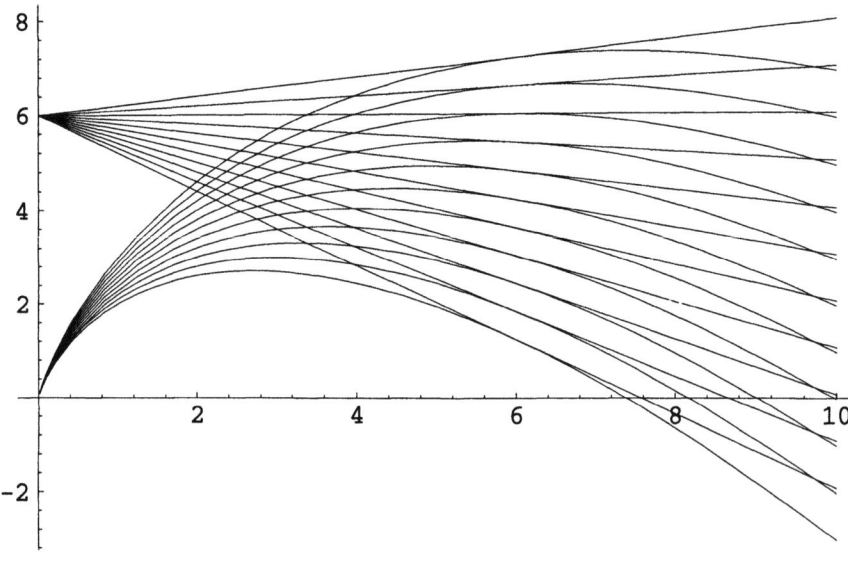

3. Des anomalies aux problèmes

On remarque que *Mathematica* rouspète. Au voisinage de 0, il y a effectivement un problème, qu'il signale, mais qui ne l'empêche pas de travailler.

Et si maintenant on veut tracer la droite reliant les points de tangence et le cercle de diamètre les deux points limites, comment faire ?

Nous sommes actuellement au niveau intermédiare du schéma explicatif du début de ce notebook. La fonctionnelle Show offre une solution au problème posé:

```
Show[%,
    Graphics[{Line[{{6, 0}, {6, 8}}], Circle[{0, 3}, 3]}],
    AspectRatio -> Automatic];
```

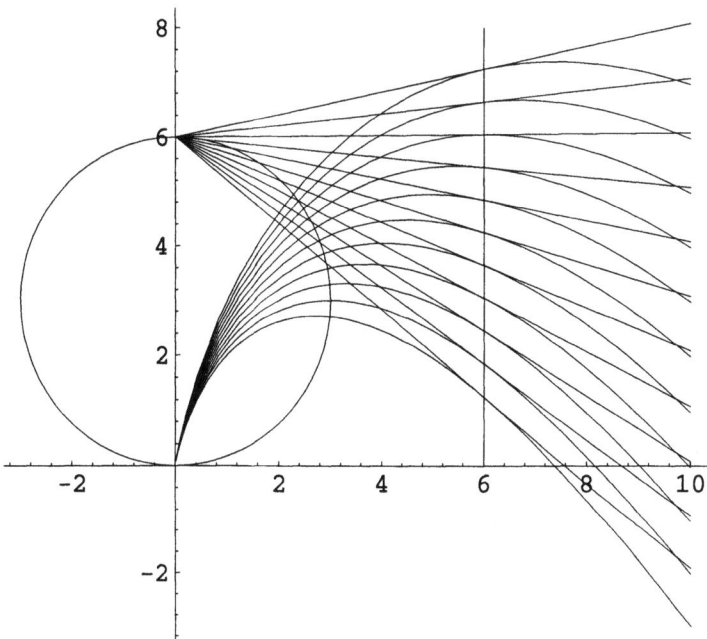

■ 3.3 Fonctions discontinues

Pour les scolaires et les mathématiciens, les fonctions discontinues sont représentées par des morceaux de courbes qui "ne se rattachent pas" ce qui est logique, somme toute. En pratique, par contre, les discontinuités ainsi représentées sont plus difficiles à lire ou à interpréter que les portions de courbes reliées par des verticales aux points de discontinuité. Hors du monde scolaire, un certain nombre de phénomènes sont appréhendés grâce à de nombreuses représentations graphiques et alors, il importe que les graphiques soient aussi significatifs que possible et permettent une lecture immédiate. C'est pourquoi les traceurs de courbes qui ne sont pas destinés uniquement aux scolaires, représentent bien souvent les courbes discontinues en y adjoignant les portions verticales qui mettent en évidence les discontinuités mais qui, en toute rigueur, ne font pas partie de la représentation de la courbe.

✡ Exemple 13

A partir des fonctions f1, f2, f3 de l'exemple 9 précédent, on peut construire une fonction f qui coïncide avec elles sur les intervalles définis ci-dessous:

$$f1[x\_] := Cos[1.23758\, x^2] \;/;\; x > 1.215743 \;\&\&\; x < 2.652437$$

$$f2[x\_] := x^2 + 3 \;/;\; x < 1.215743$$

$$f3[x\_] := 3.1254728\, x^2 - 4.58721 \;/;\; x > 2.652437$$

la représentation de f est alors donnée par:

```
Plot[{f1[x], f2[x], f3[x]},
    {x, 0, 3π/2}, PlotRange → {-5, 30},
    Ticks → {{1.215743, 2.652437}, Automatic}];
```

Plot::plnr: CompiledFunction[{x}, f1[x],
-CompiledCode-][x]is not a machine-size real number at
x = 0..

Plot::plnr: CompiledFunction[{x}, f1[x],
-CompiledCode-][x] is not a machine-size real number at
x = 0.19635.

Plot::plnr: CompiledFunction[{x}, f1[x],
-CompiledCode-][x] is not a machine-size real number at
x = 0.392699.

General::stop: Further output of Plot::plnr will be suppressed during this calculation.

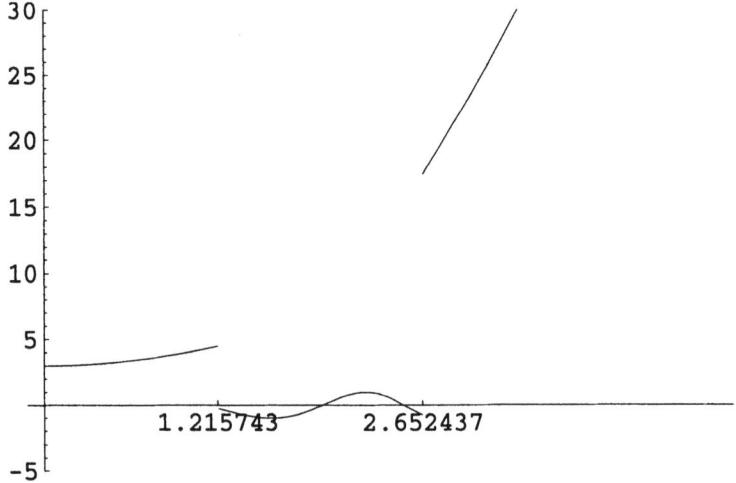

Les messages d'erreur sont dus au fait que l'on a demandé la représentation graphique des 3 fonctions f1, f2 et f3 qui ne sont pas définies partout.

3. Des anomalies aux problèmes 201

Pour y voir plus clair et mieux mettre en évidence la discontinuité, on peut écrire:

```
f[x_] := Cos[1.23758 x²] /; x > 1.215743 && x < 2.652437

f[x_] := x² + 3 /; x < 1.215743

f[x_] := 3.1254728 x² - 4.58721 /; x > 2.652437

Plot[f[x], {x, 0, 3π/2}, PlotRange → {-5, 30},
  Ticks → {{1.215743, 2.652437}, Automatic}];
```

Si au contraire, on dispose d'une fonction f définie par intervalles et que l'on souhaite vraiment ne pas avoir les verticales dans le tracé, alors on peut définir des fonctions fi qui coïncident avec f sur chacun des intervalles où f est définie. Il suffit alors de demander la représentation graphique des fi pour se débarasser des verticales.

■ 3.4 Tracés à l'aveuglette, erreurs

Sous le titre *la calculatrice comme "source" de problèmes*, Jacques Verdier dans [27] donne un exemple intéressant. À partir de la question: quelle est la forme de la représentation graphique de la fonction définie par:

$$f(x) = \sqrt{-x^2 + 56x - 783.75}$$

et de tentatives infructueuses, on est amené à faire préciser aux élèves deux points importants: domaine de définition et signe du trinôme, mais il se plaint d'avoir au bout du compte une très mauvaise représentation de cette fonction avec une courbe qui *"flotte au dessus de l'axe sans la rejoindre"*. Voici comment cette démarche peut être effectuée en *Mathematica*, sans déception devant le résultat final, c'est-à-dire sans *flottement*. C'est un exemple très simple qu'il convient d'appliquer, une fois bien compris, à des fonctions plus sophistiquées.

- définition de la fonction

ϕ Exemple 14

```
f[x_] := √(-x² + 56 x - 783.75)
```

- demande de représentation graphique sur un intervalle quelconque

```
Plot[f[x], {x, -10, 10}];

Plot::plnr:
   CompiledFunction[{x}, <<1>>, -Co<<8>>de-][x]
   is not a machine-size real number at x = -10..

Plot::plnr:
   CompiledFunction[{x}, <<1>>, -Co<<8>>de-][x]
   is not a machine-size real number at x = -9.16667.

Plot::plnr:
   CompiledFunction[{x}, <<1>>, -Co<<8>>de-][x]
   is not a machine-size real number at x = -8.33333.

General::stop:
   Further output of Plot::plnr
      will be suppressed during this calculation.
```

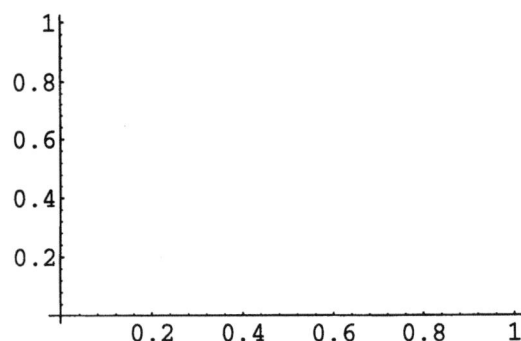

- analyse du message d'erreur et recherche des valeurs pour lesquelles le trinôme est positif de proche en proche:

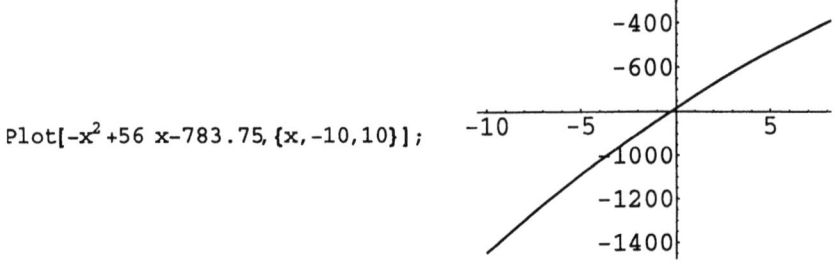

```
Plot[-x² +56 x-783.75, {x,-10,10}];
```

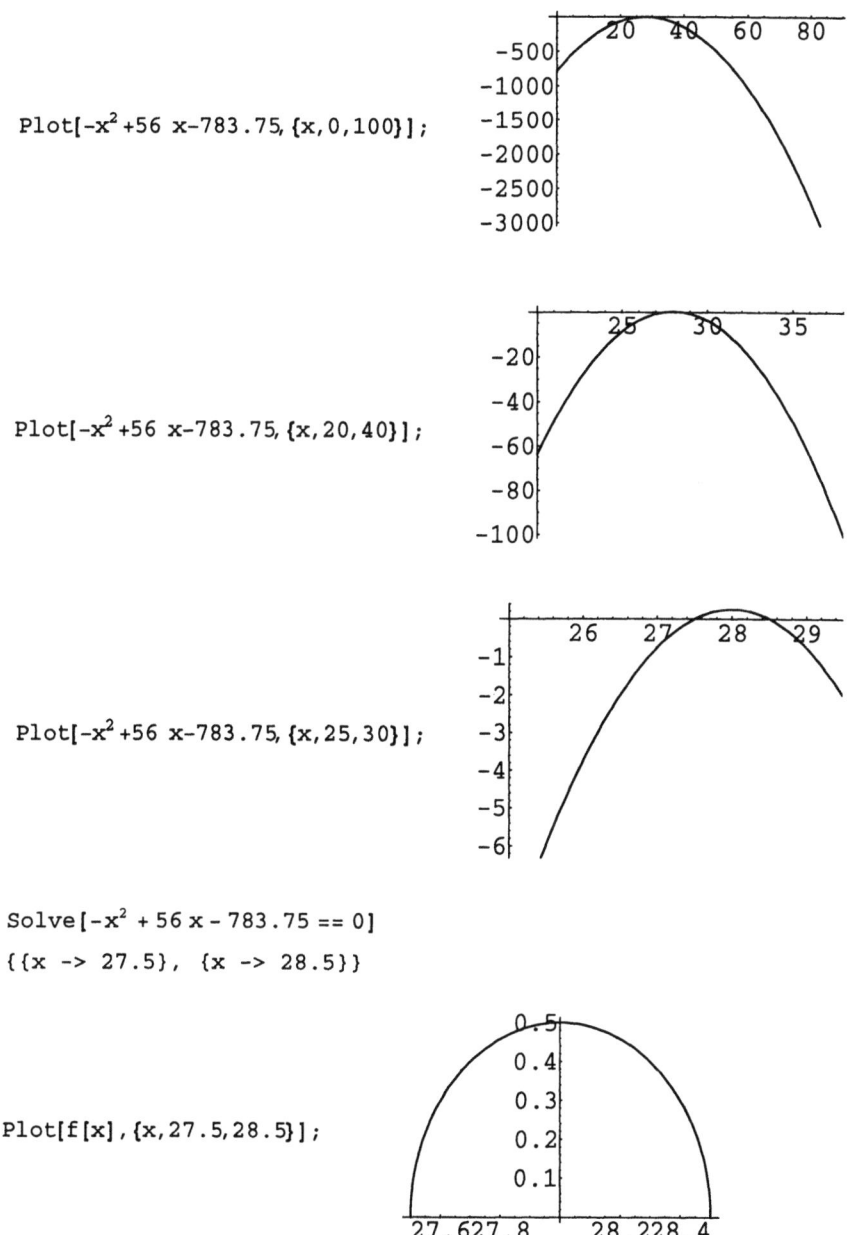

■ 3.5 Zoom: le beurre et l'argent du beurre

Comment avoir en même temps, sur un même graphique, petites et grandes valeurs? Qui d'entre nous n'a pas été tenté pour voir les croissances comparées des fonctions puissances et de l'exponentielle, de se livrer à quelques représentations graphiques? Voici déjà les premières fonctions puissances:

Etude des fonctions puissances x^n, suivant les valeurs de n

ϕ Exemple 15

```
f[n_][x_] := x^n

courbes = Table[Plot[f[n][x], {x, -1, 3},
    PlotLabel -> SequenceForm["n = ", n], {n, 1, 10}];

tableau = Partition[courbes, 2];

Show[GraphicsArray[tableau], GraphicsSpacing -> {0, 0.1}];
```

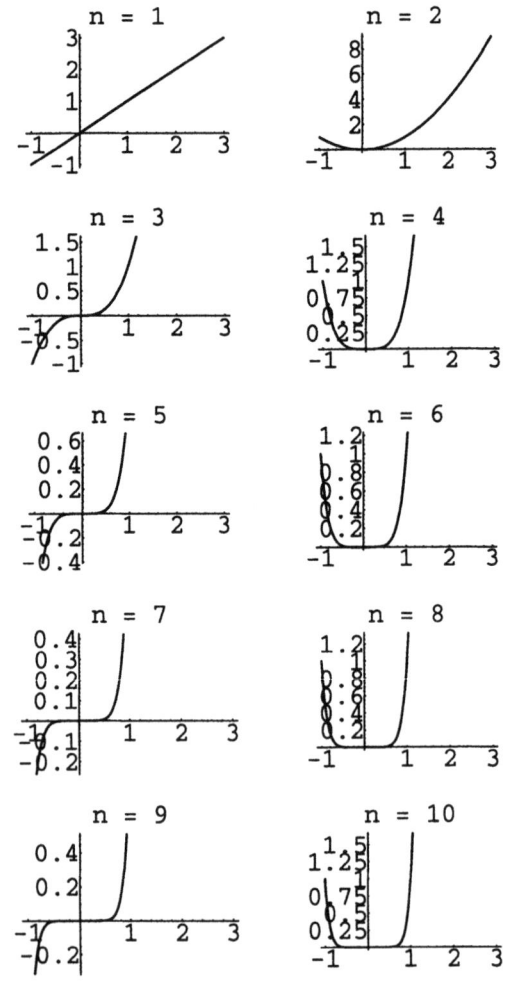

3. Des anomalies aux problèmes 205

Croissance comparée des fonctions puissances et de l'exponentielle sur un petit intervalle au voisinage de l'origine

ϙ Exemple 16

```
courbes = Table[Plot[{Exp[x], f[n][x]}, {x, -1, 3},
    PlotStyle → {Dashing[{0.02}], Dashing[{0.01}]},
    PlotLabel -> SequenceForm["n = ", n], Frame → True],
  {n, 1, 6}];

tableau = Partition[courbes, 2];

Show[GraphicsArray[tableau], GraphicsSpacing → {0, 0.1}];
```

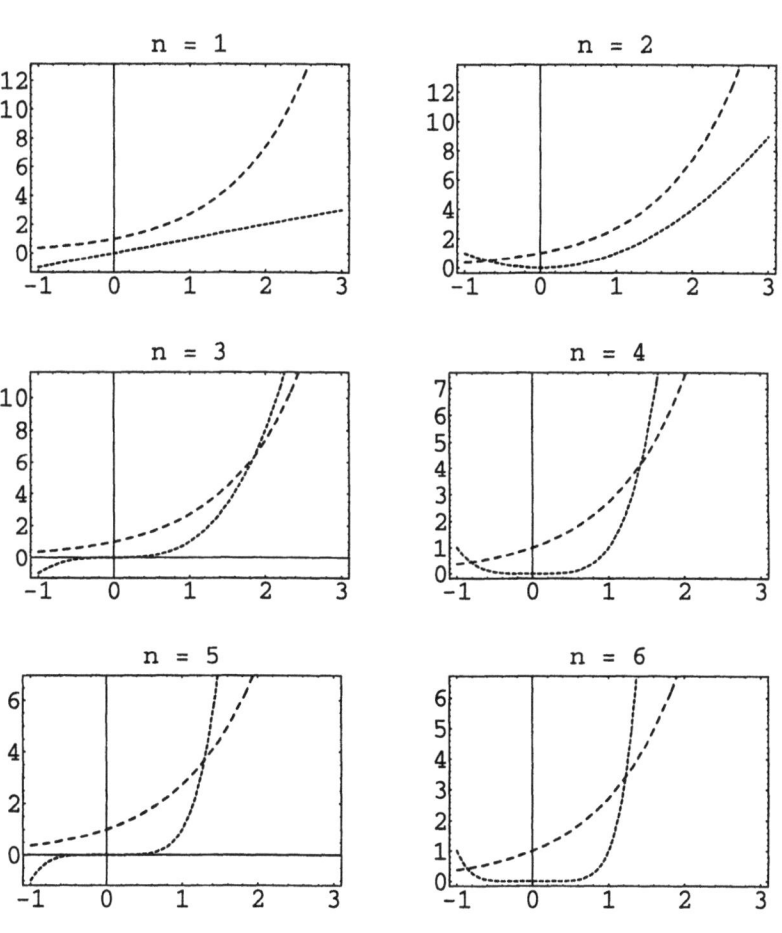

Les deux courbes se coupent (pour n ≥ 3) en 2 points d'abscisse positive. Comment les représenter sur un même dessin?

Une première approche:

ϙ Exemple 17

```
Table[Plot[{Exp[x], f[n][x]}, {x, 1, 2 n},
    PlotStyle → {Dashing[{0.001}], Dashing[{0.01}]},
    PlotLabel →  n = n, PlotRange → {0, 150}],
 {n, 3, 4}];
```

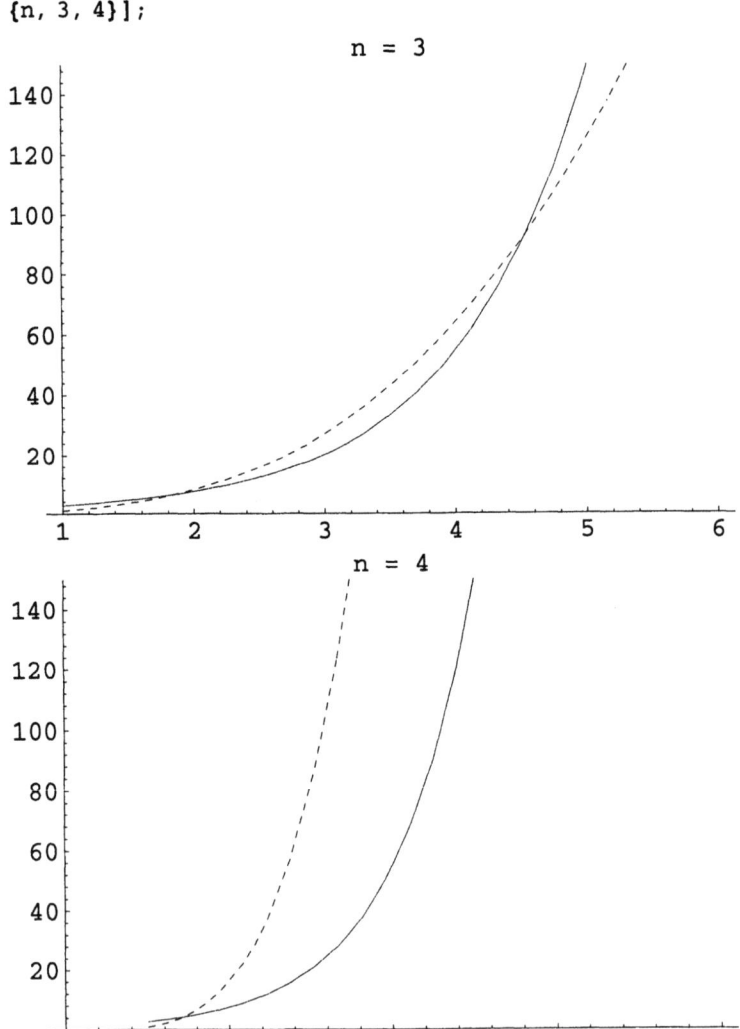

◊ Exemple 18

Par approches successives, on peut cerner un intervalle significatif pour le cas où n=4, par copier-coller de la demande précédente et adaptée:

n=4

```
Table[Plot[{Exp[x], f[n][x]}, {x, 1, 10},
    PlotStyle → {Dashing[{0.001}], Dashing[{0.01}]},
    PlotLabel →  n = n, PlotRange → {0, 6000}],
  {n, 4, 4}];
```

On remarquera que la présence de Table est tout à fait inutile, mais ne gêne pas le résultat. on procède de même pour n=5, 6 et 7

```
Table[Plot[{Exp[x], f[n][x]}, {x, 1, 14},
    PlotStyle → {Dashing[{0.001}], Dashing[{0.01}]},
    PlotLabel →  n = n, PlotRange → {0, 400000}],
  {n, 5, 5}];
```

$n = 6$:

```
Table[Plot[{Exp[x], f[n][x]}, {x, 1, 18},
    PlotStyle → {Dashing[{0.001}], Dashing[{0.01}]},
    PlotLabel → n = n, PlotRange → {0, 30000000}],
    {n, 6, 6}];
```

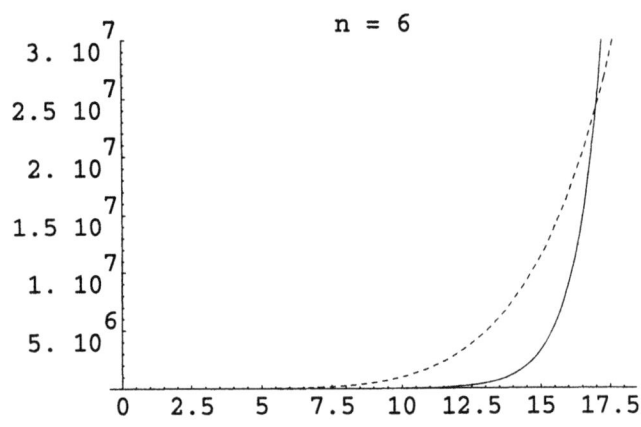

et $n = 7$:

```
Table[Plot[{Exp[x], f[n][x]}, {x, 1, 23},
    PlotStyle → {Dashing[{0.001}], Dashing[{0.004}]},
    PlotLabel → n = n, PlotRange → {0, 2400000000}],
    {n, 7, 7}];
```

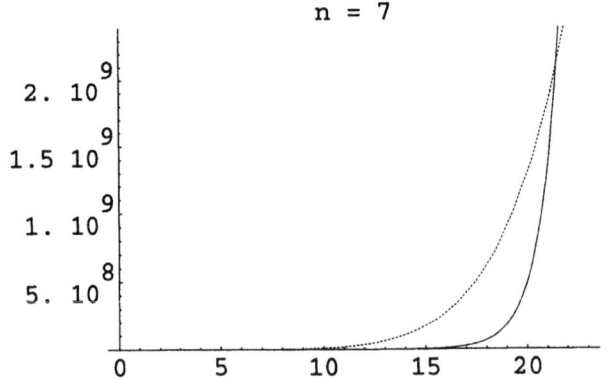

mais il est bien clair qu'il n'est pas possible d'avoir sur un même dessin une bonne précision de lecture pour les intersections des deux courbes en même temps.

Comment préciser l'intersection à distance finie de ces deux courbes?

```
Table[Plot[{Exp[x], f[4i+j][x]}, {x, 1, 2},
    PlotStyle → {Dashing[{0.001}], Dashing[{0.004}]},
    PlotLabel → n = 4i+j, PlotRange → {2, 4},
    DisplayFunction → Identity], {i, 1, 4},
   {j, 0, 3}];

Show[
  GraphicsArray[%, DisplayFunction → $DisplayFunction]]
```

La première demande avec l'option `DisplayFunction -> Identity` construit le tableau. La deuxième permet de le visualiser. Cette fois l'option est `DisplayFunction -> $DisplayFunction`. La valeur par défaut est en effet la valeur de la variable globale `$DisplayFunction`. La représentation graphique obtenue est disposée en forme paysage sur la page suivante.

4. Fonctions implicites et courbes paramétriques

Un objet mathématique peut être appréhendé de différentes manières. Il y correspond généralement des primitives spécifiques qui permettent de le représenter directement par l'application de la primitive appropriée. Prenons par exemple le cas du *cercle* (de rayon 1 pour tout simplifier), nous avons vu que la primitive `Circle` permet de le représenter directement dans le chapitre-notebook `fonctions-II`.

Mais on peut aussi procéder de différentes autres manières. Son équation est: $x^2 + y^2 = 1$. À partir de là, nous donnerons dans cette section quelques autres manières de faire.

■ 4.1 En explicitant la fonction sous-jacente

Dans le prolongement de l'Exemple 14...

On explicite les fonctions sous-jacentes que l'on représente ensemble sur un même graphique.

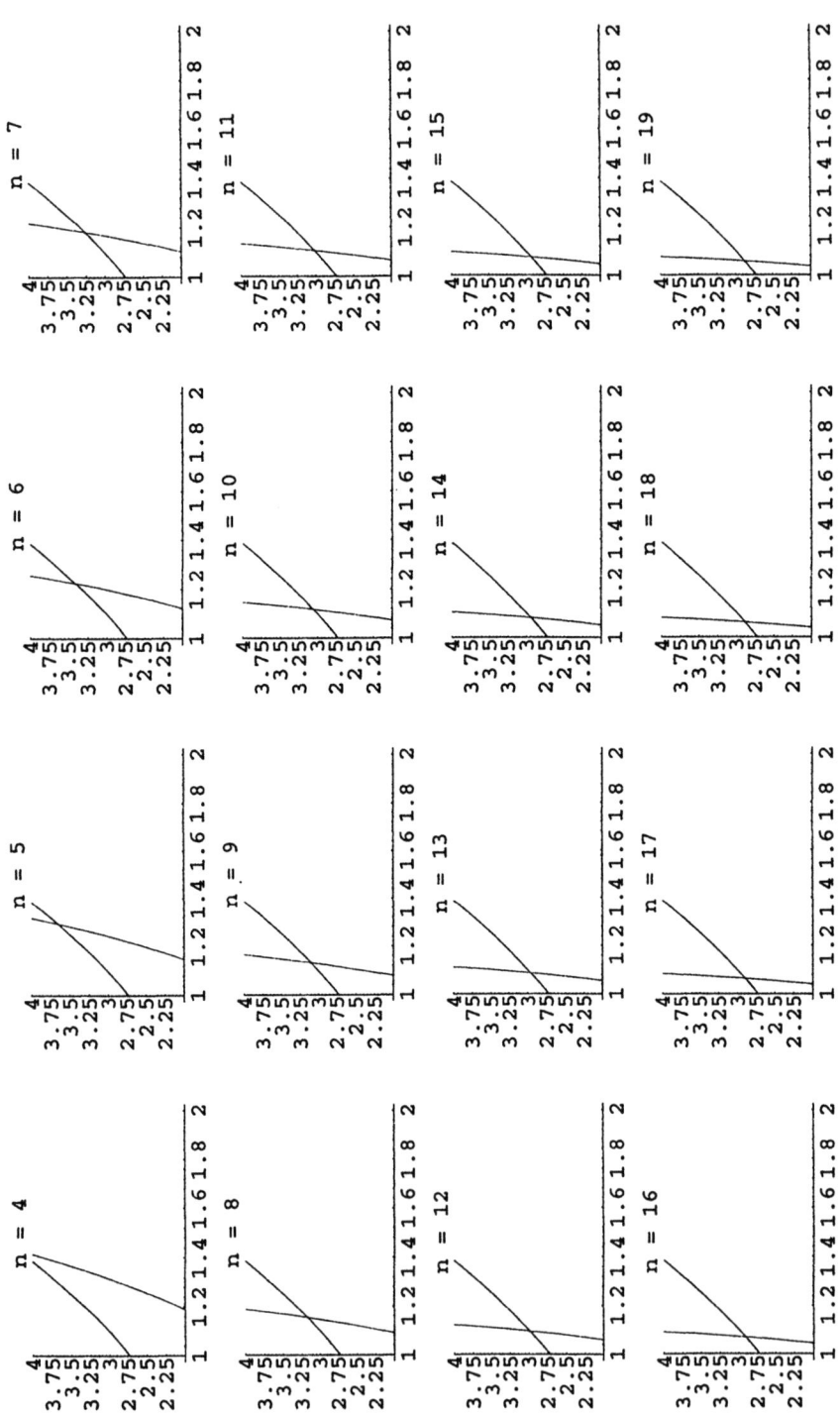

4. Fonctions implicites et courbes paramétriques

ϙ Exemple 19

```
Solve[x² + y² == 1, y]
```
$\{\{y \to -\sqrt{1-x^2}\}, \{y \to \sqrt{1-x^2}\}\}$

```
Lot[{√(1-x²), -√(1-x²)},{x,-1,1}
AspectRatio→Automatic];
```

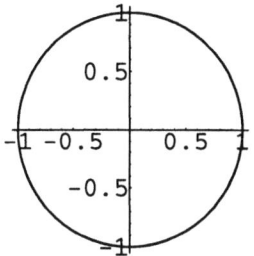

■ 4.2 Par une représentation paramétrique

ϙ Exemple 20

```
ParametricPlot[
    {Cos[t],Sin[t]},
    {t,0,2 π},
    AspectRatio→Automatic];
```

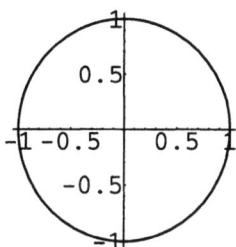

■ 4.3 En utilisant l'équation implicite

Cette façon de faire nécessite le chargement du package approprié:

```
Needs["Graphics`ImplicitPlot`"]
```

ϙ Exemple 21

```
ImplicitPlot[x²+y²==1,
    {x,-1,1}];
```

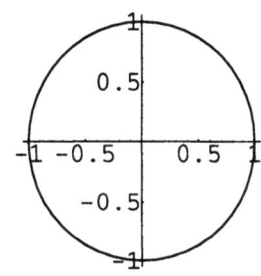

■ 4.4 En utilisant une primitive

◊ **Exemple 22**

```
Show[Graphics[Circle[{0,0},1]],
    AspectRatio→Automatic,
    Axes→True];
```

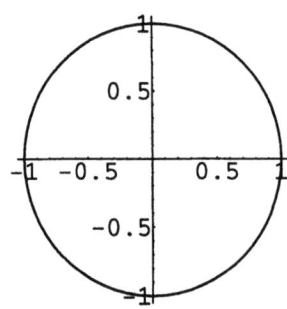

5. Figures géométriques

■ Introduction

Aux objets géométriques de base (cercle, droite, point, polygone, rectangle, etc.), correspondent des primitives *Mathematica*. L'utilisation de ces primitives, ainsi que les transformations géométriques usuelles est particulièrement bien développé dans [6] auquel le lecteur est renvoyé pour plus de détails. Les objets géométriques sont représentés de façon cohérente. Par exemple, un cercle est défini par un point du plan (donc un couple) et un rayon (donc un nombre). Ainsi, dans l'exemple précédent, `Circle [{0, 0}, 1]` désigne le cercle de centre l'origine et de rayon 1. Il s'agit d'un objet mathématique qui n'est pas confondu avec sa représentation géométrique (de même que les fonctions ne sont pas confondues avec leur représenation géométrique).

La primitive `Graphics` transforme l'objet géométrique abstrait en une primitive graphique et la primitive `Show` permet de le représenter graphiquement. De la même façon, les primitives `Point` et `Line` transforment respectivement un couple (x, y) et une suite de couples, en des objets graphiques qui pourront être combinés et visualisés grâce à la primitive `Show`

5. Figures géométriques

■ Souris et coordonnées de points

Pour tous les graphiques, il est possible d'introduire ou de relever des points à la souris.

۞ Exemple 23

Résoudre le système linéaire suivant et vérifier graphiquement la solution:

$$\frac{2x}{33} + \frac{3y}{13} - \frac{10}{11} = -1$$
$$\frac{5x}{17} - 7y - \frac{15}{2} = 7$$

$$\text{Solve}\left[\left\{\frac{2x}{33} + \frac{3y}{13} - \frac{7}{11} == -1, \frac{5x}{17} - 7y - \frac{15}{2} == 7\right\}, \{x, y\}\right]$$

$$\{\{x \to \frac{11679}{7178}, y \to -(\frac{7189}{3589})\}\}$$

N[%]

{{x -> 1.62705, y -> -2.00306}}

Needs["Graphics`ImplicitPlot`"]

$$\text{ImplicitPlot}\left[\left\{\frac{2x}{33} + \frac{3y}{13} - \frac{7}{11} == -1, \frac{5x}{17} - 7y - \frac{15}{2} == 7\right\},\right.$$
$$\left.\{x, -2, 5\}\right];$$

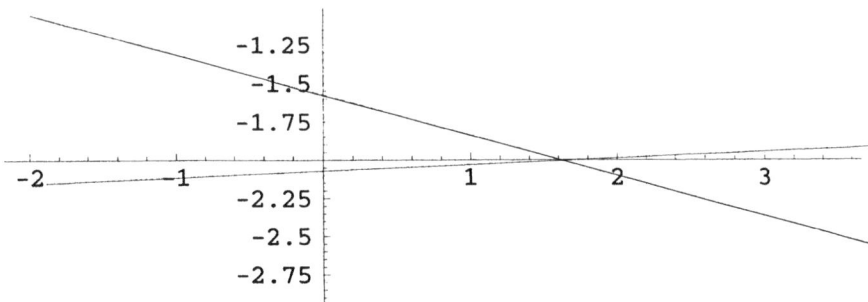

Notation:

```
dessin[1] = %
-Graphics-
```

Pour relever les coordonnées d'un point à la souris,

•• *Sur les Macs*

• cliquer n'importe où sur le dessin et relâcher. Une boîte apparaît encadrant le dessin;

• appuyer sur la pomme: ☻. Le curseur se transforme en croix simple. Cliquer sur l'endroit désiré;

• Se placer à l'endroit où on veut que les renseignements soient inscrits.

Faire copier: ☻ C, puis coller ☻ V

ici par exemple, on obtient:

{1.66996, -1.99801}

•• *Sur les PC*

• cliquer n'importe où sur le dessin et relâcher. Une boîte apparaît encadrant le dessin;

• appuyer sur la touche: CTRL. Le curseur se transforme en croix simple. Cliquer sur l'endroit désiré;

• Se placer à l'endroit où on veut que les renseignements soient inscrits.

Faire copier: CTRL C, puis coller CTRL V

On considère maintenant un cercle de centre un point quelconque du plan et supposons que l'on cherche à déterminer les régions du plan où il faut situer le centre du cercle pour obtenir 4 points d'intersection avec les deux droites précédentes. Pour représenter sur un même dessin une situation favorable et une situation défavorable, il suffit de cliquer à la souris sur deux points correspondants chacun à une de ces situations et de copier les coordonnées ainsi obtenues :

Autres notations

```
dessin[2] = Circle[{0.25393, -1.8398}, 1];

dessin[3] = Circle[{-1.95574, -2.86667}, 1];

Show[dessin[1], Graphics[{dessin[2], dessin[3]}]];
```

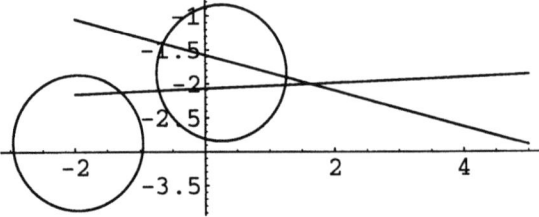

6. Données statistiques

La primitive `ListPlot` permet de représenter graphiquement et très simplement des données, par exemple en vue de statistiques.

✧ Exemple 24

```
ListPlot[Table[1/i - 1/i², {i, 1, 50}]];
```

L'option `PlotJoined` permet de joindre ou non les points représentatifs :

```
ListPlot[Table[1/i - 1/i², {i, 1, 50}], PlotJoined → True];
```

On peut agrémenter les représentations précédentes par des légendes fléchées

۞ **Exemple 25**

```
Needs["Graphics`Arrow`"]

?Arrow
Arrow[start, finish, (opts)] is a graphics primitive
representing an arrow starting at start and ending at
finish.
```

Traduction adaptée

```
Arrow[start, finish, (opts)] est une primitive
graphique représentant une flèche commencant à start et
finissant à finish.
```

```
Show[%%, Graphics[Arrow[{40, 0.1}, {10, 0.22}]]];
```

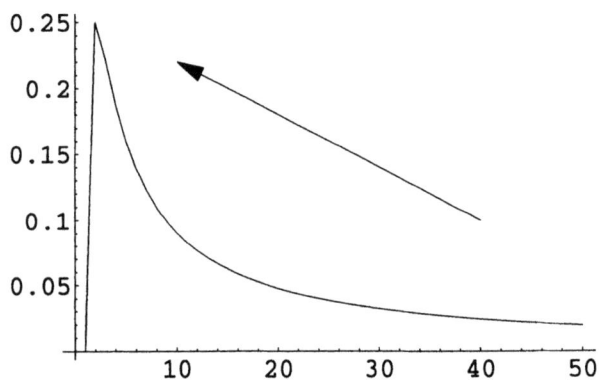

Et si on veut ajouter du texte (ou n'importe quoi d'autre), c'est possible. Par exemple:

```
Show[%, Graphics[Text["pic!", {45, 0.1}]]];
```

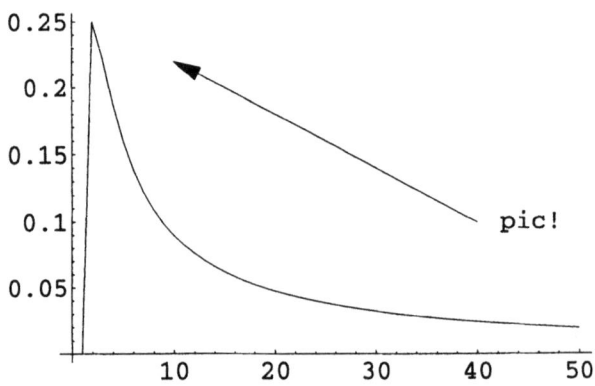

Calculs usuels

1. Calculs exacts dans ℕ, ℤ et ℚ

■ Introduction

En *Mathematica*, les calculs usuels s'effectuent sans avoir à se préoccuper de la manière dont le système gère sa place mémoire. Les résultats sont exacts ou approchés suivant la demande de l'utilisateur.

ϙ Exemple 1

    50!

    30414093201713378043612608166064768844377641568960512000000000000

    2.3^{50}

    1.22009×10^{18}

    3^{50}

    717897987691852588770249

    $\left(\dfrac{2}{3}\right)^{50}$

    $\dfrac{1125899906842624}{717897987691852588770249}$

Tous les chiffres sont donnés par défaut. Ainsi:

500!

1220136825991110068701238785423046926253574342803192842192413588385845
3731538819976054964475022032818630136164771482035841633787220781772002
4807852051593292854779075719393306037729608590862704291745478824249127
7263443056701732707694610628023104526442188787894657547771498634943677
7810376442740338273653974713864778784954384895953753799042324106127177
3269843277457155463099772027810145610811883737095310163563244329870297
5638966289116589747695720879269288712817800702651745077684107196243907
3943225364226052349458501299185715012487069615681416253590566934238137
0088562492468915641267756544818865065938479517753608940057452389403357
7984763639449053130623237490664450488246650759467358620746379251842007
4593696929810222639719525971909452178233317569345815085523328207628207
0234026269078983424517120062077146409794561161276291459512372299133407
1695523638509428855920187274337951730145863575708283557801587354327687
8886801203998823847021514676054454076635359841744304801289383138968817
6394874696588175045069263653381750554781286400000000000000000000000007
0000000000000000000000000000000000000000000000000000000000000000000007
000000000000000000000000000000

$$\frac{49!}{50!}$$

$$\frac{1}{50}$$

$$\frac{500!}{490!}$$

8919974646443024189625600000

Ce résultat est bien correct. Pour le retrouver, il suffit de multiplier 491 par 492 etc. jusqu'à 500:

$$\prod_{i=491}^{500} i$$

8919974646443024189625600000

Cette calligraphie est spécifique à la version 3 et s'obtient en utilisant le menu file, palette, Basic Input. En version 2, on écrira:

Product[i, {i, 491, 500}]

forme supportée aussi par la version 3. On passe de la première à la seconde en utilisant le menu Cell, convert To et InputForm.

Les opérations non associatives doivent être précisées:

۞ Exemple 2

$$3^{3^3}$$

7625597484987

1. Calculs exacts dans N, Z et Q

$$(3^3)^3$$
19683

Ainsi qu'il a déjà été vu dans le chapitre-notebook `variables`, il y a lieu de bien distinguer les calculs exacts des calculs approchés.

$$\left(\frac{1254}{2598}\right)^3$$
$$\frac{9129329}{81182737}$$

alors que:

$$\left(\frac{125.4}{2598}\right)^3$$
0.000112454

■ 1.1 Pratiques dangereuses

J.Verdier dans [27] suggère le test suivant dans la rubrique intitulée "les limites de la calculatrice" qui peut se résumer ainsi:partir de 1/3, multiplier par 1000, retrancher 333 et recommencer un certain nombre de fois avec le résultat obtenu. Il indique les réponses données par une TI82 et ajoute: "De là à conjecturer que la suite ainsi définie tend vers moins l'infini, il n'y a qu'un pas vite franchi." Tout un chacun pourra faire ce test sur sa calculatrice préférée. Voici ce qu'il en est de *Mathematica*:

❦ Exemple 3

$$\frac{1000}{3} - 333$$
$$\frac{1}{3}$$

Il est donc clair que l'opération itérée autant de fois que l'on veut, donne le résultat correct.

Maintenant, si au lieu de travailler avec les valeurs exactes, on travaille avec des valeurs approchées comme le font les calculatrices, voici ce que l'on obtient:

$$N\left[\frac{1000}{3} - 333\right]$$
0.333333

Il est alors permis d'avoir un doute. Mais ce doute s'estompe si on demande à *Mathematica* le rationnel représenté ainsi:

```
Rationalize[%]
```

$$\frac{1}{3}$$

ce qui est bien sûr différent de:

```
Rationalize[0.333333]

0.333333
```

Un phénomène analogue à celui observé sur les calculatrices peut-être constaté si on accumule les erreurs d'arrondi. La fonctionnelle `NestList` permet de mettre facilement ce phénomène en évidence. En effet, elle prend comme argument une fonction f, une valeur de départ x, et un nombre d'itérations. Elle retourne les résultats de cette opération itérée le nombre de fois demandé: x, f(x), f(f(x)), f(f(f(x))), etc. Les lambda fonctions correspondant à:

"multiplier par 1000, retrancher 333 du résultat obtenu"

"multiplier par 1000, retrancher 333 du résultat obtenu et en prendre une valeur approchée"

sont respectivement :

```
(1000 #  - 333)&

N [1000 #  - 333]&.
```

D'où:

```
NestList[N[1000 #1 - 333]&, 1/3, 30]
```

$\{\frac{1}{3}$, 0.333333, 0.333333, 0.333333, 0.333333, 0.333314, 0.314386, -18.6145, -18947.5, -1.89478×10^7, -1.89478×10^{10}, -1.89478×10^{13}, -1.89478×10^{16}, -1.89478×10^{19}, -1.89478×10^{22}, -1.89478×10^{25}, -1.89478×10^{28}, -1.89478×10^{31}, -1.89478×10^{34}, -1.89478×10^{37}, -1.89478×10^{40}, -1.89478×10^{43}, -1.89478×10^{46}, -1.89478×10^{49}, -1.89478×10^{52}, -1.89478×10^{55}, -1.89478×10^{58}, -1.89478×10^{61}, -1.89478×10^{64}, -1.89478×10^{67}, $-1.89478 \times 10^{70}\}$

alors que:

```
NestList[1000 #1 - 333&, 1/3, 30]
```

$\{\frac{1}{3}, \frac{1}{3}\}$

Si on travaille avec une précision supérieure à la précision machine, mais si on accumule les erreurs d'arrondis, le même phénomène se fait toujours sentir, mais il est plus lent à déceler:

1. Calculs exacts dans N, Z et Q

En prenant 25 chiffres significatifs:

NestList$\left[\text{N}[1000\ \#1 - 333,\ 25]\&,\ \frac{1}{3},\ 30\right]$

$\{\frac{1}{3}$, 0.3333333333333333333333333, 0.333333333333333333333333,
0.33333333333333333333333, 0.3333333333333333333333, 0.333333333333333333333, 0.33333333333,
0.333333, 0.333, 0. ×10^{-1}, 0. ×10^2, 0. ×10^3, 0. ×10^3, -0. ×10^2,
-0. ×10^5, -0. ×10^8, -0. ×10^{11}, -0. ×10^{14}, -0. ×10^{17}, -0. ×10^{20},
-0. ×10^{23}, -0. ×10^{26}, -0. ×10^{29}, -0. ×10^{32}, -0. ×10^{35}, -0. ×10^{38},
-0. ×10^{41}, -0. ×10^{44}, -0. ×10^{47}, -0. ×10^{50}, -0. ×10$^{53}\}$

ListPlot[%,
PlotJoined→True];

et avec 100 chiffres, le problème pourrait sembler résolu:

NestList$\left[\text{N}[1000\ \#1 - 333,\ 100]\&,\ \frac{1}{3},\ 30\right]$

$\{\frac{1}{3}$,
0.3333333333333333333333333333333333333333333333333333333333333333333333333333333333333333333333333333,
0.333333333333333333333333333333333333333333333333333333333333333333333333333333333333333333333333,
0.3333333333333333333333333333333333333333333333333333333333333333333333333333333333333333333,
0.333333333333333333333333333333333333333333333333333333333333333333333333333333333333333,
0.3333333333333333333333333333333333333333333333333333333333333333333333333333333333,
0.333333333333333333333333333333333333333333333333333333333333333333333333333333,
0.3333333333333333333333333333333333333333333333333333333333333333333333333333,
0.33333333333333333333333333333333333333333333333333333333333333333333333,
0.333333333333333333333333333333333333333333333333333333333333333333333,
0.3333333333333333333333333333333333333333333333333333333333333333333,
0.33333333333333333333333333333333333333333333333333333333333333333,
0.333333333333333333333333333333333333333333333333333333333333333,
0.3333333333333333333333333333333333333333333333333333333333333,
0.33333333333333333333333333333333333333333333333333333333333,
0.333333333333333333333333333333333333333333333333333333333,
0.3333333333333333333333333333333333333333333333333333333,
0.33333333333333333333333333333333333333333333333333333,
0.333333333333333333333333333333333333333333333333333,
0.3333333333333333333333333333333333333333333333333, 0.33333333333333333333333333333333333333333333333,
0.333333333333333333333333333333333333333333333, 0.3333333333333333333333333333333333333333333,
0.33333333333333333333333333333333333333333, 0.333333333333333333333333333333333333333, 0.3333333333333333333333333333333333333,
0.33333333333333333333333333333333333, 0.333333333333333333333333333333333, 0.3333333333333333333333333333333$\}$

On remarquera toutefois que le nombre de décimales retournées diminue. *Mathematica* ne retourne que le nombre de décimales dont il est sûr.

ListPlot[%, PlotJoined → True];

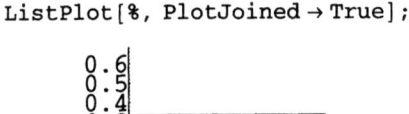

mais, il suffit d'itérer un peu plus loin le processus pour s'apercevoir qu'à partir d'un certain rang le même phénomène se reproduit:

NestList$\left[\text{N}[1000\,\#1 - 333, 100]\&, \frac{1}{3}, 50\right]$

{$\frac{1}{3}$,
0.3333333333333333333333333333333333333333333333333333333333333333333333 3333333333333333333333333333333 ,
0.3333333333333333333333333333333333333333333333333333333333333333333333 33333333333333333333333333333 ,
0.3333333333333333333333333333333333333333333333333333333333333333333333 333333333333333333333333333 ,
0.3333333333333333333333333333333333333333333333333333333333333333333333 3333333333333333333333333 ,
0.3333333333333333333333333333333333333333333333333333333333333333333333 33333333333333333333333 ,
0.3333333333333333333333333333333333333333333333333333333333333333333333 333333333333333333333 ,
0.3333333333333333333333333333333333333333333333333333333333333333333333 3333333333333333333 ,
0.3333333333333333333333333333333333333333333333333333333333333333333333 33333333333333333 ,
0.3333333333333333333333333333333333333333333333333333333333333333333333 333333333333333 ,
0.3333333333333333333333333333333333333333333333333333333333333333333333 3333333333333 ,
0.3333333333333333333333333333333333333333333333333333333333333333333333 33333333333 ,
0.3333333333333333333333333333333333333333333333333333333333333333333333 333333333 ,
0.3333333333333333333333333333333333333333333333333333333333333333333333 3333333 ,
0.3333333333333333333333333333333333333333333333333333333333333333333333 33333 ,
0.3333333333333333333333333333333333333333333333333333333333333333333333 33 ,
0.3333333333333333333333333333333333333333333333333333333333333333333333 ,
0.33333333333333333333333333333333333333333333333333333333333333333333 ,
0.333333333333333333333333333333333333333333333333333333333333333333 ,
0.3333333333333333333333333333333333333333333333333333333333333333 ,
0.33333333333333333333333333333333333333333333333333333333333333 ,
0.333333333333333333333333333333333333333333333333333333333333 ,
0.3333333333333333333333333333333333333333333333333333333333 ,
0.33333333333333333333333333333333333333333333333333333333 ,
0.333333333333333333333333333333333333333333333333333333 ,
0.3333333333333333333333333333333333333333333333333333 ,
0.33333333333333333333333333333333333333333333333333 ,
0.333333333333333333333333333333333333333333333333 , 0.33333333333333333333333333333333333333333333 ,
0.3333333333333333333333333333333333333333 , 0.333333333333333333333333333333333333 ,
0.33333333333333333333333333333333 , 0.333333333333333333333333333333 , 0.33333333333333333333333333 ,
0.333333333333 , 0.333333333 , 0.333333 , 0.333, 0. × 10⁻¹, 0. × 10², 0. × 10³,
0. × 10³, -0. × 10⁴, -0. × 10³, -0. × 10⁶, -0. × 10⁹, -0. × 10¹², -0. × 10¹⁵,
-0. × 10¹⁸, -0. × 10²¹, -0. × 10²⁴, -0. × 10²⁷, -0. × 10³⁰, -0. × 10³³, -0. × 10³⁶}

1. Calculs exacts dans N, Z et Q

```
ListPlot[%, PlotJoined → True];
```

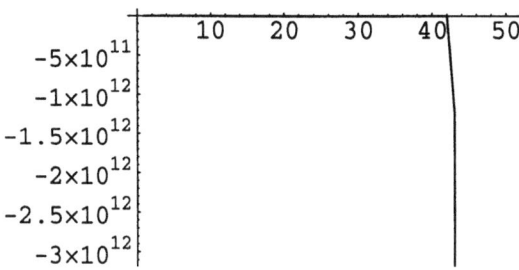

Aussi, et ainsi qu'il a déjà été remarqué dans le chapitre-notebook variables, il faut se garder de remplacer, par analogie avec d'autres langages de programmation où les conversions de type sont obligatoires, les entiers par les "réels" (ou flottants) correspondants. Voici par exemple l'effet produit par le remplacement de l'entier 333 par sa valeur approchée 333.

```
NestList[1000 #1 - 333.&, 1/3, 30]
```

$\{\frac{1}{3}, 0.333333, 0.333333, 0.333333, 0.333314, 0.314386,$
$-18.6145, -18947.5, -1.89478 \times 10^7, -1.89478 \times 10^{10}, -1.89478 \times 10^{13},$
$-1.89478 \times 10^{16}, -1.89478 \times 10^{19}, -1.89478 \times 10^{22}, -1.89478 \times 10^{25},$
$-1.89478 \times 10^{28}, -1.89478 \times 10^{31}, -1.89478 \times 10^{34}, -1.89478 \times 10^{37},$
$-1.89478 \times 10^{40}, -1.89478 \times 10^{43}, -1.89478 \times 10^{46}, -1.89478 \times 10^{49},$
$-1.89478 \times 10^{52}, -1.89478 \times 10^{55}, -1.89478 \times 10^{58}, -1.89478 \times 10^{61},$
$-1.89478 \times 10^{64}, -1.89478 \times 10^{67}, -1.89478 \times 10^{70}, -1.89478 \times 10^{73}\}$

```
ListPlot[%, PlotJoined → True];
```

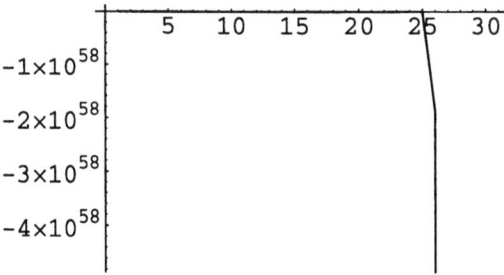

et l'erreur grandit encore plus vite!

■ 1.2 *Mathematica* est lent? Il est sans doute mal manipulé

D'un autre côté, se méfier des valeurs approchées et tout traiter en valeurs exactes peut être source de ralentissement des opérations effectuées. Supposons par exemple que l'on souhaite avoir une idée des 50 premiers termes de la somme des inverses des cubes des premiers entiers. On peut bien sûr faire le calcul exact, puis prendre une valeur approchée:

۞ Exemple 4

$$\sum_{i=1}^{50} \frac{1}{i^3}$$

3251958144170050385476280040137248195072824750447564876132422113 /
2705769231561873462410773718765386619862166782990923887104000000

N[%]

1.20186

mais utiliser NSum est plus approprié:

NSum$\left[\frac{1}{i^3}, \{i, 1, 50\}\right]$

1.20186

ceci ne se voit pas bien pour les petits valeurs de sommation:

n = 50

◐ Timing $\left[\sum_{i=1}^{50} \frac{1}{i^3}\right]$

◐ {0.0166667 Second,
3251958144170050385476280040137248195072824750447564876132422113 /
2705769231561873462410773718765386619862166782990923887104000000}

◐ Timing $\left[N\left[\sum_{i=1}^{50} \frac{1}{i^3}\right]\right]$

◐ {0.0166667 Second, 1.20186}

◐ Timing $\left[NSum\left[\frac{1}{i^3}, \{i, 1, 50\}\right]\right]$

1. Calculs exacts dans N, Z et Q

☼ {0.2 Second, 1.20186}

mais, lorsque le nombre de termes augmente. La différence se creuse. On veillera aussi bien à la taille des résultats qu'au temps requis pour les obtenir:

n = 300

☼ Timing$\left[\sum_{i=1}^{300} \frac{1}{i^3}\right]$

☼ {0.316667 Second,
17971453974693274253811418295701491961168702613343023019491620468216913401003553748319691550544893530837568651209924746473225195685073598559463989083739401068837476687230839716729642536319811587381034898351260346302982995596557493678576663860640560610142003886963508123160246423561627403267283215200623077134160825427082905602774043574994540572543500644052898321424398062526212939229314141 / 14950653925152148177389475350436764822075715832587599220825508774734039724526974432681550616057236124551709760342794860406537372662204851070420322588382891925763668679861229362172124783503289331053212888035497260238298917514717674011987569620651268910004488677381669917304725174050913768025480787119141977394553855856742855065814871281847543744396347126020969211568242244759381600000000000 }

☼ Timing$\left[N\left[\sum_{i=1}^{300} \frac{1}{i^3}\right]\right]$

{0.3 Second, 1.20205}

alors que:

☼ Timing$\left[NSum\left[\frac{1}{i^3}, \{i, 1, 300\}\right]\right]$

{0.2 Second, 1.20205}

☼ Timing$\left[\sum_{i=1}^{1000} \frac{1}{i^3}\right]$

☼ {3.75 Second,
17350514063224651556018852747697924992244684850644075920919372132285331553291696891265225945281569918259296406527426545106235079331283124002407166196328770457667193203688340564693809444890239364323998626826160007800163956638041255586587453455771649741268729564792881546629946313844614674216233596878802128472690395463637151308665340468265983668490128230831858400886632708258993040421195325212292108734188308305981347687407266314204763436627165251471365495700920453195452455870814271274681905333210743763793577614059879334068249210490488070845633294522225554986531865611402107024152630417392154145329629371261357874777004498736440591889750178194510439998348286294344729222941318795318136078273338303628989514698693360000292317015436070327489848365411895907198655621454936882103266979159128541653372018946133133209982215180002529361184176327442743782701934116109697402825151065106815896103541156285614670515624969131490494626985178524588876156229177194142967265840085224021708821378427896807464374183580751890631672992434177989640908370903172110187593511912471603295962272973642657229700104377475745429187124036682560329244265244491219760347454425982535662550043127433170910497768340093430407072059423130562967239283299165131864754375273516163

{182938191682313645607801513728707574638113894496689343 /
1443402656514750799408037226950945308048085345392676379234586596227681
94520519927388000367228676464611730154538125385722296904635398851310
3483417849487617768366484623836275659355076012125337901884144117710
7990549723869633764542140560192888024631886025157700449532730596483
530205238599484867091080267593934108125142518500638155027935402072331
5227478512573723248428379162749378512782364020590366005399814947176
8210215214668542490360213268251013673532730613929848886575192880697
8090224870226978813717838200526566678992808216120853080678311043023
1915864665601706247324395423470100983887778374672499290418646045645
4330759784454777405680583086105396706392527424550252989564997231177
5469263391334146430749284484542840014300329841842709320909332210068
293493547241238676790322353830169531379445009687191894532262547913
3600231040715674899784108554578059060863606242890246456632702666343
87913741854627095854983631575959362385000547627844800889477739121974
4132972228072831647199227845855635704136849887435202158156543964635
1786908900164432322759579530396938364568113703441214591010675863398
7248821307005272133825156608642597725515134138610817776892674348473
32974789772994459362447326329107169031923880351422009923672278590030
4646759981336889371117394387457654998681730042540528379822080000000
0000}

$n = 1000$

○ $\text{Timing}\left[\text{N}\left[\sum_{i=1}^{1000} \frac{1}{i^3}\right]\right]$

{3.43333 Second, 1.20206}

○ $\text{Timing}\left[\text{NSum}\left[\frac{1}{i^3}, \{i, 1, 1000\}\right]\right]$

{0.2 Second, 1.20206}

visualisation graphique:

○ valeurExacte =
  {{50, 0.0166667}, {300, 0.316667}, {1000, 3.75}}
○ {{50, 0.0166667}, {300, 0.316667}, {1000, 3.75}}

○ valeurNExacte =
  {{50, 0.0166667}, {300, 0.3}, {1000, 3.43333}}
○ {{50, 0.0166667}, {300, 0.3}, {1000, 3.43333}}

○ parNSum =
  {{50, 0.2}, {300, 0.233333}, {1000, 2}}
○ {{50, 0.2}, {300, 0.233333}, {1000, 2}}

Chargement d'un package pour une meilleure représentation graphique

    Needs["Graphics`MultipleListPlot`"]

1. Calculs exacts dans N, Z et Q

```
MultipleListPlot [
 valeurExacte, valeurNExacte, parNSum,
 PlotJoined -> True,
 PlotLegend -> {"Exactes",
                ColumnForm [
    {"Exactes", "puis", "approchees"}],
                "Avec NSum" },
 LegendShadow -> {0.02, -0.02},
 LegendPosition -> {-0.5, 0.1}];
```

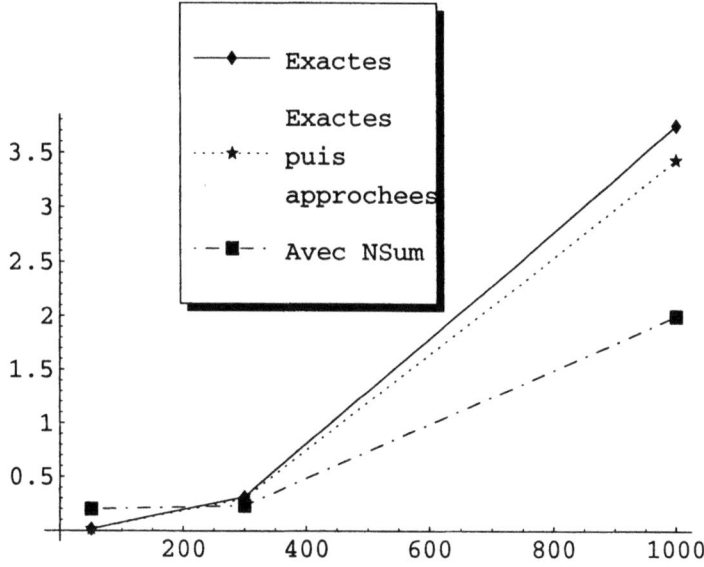

Remarque : ces tests ont été effectués avec un Mac 7600/120 et la beta d'essai préliminaire à la version 3.0. La version 2.2 ne permet pas le diagramme avec une légende comme ci-dessus.

```
Clear [valeurExacte, valeurNExacte, parNSum]
```

■ 1.3 Calculatrices & petits services VERSUS *Mathematica* ?

Toujours dans [27] J.Verdier donne les résultats aberrants obtenus par un nombre impressionnant de calculatrices auxquelles le petit service suivant a été demandé:

"Calculer $9 x^4 - y^4 + 2 y^2$ pour x=10864 et y=18817 et comparer avec les résultats obtenus en permutant les termes de cette expression ou en la transformant en $2 y^2 + (3 x^2 - y^2) (3 x^2 + y^2)$".

J.Verdier indique que dans ce dernier cas, on obtient alors 1 sur presque toutes les machines testées. Pas de résultat aberrant en *Mathematica*, en effet:

```
9 x⁴ - y⁴ + 2 y² /. {x → 10864, y → 18817}
1

9 x⁴ + 2 y² - y⁴ /. {x → 10864, y → 18817}
1

(3 x² + y²) (3 x² - y²) + 2 y² /. {x → 10864, y → 18817}
1

Expand[(3 x² + y²) (3 x² - y²) + 2 y²]
9 x⁴ + 2 y² - y⁴
```

■ 1.4 Expressions à coefficients irrationnels (divertissement autour de Fibonacci)

La suite de Fibonacci est définie par:

$x_0 = 0; x_1 = 1; x_n = x_{n-2} + x_{n-1}$

en *Mathematica*, cela s'écrit:

```
x[0] = 0; x[1] = 1;

x[n_] := x[n] = x[n - 1] + x[n - 2]
```

en effet, il y a lieu, comme en mathématiques, de distinguer la suite du procédé de calcul du terme général. (On pourra se rapporter au chapitre-notebook sur les suites et séries pour mieux comprendre cette définition avec un regard informatique.)

d'où par exemple:

```
x[40]

102334155
```

Par ailleurs, l'équation caractéristique associée à cette suite récurrente est: $x^2 == x + 1$.

dont les solutions sont:

```
Solve[x² == x + 1]

{{x → ½ (1 - √5)}, {x → ½ (1 + √5)}}
```

Dont on déduit une expression directe de x(n) :

$$x(n) = \tfrac{1}{2}\left(\sqrt{5} + 1\right)^n a + \tfrac{1}{2}\left(1 - \sqrt{5}\right)^n b,$$

1. Calculs exacts dans N, Z et Q

a et b étant définis à l'aide des premiers éléments de la suite:

$$\text{Solve}\left[\left\{a+b==0,\ \frac{1}{2}a\ (1+\sqrt{5})+\frac{1}{2}b\ (1-\sqrt{5})==1\right\},\ \{a,b\}\right]$$

$$\left\{\left\{a\to\frac{1}{\sqrt{5}},\ b\to-\frac{1}{\sqrt{5}}\right\}\right\}$$

ce qui permet de retrouver par exemple x(40)

$$\text{Expand}\left[\frac{(\frac{1}{2}(1+\sqrt{5}))^{40}}{\sqrt{5}}-\frac{(\frac{1}{2}(1-\sqrt{5}))^{40}}{\sqrt{5}}\right]$$

102334155

Ceci est souvent utilisé pour tester (et le plus souvent mettre en défaut) les calculatrices et leur aptitude à donner des résultats corrects en travaillant avec des valeurs approchées. Nous verrons dans la section suivante que *Mathematica* réagit très bien côté numérique. Dans cette section, nous allons simplement investiguer quelques propriétés liées à ces nombres remarquables.

⚘ Exemple 5

Calculer $\left(\frac{1}{2}(1-\sqrt{5})\right)^{40}$

$$\text{Expand}\left[\left(\frac{1}{2}(1-\sqrt{5})\right)^{40}\right]$$

$$\frac{228826127}{2}-\frac{102334155\sqrt{5}}{2}$$

Ce même résultat s'obtient en utilisant la palette Basic Calculations de la version 3 (menu file, palette):

De façon précise:

• marquer $\frac{1}{2}(1-\sqrt{5})$ à la souris;

• cliquer sur le deuxième item 2 ème ligne de la rubrique Arithmetic and Numbers.

⚘ Exemple 6

Existe-t'il des valeurs de l'entier n pour lesquelles $(\frac{1}{2}(1-\sqrt{5}))^n$ s'écrit: $a+b\sqrt{5}$ avec a et b entiers?

Une première idée consiste, pour voir, à effectuer le calcul pour les 20 premiers termes par exemple:

```
TableForm[Table [Expand[(1 / 2 * (1 - Sqrt[5]))^i],
          {i, 1, 20}],
          TableHeadings ->
  {Table["i = "i" -> ", {i, 1, 20}]},
          TableSpacing -> {2}]
```

1 -> i = $\frac{1}{2} - \frac{\sqrt{5}}{2}$

2 -> i = $\frac{3}{2} - \frac{\sqrt{5}}{2}$

3 -> i = $2 - \sqrt{5}$

4 -> i = $\frac{7}{2} - \frac{3\sqrt{5}}{2}$

5 -> i = $\frac{11}{2} - \frac{5\sqrt{5}}{2}$

6 -> i = $9 - 4\sqrt{5}$

7 -> i = $\frac{29}{2} - \frac{13\sqrt{5}}{2}$

8 -> i = $\frac{47}{2} - \frac{21\sqrt{5}}{2}$

9 -> i = $38 - 17\sqrt{5}$

10 -> i = $\frac{123}{2} - \frac{55\sqrt{5}}{2}$

11 -> i = $\frac{199}{2} - \frac{89\sqrt{5}}{2}$

12 -> i = $161 - 72\sqrt{5}$

13 -> i = $\frac{521}{2} - \frac{233\sqrt{5}}{2}$

14 -> i = $\frac{843}{2} - \frac{377\sqrt{5}}{2}$

15 -> i = $682 - 305\sqrt{5}$

16 -> i = $\frac{2207}{2} - \frac{987\sqrt{5}}{2}$

17 -> i = $\frac{3571}{2} - \frac{1597\sqrt{5}}{2}$

18 -> i = $2889 - 1292\sqrt{5}$

19 -> i = $\frac{9349}{2} - \frac{4181\sqrt{5}}{2}$

20 -> i = $\frac{15127}{2} - \frac{6765\sqrt{5}}{2}$

On remarque alors facilement que les indices des valeurs cherchées sont des multiples de 3, ce qui se montre ensuite sans difficulté. Si on cherche seulement à déterminer de telles valeurs, on peut filtrer les éléments intéressants de cette liste grâce à la primitive Cases:

$$\text{Cases}\left[\text{Table}\left[\text{Expand}\left[\left(\frac{1}{2}(1-\sqrt{5})\right)^i\right], \{i, 1, 20\}\right],\right.$$
$$\left.\_\text{Integer} + \_\text{Integer} \sqrt{5}\right]$$

version 2

$$\{2 - \text{Sqrt}[5], 9 - 4\ \text{Sqrt}[5], 38 - 17\ \text{Sqrt}[5], 161 - 72\ \text{Sqrt}[5]$$
$$682 - 305\ \text{Sqrt}[5], 2889 - 1292\ \text{Sqrt}[5]\}$$

version 3

$$\{2 - \sqrt{5}, 9 - 4\sqrt{5}, 38 - 17\sqrt{5}, 161 - 72\sqrt{5}, 682 - 305\sqrt{5}, 2889 - 1292\sqrt{5}\}$$

et si on veut les indices de ces éléments:

```
With[{liste = Table[Expand[(1/2 (1 - √5))^i], {i, 1, 20}]},
    (Position[liste, #1]&) /@
      Cases[liste, _Integer + _Integer √5 ]]
{{{3}}, {{6}}, {{9}}, {{12}}, {{15}}, {{18}}}
```

pour voir si ceci est une propriété générale et pas seulement vraie pour $\frac{1}{2}(1 - \sqrt{5})$, on peut alors, en recopiant à la souris ce qui vient d'être fait, définir une fonction qui permet d'investiguer un peu pour les racines d'autres nombres entiers:

```
foo[n_] :=
  Cases[Table[Expand[(1/2 (1 - √n))^i], {i, 1, 20}],
    _Integer + _Integer √n ]
```

et voici les résultats obtenus pour la suite des 20 premiers entiers:

```
Table[foo[n], {n, 2, 20}]
```

$\{\{\}, \{\}, \{\},$
$\{2 - \sqrt{5}, 9 - 4\sqrt{5}, 38 - 17\sqrt{5}, 161 - 72\sqrt{5}, 682 - 305\sqrt{5}, 2889 - 1292\sqrt{5}\},$
$\{\}, \{\}, \{\}, \{\}, \{\}, \{\}, \{\}, \{5 - 2\sqrt{13}, 77 - 20\sqrt{13}, 905 - 254\sqrt{13},$
$11129 - 3080\sqrt{13}, 135725 - 37658\sqrt{13}, 1657733 - 459740\sqrt{13}\},$
$\{\}, \{\}, \{\}, \{\}, \{\}, \{\}, \{\}\}$

En recopiant à la souris ce qu'on avait fait pour $\sqrt{5}$, on en déduit les puissances de $\frac{1}{2}(1 - \sqrt{13})$ qui s'écrivent $a + b\sqrt{13}$ avec a et b entiers.

```
With[{liste = Table[Expand[(1/2 (1 - √13))^i], {i, 1, 20}]},
    (Position[liste, #1]&) /@
      Cases[liste, _Integer + _Integer √13 ]]
{{{3}}, {{6}}, {{9}}, {{12}}, {{15}}, {{18}}}
```

amusant, non? Alors poursuivons:

```
Table[foo[n], {n, 20, 30}]
```

{{}, {8 − 3 $\sqrt{21}$, 253 − 48 $\sqrt{21}$, 5048 − 1143 $\sqrt{21}$,
112393 − 24288 $\sqrt{21}$, 2429288 − 531483 $\sqrt{21}$, 52917733 − 11539728 $\sqrt{21}$},
{}, {}, {}, {}, {}, {}, {}, {11 − 4 $\sqrt{29}$, 585 − 88 $\sqrt{29}$, 16643 − 3308 $\sqrt{29}$,
566801 − 102960 $\sqrt{29}$, 18178171 − 3399764 $\sqrt{29}$, 594332505 − 110110088 $\sqrt{29}$},
{}}

puis posons:

```
foofoo[n_] := With[
    {liste = Table[Expand[( 1/2 (1 - √n) )^i ], {i, 1, 20}]},
    (Position[liste, #1]&) /@
       Cases[liste, _Integer + _Integer √n ] ]
```

alors:

```
foofoo[21]
{{{3}}, {{6}}, {{9}}, {{12}}, {{15}}, {{18}}}
```

surprenant, pas vrai? et encore:

```
foofoo[29]
{{{3}}, {{6}}, {{9}}, {{12}}, {{15}}, {{18}}}
```

et encore:

```
Table[foo[n], {n, 31, 40}]
```

{{}, {}, {}, {}, {}, {},
{14 − 5 $\sqrt{37}$, 1121 − 140 $\sqrt{37}$, 41594 − 7565 $\sqrt{37}$, 1981841 − 313880 $\sqrt{37}$,
85813574 − 14303525 $\sqrt{37}$, 3847542161 − 629317220 $\sqrt{37}$}, {}, {},
{}}

et toujours:

```
foofoo[37]
{{{3}}, {{6}}, {{9}}, {{12}}, {{15}}, {{18}}}
```

Exercice: Qui dit mieux avec une calculatrice? Qui veut conjecturer un résultat? Qui veut le prouver?

```
Clear[foo, foofoo]
```

1. Calculs exacts dans N, Z et Q

■ 1.5 Les limitations du système

Les limitations théoriques

"Les limitations du système sont présentés de manière succinte" ([1] p. 227)

Un jour J. Bénabou à qui je dois un certain nombre d'idées de ce chapitre-notebook, m'a dit: *"Tiens essaie de faire démontrer par ta machine que, quelque soient les rationnels a, b, c et d:*

$$\frac{a+\sqrt{2}\,b}{c+\sqrt{2}\,d}$$

s'écrit sous la forme $m + n\sqrt{2}$, avec m et n rationnels"

Nous, humains, nous voyons immédiatement la solution. Elle se décompose en deux petites étapes:

```
Simplify[ Expand[(a + b √2) (c - d √2)] ]
         ─────────────────────────────────
          Expand[(c + d √2) (c - d √2)]

a c + √2 b c - √2 a d - 2 b d
─────────────────────────────
         c² - 2 d²

Numerator[%] /. {x_ √2 + y_ √2 → (x + y) √2 }

a c - 2 b d + √2 (b c - a d)
```

En guidant le système, on peut lui faire effectuer les calculs nécessaires aux étapes d'une démonstration, y compris dans le domaine symbolique. Mais la démonstration, les choix pris et les idées, restent, pour le moment, de l'apanage de l'humain.

Les limitations pratiques

La définition de la suite de Fibonacci telle que nous l'avons donnée, comporte une mémorisation des termes calculés. La mémoire totale n'étant pas infinie pour le moment, il existe dans *Mathematica* une variable globale indiquant la taille maximum de la pile utilisée pour les fonctions récursives. C'est:

```
$RecursionLimit

256

x[300]

$RecursionLimit::reclim :
  Recursion depth of 256 exceeded.
```

```
$RecursionLimit::reclim :
Recursion depth of 256 exceeded.
```

```
5412222237103765877667657957123376148335120669380949 7
    Hold[x[45 - 1] + x[45 - 2]] +
875715953430188544580333863041781581743565882643903 70
    Hold[x[46 - 1] + x[46 - 2]]
```

On peut changer la taille de la pile pour aller plus loin. Par exemple:

۟ Exemple 7

```
$RecursionLimit = 400;
```

Ensuite, après avoir nettoyé x:

```
Clear[x]
```

et revalidé sa définition:

```
x[0] = 0; x[1] = 1;

x[n_] := x[n] = x[n - 1] + x[n - 2]
```

le calcul de x[300] est possible:

```
x[300]
    22223224462942044552973989346190996720666693909649976499 09.
    79600
```

Remise des choses en place:

```
Clear[x]

$RecursionLimit = 256;
```

MAIS:

il faut prendre garde de ne pas sortir des capacités de la machine sur laquelle on travaille.

Si on a besoin de x [2000], on préférera une autre façon de programmer, par exemple de manière procédurale par accumulation des valeurs dans une variable, sans mémorisation.

La fonction d'Ackermann étudiée dans le tome II met en évidence une autre forme de limite pratique qui est la taille des résultats. Est-il utile d'avoir $2^{50 \text{ pages de résultats}}$ sous forme décimale?

2. Calculs approchés dans $\mathbb{R}$ et $\mathbb{C}$

2.1 Vision approchée des nombres de Fibonacci

⚘ Exemple 8

$$N\left[\frac{1}{2}(1-\sqrt{5}) + \frac{1}{2}(1+\sqrt{5})\right]$$

1.

avec la précision machine:

$$N\left[\frac{\left(\frac{1}{2}(1+\sqrt{5})\right)^{40}}{\sqrt{5}} - \frac{\left(\frac{1}{2}(1-\sqrt{5})\right)^{40}}{\sqrt{5}}\right]$$

1.02334×10^8

On remarquera que si le résultat est affiché avec 6 chiffres significatifs, ce qui pourrait laisser croire à une solution non correcte, en interne, le résultat est correct.

```
AccountingForm[%]
```

102334155.

Avec une précision plus grande, bien sûr ces résultats sont confirmés:

$$N\left[\frac{\left(\frac{1}{2}(1+\sqrt{5})\right)^{40}}{\sqrt{5}} - \frac{\left(\frac{1}{2}(1-\sqrt{5})\right)^{40}}{\sqrt{5}}, 50\right]$$

$1.0233415500000000000000000000000000000000000000000 \times 10^8$

```
AccountingForm[%]
```

102334155.00000000000000000000000000000000000000000

Si par contre le calcul est effectué avec une précision insuffisante (par exemple 5 chiffres significatifs), alors le résultat interne est entâché d'erreur, mais *Mathematica* prévient par un message.

$$N\left[\frac{\left(\frac{1}{2}(1+\sqrt{5})\right)^{40}}{\sqrt{5}} - \frac{\left(\frac{1}{2}(1-\sqrt{5})\right)^{40}}{\sqrt{5}}, 5\right]$$

1.0233×10^8

```
AccountingForm[%]

NumberForm::sigz : Requested number format may result
    in trailing zeros which are not significant digits.

102330000.
```

2.2 Pour découvrir les petits points...

◊ Exemple 9

Divise 1 par 9:

$$N\left[\frac{1}{9}, 30\right]$$

0.111111111111111111111111111111

Divise 10 par 99:

$$N\left[\frac{10}{99}, 30\right]$$

0.101010101010101010101010101010

Divise 100 par 999:

$$N\left[\frac{100}{999}, 30\right]$$

0.100100100100100100100100100100

Devine ce que fait 1000 par 9999:

$$N\left[\frac{1000}{9999}, 30\right]$$

0.100010001000100010001000100010

Divise 2 par 9:

$$N\left[\frac{2}{9}, 30\right]$$

0.222222222222222222222222222222

Et que vaut 222 par 999?

$$N\left[\frac{222}{999}, 30\right]$$

0.222222222222222222222222222222

Et 272 divisé par 999?

2. Calculs approchés dans R et C

$$N\left[\frac{272}{999}, 30\right]$$

0.272272272272272272272272272272

Ainsi, on fabrique facilement des nombres avec un processus qui ne s'arrête pas de lui même et que l'on symbolisera par des petits points.

Divise 26 par 7:

$$N\left[\frac{26}{7}, 30\right]$$

3.714285714285714285714285714286

En observant les restes successifs obtenus au cours de cette division, quelle propriété peut-on établir et démontrer?

Nous voilà donc en présence d'une nouvelle famille de nombres constitués d'un corps décimal périodique à partir d'un certain rang. Comment peux-tu multiplier ces nouveaux nombres entre eux? Par exemple, que vaut le produit de

0.272272272272272272272272272272...

par

0.585858585858585858585858585858...

puisqu'il n'est pas possible de "poser" l'opération

?

et comment tu feras pour multiplier:

31.582722722722722722722722722722...

par

27.634585858585858585858585858585...

👑 ??

Une idée consiste, bien sûr, à écrire chacun des nombres donnés sous forme de fraction.

Ecris le premier nombre ainsi:

31.58 + 0.002722722722722722722722722272...

$$\frac{3158}{100} + 0.002722722722722722722722722272...$$

$$\frac{3158}{100} + \frac{272}{100\,999}$$

et on vérifie bien que l'on ne s'est pas trompé:

$$N\left[\frac{3158}{100} + \frac{272}{100*999}, 30\right]$$

31.582722722722722722722722722727

et tu peux dire directement ce que vaut le second?

27.6345858585858585858585858585858585858585858...

$$\frac{27634}{1000} + \frac{58}{1000\,99}$$

t'es sûr?

$$N\left[\frac{27634}{1000} + \frac{58}{1000*99}, 30\right]$$

27.634585858585858585858585858586

Alors le produit des deux est:

$$\left(\frac{3158}{100} + \frac{272}{100\,999}\right)\left(\frac{27634}{1000} + \frac{58}{1000\,99}\right)$$

$$\frac{269744893873}{309065625}$$

Mais quelle est la période de ce nombre que tu viens de trouver?

N[%, 30]

872.775462728991617880506769340

on ne voit pas la période...

T'es sûr que ce que t'as fait n'est pas complètement faux?

31.5827227227227227 27.6345858585858

872.775

Pourtant il devrait être dans la famille et avoir un développement périodique, pas vrai ?

$$N\left[\frac{269744893873}{309065625}, 500\right]$$

872.7754627289916178805067693956582845471734360623249512138401027289916 \
17880506769395658284547173436062324951213840102728991617880506769395 \
65828454717343606232495121384010272899161788050676939565828454717343606 \
06232495121384010272899161788050676939565828454717343606232495121384 \
1027289916178805067693956582845471734360623249512138401027289916178 \
5067693956582845471734360623249512138401027289916178805067693956584 \
5471734360623249512138401027289916178805067693956582845471734360623 \
9512138401027290

Écris-le mieux:

```
872.77546
    27289916178805067693956582845471734360623249512138401 0
    27289916178805067693956582845471734360623249512138401 0
    27289916178805067693956582845471734360623249512138401 0
    27289916178805067693956582845471734360623249512138401 0
    27289916178805067693956582845471734360623249512138401 0
    27289916178805067693956582845471734360623249512138401 0
    27289916178805067693956582845471734360623249512138401 0
    27289916178805067693956582845471734360623249512138401 0
    27289916178805067693956582845471734360623249512138401 0

    27290
```

Comment t'as fait ?

▌ Avec la version 2 :

Les cellules de réponse (sortie) sont formatées ce qui évite de transformer à la main les résultats donnés par *Mathematica*, mais il arrive, comme ici, que l'on souhaite pouvoir intervenir sur ces résultats. On peut soit le recopier à la souris dans une nouvelle cellule, qui par défaut est une cellule d'entrée non formatée, soit tout simplement, en utilisant les menus, ôter l'attribut Formatted à la cellule de sortie sur laquelle on veut travailler, c'est ce qui a été fait ci-dessus. On obtient alors :

```
872.7754627289916178805067693956582845471734360623249512138401027289916177
0506769395658284547173436062324951213840102728991617880506769395658284!
1734360623249512138401027289916178805067693956582845471734360623249512:
4010272899161788050676939565828454717343606232495121384010272899161788(
6769395658284547173436062324951213840102728991617880506769395658284547:
4360623249512138401027289916178805067693956582845471734360623249512138<
0272899161788050676939565828454717343606232495121384010272899
```

▌ Avec la version 3 :

On peut écrire directement dans la cellule de sortie ce qui a pour effet de la recopier automatiquement pour préserver la sortie initiale.

Prenant 2 nombres au hasard qui se suivent dans ce développement, par exemple 32, on cherche dans tout ce qui précède, toutes les fois où ces deux nombres apparaissent. On dispose au début de chaque ligne nouvelle ces 32 :

```
872.775462728991617880506769395658284547173436062

    3249512138401027289916178805067693956582845471734360 62
    3249512138401027289916178805067693956582845471734360 62
    3249512138401027289916178805067693956582845471734360 62
    3249512138401027289916178805067693956582845471734360 62
    3249512138401027289916178805067693956582845471734360 62
    3249512138401027289916178805067693956582845471734360 62
    3249512138401027289916178805067693956582845471734360 62
    3249512138401027289916178805067693956582845471734360 62

    3249512138401027289 9
```

En disposant les premières lignes les unes en dessous des autres, on voit alors, en partant de la droite, que:

872.775462728991617880506769395658284547173436062

324951213840102728991617880506769395658284547173436062

324951213840102728991617880506769395658284547173436062

324951213840102728991617880506769395658284547173436062

que l'on peut mettre en évidence ainsi:

872.77546
272899161788050676939565828454717343606232495121384010
272899161788050676939565828454717343606232495121384010
272899161788050676939565828454717343606232495121384010
2728991617880506769395658284547173436062

2.3 Conclusion

La période apparaît donc être:

272899161788050676939565828454717343606232495121384010

et la portion irrégulière est:

872.77546

Quel rapport avec les périodes des éléments de départ? La façon de procéder pour trouver la période est-elle légitime, mathématiquement parlant? Est-elle générale et applicable au produit de deux tels nombres quelconques? Peut-elle se programmer facilement? Autant de questions qui sortent du cadre de ce livret d'exemples. Le lecteur intéressé par ce sujet trouvera ci-dessous une façon de coder les idées précédentes. Les lignes suivantes sont à prendre, copier-coller et à affiner pour explorer ce domaine:

Pour transformer le nombre à étudier en chaîne de caractères

```
aEtudier =
    ToString [N[ 269744893873 / 309065625 , 500]];

aEtudier
872.775462728991617880506769395658284547173436062324951213840102728991 ↩
    6178805067693956582845471734360623249512138401027289916178805067693 ↩
    9565828454717343606232495121384010272899161788050676939565828454717 ↩
    3436062324951213840102728991617880506769395658284547173436062324951 ↩
    2138401027289916178805067693956582845471734360623249512138401027289 ↩
    9161788050676939565828454717343606232495121384010272899161788050676 ↩
    9395658284547173436062324951213840102728991617880506769395658284547 ↩
    1734360623249512138401027290
```

2. Calculs approchés dans R et C

Pour y trouver la position de 32

```
StringPosition[aEtudier, "32"]
```

{{50, 51}, {104, 105}, {158, 159}, {212, 213}, {266, 267},
{320, 321}, {374, 375}, {428, 429}, {482, 483}}

Pour trouver la première série de nombres

```
StringTake[aEtudier, {50, 103}]
```

32495121384010272899161788050676939565828454717343 6062

Et la suivante

```
StringTake[aEtudier, {104, 157}]
```

32495121384010272899161788050676939565828454717343 6062

De façon générale, en repartant des positions intéressantes:

```
StringPosition[aEtudier, "32"]
```

{{50, 51}, {104, 105}, {158, 159}, {212, 213}, {266, 267},
{320, 321}, {374, 375}, {428, 429}, {482, 483}}

On obtient toutes les premières positions:

```
First/@%
```

{50, 104, 158, 212, 266, 320, 374, 428, 482}

Et toutes les fins des premières séries de nombres:

```
RotateLeft[%] - 1
```

{103, 157, 211, 265, 319, 373, 427, 481, 49}

Puis toutes les séries:

```
MapThread[StringTake[aEtudier, {#1, #2}]&,
  {{50, 104, 158, 212, 266, 320, 374, 428},
   {103, 157, 211, 265, 319, 373, 427, 481}}]
```

{3249512138401027289916178805067693956582845471734 36062 ,
3249512138401027289916178805067693956582845471734 36062 ,
3249512138401027289916178805067693956582845471734 36062 ,
3249512138401027289916178805067693956582845471734 36062 ,
3249512138401027289916178805067693956582845471734 36062 ,
3249512138401027289916178805067693956582845471734 36062 ,
3249512138401027289916178805067693956582845471734 36062 ,
3249512138401027289916178805067693956582845471734 36062 }

Une seule de ces séries suffit

    `Union[%%][[1]]`

    3249512138401027289916178805067693965658284547173436062

Pour pouvoir repérer le début de la vraie période, il va falloir regarder caractère par caractère. On peut considérer que la période retenue initialement est:

    `périodeInitiale = Characters[%]`

    {3, 2, 4, 9, 5, 1, 2, 1, 3, 8, 4, 0, 1, 0, 2, 7, 2, 8, 9, 9,
     1, 6, 1, 7, 8, 8, 0, 5, 0, 6, 7, 6, 9, 3, 9, 5, 6, 5, 8, 2,
     8, 4, 5, 4, 7, 1, 7, 3, 4, 3, 6, 0, 6, 2}

et la liste à étudier:

    `liste1 = Characters[StringTake[aEtudier, {1, 49}]]`

    {8, 7, 2, ., 7, 7, 5, 4, 6, 2, 7, 2, 8, 9, 9, 1, 6, 1, 7, 8,
     8, 0, 5, 0, 6, 7, 6, 9, 3, 9, 5, 6, 5, 8, 2, 8, 4, 5, 4, 7,
     1, 7, 3, 4, 3, 6, 0, 6, 2}

On écrit alors une petite fonction de comparaison de deux listes. Si les derniers éléments des deux listes sont les mêmes, alors on recommence sur les deux listes tronquées de leur dernier élément. Si les derniers éléments diffèrent, alors la fonction retourne les positions dans les deux listes des éléments différents:

```
repèreDifférences[liste1_, liste2_] :=
  With[{dernier1 = Last[liste1], dernier2 = Last[liste2]},
   If[dernier1 === dernier2,
      repèreDifférences[Drop[liste1, -1], Drop[liste2, -1]],
      {Position[liste1, dernier1],
       Position[liste2, dernier2]}]]
```

Application à notre cas:

    `repèreDifférences[liste1, périodeInitiale]`

    {{{9}}, {{12}, {14}}}

On en déduit la partie irrégulière:

    `partieIrrégulière = StringTake[aEtudier, %[[1]][[1]][[1]]]`

    872.77546

et l'endroit de la coupure

    `coupure = Last[Last[repèreDifférences[liste1, périodeInitiale]]]`

    14

2. Calculs approchés dans R et C

D'où le premier bout de la période initiale

```
premierBout = Take[périodeInitiale, coupure]
{3, 2, 4, 9, 5, 1, 2, 1, 3, 8, 4, 0, 1, 0}
```

et le deuxième:

```
deuxièmeBout = Take[périodeInitiale,
   {coupure + 1, Length[périodeInitiale]}]
{2, 7, 2, 8, 9, 9, 1, 6, 1, 7, 8, 8, 0, 5, 0, 6, 7, 6, 9, 3,
 9, 5, 6, 5, 8, 2, 8, 4, 5, 4, 7, 1, 7, 3, 4, 3, 6, 0, 6, 2}
```

d'où la période:

```
période = Join[deuxièmeBout, premierBout]
{2, 7, 2, 8, 9, 9, 1, 6, 1, 7, 8, 8, 0, 5, 0, 6, 7, 6, 9, 3,
 9, 5, 6, 5, 8, 2, 8, 4, 5, 4, 7, 1, 7, 3, 4, 3, 6, 0, 6, 2,
 3, 2, 4, 9, 5, 1, 2, 1, 3, 8, 4, 0, 1, 0}

Clear[aEtudier, périodeInitiale, liste1,
  repèreDifférences, partieIrrégulière, coupure,
  premierBout, deuxièmeBout, période, f]
```

2.4 Des petits points à la découverte des formules-clef

Avec quelle formule peut-on justifier :

$$35/99 = 0.353535353535353535\ldots?$$

$$272/999 = 0.272272272272272272272272\ldots?$$

et si on oublie les petits points, qu'est-ce qu'on perd?

$$\frac{35}{99} = \frac{35}{100-1} = \frac{35}{100\,(1-\frac{1}{100})} = \frac{0.35}{1-\frac{1}{100}}$$

$$\frac{272}{999} = \frac{272\,(1-\frac{1}{1000})}{1000} = 0.272\left(1-\frac{1}{1000}\right)$$

De la formule:

$$1 + x + x^2 + \ldots + x^n = \frac{1-x^{n+1}}{1-x}$$

on déduit

$$1 + x + x^2 + \ldots + x^n + \ldots = \frac{1}{1-x}$$

quand n tend vers l'infini et on remplace

$$1 + x + x^2 + \ldots + x^n \quad \text{par:} \quad \frac{1}{1-x}$$

Est-ce toujours légitime et que perd-on?

```
f[x_][n_] := ∑_{k=0}^{n} x^k
```

voici les premiers éléments de la suite des polynômes:

```
TableForm[Table[f[x][n], {n, 1, 10}]]
1 + x
1 + x + x²
1 + x + x² + x³
1 + x + x² + x³ + x⁴
1 + x + x² + x³ + x⁴ + x⁵
1 + x + x² + x³ + x⁴ + x⁵ + x⁶
1 + x + x² + x³ + x⁴ + x⁵ + x⁶ + x⁷
1 + x + x² + x³ + x⁴ + x⁵ + x⁶ + x⁷ + x⁸
1 + x + x² + x³ + x⁴ + x⁵ + x⁶ + x⁷ + x⁸ + x⁹
1 + x + x² + x³ + x⁴ + x⁵ + x⁶ + x⁷ + x⁸ + x⁹ + x¹⁰
```

et la représentation graphique des trois premiers polynômes:

```
Plot[Evaluate[
    Table[f[x][n],{n,1,3}],{x,0,3}],
  AspectRatio→Automatic,
  PlotRange→{0,10},
  Ticks→{{1,2,3},{2,4,6,8,10}}];
```

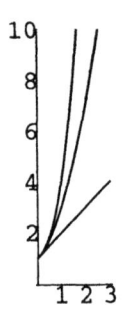

représentation graphique des 10 premiers polynômes et de $\frac{1}{1-x}$:

```
Plot[Evaluate[{1/(1-x), Table[f[x][n], {n, 0, 10}]}],
 {x, -0.1, 0.9}, PlotRange → {0, 10},
 PlotStyle → {{}, Table[Dashing[{0.008}], {n, 0, 10}]}];
```

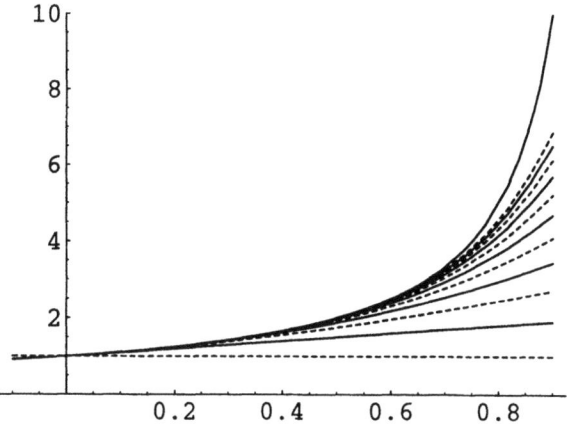

le remplacement d'un point sur une des courbes pointillées par le point de l'hyperbole de même abscisse se justifie donc de moins en moins lorsqu'on s'éloigne de l'origine. Que se passe-t'il lorsque x est plus grand que 1 ?

```
Plot[Evaluate[{1/(1-x), Table[f[x][n], {n, 0, 10}]}],
 {x, -0.1, 2}, PlotRange → {-5, 10},
 PlotStyle → {{}, Table[Dashing[{0.008}], {n, 0, 10}]}];
```

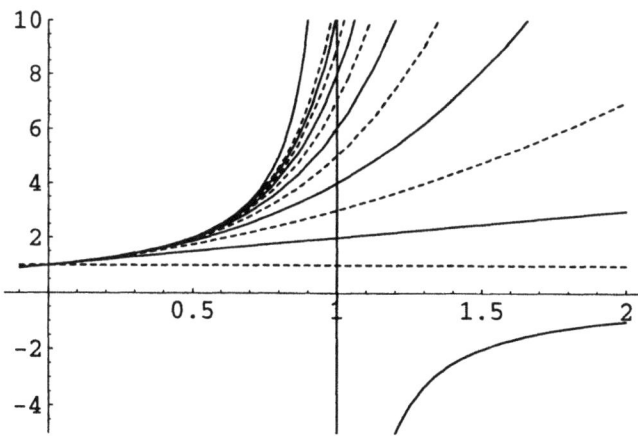

Lorsqu'on remplace un nombre avec petits points par le décimal obtenu en oubliant les petits points, la perte est :

$$x^2 + x + 1 + \ldots + x^n = 1 - \frac{x^{n+1}}{1-x}$$

d'où :

$$-\frac{x^{n+1}}{1-x} - \frac{1}{1-x} + 1 = \frac{x^{n+1}}{1-x}$$

Voyons pour n allant de 0 à 10, pour x plus petit que 1:

```
Plot[Evaluate[Table[ x^(n+1)/(1 - x) , {n, 0, 10}]],
    {x, -0.1, 0.9}, PlotRange → {0, 1},
    PlotStyle → {{}, Table[Dashing[{0.005}], {n, 0, 10}]}];
```

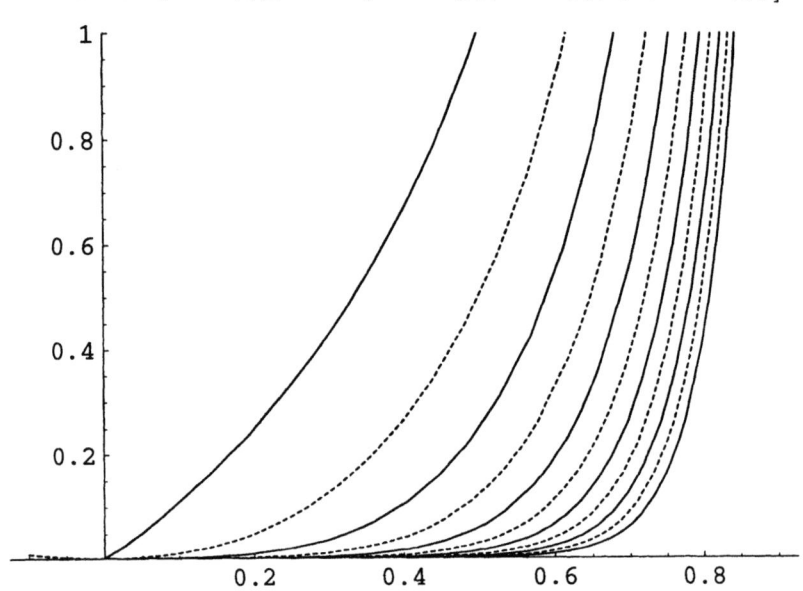

donc:

$$\frac{1}{0.4} - (1 + 0.6 + 0.6^2 + \ldots + 0.6^{10}) < 0.04$$

en effet:

$$N\left[\frac{1}{0.4} - \sum_{n=0}^{10} 0.6^n\right]$$

0.00906993

3. Opérateurs, fonctions et constantes mathématiques

■ 3.1 Relation d'ordre

```
? Sort
```

Sort[list] sorts the elements of list into canonical order.
Sort[list, p] sorts using the ordering function p.

Traduction adaptée

Sort[list] trie les éléments de list dans l'ordre canonique.
Sort[list, p] trie en utilisant la fonction p.

Tris simples

▽ **Exemple 10**

tri suivant l'ordre usuel des réels:

$$\text{Sort}\left[\left\{4,\ -5,\ \frac{1}{2},\ \text{N}\left[\frac{\sqrt{2}}{2}\right],\ -\text{N}\left[\frac{\pi}{2}\right],\ 10,\ 0.1,\ \frac{1}{10^5}\right\}\right]$$

$$\left\{-5,\ -1.5708,\ \frac{1}{100000},\ 0.1,\ \frac{1}{2},\ 0.707107,\ 4,\ 10\right\}$$

▽ **Exemple 11**

tri alphabétique:

Sort[{M1, M9, M18, M4, M5, M6, M3, M8, M9, M10, M215, M125, M23}]

{M1, M10, M125, M18, M215, M23, M3, M4, M5, M6, M8, M9, M9}

tri alphabétique

Sort[{M1, M2, m2, M5, m1, M237, m0, m125}]

{m0, m1, M1, m125, m2, M2, M237, M5}

sur des chaînes de caractères:

```
Sort[{"M5", "M10", "M3", "M1"}]
{M1, M10, M3, M5}
```

ou sur des symboles:

```
Sort[{M5, M10, M3, M1}]
{M1, M10, M3, M5}
```

en cas de mélange des genres:

```
Sort[{"M5", M10, "M3", "M1", M6, M2, M7}]
{M1, M3, M5, M10, M2, M6, M7}
```

les genres sont regroupés et triés, voilà pourquoi::

```
Sort[{"M5", M10, "M3", "M1"}]
{M1, M3, M5, M10}
```

et

```
Sort[{"M5", a, "M3", "M1"}]
{M1, M3, M5, a}
```

tri suivant les indices

Partons d'un exemple:{M1, M2, M8, M5, M1254, M237, M125}. Voici comment trier les indices après les avoir extraits:

```
Sort[ToExpression[(StringDrop[#1, 1]&)/@
    ToString/@{M1, M2, M8, M5, M1254, M237, M125}]]
{1, 2, 5, 8, 125, 237, 1254}
```

Et pour reconstruire les lettres:

```
Table["M", {Length[{M1, M2, M8, M5, M1254, M237, M125}]}]
{M, M, M, M, M, M, M}
```

d'où le résultat cherché:

```
MapThread[StringJoin, {%, ToString/@%%}]
{M1, M2, M5, M8, M125, M237, M1254}
```

On en déduit facilement, à la souris, la fonction suivante :

3. Opérateurs, fonctions et constantes mathématiques 249

```
foo[liste__] := With[{l = liste},
  MapThread[
    StringJoin,
      {Table["M", {Length[l]}],
      ToString/@Sort[ToExpression[
        (StringDrop[#1, 1]&)/@ToString/@l]]}]]
```

Vérifications:

`foo[{M1, M2, M8, M5, M1254, M237, M125}]`

{M1, M2, M5, M8, M125, M237, M1254}

et:

```
foo[
  {"M1", "M12452", "M50", "M8", "M1275", "M237", "M1254"}]
```

{M1, M8, M50, M237, M1254, M1275, M12452}

Remarque:

Ecrire une fonction générale qui s'applique aussi à des points quelconques est un bon exercice.

`Clear[foo]`

Tris moins simples

ϙ Exemple 12

Tri par valeurs absolues croissantes:

$$\text{Sort}\left[\left\{4, -5, \frac{1}{2}, N\left[\frac{\sqrt{2}}{2}\right], -N\left[\frac{\pi}{2}\right], 10, 0.1, \frac{1}{10^5}\right\},\right.$$
$$\left.\text{Abs}[\#1] < \text{Abs}[\#2]\&\right]$$

$\left\{\frac{1}{100000}, 0.1, \frac{1}{2}, 0.707107, -1.5708, 4, -5, 10\right\}$

ϙ Exemple 13

Tri sur un sous ensemble d'élements, en oubliant les autres:

{"a5","v","a1",9/2,0.1,jj,"gh","a3"} -> {"a1","a3","a5"}

```
Sort[Select[{"a5", "v", "a1", 9/2, 0.1, jj, "gh", "a3"},
    StringMatchQ[ToString[#1], "a*"]&]]
```
{a1, a3, a5}

```
Sort[Select[
    {"a5", "bi", "a1", 9a/2, 0.1 k, jj, "gh", "a3", a10},
    StringMatchQ[ToString[#1], "a*"]&]]
```
{a1, a3, a5, a10}

```
Sort[Select[
    {"a5", "bi", "a1", 9a/2, 0.1 k, jj, "gh", "a3", "a10"},
    StringMatchQ[ToString[#1], "a*"]&]]
```
{a1, a10, a3, a5}

pour comprendre la différence entre ces deux derniers exemples, il y a lieu de se rapporter au paragraphe précédent (tris simples)

⍟ Exemple 14

Tri sur plusieurs sous ensembles, suivant différentes relations d'ordre. Par exemple on veut obtenir:

{"a5","v",5,"a1",9/2,0.1,jj,"gh","a3"}->{"a1","a3","a5",O.1,9/2,5}

```
With[{liste =
    {"a5", "v", 5, "a1", 9/2, 0.1, jj, "gh", "a3"}},
    Join[Sort[Select[liste,
        StringMatchQ[ToString[#1], "a*"]&]],
        Sort[Select[liste, NumberQ]]]]
```

{a1, a3, a5, 0.1, 9/2, 5}

⍟ Exemple 15

Maintenant on voudrait écrire une fonction caméléon qui opère différemment suivant les couleurs:

3. Opérateurs, fonctions et constantes mathématiques

```
foo[couleur_] := With[{liste = {10, 2/3, N[π], 0.01}},
   Switch[couleur,
          rouge, Sort[liste],
          bleu, Sort[ToString/@liste],
          vert, Sort[liste, 1/#1 < 1/#2 &],
          _, auRevoir]]
```

foo[rouge]

$\{0.01, \frac{2}{3}, 3.14159, 10\}$

foo[bleu]

{0.01, 10, 2
-
3, 3.14159}

foo[vert]

$\{10, 3.14159, \frac{2}{3}, 0.01\}$

foo[bonjourChezVous]

auRevoir

■ 3.2 Valeur absolue, module

```
? Abs
```

Abs[z] gives the absolute value of the real or complex number z.

Traduction adpatée

Abs[z] donne la valeur absolue d'un nombre réel et le module d'un nombre complexe

Abs[-1]

1

Abs[1 - $\sqrt{3}$]

-1 + $\sqrt{3}$

```
Abs[1 - N[√3]]
0.732051

Abs[1 + I]
√2

Abs[Exp[-I π/4]]
1

Abs[((1 - I) Exp[-2 I π/3])/(1 + I)]
1

Select[
 {I, 1 - I, 1 + I, 1/2 (1 + I √3), -5/3, 2 - a/5 /. a → 5, Exp[0]},
 Abs[#1] == 1&]
{I, 1/2 (1 + I √3), 1, 1}
```

car:

```
{I, 1 - I, 1 + I, 1/2 (1 + I √3), -5/3, 2 - a/5 /. a → 5, Exp[0]}
{I, 1 - I, 1 + I, 1/2 (1 + I √3), -5/3, 1, 1}
```

☿ Exemple 16

Considérons une suite de nombres complexes, pour $n \geq 1$:

```
z[n_] := (n² Exp[((n+1) I π)/n])/(n + 2)
```

Préciser les 10 premiers termes:

```
Table[z[i], {i, 1, 10}]
{1/3, -I, 9/5 E^(-2 I π/3), 8/3 E^(-3 I π/4), 25/7 E^(-4 I π/5), 9/2 E^(-5 I π/6),
 49/9 E^(-6 I π/7), 32/5 E^(-7 I π/8), 81/11 E^(-8 I π/9), 25/3 E^(-9 I π/10)}
```

La partie réelle de ces 10 premiers termes:

```
(Re[#1]&)/@%
```

$$\{\frac{1}{3}, 0, -\frac{9}{10}, -\frac{4\sqrt{2}}{3}, \frac{25}{28}(-1-\sqrt{5}), -\frac{9\sqrt{3}}{4}, \frac{49}{9}\cos[\frac{6\pi}{7}],$$

$$\frac{32}{5}\cos[\frac{7\pi}{8}], \frac{81}{11}\cos[\frac{8\pi}{9}], -\frac{25}{6}\sqrt{\frac{1}{2}(5+\sqrt{5})}\}$$

Leur partie imaginaire:

```
(Im[#1]&)/@%%
```

$$\{0, -1, -\frac{9\sqrt{3}}{10}, -\frac{4\sqrt{2}}{3}, -\frac{25}{14}\sqrt{\frac{1}{2}(5-\sqrt{5})}, -\frac{9}{4}, -\frac{49}{9}\sin[\frac{6\pi}{7}],$$

$$-\frac{32}{5}\sin[\frac{7\pi}{8}], -\frac{81}{11}\sin[\frac{8\pi}{9}], \frac{25}{12}(1-\sqrt{5})\}$$

Et côte à côte, les points et leurs modules:

```
imagesPoints =
  Show[Graphics[Point/@MapThread[List, {%%, %}]],
  Axes → True, DisplayFunction → Identity,
  PlotLabel → "Images des points"];
```

```
Abs/@Table[z[i], {i, 1, 10}]
```

$$\{\frac{1}{3}, 1, \frac{9}{5}, \frac{8}{3}, \frac{25}{7}, \frac{9}{2}, \frac{49}{9}, \frac{32}{5}, \frac{81}{11}, \frac{25}{3}\}$$

```
modules = ListPlot[%, DisplayFunction → Identity,
  PlotLabel → "Modules", PlotRange → {0, 10}];
```

```
Show[GraphicsArray[{{imagesPoints}, {modules}}],
  DisplayFunction → $DisplayFunction]];
```

Le positionnement de l'option `DisplayFunction` permet ou non l'affichage des éléments manipulés. C'est pourquoi, cette option est choisie pour empêcher l'affichage au moment de la définition des symboles `imagesPoints` et `modules`. Au moment de l'affichage en tableau, l'option est remise à sa valeur par défaut (valeur de `$DisplayFunction`) pour que l'affichage se produise.

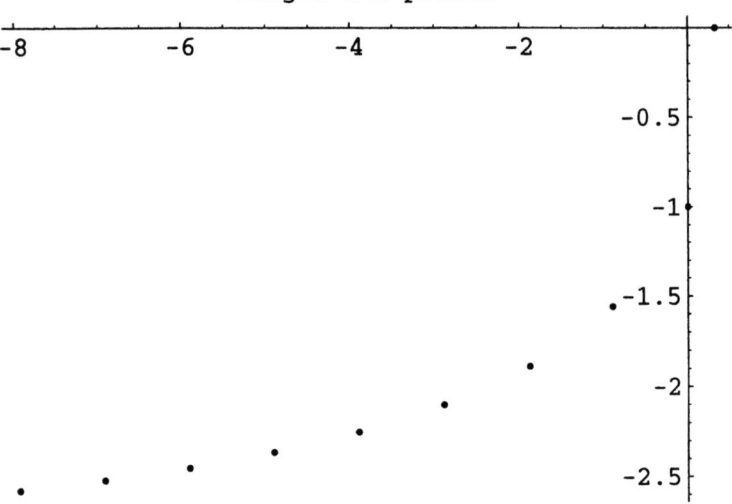

Images des points

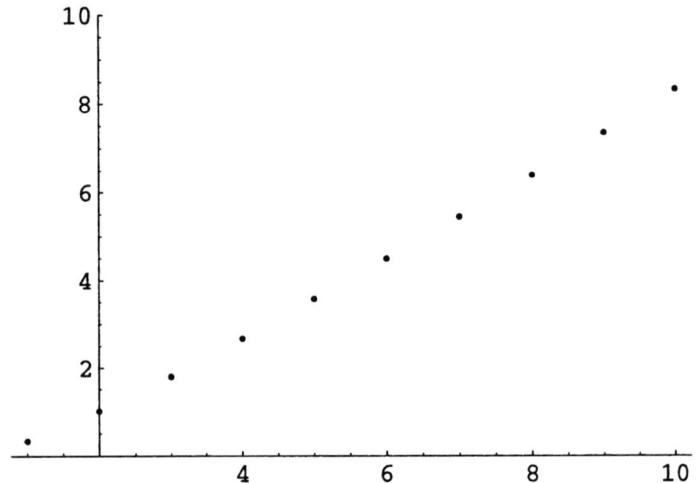

Modules

Manipulations algébriques: polynômes et fractions rationnelles

Introduction

Mathematica travaille avec les polynômes ordonnés par puissance croissante, ce qui ne correspond pas à nos habitudes. Par exemple, nous écrivons:

$$x^3 - 4x + 1$$

et *Mathematica* répond:

$$1 - 4x + x^3$$

Pour obtenir à nouveau la forme traditionnelle, il suffit de faire opérer l'item `ConvertTo` et `TraditionalForm` dans le menu `Cell`.

$$x^3 - 4x + 1$$

On remarquera la calligraphie plus sophistiquée que *Mathematica* retourne mais qu'il ne comprend pas toujours très bien car elle comporte, dans le cas d'expressions complexes, des implicites et habitudes locales (propres à une communauté ou propres à la culture d'un pays).

Toutes les opérations simples peuvent s'effectuer à la "presse-bouton" en utilisant les palettes (menu `File`, item `Palettes`, subitem `AlgebraicManipulations`)

1. Développement et factorisation de polynômes

■ 1.1 Développement

```
? Expand
```

Expand[expr] expands out products and positive integer powers in expr.
Expand[expr, patt] avoids expanding elements of expr which do not contain terms matching the pattern patt.

Traduction adaptée

Expand[expr] effectue le développement de produits et de puissances à exposants entiers positifs.
Expand[expr, patt] évite le développement des éléments de expr qui ne contiennent pas de termes coïncidant avec le filtre patt.

ϙ Exemple 1

Développer

$$-1 + (1 - z)^5 - z$$

Expand[-1 + (1 - z)^5 - z]
$-6 z + 10 z^2 - 10 z^3 + 5 z^4 - z^5$

On peut aussi se poser la question de développer en remplaçant z par a + i b.

On peut soit développer puis remplacer z par a + ib:

Expand[-1 + (1 - z)^5 - z] /. z → a + I b
$-6 (a + I b) + 10 (a + I b)^2 - 10 (a + I b)^3 + 5 (a + I b)^4 - (a + I b)^5$

ou au contraire, remplacer z par a + ib, puis développer:

Expand[-1 + (1 - z)^5 - z /. z → a + I b]
$-6 a + 10 a^2 - 10 a^3 + 5 a^4 - a^5 - 6 I b + 20 I a b - 30 I a^2 b + 20 I a^3 b - 5 I a^4 b - 10 b^2 + 30 a b^2 - 30 a^2 b^2 + 10 a^3 b^2 + 10 I b^3 - 20 I a b^3 + 10 I a^2 b^3 + 5 b^4 - 5 a b^4 - I b^5$

■ 1.2 Factorisation

```
?Factor
```

Factor[poly] factors a polynomial over the integers.
Factor[poly, Modulus->p] factors a polynomial modulo a prime p.

Traduction adaptée

Factor[poly] factorise un polynôme sur les entiers.
Factor[poly, Modulus->p] factorise un polynôme modulo un entier p.

◊ **Exemple 2** (cf Lehning [16])

Factoriser l'expression suivante:

$$-(1 + 4\ t^2)^3 + (8\ t^3 + y)^2 + (-1 - 6\ t^2 + \frac{y^2}{2})^2$$

$$\text{Factor}\left[\left(\frac{y^2}{2} - (1 + 6\ t^2)\right)^2 + (y + 8\ t^3)^2 - (1 + 4\ t^2)^3\right]$$

$$-\frac{1}{4}\ (2\ t - y)^3\ (6\ t + y)$$

2. Réduction de fractions au même dénominateur & somme

◊ **Exemple 3**

Calculer la somme des deux fractions:

$$\frac{1}{12\ x - 28\ x^2 + 23\ x^3 - 8\ x^4 + x^5} + \frac{1}{-20\ x + 56\ x^2 - 61\ x^3 + 33\ x^4 - 9\ x^5 + x^6}$$

Together[
$$\frac{1}{x^6 + 33x^4 + 56x^2 - 20x - 61x^3 - 9x^5} + \frac{1}{x^5 + 23x^3 + 12x - 28x^2 - 8x^4}]$$

$$\frac{1}{(-3 + x)\ (-2 + x)\ x\ (5 - 4\ x + x^2)}$$

vérification en faisant ce que l'on ferait à la main

```
1 / Factor[x⁵ - 8 x⁴ + 23 x³ - 28 x² + 12 x] +
  1 / Factor[x⁶ - 9 x⁵ + 33 x⁴ - 61 x³ + 56 x² - 20 x]
```

$$\frac{1}{(-3+x)\,(-2+x)^2\,(-1+x)\,x} + \frac{1}{(-2+x)^2\,(-1+x)\,x\,(5-4x+x^2)}$$

en prenant le dénominateur correspondant au plus petit commun multiple:

```
PolynomialLCM[(-3 + x) (-2 + x)² (-1 + x) x,
  (-2 + x)² (-1 + x) x (5 - 4 x + x²)]
```

$(-3+x)\,(-2+x)^2\,(-1+x)\,x\,(5-4x+x^2)$

le numérateur de la somme de ces 2 polynômes est:

$(-3+x) + (5-4x+x^2)$

$2 - 3x + x^2$

soit:

$2 - 3x + x^2$

qui se factorise en

```
Factor[%]
```

$(-2+x)\,(-1+x)$

d'où le résultat en simplifiant numérateur et dénominateur par ce facteur.

3. Regroupement de termes

ϙ Exemple 4

Considérons l'expression de deux variables x et y:

$$x^6 + 39x^4 + 68x^2 + (x-3)(x-2)^2(yx-1)(x^2 - 4xy + 5)x - 24x - 74x^3 - 10x^5$$

On peut vouloir la regarder comme un polynôme en x:

```
Collect[(-3+x) (-2+x)^2 (-1+y x) x (5 - 4 x y + x^2) +
  x^6 - 10 x^5 + 39 x^4 - 74 x^3 + 68 x^2 - 24 x,
 x]

36 x + x^2 (-12 - 108 y) + x^7 y + x^4 (18 - 75 y - 64 y^2) + x^6 (-7 y - 4 y^2) +
  x^5 (-3 + 25 y + 28 y^2) + x^3 (-27 + 144 y + 48 y^2)
```

ou en y:

```
Collect[(-3+x) (-2+x)^2 (-1+y x) x (5 - 4 x y + x^2) +
  x^6 - 10 x^5 + 39 x^4 - 74 x^3 + 68 x^2 - 24 x,
 y]

-24 x - 5 (-3 + x) (-2 + x)^2 x + 68 x^2 - 74 x^3 - (-3 + x) (-2 + x)^2 x^3 +
  39 x^4 - 10 x^5 + x^6 + (9 (-3 + x) (-2 + x)^2 x^2 + (-3 + x) (-2 + x)^2 x^4) y -
  4 (-3 + x) (-2 + x)^2 x^3 y^2
```

4. Décomposition en éléments simples

```
?Apart
```

```
Apart[expr] rewrites a rational expression as a sum of
terms with minimal denominators.
Apart[expr, var] treats all variables other than var as
constants.
```

Traduction adaptée

```
Apart[expr] donne la décomposition d'une fraction
rationnelle en éléments simples
Apart[expr, var] traite toutes les variables autres que
var, comme des constantes
```

■ 4.1 Directement

۷ Exemple 5

Décomposer en éléments simples la fraction suivante

$$\frac{22 + 35 x + 23 x^2 + 7 x^3 + x^4}{(1 + x)^2 (7 + 4 x + x^2)}$$

$$\text{Apart}\left[\frac{x^4 + 7x^3 + 23x^2 + 35x + 22}{(1+x)^2 (x^2 + 4x + 7)}\right]$$

$$1 + \frac{1}{(1+x)^2} + \frac{1}{1+x} + \frac{1}{7 + 4x + x^2}$$

■ 4.2 À la main machinal

On chercherait déjà la partie entière :

```
PolynomialDivision[22 + 35 x + 23 x² + 7 x³ + x⁴,
    Expand[(1 + x)² (7 + 4 x + x²)], x]
{1, 15 + 17 x + 7 x² + x³}
```

et on écrirait :

$$\frac{22 + 35x + 23x^2 + 7x^3 + x^4}{(1+x)^2 (7 + 4x + x^2)} == 1 + \frac{15 + 17x + 7x^2 + x^3}{(1+x)^2 (7 + 4x + x^2)}$$

soit :

$$\text{donnée} = \frac{15 + 17x + 7x^2 + x^3}{(1+x)^2 (7 + 4x + x^2)} ;$$

on décomposerait sous la forme :

$$\frac{A}{(1+x)^2} + \frac{B}{1+x} + \frac{Cx + D}{7 + 4x + x^2}$$

et en réduisant tout ceci au même dénominateur :

$$\text{fraction} = \text{Together}\left[\frac{A}{(x+1)^2} + \frac{B}{x+1} + \frac{Cx+D}{x^2 + 4x + 7}\right]$$

$(7A + 7B + D + 4Ax + 11Bx + Cx + 2Dx + Ax^2 + 5Bx^2 + 2Cx^2 + Dx^2 + Bx^3 + Cx^3) / ((1+x)^2 (7 + 4x + x^2))$

on identifierait alors `fraction` et `donnée` et on donnerait à x des valeurs particulières. Par exemple, pour x=-1 :

```
Simplify[(x + 1)² fraction] /. x → -1
A
```

d'où, A = 1.

pour x = 0 :

4. Décomposition en éléments simples

```
Simplify[fraction /. x → 0] /. A → 1
```

$$1 + B + \frac{D}{7}$$

```
donnée /. x → 0 /. A → 1
```

$$\frac{15}{7}$$

d'où:

$$1 + B + \frac{D}{7} == \frac{15}{7}$$

pour x = 1:

```
Simplify[fraction /. x → 1] /. A → 1
```

$$\frac{1}{12}(3 + 6B + C + D)$$

```
donnée /. x → 1 /. A → 1
```

$$\frac{5}{6}$$

d'où:

$$\frac{3 + 6B + C + D}{12} == \frac{5}{6}$$

pour x = 2:

```
Simplify[fraction /. x → 2] /. A → 1
```

$$\frac{1}{171}(19 + 57B + 18C + 9D)$$

```
donnée /. x → 2 /. A → 1
```

$$\frac{85}{171}$$

d'où:

$$\frac{1}{9} + \frac{B}{3} + \frac{2C}{19} + \frac{D}{19} == \frac{85}{171}$$

puis on dirait que B, C et D sont solution du système:

```
Solve[{1 + B + D/7 == 15/7,
   1/12 (3 + 6 B + C + D) == 5/6, 1/9 + B/3 + C/19 + D/19 == 85/171},
   {B, C, D}]
```

$\{\{B \to 1, C \to 0, D \to 1\}\}$

d'où la décomposition:

$$1 + \frac{A}{(1+x)^2} + \frac{B}{1+x} + \frac{Cx+D}{7+4x+x^2} \;/. \; \{A \to 1, C \to 0, B \to 1, D \to 1\}$$

$$1 + \frac{1}{(1+x)^2} + \frac{1}{1+x} + \frac{1}{7+4x+x^2}$$

5. Manipulations enchaînées

Il est intéressant de pouvoir manipuler des expressions suivant le chemin qu'on a choisi en fonction des résultats que l'on a et que l'on cherche. Voici quelques cas types:

○̸ Exemple 6

fraction sous différents points de vue

$$E1 = -\frac{(-5+2x)(3+2x)}{(5-5x+x^2)^2} + \frac{2}{5-5x+x^2};$$

sous forme développée:

```
Expand[%]
```

$$\frac{15}{(5-5x+x^2)^2} + \frac{4x}{(5-5x+x^2)^2} - \frac{4x^2}{(5-5x+x^2)^2} + \frac{2}{5-5x+x^2}$$

décomposition en éléments simples

```
Apart[%%]
```

$$\frac{35-16x}{(5-5x+x^2)^2} - \frac{2}{5-5x+x^2}$$

forme simplifiée

```
Simplify[%]
```

$$\frac{25-6x-2x^2}{(5-5x+x^2)^2}$$

6. Expressions paramétriques

۞ Exemple 7

fraction pour différentes valeurs des paramètres (au sens mathématique du terme)

$$E2 = \frac{6\,a\,x^5}{\sqrt{a^2 + b^2}} ;$$

valeur de E2 pour plusieurs valeurs du paramètre: a varie de -2 à 2 et b de n à n+2

```
TableForm[Table[E2, {a, -2, 2}, {b, n, n + 2}],
    TableSpacing → {2, 4}]
```

$-\dfrac{12\,x^5}{\sqrt{4+n^2}}$	$-\dfrac{12\,x^5}{\sqrt{4+(1+n)^2}}$	$-\dfrac{12\,x^5}{\sqrt{4+(2+n)^2}}$
$-\dfrac{6\,x^5}{\sqrt{1+n^2}}$	$-\dfrac{6\,x^5}{\sqrt{1+(1+n)^2}}$	$-\dfrac{6\,x^5}{\sqrt{1+(2+n)^2}}$
0	0	0
$\dfrac{6\,x^5}{\sqrt{1+n^2}}$	$\dfrac{6\,x^5}{\sqrt{1+(1+n)^2}}$	$\dfrac{6\,x^5}{\sqrt{1+(2+n)^2}}$
$\dfrac{12\,x^5}{\sqrt{4+n^2}}$	$\dfrac{12\,x^5}{\sqrt{4+(1+n)^2}}$	$\dfrac{12\,x^5}{\sqrt{4+(2+n)^2}}$

Parmi les options de `TableForm`, j'ai choisi `TableSpacing`.

```
Options[TableForm]

{TableAlignments -> Automatic, TableDepth -> Infinity,
    TableDirections -> Column, TableHeadings -> None,
    TableSpacing -> Automatic}
```

L'option `TableSpacing` permet de choisir les espacements verticaux et horizontaux entre l'affichage des différentes item.

```
TableForm[Table[E2, {a, -2, 2}, {b, n, n + 2}],
  TableSpacing → {5, 4}]
```

$$-\frac{12x^5}{\sqrt{4+n^2}} \qquad -\frac{12x^5}{\sqrt{4+(1+n)^2}} \qquad -\frac{12x^5}{\sqrt{4+(2+n)^2}}$$

$$-\frac{6x^5}{\sqrt{1+n^2}} \qquad -\frac{6x^5}{\sqrt{1+(1+n)^2}} \qquad -\frac{6x^5}{\sqrt{1+(2+n)^2}}$$

$$0 \qquad\qquad 0 \qquad\qquad 0$$

$$\frac{6x^5}{\sqrt{1+n^2}} \qquad \frac{6x^5}{\sqrt{1+(1+n)^2}} \qquad \frac{6x^5}{\sqrt{1+(2+n)^2}}$$

$$\frac{12x^5}{\sqrt{4+n^2}} \qquad \frac{12x^5}{\sqrt{4+(1+n)^2}} \qquad \frac{12x^5}{\sqrt{4+(2+n)^2}}$$

```
TableForm[Table[E2, {a, -2, 2}, {b, n, n + 2}],
  TableSpacing → {1, 3}]
```

$$-\frac{12x^5}{\sqrt{4+n^2}} \qquad -\frac{12x^5}{\sqrt{4+(1+n)^2}} \qquad -\frac{12x^5}{\sqrt{4+(2+n)^2}}$$
$$-\frac{6x^5}{\sqrt{1+n^2}} \qquad -\frac{6x^5}{\sqrt{1+(1+n)^2}} \qquad -\frac{6x^5}{\sqrt{1+(2+n)^2}}$$
$$0 \qquad\qquad 0 \qquad\qquad 0$$
$$\frac{6x^5}{\sqrt{1+n^2}} \qquad \frac{6x^5}{\sqrt{1+(1+n)^2}} \qquad \frac{6x^5}{\sqrt{1+(2+n)^2}}$$
$$\frac{12x^5}{\sqrt{4+n^2}} \qquad \frac{12x^5}{\sqrt{4+(1+n)^2}} \qquad \frac{12x^5}{\sqrt{4+(2+n)^2}}$$

ou encore sous forme matricielle:

```
MatrixForm[Table[E2, {a, -2, 2}, {b, n, n + 2}],
  TableSpacing → {1, 3}]
```

$$\begin{pmatrix} -\frac{12x^5}{\sqrt{4+n^2}} & -\frac{12x^5}{\sqrt{4+(1+n)^2}} & -\frac{12x^5}{\sqrt{4+(2+n)^2}} \\ -\frac{6x^5}{\sqrt{1+n^2}} & -\frac{6x^5}{\sqrt{1+(1+n)^2}} & -\frac{6x^5}{\sqrt{1+(2+n)^2}} \\ 0 & 0 & 0 \\ \frac{6x^5}{\sqrt{1+n^2}} & \frac{6x^5}{\sqrt{1+(1+n)^2}} & \frac{6x^5}{\sqrt{1+(2+n)^2}} \\ \frac{12x^5}{\sqrt{4+n^2}} & \frac{12x^5}{\sqrt{4+(1+n)^2}} & \frac{12x^5}{\sqrt{4+(2+n)^2}} \end{pmatrix}$$

et sous forme traditionnelle:

6. Expressions paramétriques

$$\begin{pmatrix} -\dfrac{12x^5}{\sqrt{n^2+4}} & -\dfrac{12x^5}{\sqrt{(n+1)^2+4}} & -\dfrac{12x^5}{\sqrt{(n+2)^2+4}} \\ -\dfrac{6x^5}{\sqrt{n^2+1}} & -\dfrac{6x^5}{\sqrt{(n+1)^2+1}} & -\dfrac{6x^5}{\sqrt{(n+2)^2+1}} \\ 0 & 0 & 0 \\ \dfrac{6x^5}{\sqrt{n^2+1}} & \dfrac{6x^5}{\sqrt{(n+1)^2+1}} & \dfrac{6x^5}{\sqrt{(n+2)^2+1}} \\ \dfrac{12x^5}{\sqrt{n^2+4}} & \dfrac{12x^5}{\sqrt{(n+1)^2+4}} & \dfrac{12x^5}{\sqrt{(n+2)^2+4}} \end{pmatrix}$$

Pour obtenir cette dernière matrice à partir de la précédente, il suffit d'utiliser le menu Cell, convert To et TradionalForm. Ceci est spécifique à la version 3.

▽ Exemple 8

valeurs particulières des paramètres au cours d'un enchaînement de questions/réponses.

$$E3 = \dfrac{4\,a\,x^3}{\sqrt{a^2+x^2}} - \dfrac{x\,(b+a\,x^4)}{(a^2+x^2)^{3/2}};$$

sous forme développée:

Expand[%]

$$-\dfrac{b\,x}{(a^2+x^2)^{3/2}} - \dfrac{a\,x^5}{(a^2+x^2)^{3/2}} + \dfrac{4\,a\,x^3}{\sqrt{a^2+x^2}}$$

forme simplifiée:

Simplify[%]

$$\dfrac{-b\,x + 4\,a^3\,x^3 + 3\,a\,x^5}{(a^2+x^2)^{3/2}}$$

décomposition en éléments simples après multiplication du dénominateur par le facteur adéquat:

$$A = \text{Apart}\left[\dfrac{\%}{\sqrt{a^2+x^2}}\right]$$

$$3\,a\,x - \dfrac{(a^5+b)\,x}{(a^2+x^2)^2} - \dfrac{2\,a^3\,x}{a^2+x^2}$$

remplacement des paramètres a ou b par des valeurs intéressantes. Par exemple, on veut remplacer a par b dans cette expression:

B = % /. {a → b}

$$3\,b\,x - \dfrac{(b+b^5)\,x}{(b^2+x^2)^2} - \dfrac{2\,b^3\,x}{b^2+x^2}$$

Maintenant, on souhaite obtenir la valeur de cette fraction en remplaçant b par les racines de $b^5 - b = 0$

```
Solve[b⁵ - b == 0]
{{b→-1}, {b→0}, {b→-I}, {b→I}, {b→1}}

B /. %
```

$$\left\{-3x + \frac{2x}{(1+x^2)^2} + \frac{2x}{1+x^2}, \ 0,\right.$$

$$-3Ix + \frac{2Ix}{(-1+x^2)^2} - \frac{2Ix}{-1+x^2},$$

$$3Ix - \frac{2Ix}{(-1+x^2)^2} + \frac{2Ix}{-1+x^2},$$

$$\left.3x - \frac{2x}{(1+x^2)^2} - \frac{2x}{1+x^2}\right\}$$

mais on aimerait voir les racines et en face, les valeurs prises. Voici une première façon de faire:

```
With[{solutions = Solve[b⁵ - b == 0]},
    MapThread[Print, {b /. solutions, B /. solutions}]];
```

$$-1 -3x + \frac{2x}{(1+x^2)^2} + \frac{2x}{1+x^2}$$

0 0

$$-I - 3Ix + \frac{2Ix}{(-1+x^2)^2} - \frac{2Ix}{-1+x^2}$$

$$I3Ix - \frac{2Ix}{(-1+x^2)^2} + \frac{2Ix}{-1+x^2}$$

$$13x - \frac{2x}{(1+x^2)^2} - \frac{2x}{1+x^2}$$

Tout est là, mais c'est pas vraiment lisible alors on pense intercaler des mots refrain du genre:

"pour b =...   on a B= ..."

Conceptuellement, il y a:

- les solutions de $b^5 - b = 0$, représentées par une liste;
- la liste des valeurs cherchées;
- les mots du méta-langage mathématique.

Pour chaque ligne, on veut: un affichage: "pour b = ", puis une valeur, puis un affichage: " on a B = ", puis une valeur et un point virgule. Ceci se réalise pour chaque ligne grâce à la primitive `SequenceForm`.

```
pour b = -1 on a B = 0;
pour b = -1 on a B = 0;
```

Comment passer à tous les éléments maintenant? Voici la lambda fonction à écrire en remplaçement du `Print`:

```
pour b = #1 on a B = #2&
```

d'où:

```
With[{solutions = Solve[b⁵ - b == 0]},
  MapThread[pour b = #1 on a:  B = #2;&,
  {b /. solutions, B /. solutions}]]
```

$\{$pour b = -1 on a: B = $-3x + \dfrac{2x}{(1+x^2)^2} + \dfrac{2x}{1+x^2}$;,

pour b = 0 on a: B = 0;,

pour b = -I on a: B = $-3Ix + \dfrac{2Ix}{(-1+x^2)^2} - \dfrac{2Ix}{-1+x^2}$;,

pour b = I on a: B = $3Ix - \dfrac{2Ix}{(-1+x^2)^2} + \dfrac{2Ix}{-1+x^2}$;,

pour b = 1 on a: B = $3x - \dfrac{2x}{(1+x^2)^2} - \dfrac{2x}{1+x^2}$;$\}$

Voici un peu mieux, sans accolades ni virgules:

```
TableForm[%]
```

pour b = -1 on a: B = $-3x + \dfrac{2x}{(1+x^2)^2} + \dfrac{2x}{1+x^2}$;

pour b = 0 on a: B = 0;

pour b = -I on a: B = $-3Ix + \dfrac{2Ix}{(-1+x^2)^2} - \dfrac{2Ix}{-1+x^2}$;

pour b = I on a: B = $3Ix - \dfrac{2Ix}{(-1+x^2)^2} + \dfrac{2Ix}{-1+x^2}$;

pour b = 1 on a: B = $3x - \dfrac{2x}{(1+x^2)^2} - \dfrac{2x}{1+x^2}$;

et en forme traditionnelle:

pour $b = -1$ on a: $B = \dfrac{2x}{x^2+1} + \dfrac{2x}{(x^2+1)^2} - 3x$;

pour $b = 0$ on a: $B = 0$;

pour $b = -i$ on a: $B = \dfrac{-2ix}{x^2-1} + \dfrac{2ix}{(x^2-1)^2} - 3ix$;

pour $b = i$ on a: $B = \dfrac{2ix}{x^2-1} - \dfrac{2ix}{(x^2-1)^2} + 3ix$;

pour $b = 1$ on a: $B = \dfrac{-2x}{x^2+1} - \dfrac{2x}{(x^2+1)^2} + 3x$;

7. Polynômes à coefficients complexes

💡 **Exemple 9**

On considère le polynôme suivant, où a est un nombre quelconque (réel ou complexe):

```
(x - a) (x - a²) (x - a³) (x - a⁴)

(-a + x) (-a² + x) (-a³ + x) (-a⁴ + x)

Expand[%]
```

$a^{10} - a^6\,x - a^7\,x - a^8\,x - a^9\,x + a^3\,x^2 + a^4\,x^2 + 2\,a^5\,x^2 + a^6\,x^2 + a^7\,x^2 - a\,x^3 - a^2\,x^3 - a^3\,x^3 - a^4\,x^3 + x^4$

```
expression = %

General::spell1 :
   Possible spelling error: new symbol name "expression" is
      similar to existing symbol "Expression".
```

$a^{10} - a^6\,x - a^7\,x - a^8\,x - a^9\,x + a^3\,x^2 + a^4\,x^2 + 2\,a^5\,x^2 + a^6\,x^2 + a^7\,x^2 - a\,x^3 - a^2\,x^3 - a^3\,x^3 - a^4\,x^3 + x^4$

Mathematica attire l'attention de l'utilisateur: Expression est un symbole qui a un sens particulier pour lui. Mais comme il distingue minuscules de majuscules, il ne confondra pas Expression et expression. On peut donc ignorer son message et garder le mot expression, comme désiré.

Voici la valeur de cette expression pour quelques valeurs du paramètre a:

```
expression /. a → 1
```

$1 - 4\,x + 6\,x^2 - 4\,x^3 + x^4$

```
expression /. a → -1/3
```

$\dfrac{1}{59049} - \dfrac{20\,x}{19683} - \dfrac{70\,x^2}{2187} + \dfrac{20\,x^3}{81} + x^4$

```
Factor[%]
```

$\dfrac{(1 + 3\,x)\,(-1 + 9\,x)\,(1 + 27\,x)\,(-1 + 81\,x)}{59049}$

```
expression /. a → Log[2]
```

$x^4 - x^3\,\text{Log}[2] - x^3\,\text{Log}[2]\,\hat{}\,2 + x^2\,\text{Log}[2]\,\hat{}\,3 - x^3\,\text{Log}[2]\,\hat{}\,3 + x^2\,\text{Log}[2]\,\hat{}\,4 - x^3\,\text{Log}[2]\,\hat{}\,4 + 2\,x^2\,\text{Log}[2]\,\hat{}\,5 - x\,\text{Log}[2]\,\hat{}\,6 + x^2\,\text{Log}[2]\,\hat{}\,6 - x\,\text{Log}[2]\,\hat{}\,7 + x^2\,\text{Log}[2]\,\hat{}\,7 - x\,\text{Log}[2]\,\hat{}\,8 - x\,\text{Log}[2]\,\hat{}\,9 + \text{Log}[2]\,\hat{}\,10$

7. Polynômes à coefficients complexes

```
expression /. a → Exp[(2 I π)/5]
```

$$1 - E^{-\frac{2I\pi}{5}} x - E^{\frac{2I\pi}{5}} x - E^{-\frac{4I\pi}{5}} x - E^{\frac{4I\pi}{5}} x + 2 x^2 + E^{-\frac{2I\pi}{5}} x^2 + E^{\frac{2I\pi}{5}} x^2 +$$
$$E^{-\frac{4I\pi}{5}} x^2 + E^{\frac{4I\pi}{5}} x^2 - E^{-\frac{2I\pi}{5}} x^3 - E^{\frac{2I\pi}{5}} x^3 - E^{-\frac{4I\pi}{5}} x^3 - E^{\frac{4I\pi}{5}} x^3 + x^4$$

pour simplifier ce que l'on vient d'obtenir:

```
Simplify[%]
```

$1 + ((-1)^{\wedge}(1/5) - (-1)^{\wedge}(2/5) + (-1)^{\wedge}(3/5) - (-1)^{\wedge}(4/5)) x +$
$(2 - (-1)^{\wedge}(1/5) + (-1)^{\wedge}(2/5) - (-1)^{\wedge}(3/5) + (-1)^{\wedge}(4/5)) x^2 +$
$((-1)^{\wedge}(1/5) - (-1)^{\wedge}(2/5) + (-1)^{\wedge}(3/5) - (-1)^{\wedge}(4/5)) x^3 + x^4$

pour regrouper suivant les puissances de x:

```
Collect[%, x]
```

$1 + ((-1)^{\wedge}(1/5) - (-1)^{\wedge}(2/5) + (-1)^{\wedge}(3/5) - (-1)^{\wedge}(4/5)) x +$
$(2 - (-1)^{\wedge}(1/5) + (-1)^{\wedge}(2/5) - (-1)^{\wedge}(3/5) + (-1)^{\wedge}(4/5)) x^2 +$
$((-1)^{\wedge}(1/5) - (-1)^{\wedge}(2/5) + (-1)^{\wedge}(3/5) - (-1)^{\wedge}(4/5)) x^3 + x^4$

pour obtenir les parties réelles et imaginaires de quelques termes:

```
{Re[(-1)^{3/5}], Im[(-1)^{3/5}]}
```

$$\{\frac{1}{4}(1-\sqrt{5}),\ \frac{1}{2}\sqrt{\frac{1}{2}(5+\sqrt{5})}\}$$

on peut bien sûr composer toutes les opérations précédentes comme désiré:

```
Simplify[expression /. a → Exp[(2 I π)/5]]
```

$1 + ((-1)^{\wedge}(1/5) - (-1)^{\wedge}(2/5) + (-1)^{\wedge}(3/5) - (-1)^{\wedge}(4/5)) x +$
$(2 - (-1)^{\wedge}(1/5) + (-1)^{\wedge}(2/5) - (-1)^{\wedge}(3/5) + (-1)^{\wedge}(4/5)) x^2 +$
$((-1)^{\wedge}(1/5) - (-1)^{\wedge}(2/5) + (-1)^{\wedge}(3/5) - (-1)^{\wedge}(4/5)) x^3 + x^4$

et voilà la liste des coefficients:

```
CoefficientList[Simplify[expression /. a → Exp[(2 I π)/5]],
x]
```

$\{1,\ (-1)^{\wedge}(1/5) - (-1)^{\wedge}(2/5) + (-1)^{\wedge}(3/5) - (-1)^{\wedge}(4/5),$
$2 - (-1)^{\wedge}(1/5) + (-1)^{\wedge}(2/5) - (-1)^{\wedge}(3/5) + (-1)^{\wedge}(4/5),$
$(-1)^{\wedge}(1/5) - (-1)^{\wedge}(2/5) + (-1)^{\wedge}(3/5) - (-1)^{\wedge}(4/5),\ 1\}$

puis la liste des parties réelles et imaginaires de ces coefficients:

```
coefficient = {Re[%], Im[%]}
```

$\{\{1, \frac{1}{2}(1-\sqrt{5}) + \frac{1}{2}(1+\sqrt{5}),$
$2 + \frac{1}{2}(-1-\sqrt{5}) + \frac{1}{2}(-1+\sqrt{5}), \frac{1}{2}(1-\sqrt{5}) + \frac{1}{2}(1+\sqrt{5}), 1\},$
$\{0, 0, 0, 0, 0\}\}$

```
Simplify[%]
```

$\{\{1, 1, 1, 1, 1\}, \{0, 0, 0, 0, 0\}\}$

Bien. Quelle propriété avons nous montré? Donner une interprétation géométrique en utilisant ce qui suit:

```
Table [Exp[ 2 I n π / 5 ], {n, 1, 4}]
```

$\{E^{\frac{2I\pi}{5}}, E^{\frac{4I\pi}{5}}, E^{-\frac{4I\pi}{5}}, E^{-\frac{2I\pi}{5}}\}$

```
{Re[%], Im[%]}
```

$\{\{\frac{1}{4}(-1+\sqrt{5}), \frac{1}{4}(-1-\sqrt{5}), \frac{1}{4}(-1-\sqrt{5}), \frac{1}{4}(-1+\sqrt{5})\},$
$\{\frac{1}{2}\sqrt{(\frac{1}{2}(5+\sqrt{5}))}, \frac{1}{2}\sqrt{(\frac{1}{2}(5-\sqrt{5}))}, -\frac{1}{2}\sqrt{(\frac{1}{2}(5-\sqrt{5}))},$
$-\frac{1}{2}\sqrt{(\frac{1}{2}(5+\sqrt{5}))}\}\}$

```
MapThread [List, %]
```

$\{\{\frac{1}{4}(-1+\sqrt{5}), \frac{1}{2}\sqrt{(\frac{1}{2}(5+\sqrt{5}))}\}, \{\frac{1}{4}(-1-\sqrt{5}), \frac{1}{2}\sqrt{(\frac{1}{2}(5-\sqrt{5}))}\},$
$\{\frac{1}{4}(-1-\sqrt{5}), -\frac{1}{2}\sqrt{(\frac{1}{2}(5-\sqrt{5}))}\}, \{\frac{1}{4}(-1+\sqrt{5}), -\frac{1}{2}\sqrt{(\frac{1}{2}(5+\sqrt{5}))}\}\}$

```
Show [
  Graphics [Map [{AbsolutePointSize [5], Point [#]}&, %]],
  Axes -> True, AspectRatio -> Automatic,
  Ticks -> { {-0.8, 0.2}, Automatic}]]
```

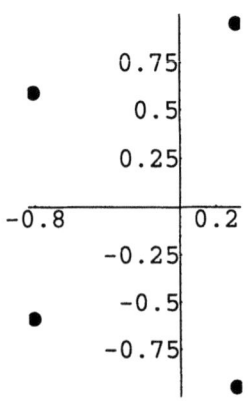

Trigonométrie

1. Formules classiques de trigonométrie

■ 1.1 Primitives Expand, Simplify & Option Trig

Les fonctions standard, Expand et Simplify peuvent être utilisées avec l'option Trig mise à True (i.e en remplaçant Trig par True). Mais ce que nous avons l'habitude d'appeler traditionnellement "les formules de trigo" ne s'obtiennent pas forcément toutes ainsi.

☼ **Exemple 1**

où on obtient ce que l'on veut...

    Simplify[Cos[t]² + Sin[t]²]

    1

☼ **Exemple 2**

et où on est surpris...

    Expand[Cos[a + b]]

    Cos[a + b]

les règles de calcul sur les formules de trigo sont spécifiques...

    Expand[Cos[a + b], Trig → True]

    Cos[a] Cos[b] - Sin[a] Sin[b]

    Expand[Cos[2 x], Trig → True]

    Cos[x]² - Sin[x]²

    Simplify[Cos[a + b], Trig → True]

    Cos[a + b]

1.2 A la main machinal: application de règles de réécriture

On peut toujours, si on veut, faire appliquer les formules à la main, en indiquant la règle à appliquer:

▽ **Exemple 3**

```
Cos[a+b] /. Cos[p_+q_] → Cos[p] Cos[q] - Sin[p] Sin[q]
Cos[a] Cos[b] - Sin[a] Sin[b]
```

▽ **Exemple 4**

```
règleTrigo1 = Cos[p_+q_] → Cos[p] Cos[q] - Sin[p] Sin[q];
Cos[a-b] /. règleTrigo1
Cos[a] Cos[b] + Sin[a] Sin[b]
```

▽ **Exemple 5**

```
Cos[x-2y] /. règleTrigo1
Cos[x] Cos[2y] + Sin[x] Sin[2y]
```

mais il y a lieu de repérer la règle applicable car par exemple, ceci ne convient pas pour développer

cos 2a:

```
Cos[2a] /. règleTrigo1
Cos[2a]
```

1.3 Chargement du package de trigonométrie

Dans la version 2.2, des fonctions spécifiques à la manipulation d'expressions trigonométriques existent dans le package Algebra`Trigonometry`. Une fois chargé ce package, les fonctions de ce package sont disponibles et permettent de retrouver les formules usuelles:

```
Needs["Algebra`Trigonometry`"]
```

Dans la version 3, ces fonctions ont été intégrées au noyau de *Mathematica; il n'est donc plus utile de charger ce package*

```
TrigExpand[Cos[a + b]]
```
Cos[a] Cos[b] - Sin[a] Sin[b]

```
TrigExpand[Cos[2 x]]
```
Cos[x]^2 - Sin[x]^2

```
TrigFactor[Cos[p] + Cos[q]]
```
$2 \cos\left[\frac{p}{2} - \frac{q}{2}\right] \cos\left[\frac{p}{2} + \frac{q}{2}\right]$

```
TrigToExp[Sin[x + π/3]]
```
$\frac{1}{2} I \left(E^{-\frac{I\pi}{3} - Ix} - E^{\frac{I\pi}{3} + Ix}\right)$

```
ExpToTrig[Exp[Iπ/12]]
```
$\left(\frac{1}{2} + \frac{I}{2}\right) \sqrt{\frac{3}{2}} + \frac{\frac{1}{2} - \frac{I}{2}}{\sqrt{2}}$

Effectuer des transformations d'expression trigonométriques, c'est donc réfléchir à ce que l'on veut faire afin d'appliquer les bonnes fonctions et les bonnes règles de transformation.

2. Exemples de manipulations plus complexes

○̇ Exemple 6

Au cours d'une recherche d'enveloppe, deux élèves ont procédé de deux manières différentes exposées ci-dessous. Les résultats qu'ils trouvent sont-ils les mêmes et comment passer de l'un à l'autre?

Données du problème:

```
a[t_] := Sin[t];

b[t_] := Cos[t];
```

```
expression1 = a[t] x + b[t] y + a[t] b[t]
```
$y \text{Cos}[t] + x \text{Sin}[t] + \text{Cos}[t] \text{Sin}[t]$

```
expression2 = ∂_t expression1
```
$x \text{Cos}[t] + \text{Cos}[t]^2 - y \text{Sin}[t] - \text{Sin}[t]^2$

Il s'agit de représenter les fonctions x et y solutions du système homogène dont les premiers membres sont les deux expressions ci-dessus.

Premier élève:

```
Solve[{expression1 == 0, expression2 == 0}, {x, y}]
```
$$\left\{\left\{x \to -\frac{\text{Cos}[t]^3}{\text{Cos}[t]^2 + \text{Sin}[t]^2}, \ y \to -\frac{\text{Sin}[t]^3}{\text{Cos}[t]^2 + \text{Sin}[t]^2}\right\}\right\}$$

Deuxième élève:

```
Simplify[expression2]
```
$x \text{Cos}[t] + \text{Cos}[2 t] - y \text{Sin}[t]$

```
Solve[{expression1 == 0, % == 0}, {x, y}]
```
$$\left\{\left\{x \to -\frac{\text{Cos}[t] \text{Cos}[2 t] + \text{Cos}[t] \text{Sin}[t]^2}{\text{Cos}[t]^2 + \text{Sin}[t]^2},\right.\right.$$
$$\left.\left.y \to -\frac{\text{Cos}[t]^2 \text{Sin}[t] - \text{Cos}[2 t] \text{Sin}[t]}{\text{Cos}[t]^2 + \text{Sin}[t]^2}\right\}\right\}$$

```
TrigReduce[%]
```
$$\left\{\left\{x \to -\frac{\text{Cos}[t] \text{Cos}[2 t] + \text{Cos}[t] \text{Sin}[t]^2}{\text{Cos}[t]^2 + \text{Sin}[t]^2},\right.\right.$$
$$\left.\left.y \to -\frac{\text{Cos}[t]^2 \text{Sin}[t] - \text{Cos}[2 t] \text{Sin}[t]}{\text{Cos}[t]^2 + \text{Sin}[t]^2}\right\}\right\}$$

Passage du résultat obtenu par ce deuxième elève au résultat obtenu par le premier élève:

```
Simplify[%]
```
$\{\{x \to -\text{Cos}[t]^3, y \to -\text{Sin}[t]^3\}\}$

```
{x, y} /. %
```
$\{\{-\text{Cos}[t]^3, -\text{Sin}[t]^3\}\}$

2. Exemples de manipulations plus complexes

On peut à ce moment là donner un nom au résultat trouvé par ces deux élèves:

> résultatCorrect = Flatten[%]
>
> $\{-\text{Cos}[t]^3, -\text{Sin}[t]^3\}$

۷ Exemple 7

Maintenant, dans ce groupe d'élèves, d'autres résultats encore ont été obtenus. Lesquels, parmi ces résultats, sont corrects? Comment montrer soit qu'ils sont corrects, soit qu'ils ne le sont pas?

Liste des résultats différents obtenus:

> résultat1 = $\{\{x \to \frac{1}{2}(-1 - \text{Cos}[t] + \text{Cos}[2t] - \text{Cos}[3t]),$
>
> $y \to -\frac{1}{2}\text{Sin}[2t] + \frac{1}{4}\text{Sec}[t]\text{Sin}[4t]\}\}$;
>
> résultat2 = $\{-(\text{Cos}[t]\text{Sin}[t]^2), \frac{1}{4}(5\text{Sin}[t] + \text{Sin}[3t])\}$;
>
> résultat3 = $\{\frac{3\text{Cos}[t]}{4} + \frac{1}{4}\text{Cos}[3t], \frac{3\text{Sin}[t]}{4} - \frac{1}{4}\text{Sin}[3t]\}$;
>
> résultat4 = $\{-(\text{Cos}[2t]\text{Sin}[t]^2), t\}$;
>
> résultat5 = $\{-(\text{Cos}[t]\text{Sin}[t]^2), \frac{\text{Sin}[t]^3}{\text{Cos}[t]+2}\}$;

Comment faire pour vérifier tout ça?

On pourrait essayer de prendre chacune de ces expressions et tenter de les comparer à l'expression trouvée par les deux premiers élèves, mais c'est un peu long... On remarque plutôt que la structure de représentation de tous ces résultats est la même à l'exception de résultat1. Mais il n'est pas très difficile de lui donner la même structure:

> {x, y} /. résultat1
>
> $\{\{\frac{1}{2}(-1 - \text{Cos}[t] + \text{Cos}[2t] - \text{Cos}[3t]),$
>
> $-\frac{1}{2}\text{Sin}[2t] + \frac{1}{4}\text{Sec}[t]\text{Sin}[4t]\}\}$
>
> résultat1 = Flatten[%]
>
> $\{\frac{1}{2}(-1 - \text{Cos}[t] + \text{Cos}[2t] - \text{Cos}[3t]),$
>
> $-\frac{1}{2}\text{Sin}[2t] + \frac{1}{4}\text{Sec}[t]\text{Sin}[4t]\}$

Remarque

Que veut dire Sec[t]? On comprend bien qu'il s'agit de la primitive Sec appliquée à t mais Sec, c'est quoi?

```
? Sec

Sec[z] gives the secant of z.
```

La *sécante* d'un angle est l'inverse de son cosinus, ce que n'ignore pas le dictionnaire Larousse par exemple, mais ce qu'une grande partie des scolaires (et des enseignants) français ignorent car cette notion n'est pas transmise par l'enseignement.

Cos[$\frac{\pi}{3}$]	$\frac{1}{2}$
Sec[$\frac{\pi}{3}$]	2

Pour avoir une première idée sur l'ensemble des résultats fournis par les élèves, il suffit de représenter toutes les expressions obtenues sous forme paramétrique.

Voici déjà pour résultatCorrect:

```
ParametricPlot[résultatCorrect, {t, 0, 2π}];

ParametricPlot::ppcom :
   Function résultatCorrect cannot be compiled;
      plotting will proceed with the uncompiled function.
```

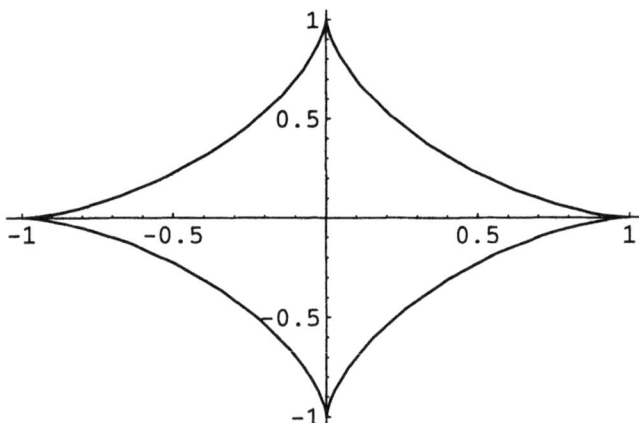

Remarque:

Le message d'erreur provient de ppcom. C'est le compilateur appelé par la primirive ParametricPlot. Il est dû au fait que cette primitive, de la même famille que Plot, n'évalue pas ses arguments:

2. Exemples de manipulations plus complexes

```
?ParametricPlot
```

ParametricPlot[{fx, fy}, {t, tmin, tmax}] produces a parametric plot with x and y coordinates fx and fy generated as a function of t.
ParametricPlot[{{fx, fy}, {gx, gy}, ...}, {t, tmin, tmax}] plots several parametric curves.

Attributes[ParametricPlot] = {HoldAll, Protected}

Options[ParametricPlot] =
  {AspectRatio -> GoldenRatio^(-1),
   Axes -> Automatic,
   AxesLabel -> None,
   AxesOrigin -> Automatic,
   AxesStyle -> Automatic,
   Background -> Automatic,
   ColorOutput -> Automatic,
   Compiled -> True,
   DefaultColor -> Automatic,
   Epilog -> {},
   Frame -> False,
   FrameLabel -> None,
   FrameStyle -> Automatic,
   FrameTicks -> Automatic,
   GridLines -> None,
   MaxBend -> 10.,
   PlotDivision -> 20.,
   PlotLabel -> None,
   PlotPoints -> 25,
   PlotRange -> Automatic,
   PlotRegion -> Automatic,
   PlotStyle -> Automatic,
   Prolog -> {},
   RotateLabel -> True,
   Ticks -> Automatic,
   DefaultFont :> $DefaultFont,
   DisplayFunction :> $DisplayFunction}

Pour supprimer le message d'erreur et augmenter la rapidité du tracé, on évalue le terme passé en argument:

Représentation de résultatCorrect

```
ParametricPlot[Evaluate[résultatCorrect], {t, 0, 2π}];
```

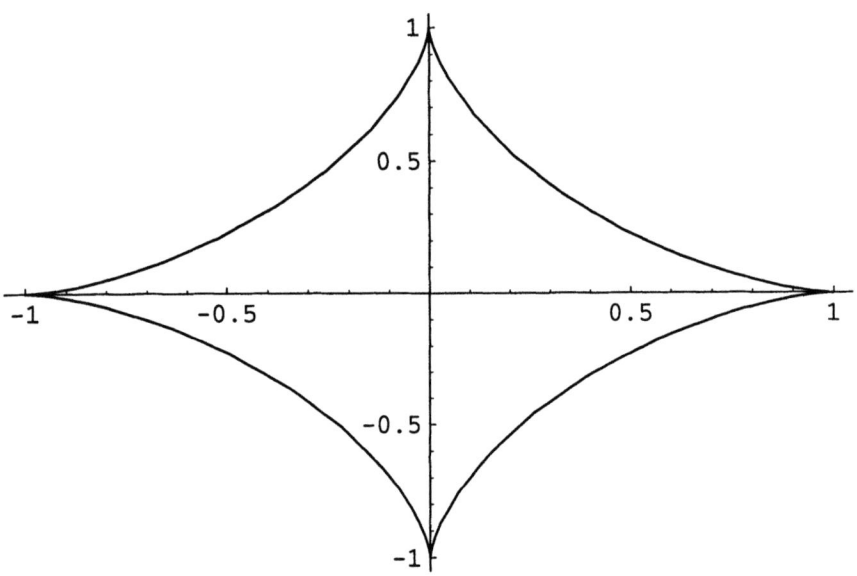

Représentation de résultat1

```
ParametricPlot[Evaluate[résultat1], {t, 0, 2π}];
```

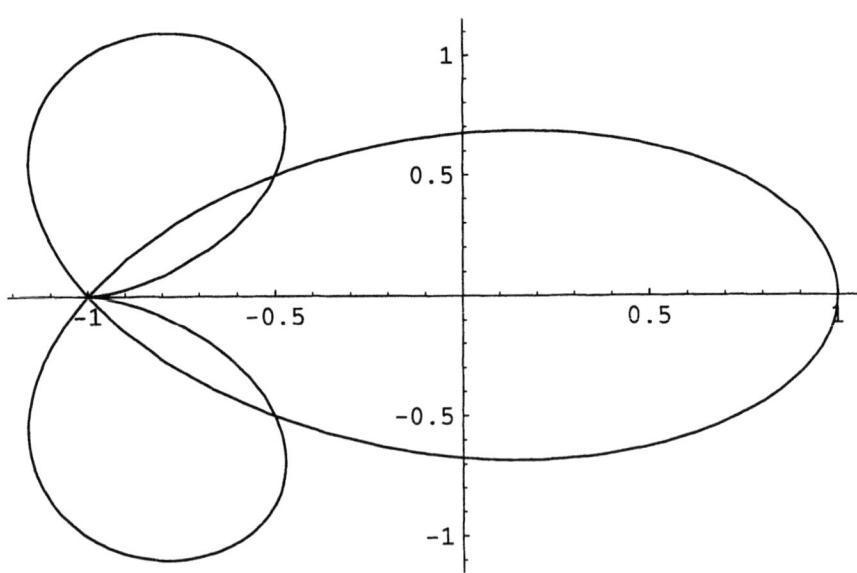

2. Exemples de manipulations plus complexes

Représentation de résultat2

```
ParametricPlot[Evaluate[résultat2], {t, 0, 2 π}];
```

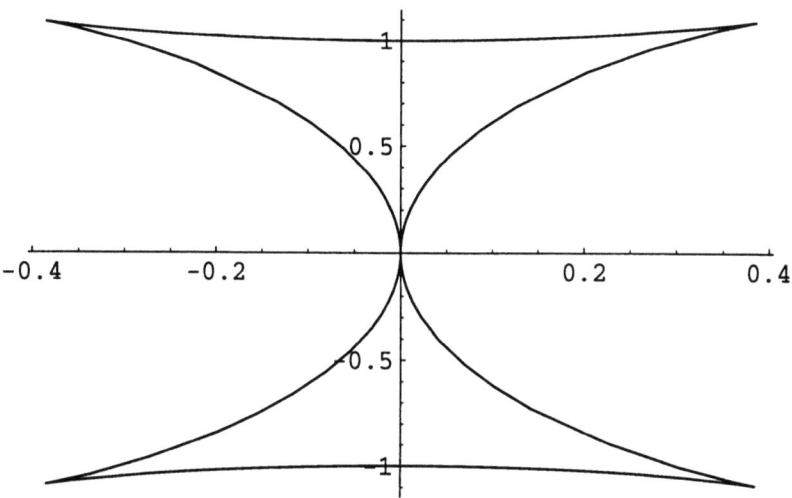

Représentation de résultat3

```
ParametricPlot[Evaluate[résultat3], {t, 0, 2 π}];
```

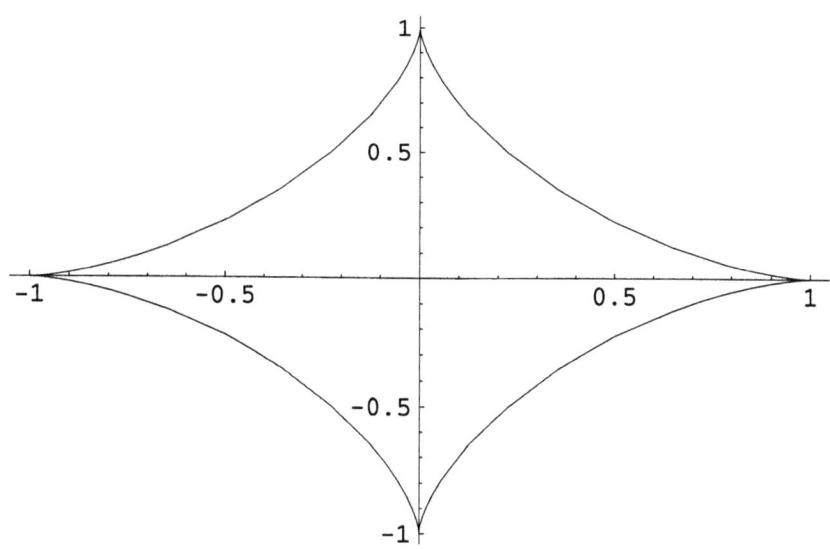

Représentation de résultat4

```
ParametricPlot[Evaluate[résultat4], {t, 0, 2π}];
```

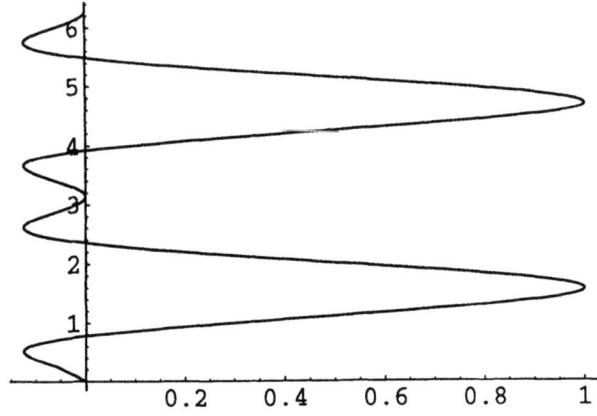

Représentation de résultat5

```
ParametricPlot[Evaluate[résultat5], {t, 0, 2π}];
```

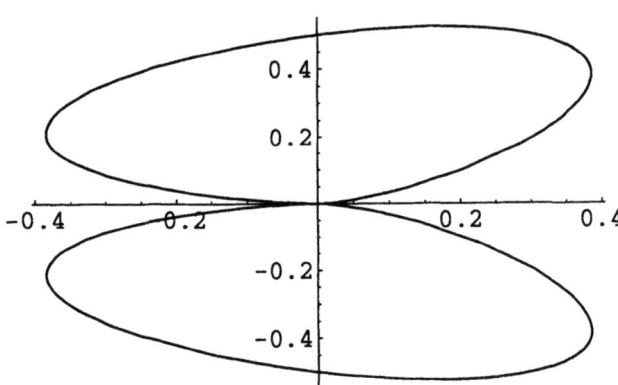

Analyse des courbes

Seul le troisième résultat a une chance d'être correct. Pour montrer que les autres résultats sont faux, il suffit de trouver une valeur de t pour laquelle ils ne valent pas la même chose que le résultat correct

```
{résultatCorrect, résultat1,
   résultat2, résultat3, résultat4, résultat5} /.
 t → π

{{1, 0}, {1, 0}, {0, 0}, {-1, 0}, {0, π}, {0, 0}}
```

2. Exemples de manipulations plus complexes

ce qui ne suffit pas pour montrer que résultat1 est faux. On remarque en plus que le troisième résultat, que l'on pourrait croire correct est faux. On donne alors une autre valeur à t en ce qui concerne les résultats 1 et 3

$$\{\text{résultatCorrect, résultat1, résultat3}\} \;/\;.\; t \to \frac{\pi}{3}$$

$$\{\{-\frac{1}{8}, -\frac{3\sqrt{3}}{8}\}, \{-\frac{1}{2}, -\frac{\sqrt{3}}{2}\}, \{\frac{1}{8}, \frac{3\sqrt{3}}{8}\}\}$$

On confirme que le résultat1 est faux mais pour le troisième, il semble n'y avoir qu'une erreur de signe puisque les figures coïncident bien. On aimerait confirmer cette supposition:

On avait:

```
résultatCorrect
```

$$\{-\text{Cos}[t]^3, -\text{Sin}[t]^3\}$$

```
résultat3
```

$$\{\frac{3\,\text{Cos}[t]}{4} + \frac{1}{4}\,\text{Cos}[3\,t],\; \frac{3\,\text{Sin}[t]}{4} - \frac{1}{4}\,\text{Sin}[3\,t]\}$$

On retrouve bien pour résultatCorrect l'opposé du résultat3. En effet, si:

```
résultatCorrect == -résultat3
```

$$\{-\text{Cos}[t]^3, -\text{Sin}[t]^3\} ==$$
$$\{-\frac{3\,\text{Cos}[t]}{4} - \frac{1}{4}\,\text{Cos}[3\,t],\; -\frac{3\,\text{Sin}[t]}{4} + \frac{1}{4}\,\text{Sin}[3\,t]\}$$

n'amène pas directement la réponse, cela permet de voir ce qu'il faut faire pour l'obtenir:

```
résultatCorrect == - TrigFactor [résultat3]
True

Clear [x, y, a, b, expression1, expression2,
    résultat1, résultat2, résultat3, résultat4,
    résultat5, résultatCorrect]
```

✧ Exemple 8

Toujours à propos d'exercices de recherches d'enveloppes, le texte de l'exercice change. Les deux premiers élèves trouvent encore des résultats différents...

Voici les données:

```
a[t_] := Sin[t] + Sin[2 t];
```

```
b[t_] := Cos[2 t] - Cos[t];
```

et les expressions trouvées par les deux élèves

```
expression1 =
a[t] x + b[t] y - Cos[2 t] Sin[t] - Cos[t] Sin[2 t]

y (-Cos[t] + Cos[2 t]) - Cos[2 t] Sin[t] - Cos[t] Sin[2 t] +
x (Sin[t] + Sin[2 t])

expression2 = ∂_t expression1

-3 Cos[t] Cos[2 t] + x (Cos[t] + 2 Cos[2 t]) +
y (Sin[t] - 2 Sin[2 t]) + 3 Sin[t] Sin[2 t]
```

le premier élève, poursuivant sa résolution cherche à exprimer x et y:

```
Solve[{expression1 == 0, expression2 == 0}, {x, y}]

{{x → -(-3 Cos[t]² Cos[2 t] + 3 Cos[t] Cos[2 t]² -
    Cos[2 t] Sin[t]² + 2 Cos[t] Sin[t] Sin[2 t] -
    Cos[2 t] Sin[t] Sin[2 t] + 2 Cos[t] Sin[2 t]²) /
   (Cos[t]² + Cos[t] Cos[2 t] -
    2 Cos[2 t]² + Sin[t]² - Sin[t] Sin[2 t] - 2 Sin[2 t]²),
  y → -(-(Cos[t] + 2 Cos[2 t]) (-Cos[2 t] Sin[t] - Cos[t] Sin[2 t]) +
    (Sin[t] + Sin[2 t]) (-3 Cos[t] Cos[2 t] + 3 Sin[t] Sin[2 t])) /
   (-(-Cos[t] + Cos[2 t]) (Cos[t] + 2 Cos[2 t]) +
    (Sin[t] - 2 Sin[2 t]) (Sin[t] + Sin[2 t]))}}
```

puis il attribue à x et y les valeurs précédentes:

```
{x, y} = Flatten[{x, y} /. %]

{-(-3 Cos[t]² Cos[2 t] + 3 Cos[t] Cos[2 t]² -
    Cos[2 t] Sin[t]² + 2 Cos[t] Sin[t] Sin[2 t] -
    Cos[2 t] Sin[t] Sin[2 t] + 2 Cos[t] Sin[2 t]²) /
   (Cos[t]² + Cos[t] Cos[2 t] -
    2 Cos[2 t]² + Sin[t]² - Sin[t] Sin[2 t] - 2 Sin[2 t]²),
 -(-(Cos[t] + 2 Cos[2 t]) (-Cos[2 t] Sin[t] - Cos[t] Sin[2 t]) +
    (Sin[t] + Sin[2 t]) (-3 Cos[t] Cos[2 t] + 3 Sin[t] Sin[2 t])) /
   (-(-Cos[t] + Cos[2 t]) (Cos[t] + 2 Cos[2 t]) +
    (Sin[t] - 2 Sin[2 t]) (Sin[t] + Sin[2 t]))}
```

ce qui donne comme représentation graphique

2. Exemples de manipulations plus complexes

```
ParametricPlot [Evaluate [%], {t, 0, 2 Pi}];
```

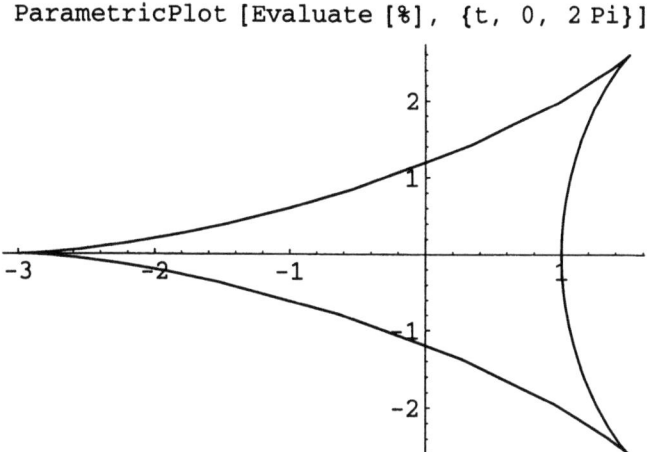

les résultats du deuxième élève est:

```
{2 Cos[t] - Cos[2 t], 2 Sin[t] + Sin[2 t]}
```

il mène à la même courbe paramétrique:

```
ParametricPlot [
  {2 Cos[t] - Cos[2 t], 2 Sin[t] + Sin[2 t]},
  {t, 0, 2 Pi}];
```

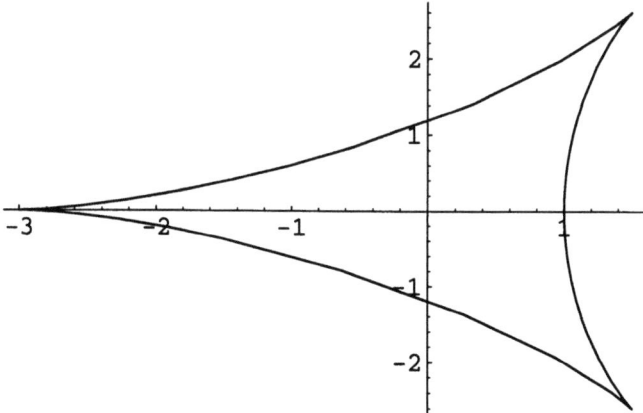

Comparaison des résultats de ces deux élèves:

il suffit de simplifier les valeurs de x et y trouvées par le premier élève pour obtenir les résultats du second élève:

```
Simplify [x]

2 Cos[t] - Cos[2 t]
```

```
Simplify[y]
2 Sin[t] + Sin[2 t]
```

Remarque

Il y a lieu de se reporter aux travaux pratiques (enveloppes) pour voir comment automatiser une partie de ces exemples.

Dérivées

1. Dérivées des fonctions d'une variable

```
?D
```

```
D[f, x] gives the partial derivative of f with respect
to x.
D[f, {x, n}] gives the nth partial derivative with
respect to x.
D[f, x1, x2,...] gives a mixed derivative.
```

Traduction adaptée
```
D[f[x], x] donne la dérivée de f par rapport à x.
D[f[x], {x, n}] donne la nième dérivée de f par rapport
à x.
D[f, x1, x2,...] donne une dérivée partielle.
```

On peut aussi utiliser les notations traditionnelles ' et " pour la dérivée première et seconde respectivement. En toute logique, " est la succession de deux fois la même touche ', ce qui diffère de la touche ".

■ 1.1 Dérivée première : ∂_x ou D [f [x], x]

Les expressions dérivées trouvées ici sont en fait les exemples sur lesquels nous avons déjà travaillé dans le notebook intitulé: manipulations algébriques. Pour obtenir des résultats sous une autre forme et pour leur formatage, il y a lieu de se reporter à ce dernier notebook.

✧ Exemple 1

Dérivée d'une fraction rationnelle

En version 3, on peut utiliser la palette Basic Calculations du menu Palettes dans le menu file. Ensuite choisir calculus puis common operations.

$$\partial_x \frac{2x+3}{x^2-5x+5}$$

$$-\frac{(-5+2x)(3+2x)}{(5-5x+x^2)^2} + \frac{2}{5-5x+x^2}$$

En version 2, on écrira:

```
D [ (2 x + 3) / (x^2 - 5 x + 5), x]
```

ϕ Exemple 2

Dérivée avec paramètres (au sens mathématique du terme)

$$\partial_x \frac{a x^6 + b}{\sqrt{a^2 + b^2}}$$

$$\frac{6 a x^5}{\sqrt{a^2 + b^2}}$$

ϕ Exemple 3

Autre dérivée avec paramètres

$$\partial_x \frac{a x^4 + b}{\sqrt{a^2 + x^2}}$$

$$\frac{4 a x^3}{\sqrt{a^2 + x^2}} - \frac{x (b + a x^4)}{(a^2 + x^2)^{3/2}}$$

Remarque:

Il faut faire attention de bien respecter la syntaxe et la cohérence des objets sur lesquels on travaille, en particulier si on donne un nom aux fonctions ou aux expressions manipulées.

En particulier, soit par exemple la fonction f définie par:

```
f [x_] := x Cos [x]
```

∂_x f [x]

```
Cos [x] - x Sin [x]
```

Mais:

∂_x f

0

en effet, f est un symbole et il ne dépend pas formellement de x. On obtient donc le même résultat que pour:

```
∂ₓ bonjour
0
```

Maintenant, si on pose:

☺ `g = 3 x² Sin[x];`

on a bien:

```
∂ₓ g
3 x² Cos[x] + 6 x Sin[x]
```

mais g [3] n'est pas connu:

☺ `g[3]`

`(3 x² Sin[x]) [3]`

tout n'est pas perdu et on peut quand même écrire:

```
g /. x -> 3
27 Sin[3]
```

■ 1.2 Dérivées successives

▽ Exemple 4

$$f[x\_] := ((1-x)^2)^{n-\frac{1}{2}}$$

la même notation qu'en mathématiques donne

```
f'[x]
```

$$-2\left(-\frac{1}{2}+n\right)(1-x)((1-x)^2)^{-\frac{1}{2}+n}$$

et on peut aussi écrire:

```
∂ₓ f[x]
```

$$-2\left(-\frac{1}{2}+n\right)(1-x)((1-x)^2)^{-\frac{1}{2}+n}$$

Pour la dérivée seconde, je rappelle qu'il faut taper deux fois de suite le caractère ' et non le caractère " (logique, non?)

f''[x]

$$2\left(-\frac{1}{2}+n\right)\left((1-x)^2\right)^{-\frac{3}{2}+n} +$$
$$4\left(-\frac{3}{2}+n\right)\left(-\frac{1}{2}+n\right)$$
$$\left((1-x)^2\right)^{-\frac{3}{2}+n}$$

mais on peut aussi écrire en version 3:

$\partial_{\{x,2\}} f[x]$

$$2\left(-\frac{1}{2}+n\right)\left((1-x)^2\right)^{-\frac{3}{2}+n} +$$
$$4\left(-\frac{3}{2}+n\right)\left(-\frac{1}{2}+n\right)$$
$$\left((1-x)^2\right)^{-\frac{3}{2}+n}$$

ou en version 2

D [f [x], {x, 2}]

■ 1.3 Dérivées d'ordre n: D [f [x], {x, n}] & relations de récurrence

Fonctions d'une variable indexées de façon implicite (au sens informatique du terme)

ϙ Exemple 5

Trouver une relation entre les dérivées successives de la fonction suivante et $e^{1/x}$ valable quel que soit n.

$$f[x\_] := x^{n-1} \operatorname{Exp}\left[\frac{1}{x}\right]$$

Exploration

dérivée première:

$\partial_x f[x]$

$-E^{\frac{1}{x}} x^{-3+n} + E^{\frac{1}{x}} (-1+n) x^{-2+n}$

dérivée seconde:

2. Dérivées des fonctions d'une variable

$\partial_{\{x,2\}} f[x]$

$E^{\frac{1}{x}} x^{-5+n} -$
$E^{\frac{1}{x}} (-3+n) x^{-4+n} - E^{\frac{1}{x}} (-1+n) x^{-4+n} +$
$E^{\frac{1}{x}} (-2+n)(-1+n) x^{-3+n}$

dérivée troisième:

$\partial_{\{x,3\}} f[x]$

$-E^{\frac{1}{x}} x^{-7+n} + E^{\frac{1}{x}} (-5+n) x^{-6+n} +$
$E^{\frac{1}{x}} (-3+n) x^{-6+n} + E^{\frac{1}{x}} (-1+n) x^{-6+n} -$
$E^{\frac{1}{x}} (-4+n)(-3+n) x^{-5+n} -$
$E^{\frac{1}{x}} (-4+n)(-1+n) x^{-5+n} -$
$E^{\frac{1}{x}} (-2+n)(-1+n) x^{-5+n} +$
$E^{\frac{1}{x}} (-3+n)(-2+n)(-1+n) x^{-4+n}$

dérivée quatrième:

$\partial_{\{x,4\}} f[x]$

$E^{\frac{1}{x}} x^{-9+n} -$
$E^{\frac{1}{x}} (-7+n) x^{-8+n} - E^{\frac{1}{x}} (-5+n) x^{-8+n} -$
$E^{\frac{1}{x}} (-3+n) x^{-8+n} - E^{\frac{1}{x}} (-1+n) x^{-8+n} +$
$E^{\frac{1}{x}} (-6+n)(-5+n) x^{-7+n} +$
$E^{\frac{1}{x}} (-6+n)(-3+n) x^{-7+n} +$
$E^{\frac{1}{x}} (-4+n)(-3+n) x^{-7+n} +$
$E^{\frac{1}{x}} (-6+n)(-1+n) x^{-7+n} +$
$E^{\frac{1}{x}} (-4+n)(-1+n) x^{-7+n} + E^{\frac{1}{x}}$
$(-2+n)(-1+n) x^{-7+n} - E^{\frac{1}{x}} (-5+n)$
$(-4+n)(-3+n) x^{-6+n} - E^{\frac{1}{x}} (-5+n)$
$(-4+n)(-1+n) x^{-6+n} - E^{\frac{1}{x}} (-5+n)$
$(-2+n)(-1+n) x^{-6+n} - E^{\frac{1}{x}} (-3+n)$
$(-2+n)(-1+n) x^{-6+n} + E^{\frac{1}{x}} (-4+n)$
$(-3+n)(-2+n)(-1+n) x^{-5+n}$

Analyse des résultats obtenus

Il n'est pas très simple à partir de ces résultats de trouver une formule générale et donc de répondre à la question posée. Toutefois, on remarque que pour n=1, un certain nombre de termes disparaissent, ainsi que pour n=2 n = 3, n = 4 etc.

Regardons donc ce qui se passe de plus près:

• pour n=1, voici les 5 premières dérivées:

$$\text{TableForm}\left[\text{Table}\left[\partial_{\{x,i\}} \text{Exp}\left[\frac{1}{x}\right], \{i, 1, 5\}\right]\right]$$

$$-\frac{E^{\frac{1}{x}}}{x^2}$$

$$\frac{E^{\frac{1}{x}}}{x^4} + \frac{2 E^{\frac{1}{x}}}{x^3}$$

$$-\frac{E^{\frac{1}{x}}}{x^6} - \frac{6 E^{\frac{1}{x}}}{x^5} - \frac{6 E^{\frac{1}{x}}}{x^4}$$

$$\frac{E^{\frac{1}{x}}}{x^8} + \frac{12 E^{\frac{1}{x}}}{x^7} + \frac{36 E^{\frac{1}{x}}}{x^6} + \frac{24 E^{\frac{1}{x}}}{x^5}$$

$$-\frac{E^{\frac{1}{x}}}{x^{10}} - \frac{20 E^{\frac{1}{x}}}{x^9} - \frac{120 E^{\frac{1}{x}}}{x^8} - \frac{240 E^{\frac{1}{x}}}{x^7} - \frac{120 E^{\frac{1}{x}}}{x^6}$$

rien n'apparaît de façon évidente pour n=1. Pour voir ce qui se passe pour n=2, n=3, etc. on met en évidence la substitution de n par 1:

pour n= 2, on retrouve bien les 5 premières dérivées

$$\text{TableForm}\left[\text{Table}\left[\partial_{\{x,i\}} \left(x^{n-1} \text{Exp}\left[\frac{1}{x}\right]\right) /. n \to 1\right), \{i, 1, 5\}\right]\right]$$

$$-\frac{E^{\frac{1}{x}}}{x^2}$$

$$\frac{E^{\frac{1}{x}}}{x^4} + \frac{2 E^{\frac{1}{x}}}{x^3}$$

$$-\frac{E^{\frac{1}{x}}}{x^6} - \frac{6 E^{\frac{1}{x}}}{x^5} - \frac{6 E^{\frac{1}{x}}}{x^4}$$

$$\frac{E^{\frac{1}{x}}}{x^8} + \frac{12 E^{\frac{1}{x}}}{x^7} + \frac{36 E^{\frac{1}{x}}}{x^6} + \frac{24 E^{\frac{1}{x}}}{x^5}$$

$$-\frac{E^{\frac{1}{x}}}{x^{10}} - \frac{20 E^{\frac{1}{x}}}{x^9} - \frac{120 E^{\frac{1}{x}}}{x^8} - \frac{240 E^{\frac{1}{x}}}{x^7} - \frac{120 E^{\frac{1}{x}}}{x^6}$$

puis par copier-coller on passe à n = 2

$$\text{TableForm}\left[\text{Table}\left[\partial_{\{x,i\}} \left(x^{n-1} \text{Exp}\left[\frac{1}{x}\right]\right) /. n \to 2\right), \{i, 1, 5\}\right]\right]$$

$$E^{\frac{1}{x}} - \frac{E^{\frac{1}{x}}}{x}$$

$$\frac{E^{\frac{1}{x}}}{x^3}$$

$$-\frac{E^{\frac{1}{x}}}{x^5} - \frac{3 E^{\frac{1}{x}}}{x^4}$$

$$\frac{E^{\frac{1}{x}}}{x^7} + \frac{8 E^{\frac{1}{x}}}{x^6} + \frac{12 E^{\frac{1}{x}}}{x^5}$$

$$-\frac{E^{\frac{1}{x}}}{x^9} - \frac{15 E^{\frac{1}{x}}}{x^8} - \frac{60 E^{\frac{1}{x}}}{x^7} - \frac{60 E^{\frac{1}{x}}}{x^6}$$

et n = 3

$$\text{TableForm}\left[\text{Table}\left[\partial_{\{x,i\}} \left(x^{n-1} \text{Exp}\left[\frac{1}{x}\right]\right) /. n \to 3\right), \{i, 1, 5\}\right]\right]$$

$$-E^{\frac{1}{x}} + 2 E^{\frac{1}{x}} x$$

$$2 E^{\frac{1}{x}} + \frac{E^{\frac{1}{x}}}{x^2} - \frac{2 E^{\frac{1}{x}}}{x}$$

$$-\frac{E^{\frac{1}{x}}}{x^4}$$

$$\frac{E^{\frac{1}{x}}}{x^6} + \frac{4 E^{\frac{1}{x}}}{x^5}$$

$$-\frac{E^{\frac{1}{x}}}{x^8} - \frac{10 E^{\frac{1}{x}}}{x^7} - \frac{20 E^{\frac{1}{x}}}{x^6}$$

puis n = 4

$$\texttt{TableForm}\left[\texttt{Table}\left[\partial_{\{x,i\}}\left(x^{n-1}\,\texttt{Exp}\left[\frac{1}{x}\right]\right)/.\,n\to 4\right),\,\{i,\,1,\,5\}\right]\right]$$

$-E^{\frac{1}{x}}\,x+3\,E^{\frac{1}{x}}\,x^2$

$-4\,E^{\frac{1}{x}}+\frac{E^{\frac{1}{x}}}{x}+6\,E^{\frac{1}{x}}\,x$

$6\,E^{\frac{1}{x}}-\frac{E^{\frac{1}{x}}}{x^3}+\frac{3\,E^{\frac{1}{x}}}{x^2}-\frac{6\,E^{\frac{1}{x}}}{x}$

$\frac{E^{\frac{1}{x}}}{x^5}$

$-\frac{E^{\frac{1}{x}}}{x^7}-\frac{5\,E^{\frac{1}{x}}}{x^6}$

et enfin n= 5

$$\texttt{TableForm}\left[\texttt{Table}\left[\partial_{\{x,i\}}\left(x^{n-1}\,\texttt{Exp}\left[\frac{1}{x}\right]\right)/.\,n\to 5\right),\,\{i,\,1,\,5\}\right]\right]$$

$-E^{\frac{1}{x}}\,x^2+4\,E^{\frac{1}{x}}\,x^3$

$E^{\frac{1}{x}}-6\,E^{\frac{1}{x}}\,x+12\,E^{\frac{1}{x}}\,x^2$

$-18\,E^{\frac{1}{x}}-\frac{E^{\frac{1}{x}}}{x^2}+\frac{6\,E^{\frac{1}{x}}}{x}+24\,E^{\frac{1}{x}}\,x$

$24\,E^{\frac{1}{x}}+\frac{E^{\frac{1}{x}}}{x^4}-\frac{4\,E^{\frac{1}{x}}}{x^3}+\frac{12\,E^{\frac{1}{x}}}{x^2}-\frac{24\,E^{\frac{1}{x}}}{x}$

$-\frac{E^{\frac{1}{x}}}{x^6}$

On remarque une expression particulièrement simple, pour n = 1 du 1er terme, pour n= 2 du deuxième terme, etc.

On demande donc l'affichage de la dérivée première pour n=1, la dérivée deuxième pour n= 2, etc.

$$\texttt{TableForm}\left[\texttt{Table}\left[\partial_{\{x,n\}}\left(x^{n-1}\,\texttt{Exp}\left[\frac{1}{x}\right]\right)\right),\,\{n,\,1,\,5\}\right],$$
$$\texttt{TableHeadings}\to\texttt{Automatic},\,\texttt{TableSpacing}\to\{3,\,10\}\right]$$

1	$-\frac{E^{\frac{1}{x}}}{x^2}$
2	$\frac{E^{\frac{1}{x}}}{x^3}$
3	$-\frac{E^{\frac{1}{x}}}{x^4}$
4	$\frac{E^{\frac{1}{x}}}{x^5}$
5	$-\frac{E^{\frac{1}{x}}}{x^6}$

Conclusion:

là, la relation entre les résultats obtenus et la fonction Exp [1/x] est immédiate, c'est:

$$\texttt{D}[E^{1/x}\,x^{-1\,+\,n},\,\{x,\,n\}]\;==\;(-1)^n\,E^{1/x}\,x^{-1\,-\,n}$$

Il ne reste plus qu'à la démontrer par les moyens mathématiques traditionnels.

Indexation explicite par une fonction de deux variables

ϙ Exemple 6

Trouver une formule de récurrence pour les polynômes définis par :

$$P[n\_, x\_] := \frac{(-1)^n \, \partial_{\{x,n\}} \, f[x]}{f[x]}$$

avec:

$$f[x\_] := \text{Exp}[-x^2]$$

Exploration

Dérivées n-ièmes pour n = 1, .. 5

```
TableForm[Table[∂_{x,n} f[x], {n, 1, 5}]]
```

$-2 \, E^{-x^2} \, x$

$-2 \, E^{-x^2} + 4 \, E^{-x^2} \, x^2$

$12 \, E^{-x^2} \, x - 8 \, E^{-x^2} \, x^3$

$12 \, E^{-x^2} - 48 \, E^{-x^2} \, x^2 + 16 \, E^{-x^2} \, x^4$

$-120 \, E^{-x^2} \, x + 160 \, E^{-x^2} \, x^3 - 32 \, E^{-x^2} \, x^5$

pour avoir P [x, n]:

```
TableForm[Simplify[ % / Exp[-x²] ]]
```

$-2 \, x$

$-2 + 4 \, x^2$

$4 \, x \, (3 - 2 \, x^2)$

$4 \, (3 - 12 \, x^2 + 4 \, x^4)$

$-8 \, x \, (15 - 20 \, x^2 + 4 \, x^4)$

ou, sous forme développée, voici les polynômes:

```
TableForm[Expand[%]]
```

$-2 \, x$

$-2 + 4 \, x^2$

$12 \, x - 8 \, x^3$

$12 - 48 \, x^2 + 16 \, x^4$

$-120 \, x + 160 \, x^3 - 32 \, x^5$

1. Dérivées des fonctions d'une variable

Notations et présentation

Pour travailler directement avec ces polynômes:

```
polynômes = Simplify[Table[P[n, x], {n, 1, 5}]];
```

voici leur dérivée première:

```
dérivéesPremières = Expand[(∂_x #1&) /@polynômes];
```

on pourrait tout aussi bien écrire:

```
dérivéesPremières =
  Expand[Map[∂_x # &, polynômes]]

TableForm[%]
2
8 x
-12 + 24 x²
-96 x + 64 x³
120 - 480 x² + 160 x⁴
```

puis leur dérivée seconde:

```
dérivéesSecondes = Expand[(∂_{x,2} #1&) /@polynômes];

TableForm[%]
0
8
48 x
-96 + 192 x²
-960 x + 640 x³
```

Conjectures et résultats

pour n = 1, on peut conjecturer:

```
dérivéesSecondes - x dérivéesPremières + polynômes

{0, 6 - 4 x², 48 x + 4 x (-3 + 2 x²) - x (-12 + 24 x²),
 -96 + 192 x² - x (-96 x + 64 x³) + 4 (3 - 12 x² + 4 x⁴),
 -960 x + 640 x³ + 8 x (15 - 20 x² + 4 x⁴) - x (120 - 480 x² + 160 x⁴)}
```

mais on voit que le deuxième terme est non nul. On conjecture pour faire disparaître le deuxième terme:

```
dérivéesSecondes - 2 x dérivéesPremières + 4 polynômes == 0
```

$\{4x, 8-16x^2+4(-2+4x^2), 48x+16x(-3+2x^2)-2x(-12+24x^2),$
$-96+192x^2-2x(-96x+64x^3)+16(3-12x^2+4x^4),$
$-960x+640x^3+32x(15-20x^2+4x^4)-2x(120-480x^2+160x^4)\} ==$
0

```
Map [Expand, %]
```

$\{4x, 0, 24x-16x^3, -48+192x^2-64x^4, -720x+960x^3-192x^5\} == 0$

ça va, mais on voit que pour cette combinaison, le premier et le troisième terme sont non nuls. On conjecture pour le troisième terme

```
dérivéesSecondes - 2 x dérivéesPremières + 6 polynômes == 0
```

$\{8x, 8-16x^2+6(-2+4x^2), 48x+24x(-3+2x^2)-2x(-12+24x^2),$
$-96+192x^2-2x(-96x+64x^3)+24(3-12x^2+4x^4),$
$-960x+640x^3+48x(15-20x^2+4x^4)-2x(120-480x^2+160x^4)\} ==$
0

```
Map [Expand, %]
```

$\{8x, -4+8x^2, 0, -24+96x^2-32x^4, -480x+640x^3-128x^5\} == 0$

donc la relation de récurrence suspectée est

```
dérivéesSecondes - 2 x dérivéesPremières + 2 n polynômes = 0
```

on vérifie pour n = 4

```
dérivéesSecondes - 2 x dérivéesPremières + 8 polynômes == 0
```

$\{12x, 8-16x^2+8(-2+4x^2), 48x+32x(-3+2x^2)-2x(-12+24x^2),$
$-96+192x^2-2x(-96x+64x^3)+32(3-12x^2+4x^4),$
$-960x+640x^3+64x(15-20x^2+4x^4)-2x(120-480x^2+160x^4)\} ==$
0

```
Expand/@%
```

$\{12x, -8+16x^2,$
$-24x+16x^3,$
$0, -240x+$
$320x^3-64x^5\} ==$
0

Il ne reste plus qu'à démontrer cette relation par les moyens mathématiques traditionnels.

Remarques

1) Nous avons utilisé 3 fois le symbole f pour une définition d'une fonction d'une variable sans précaution particulière. Pourquoi ne pas avoir nettoyé le symbole à chaque fois? Puisqu'il s'agit d'une fonction réelle à valeurs réelles, donc dans les mêmes conditions, aucun risque d'erreur n'est possible, la dernière définition validée faisant foi.

2) Par ailleurs, on pourrait se poser la question de savoir comment sont représentées f, f' etc.

La demande f retourne f:

    f

    f

Quelles sont les propriétés de ce symbole?

    ? f

    Global`f

    f[x_] := Exp[-x^2]

ce qui veut dire que f est un symbole et que f[x] se calcule en évaluant Exp $[x^2]$ dans l'environnement où le calcul est demandé. Ainsi:

    f[2]

    $\dfrac{1}{E^4}$

donc:

    FullForm[f]

    f

Mais:

    ? f'

    Information::notfound : Symbol f' not found.

Tandis que

    FullForm[f']

    Function[Times[-2,
      Power[E, Times[-1, Power[Slot[1], 2]]], Slot[1]]]

en effet:

>   f'
>
> $-2 E^{-\#1^2} \#1\&$

C'est donc une lambda fonction, ce qui est normal: f est une fonction et f' est sa fonction dérivée, qui lorsqu'elle est appliquée à x donne la valeur de la dérivée de f en x. La fonctionnelle qui fait passer de f à f' est l'opérateur dérivée, appelé Derivative en anglais et en *Mathematica*. D'ailleurs:

>   ?Derivative
>
>   >   f' represents the derivative
>   >   of a function f of one argument.
>   >   Derivative[n1, n2, ...][f] is the general
>   >   form, representing a function obtained from
>   >   by differentiating n1 times with respect
>   >   to the first argument, n2 times with
>   >   respect to the second argument, and so on.

et on peut appliquer cette fonction à x:

>   f'[x]
>
> $-2 E^{-x^2} x$
>
>   FullForm[%]
>
>   Times[-2, Power[E, Times[-1, Power[x, 2]]], x]

Tout ceci serait un peu délicat? Normal. Alors n'hésitez pas à poser des questions au système. Par exemple:

>   FullForm[f']
>
>   Function[Times[-2,
>   Power[E, Times[-1, Power[Slot[1], 2]]], Slot[1]]]
>
>   FullForm[f'[x]]
>
>   Times[-2,
>   Power[E, Times[-1, Power[x, 2]]], x]

ou encore:

>   Trace[f[3]]
>
> $\{f[3], \operatorname{Exp}[-3^2], \{\{3^2, 9\}, -9, -9\}, \operatorname{Exp}[-9], \frac{1}{E^9}\}$

```
Trace[f'[3]]
```

$\{\{f', \{f[\#1], \text{Exp}[-\#1^2], E^{-\#1^2}\}, -2E^{-\#1^2}\#1\&\}, (-2E^{-\#1^2}\#1\&)[3],$
$-2E^{-3^2}3, \{\{\{3^2, 9\}, -9, -9\}, \frac{1}{E^9}\}, -\frac{23}{E^9}, -\frac{6}{E^9}\}$

puis, n'oublier pas de libérer tous ces symboles de leurs valeurs.

2. Dérivées des fonctions de plusieurs variables

■ 2.1 Dérivées partielles et équations aux dérivées partielles

۞ Exemple 7

Voici 3 fonctions:

```
f1[x_, y_] := Exp[Sin[y/x]]

f2[x_, y_] := ArcSin[√((x²-y²)/(x²+y²))]

f3[x_, y_] := y^(y/x) Sin[y/x]
```

Pour chacune de ces fonctions, quelle est l'équation aux dérivées partielles satisfaite par x et y?

• *Pour f1*

  dérivée partielle par rapport à x:

```
∂_x f1[x, y]
```

$$-\frac{E^{\sin[\frac{y}{x}]} y \cos[\frac{y}{x}]}{x^2}$$

  dérivée partielle par rapport à y:

```
∂_y f1[x, y]
```

$$\frac{E^{\sin[\frac{y}{x}]} \cos[\frac{y}{x}]}{x}$$

  on vérifie l'équation aux dérivées partielles satisfaite:

```
x ∂_x f1[x, y] + y ∂_y f1[x, y] == 0
True
```

dérivée partielle par rapport à x:

```
∂_x f2[x, y]
```

$$\frac{-\frac{2x(x^2-y^2)}{(x^2+y^2)^2} + \frac{2x}{x^2+y^2}}{2\sqrt{\frac{x^2-y^2}{x^2+y^2}}\sqrt{1-\frac{x^2-y^2}{x^2+y^2}}}$$

dérivée partielle par rapport à y:

```
∂_y f2[x, y]
```

$$\frac{-\frac{2y(x^2-y^2)}{(x^2+y^2)^2} - \frac{2y}{x^2+y^2}}{2\sqrt{\frac{x^2-y^2}{x^2+y^2}}\sqrt{1-\frac{x^2-y^2}{x^2+y^2}}}$$

équation aux dérivées partielles satisfaite:

```
x ∂_x f2[x, y] + y ∂_y f2[x, y]
```

$$\frac{x\left(-\frac{2x(x^2-y^2)}{(x^2+y^2)^2} + \frac{2x}{x^2+y^2}\right)}{2\sqrt{\frac{x^2-y^2}{x^2+y^2}}\sqrt{1-\frac{x^2-y^2}{x^2+y^2}}} + \frac{y\left(-\frac{2y(x^2-y^2)}{(x^2+y^2)^2} - \frac{2y}{x^2+y^2}\right)}{2\sqrt{\frac{x^2-y^2}{x^2+y^2}}\sqrt{1-\frac{x^2-y^2}{x^2+y^2}}}$$

```
Simplify[%]
0
```

• *Pour f3*

```
∂_x f3[x, y]
```

$$-\frac{y^{1+\frac{y}{x}}\cos[\frac{y}{x}]}{x^2} - \frac{y^{1+\frac{y}{x}}\log[y]\sin[\frac{y}{x}]}{x^2}$$

```
∂_y f3[x, y]
```

$$\frac{y^{\frac{y}{x}}\cos[\frac{y}{x}]}{x} + \left(\frac{y^{\frac{y}{x}}}{x} + \frac{y^{\frac{y}{x}}\log[y]}{x}\right)\sin[\frac{y}{x}]$$

```
Simplify[x² ∂_x f3[x, y] + x y ∂_y f3[x, y] - y f3[x, y]]
0
```

■ 2.2 Jacobienne et Jacobien

۞ Exemple 8

Calculer la jacobienne et le jacobien de la fonction:

```
f[x_, y_] := {x² - y², 2 x y}
```

Comme bien souvent, plusieurs solutions sont possibles. Pour des raisons d'ordre pédagogique, nous ferons une première approche pas à pas avant de donner une solution plus concise.

Voici comment obtenir la première composante:

```
f[x, y] ⟦1⟧
x² - y²
```

et la deuxième:

f[x, y] ⟦2⟧	2 x y
∂_x f[x, y] ⟦1⟧	2 x
∂_x f[x, y] ⟦2⟧	2 y
∂_y f[x, y] ⟦1⟧	-2 y
∂_y f[x, y] ⟦2⟧	2 x

ou bien plus rapidement:

```
MatrixForm[Table[∂_{(x,y)⟦j⟧} f[x, y] ⟦i⟧, {i, 1, 2}, {j, 1, 2}]]
```

$$\begin{pmatrix} 2x & -2y \\ 2y & 2x \end{pmatrix}$$

Jacobien

```
Det[%]
4 x² + 4 y²
```

۞ Exemple 9

Calculer la jacobienne et le jacobien de la fonction:

```
F[r_, θ_, φ_] := {r Sin[θ] Cos[φ], r Sin[θ] Sin[φ], r Cos[θ]}
```

Mathemartica calcule avec les caractères grecs sans aucun problème en version 3. En version 2, il y a lieu d'écrire les mots correspondants: θ theta, etc. Ces caractères s'obtiennent par le jeu des palettes Menu `file`, item `palettes`, item `BasicInput`.

Jacobienne

```
TableForm[
 Table[∂_{r,θ,φ)[[j]] F[r, θ, φ][[i]], {i, 1, 3}, {j, 1, 3}]]
Cos[φ] Sin[θ]      r Cos[θ] Cos[φ]      -r Sin[θ] Sin[φ]
Sin[θ] Sin[φ]      r Cos[θ] Sin[φ]      r Cos[φ] Sin[θ]
Cos[θ]             -r Sin[θ]            0
```

ou sous une forme plus élaborée en version 3:

```
MatrixForm[
 Table[∂_{r,θ,φ)[[j]] F[r, θ, φ][[i]], {i, 1, 3}, {j, 1, 3}]]
```

en standard:

$$\begin{pmatrix} \text{Cos}[\phi]\,\text{Sin}[\theta] & r\,\text{Cos}[\theta]\,\text{Cos}[\phi] & -r\,\text{Sin}[\theta]\,\text{Sin}[\phi] \\ \text{Sin}[\theta]\,\text{Sin}[\phi] & r\,\text{Cos}[\theta]\,\text{Sin}[\phi] & r\,\text{Cos}[\phi]\,\text{Sin}[\theta] \\ \text{Cos}[\theta] & -r\,\text{Sin}[\theta] & 0 \end{pmatrix}$$

en traditionnel:

$$\begin{pmatrix} \cos(\phi)\sin(\theta) & r\cos(\theta)\cos(\phi) & -r\sin(\theta)\sin(\phi) \\ \sin(\theta)\sin(\phi) & r\cos(\theta)\sin(\phi) & r\cos(\phi)\sin(\theta) \\ \cos(\theta) & -r\sin(\theta) & 0 \end{pmatrix}$$

Jacobien

```
Simplify[Det[%]]
```

$r^2\,\text{Sin}[\theta]$

Développements limités et asymptotiques

Introduction

Une seule primitive spécifique et la petite base de primitives déjà acquises suffisent pour travailler. C'est ce que nous allons voir dans ce notebook. La primitive spécifique est Series

```
?Series
```

Series[f, {x, x0, n}] generates a power series expansion
for f about the point x = x0 to order (x - x0)^n.
Series[f, {x, x0, nx}, {y, y0, ny}]
successively finds series expansions with respect to y,
then x.

Traduction adaptée

Series[f, {x, x0, n}] donne le développement en série de puissances de f au voisinage du point x=x0 à l'ordre n.
Series[f, {x, x0, nx}, {y, y0, ny}] trouve le développement en série par rapport à y, puis par rapport à x.

1. Développements limités élémentaires

■ 1.1 Résultats directs

▽ Exemple 1

Développement de sin (x) à l'ordre 5 et à l'ordre 20 ?

```
Series[Sin[x], {x, 0, 5}]
```

$$x - \frac{x^3}{6} + \frac{x^5}{120} + O[x]^6$$

```
Series[Sin[x], {x, 0, 20}]
```

x - x^3 / 6 + x^5 / 120 - x^7 / 5040 + x^9 / 362880 -
x^11 / 39916800 + x^13 / 6227020800 - x^15 / 1307674368000 +
x^17 / 355687428096000 - x^19 / 121645100408832000 + O[x]^21

représentation interne:

```
FullForm[%]
```

On remarquera le rôle fondamental de la structure de liste et du concept de fonction.

partie régulière:

```
Normal[%]
```

$x - \dfrac{x^3}{6} + \dfrac{x^5}{120} - \dfrac{x^7}{5040} + x^9 / 362880 - x^{11} / 39916800 + x^{13} / 6227020800 - x^{15} / 1307674368000 + x^{17} / 355687428096000 - x^{19} / 121645100408832000$

représentation interne

```
FullForm[%]

Plus[x, Times[Rational[-1, 6], Power[x, 3]],
 Times[Rational[1, 120], Power[x, 5]],
 Times[Rational[-1, 5040], Power[x, 7]],
 Times[Rational[1, 362880], Power[x, 9]],
 Times[Rational[-1, 39916800], Power[x, 11]],
 Times[Rational[1, 6227020800], Power[x, 13]],
 Times[Rational[-1, 1307674368000], Power[x, 15]],
 Times[Rational[1, 355687428096000], Power[x, 17]],
 Times[Rational[-1, 121645100408832000], Power[x, 19]]]
```

On remarquera que le développement limité et sa partie entière sont, comme en mathématiques, de nature complètement différentes. Les opérations et règles du jeu qui peuvent leur être appliquées sont donc aussi différentes.

ϙ Exemple 2

Développement de $\dfrac{\sin x}{x^6}$ jusqu'à l'ordre 5 et l'ordre 32 au voisinage de 0?

```
Series[Sin[x] / x^6, {x, 0, 5}]
```

$\dfrac{1}{x^5} - \dfrac{1}{6x^3} + \dfrac{1}{120x} - \dfrac{x}{5040} + x^3 / 362880 - x^5 / 39916800 + O[x]^6$

mais, attention:

$$\dfrac{\text{Series[Sin[x], \{x, 0, 5\}]}}{x^6}$$

$\dfrac{1}{x^5} - \dfrac{1}{6x^3} + \dfrac{1}{120x} + O[x]^0$

1. Développements limités élémentaires

⚡ Exemple 3

Développement de tan (x) jusqu'à l'ordre 5 et l'ordre 32 au voisinage de 0

```
Series[Tan[x], {x, 0, 5}]
```

$$x + \frac{x^3}{3} + \frac{2\,x^5}{15} + O[x]^6$$

```
Series[Tan[x], {x, 0, 32}]
```

$x + \frac{x^3}{3} + \frac{2\,x^5}{15} + \frac{17\,x^7}{315} + \frac{62\,x^9}{2835} + \frac{1382\,x^{11}}{155925} + \frac{21844\,x^{13}}{6081075} + \frac{929569\,x^{15}}{638512875} +$
$(6404582\,x^{17})\,/\,10854718875 + (443861162\,x^{19})\,/\,1856156927625 +$
$(18888466084\,x^{21})\,/\,194896477400625 + (113927491862\,x^{23})\,/\,2900518163668125 +$
$(58870668456604\,x^{25})\,/\,3698160658676859375 +$
$(8374643517010684\,x^{27})\,/\,1298054391195577640625 +$
$(689005380505609448\,x^{29})\,/\,263505041412702261046875 +$
$(129848163681107301953\,x^{31})\,/\,122529844256906551386796875 + O[x]^{33}$

⚡ Exemple 4

Développements successifs de $\cosh(x) - \frac{5x^2+12}{12-x^2}$ jusqu'à l'ordre 15 au voisinage de 0

```
TableForm[
  Table[Series[Cosh[x] - (12 + 5 x^2) / (12 - x^2), {x, 0, i}],
  {i, 1, 15}]]
```

$O[x]^2$

$O[x]^3$

$O[x]^4$

$O[x]^5$

$O[x]^6$

$-\frac{x^6}{480} + O[x]^7$

$-\frac{x^6}{480} + O[x]^8$

$-\frac{x^6}{480} - \frac{x^8}{3780} + O[x]^9$

$-\frac{x^6}{480} - \frac{x^8}{3780} + O[x]^{10}$

$-\frac{x^6}{480} - \frac{x^8}{3780} - \frac{173\,x^{10}}{7257600} + O[x]^{11}$

$-\frac{x^6}{480} - \frac{x^8}{3780} - \frac{173\,x^{10}}{7257600} + O[x]^{12}$

$-\frac{x^6}{480} - \frac{x^8}{3780} - \frac{173\,x^{10}}{7257600} - \frac{641\,x^{12}}{319334400} + O[x]^{13}$

$-\frac{x^6}{480} - \frac{x^8}{3780} - \frac{173\,x^{10}}{7257600} - \frac{641\,x^{12}}{319334400} + O[x]^{14}$

$-\frac{x^6}{480} - \frac{x^8}{3780} - \frac{173\,x^{10}}{7257600} - \frac{641\,x^{12}}{319334400} - \frac{175163\,x^{14}}{1046139494400} + O[x]^{15}$

$-\frac{x^6}{480} - \frac{x^8}{3780} - \frac{173\,x^{10}}{7257600} - \frac{641\,x^{12}}{319334400} - \frac{175163\,x^{14}}{1046139494400} + O[x]^{16}$

Que remarque-t-on? Quelle explication peut-on donner?

✧ Exemple 5

Développements successifs de sin(x)-sinh(x) jusqu'à l'ordre 20 au voisinage de 0

```
TableForm[
  Table[Series[Sin[x] - Sinh[x], {x, 0, i}], {i, 1, 20}]]
```

$O[x]^2$

$O[x]^3$

$-\frac{x^3}{3} + O[x]^4$

$-\frac{x^3}{3} + O[x]^5$

$-\frac{x^3}{3} + O[x]^6$

$-\frac{x^3}{3} + O[x]^7$

$-\frac{x^3}{3} - \frac{x^7}{2520} + O[x]^8$

$-\frac{x^3}{3} - \frac{x^7}{2520} + O[x]^9$

$-\frac{x^3}{3} - \frac{x^7}{2520} + O[x]^{10}$

$-\frac{x^3}{3} - \frac{x^7}{2520} + O[x]^{11}$

$-\frac{x^3}{3} - \frac{x^7}{2520} - \frac{x^{11}}{19958400} + O[x]^{12}$

$-\frac{x^3}{3} - \frac{x^7}{2520} - \frac{x^{11}}{19958400} + O[x]^{13}$

$-\frac{x^3}{3} - \frac{x^7}{2520} - \frac{x^{11}}{19958400} + O[x]^{14}$

$-\frac{x^3}{3} - \frac{x^7}{2520} - \frac{x^{11}}{19958400} + O[x]^{15}$

$-\frac{x^3}{3} - \frac{x^7}{2520} - \frac{x^{11}}{19958400} - \frac{x^{15}}{653837184000} + O[x]^{16}$

$-\frac{x^3}{3} - \frac{x^7}{2520} - \frac{x^{11}}{19958400} - \frac{x^{15}}{653837184000} + O[x]^{17}$

$-\frac{x^3}{3} - \frac{x^7}{2520} - \frac{x^{11}}{19958400} - \frac{x^{15}}{653837184000} + O[x]^{18}$

$-\frac{x^3}{3} - \frac{x^7}{2520} - \frac{x^{11}}{19958400} - \frac{x^{15}}{653837184000} + O[x]^{19}$

$-\frac{x^3}{3} - \frac{x^7}{2520} - \frac{x^{11}}{19958400} - \frac{x^{15}}{653837184000} - \frac{x^{19}}{60822550204416000} + O[x]^{20}$

$-\frac{x^3}{3} - \frac{x^7}{2520} - \frac{x^{11}}{19958400} - \frac{x^{15}}{653837184000} - \frac{x^{19}}{60822550204416000} + O[x]^{21}$

Comment peut-on expliquer ce phénomène? La remarque de l'exercice précédent est-elle toujours valable?

✧ Exemple 6

Développements successifs de $-\frac{x^2}{2} - x + e^x - 1$ jusqu'à l'ordre 10 au voisinage de 0

1. Développements limités élémentaires

```
TableForm[
    Table[Series[Exp[x] - 1 - x - x²/2, {x, 0, i}], {i, 1, 10}]]
```

$O[x]^2$

$O[x]^3$

$\frac{x^3}{6} + O[x]^4$

$\frac{x^3}{6} + \frac{x^4}{24} + O[x]^5$

$\frac{x^3}{6} + \frac{x^4}{24} + \frac{x^5}{120} + O[x]^6$

$\frac{x^3}{6} + \frac{x^4}{24} + \frac{x^5}{120} + \frac{x^6}{720} + O[x]^7$

$\frac{x^3}{6} + \frac{x^4}{24} + \frac{x^5}{120} + \frac{x^6}{720} + \frac{x^7}{5040} + O[x]^8$

$\frac{x^3}{6} + \frac{x^4}{24} + \frac{x^5}{120} + \frac{x^6}{720} + \frac{x^7}{5040} + \frac{x^8}{40320} + O[x]^9$

$\frac{x^3}{6} + \frac{x^4}{24} + \frac{x^5}{120} + \frac{x^6}{720} + \frac{x^7}{5040} + \frac{x^8}{40320} + \frac{x^9}{362880} + O[x]^{10}$

$\frac{x^3}{6} + \frac{x^4}{24} + \frac{x^5}{120} + \frac{x^6}{720} + \frac{x^7}{5040} + \frac{x^8}{40320} + \frac{x^9}{362880} + \frac{x^{10}}{3628800} + O[x]^{11}$

۞ Exemple 7

Développements successifs de $\cos(x) - \frac{2}{x^2+2}$ jusqu'à l'ordre 10 au voisinage de 0

```
TableForm[
    Table[Series[Cos[x] - 2 / (2 + x^2), {x, 0, i}], {i, 1, 10}]]
```

$O[x]^2$

$O[x]^3$

$O[x]^4$

$-\frac{5x^4}{24} + O[x]^5$

$-\frac{5x^4}{24} + O[x]^6$

$-\frac{5x^4}{24} + \frac{89x^6}{720} + O[x]^7$

$-\frac{5x^4}{24} + \frac{89x^6}{720} + O[x]^8$

$-\frac{5x^4}{24} + \frac{89x^6}{720} - \frac{2519x^8}{40320} + O[x]^9$

$-\frac{5x^4}{24} + \frac{89x^6}{720} - \frac{2519x^8}{40320} + O[x]^{10}$

$-\frac{5x^4}{24} + \frac{89x^6}{720} - \frac{2519x^8}{40320} + \frac{113399x^{10}}{3628800} + O[x]^{11}$

۞ Exemple 8

Développement successifs de $\sqrt{x+3} - \sqrt[3]{3x+5}$ jusqu'à l'ordre 5 au voisinage de 1

```
TableForm[Table[
    Series[√(x+3) - (3x+5)^(1/3), {x, 1, i}], {i, 1, 5}]]
```

$O[x-1]^2$

$\frac{1}{64}(x-1)^2 + O[x-1]^3$

$\frac{1}{64}(x-1)^2 - \frac{7(x-1)^3}{1536} + O[x-1]^4$

$\frac{1}{64}(x-1)^2 - \frac{7(x-1)^3}{1536} + \frac{65(x-1)^4}{49152} + O[x-1]^5$

$\frac{1}{64}(x-1)^2 - \frac{7(x-1)^3}{1536} + \frac{65(x-1)^4}{49152} - \frac{155(x-1)^5}{393216} + O[x-1]^6$

☿ Exemple 9

Développement successifs de tan(x-1) jusqu'à l'ordre 5 au voisinage de 1

```
TableForm[Table[Series[Tan[x-1], {x, 1, i}], {i, 1, 5}]]
```

$(x-1) + O[x-1]^2$

$(x-1) + O[x-1]^3$

$(x-1) + \frac{1}{3}(x-1)^3 + O[x-1]^4$

$(x-1) + \frac{1}{3}(x-1)^3 + O[x-1]^5$

$(x-1) + \frac{1}{3}(x-1)^3 + \frac{2}{15}(x-1)^5 + O[x-1]^6$

■ 1.2 A la main machinal: division par puissances croissantes

Dans cette section, à travers un exemple, nous allons voir comment on peut, si on ne veut pas se contenter du résultat donné par *Mathematica*, fabriquer soi-même des fonctions pour suivre exactement ce que l'on ferait à la main.

☿ Exemple 10

À la main, pour le développement de tan(x), on écrirait le développement de sin(x), celui de cos(x) et on effectuerait la division suivant les puissances croissantes des parties régulières obtenues.

Développement de sin (x) et cos (x)

```
Series[Sin[x], {x, 0, 5}]
```

$x - \frac{x^3}{6} + \frac{x^5}{120} + O[x]^6$

```
Series[Cos[x], {x, 0, 5}]
```

$1 - \frac{x^2}{2} + \frac{x^4}{24} + O[x]^6$

Division puissances croissantes

Le lecteur attentif aura remarqué que *Mathematica* ordonne toujours les polynômes sous forme de puissances croissantes. Celui qui a un peu plus d'expérience ou de curiosité aura remarqué que seule la division euclidienne peut s'obtenir directement par l'application d'une primitive. Il n'y a pas de primitive (en *Mathematica* comme en Maple d'ailleurs) qui permette d'effectuer la division par puissances croissantes.

En fait, il n'est pas très difficile de programmer une telle fonction en s'appuyant sur la représentation des polynômes en informatique symbolique sous forme de liste et sur les primitives existantes. Voici une première solution qui s'appuie sur la primitive CoefficientList qui retourne la liste des coefficients d'un polynôme dans l'ordre des puissances croissantes (une étude plus complète et plus générale est faite dans le tome II).

Par exemple:

$$\text{CoefficientList}\left[7\,x^5 - \frac{x^2}{2} + 3,\ x\right]$$

retourne la liste de tous les coefficients du polynôme ordonné suivant les puissances croissantes ainsi que nous l'avons déjà vu dans le chapitre-notebook manipulations algébriques, ⩔exemple9 :

{3, 0, -($\frac{1}{2}$), 0, 0, 7}

Voici une petite fonction qui donne, suivant les cas, le nombre de zéros au début de la liste passée en paramètre (au sens informatique du terme). C'est grâce à elle que l'on pourra déterminer le terme de plus bas degré et donc déterminer l'arrêt du processus.

```
nombreZerosAuDebut[liste__] := If[First[liste] == 0,
    1 + nombreZerosAuDebut[Rest[liste]], 0]

nombreZerosAuDebut[{0}] = 1;

nombreZerosAuDebut[{a_} /; Length[a] == 0] := 0
```

Étant donnés deux polynômes polynôme1 et polynôme2, en x et un entier n, il existe deux polynômes Q et R tels que polynôme1 = Q polynôme2 + x^{n+1} R. La fonction suivante retourne Q. En gros il y a trois cas possibles: le cas général, le cas d'arrêt et l'impossibilité. D'où pour divisionPuissancesCroissantes, les 3 formes de définitions de la fonction. Elle fait appel à la fonction premierTerme qui est détaillée ensuite.

```
divisionPuissancesCroissantes[
  polynôme1_, polynôme2_, x_, ordre_] :=
With[{pt1 = premierTerme[polynôme1]},
    pt1 +
    divisionPuissancesCroissantes[
      Expand[polynôme1 -
          polynôme2 PolynomialDivision[
              pt1, premierTerme[polynôme2], x]][[1]],
      polynôme2, x, ordre]]
```

```
divisionPuissancesCroissantes[
  polynôme1_, polynôme2_, x_, ordre_] :=
  0 /; nombreZerosAuDebut[CoefficientList[polynôme1, x]] >
    ordre + 1
```

```
divisionPuissancesCroissantes[polynôme1_,
  polynôme2_, x_, ordre_] := "Division impossible" /;
  CoefficientList[polynôme2, x][[1]] == 0
```

Définition de la fonction: premierTerme

```
premierTerme[polynôme_] := First[polynôme]
```

```
☺  premierTerme[polynôme_] := polynôme /; Length[
       Select[CoefficientList[polynôme, x], #1 =!= 0&]] =
    1
```

Exemples d'application

$$\text{divisionPuissancesCroissantes}\left[x - \frac{x^3}{6} + \frac{x^5}{120},\right.$$
$$\left.1 - \frac{x^2}{2} + \frac{x^4}{24}, x, 5\right]$$
$$x + \frac{x^3}{3} + \frac{2x^5}{15}$$

et on retrouve bien la partie régulière trouvée précédemment dans le développement de tan(x).

```
divisionPuissancesCroissantes[1 - x²/2 + x⁴/24, 1 - x²/6 + x⁴/120,
x, 4]
```
$$1 - \frac{x^2}{3} - \frac{x^4}{45}$$

Remarques:

Pourquoi ais-je mis ❂ dans la marge?

Quels sont les domaines d'application de ces petites fonctions?

Voir d'autres solutions au TP consacré à ce sujet tome II.

2. Développements limités de composées

■ 2.1 Résultats directs

۞ Exemple 11

Développement limité à l'ordre 4 de $\sin(e^x - 1)$ au voisinage de 0

```
Series[Sin[Exp[x] - 1], {x, 0, 4}]
```
$$x + \frac{x^2}{2} - \frac{5x^4}{24} + O[x]^5$$

۞ Exemple 12

Développement limité à l'ordre 4 de $\sqrt{\sqrt{1-x} + \sqrt{x+1}}$ au voisinage de 0

```
Series[√(√(1+x) + √(1-x)), {x, 0, 4}]
```
$$\sqrt{2} - \frac{x^2}{8\sqrt{2}} - (11x^4)/(256\sqrt{2}) + O[x]^5$$

۞ Exemple 13

Développement limité à l'ordre 6 de $\log(\cos(x))$ au voisinage de 0

```
Series[Log[Cos[x]], {x, 0, 6}]
```
$$-\frac{x^2}{2} - \frac{x^4}{12} - \frac{x^6}{45} + O[x]^7$$

■ 2.2 A la main machinal: substitutions

ϙ Exemple 14 (cf exemple 11)

Développement limité à l'ordre 4 de $\sin(e^x - 1)$ au voisinage de 0

```
développement1 = Series[Exp[x] - 1, {x, 0, 4}]
```
$$x + \frac{x^2}{2} + \frac{x^3}{6} + \frac{x^4}{24} + O[x]^5$$

```
développement2 = Series[Sin[x], {x, 0, 4}]
```
$$x - \frac{x^3}{6} + O[x]^5$$

```
développement2 /. x → développement1
```
$$x + \frac{x^2}{2} - \frac{5 x^4}{24} + O[x]^5$$

ϙ Exemple 15 (cf exemple 13)

Développement limité à l'ordre 6 de $\log(\cos(x))$ au voisinage de 0

```
Series[Log[1 + x], {x, 0, 6}]
```
$$x - \frac{x^2}{2} + \frac{x^3}{3} - \frac{x^4}{4} + \frac{x^5}{5} - \frac{x^6}{6} + O[x]^7$$

```
% /. x → -1 + Series[Cos[x], {x, 0, 6}]
```
$$-\frac{x^2}{2} - \frac{x^4}{12} - \frac{x^6}{45} + O[x]^7$$

ϙ Exemple 16 (cf exemple 12)

Développement limité à l'ordre 4 de $\sqrt{\sqrt{1-x} + \sqrt{x+1}}$ au voisinage de 0

à la main:

- on développe Sqrt $[1 + x]$

```
Series[√(1+x), {x, 0, 4}]
```
$$1 + \frac{x}{2} - \frac{x^2}{8} + \frac{x^3}{16} - \frac{5x^4}{128} + O[x]^5$$

- on développe Sqrt[1 - x]

```
Series[√(1-x), {x, 0, 4}]
```
$$1 - \frac{x}{2} - \frac{x^2}{8} - \frac{x^3}{16} - \frac{5x^4}{128} + O[x]^5$$

- on fait la somme des deux

```
% + %%
```
$$2 - \frac{x^2}{4} - \frac{5x^4}{64} + O[x]^5$$

- on met 2 en facteur

```
%
─
2
```
$$1 - \frac{x^2}{8} - \frac{5x^4}{128} + O[x]^5$$

- on prend la racine

```
Series[√%, {x, 0, 4}]
```
$$1 - \frac{x^2}{16} - \frac{11x^4}{512} + O[x]^5$$

- on multiplie par √2

```
% √2
```
$$\sqrt{2} - \frac{x^2}{8\sqrt{2}} - \frac{11x^4}{256\sqrt{2}} + O[x]^5$$

3. Développements limités moins simples

ϕ Exemple 17

Développement limité à l'ordre 7 de $\frac{1}{-x^3-x^2+1}$ au voisinage de 0

```
Series[1 / (1 - x² - x³), {x, 0, 7}]
```
$$1 + x^2 + x^3 + x^4 + 2x^5 + 2x^6 + 3x^7 + O[x]^8$$

✏ Exemple 18

Développement limité à l'ordre 4 de $\cosh^{\frac{1}{\sin(x)}}(x)$ au voisinage de 0

La demande directe ne permet pas de trouver le résultat:

```
Series[Cosh[x]^(1/Sin[x]), {x, 0, 4}]
Series[Cosh[x]^Csc[x], {x, 0, 4}]
```

En effet, il y a retour de la demande, ce qui veut dire que le problème n'est pas résolu. Mais, en passant aux Log:

```
Series[Log[Cosh[x]]/Sin[x], {x, 0, 4}]
```
$\frac{x}{2} + O[x]^5$

puis :

```
Series[Exp[%], {x, 0, 4}]
```
$1 + \frac{x}{2} + \frac{x^2}{8} + \frac{x^3}{48} + \frac{x^4}{384} + O[x]^5$

✏ Exemple 19

Développement limité à l'ordre 4 de $\log(\log((x+1)^{1/x}))$ au voisinage de 0

La demande directe ne permet pas de trouver le résultat:

```
Series[Log[Log[(1+x)^(1/x)]], {x, 0, 4}]
Series[Log[Log[(1+x)^(1/x)]], {x, 0, 4}]
```

Mais:

```
Series[Log[1+x]/x, {x, 0, 4}]
```
$1 - \frac{x}{2} + \frac{x^2}{3} - \frac{x^3}{4} + \frac{x^4}{5} + O[x]^5$

d'où, en posant $1 + u = \log(1+x)^{1/x}$:

```
u = % - 1
```
$-\frac{x}{2} + \frac{x^2}{3} - \frac{x^3}{4} + \frac{x^4}{5} + O[x]^5$

on a:

4. Représentations des parties régulières 313

```
Series[Log[1 + v], {v, 0, 4}]
```
$$v - \frac{v^2}{2} + \frac{v^3}{3} - \frac{v^4}{4} + O[v]^5$$

et:

```
% /. v → u
```
$$-\frac{x}{2} + \frac{5x^2}{24} - \frac{x^3}{8} + \frac{251x^4}{2880} + O[x]^5$$

▽ Exemple 20

Trouver, sans autre précision, un développement limité de :

Series[tan (sin x)-sin (tan x)])

```
Series[Tan[Sin[x]] - Sin[Tan[x]], {x, 0, 4}]
O[x]^5
```

puis,

```
Series[Tan[Sin[x]] - Sin[Tan[x]], {x, 0, 5}]
O[x]^6
```

puis,

```
Series[Tan[Sin[x]] - Sin[Tan[x]], {x, 0, 6}]
O[x]^7
```

enfin,

```
Series[Tan[Sin[x]] - Sin[Tan[x]], {x, 0, 7}]
```
$$\frac{x^7}{30} + O[x]^8$$

4. Représentations des parties régulières

▽ Exemple 21

Donner les développements jusqu'à l'ordre 3 des fonctions définies par:

- y1 = $\frac{x}{x-1}$ pour $x_0 = 2$;
- y2 = $\frac{1}{\sqrt{x}}$ pour $x_0 = 2$;
- y3 = $\frac{x}{(x-1)\sqrt{x}}$ pour $x_0 = 2$.

Construire sur un même graphique les représentations graphiques des fonctions considérées ainsi que celles des parties régulières des différents ordres. On présentera sous forme de tableau comparatif les résultats obtenus.

■ 4.1 Parties régulières successives et engrangement des résultats

Pour chaque ordre, 1, 2 et 3, nous étudierons y1, y2 et y3. Nous procéderons par copier-coller en modifiant légèrement à chaque fois pour adapter à la situation. En même temps chaque situation sera gardée pour des comparaisons graphiques ultérieures. La convention adoptée pour ces exemples est la suivante:

- en noir la courbe;
- en rouge l'ordre 1;
- en vert l'ordre 2;
- en bleu l'ordre 3.

1) ordre 1:

a) pour y1:

```
Series[x/(x-1), {x, 2, 1}]
2 - (x - 2) + O[x - 2]^2

Normal[%]
4 - x

dlg[1][1] = %
4 - x
```

voici une première représentation graphique, avec très peu d'options, d'une approximation linéaire :

4. Représentations des parties régulières

```
Plot[{%, x/(x-1)}, {x, 1.5, 2.5},
    PlotLabel → "ordre 1 pour x/(x-1)"];
```

Engrangement du graphique sans affichage en utilisant l'option DisplayFunction.

Les couleurs sont indiquées à ce niveau:

```
g[1][1] = Plot[{dlg[1][1], x/(x-1)},
    {x, 1.5, 2.5}, PlotLabel → "ordre 1 pour x/(x-1)",
    Ticks → None,
    PlotStyle → {{RGBColor[1, 0, 0]}, {RGBColor[0, 0, 0]}},
    DisplayFunction → Identity];
```

b) pour y2:

```
Series[1/√x, {x, 2, 1}]
```

$$\frac{1}{\sqrt{2}} - \frac{x-2}{4\sqrt{2}} + O[x-2]^2$$

```
Normal[%]
```

$$\frac{1}{\sqrt{2}} - \frac{-2+x}{4\sqrt{2}}$$

```
dlg[2][1] = Simplify[%]
```

$$-\frac{-6+x}{4\sqrt{2}}$$

```
Plot[{%, 1/√x}, {x, 1.5, 2.5},
    PlotLabel → "ordre 1 pour 1/√x"];
```

$$\text{ordre 1 pour } \frac{1}{\sqrt{x}}$$

Engrangement du graphique sans affichage en utilisant l'option DisplayFunction:

```
g[2][1] = Plot[{dlg[2][1], 1/√x},
    {x, 1.5, 2.5}, PlotLabel → "ordre 1 pour 1/√x",
    Ticks → None,
    PlotStyle → {{RGBColor[1, 0, 0]}, {RGBColor[0, 0, 0]}},
    DisplayFunction → Identity];
```

c) pour y3:

```
Series[x/((x-1)√x), {x, 2, 1}]
```

$$\sqrt{2} + \left(\frac{1}{2\sqrt{2}} - \sqrt{2}\right)(x-2) + O[x-2]^2$$

```
Normal[%]
```

$$\sqrt{2} + \left(\frac{1}{2\sqrt{2}} - \sqrt{2}\right)(-2 + x)$$

```
dlg[3][1] = Simplify[%]
```

$$\frac{10 - 3x}{2\sqrt{2}}$$

4. Représentations des parties régulières

```
Plot[{%, x/((x-1) √x)}, {x, 1.5, 2.5},
    PlotLabel → "ordre 1 pour x/((x-1) √x)"];
```

$$\text{ordre 1 pour } \frac{x}{(x-1)\sqrt{x}}$$

Engrangement du graphique sans affichage en utilisant l'option DisplayFunction:

```
g[3][1] = Plot[{dlg[3][1], x/((x-1) √x)},
    {x, 1.5, 2.5}, PlotLabel → "ordre 1 pour x/((x-1) √x)",
    Ticks → None,
    PlotStyle → {{RGBColor[1, 0, 0]}, {RGBColor[0, 0, 0]}},
    DisplayFunction → Identity];
```

2) ordre 2:

a) pour y1:

```
Series[x/(x-1), {x, 2, 2}]
```
$2 - (x-2) + (x-2)^2 + O[x-2]^3$

```
Normal[%]
```
$4 + (-2+x)^2 - x$

```
dlg[1][2] = Simplify[%]
```
$8 - 5x + x^2$

```
Plot[{%, x/(x-1)}, {x, 1.5, 2.5},
    PlotLabel → "ordre 2 pour x/(x-1)"];
```

ordre 2 pour $\frac{x}{x-1}$

[graphique: courbes avec axe y de 1.8 à 3, axe x de 1.6 à 2.4]

Engrangement du graphique sans affichage en utilisant l'option DisplayFunction:

```
g[1][2] = Plot[{dlg[1][2], x/(x-1)},
    {x, 1.5, 2.5}, PlotLabel → "ordre 2 pour x/(x-1)",
    Ticks → None,
    PlotStyle → {{RGBColor[0, 1, 0]}, {RGBColor[0, 0, 0]}},
    DisplayFunction → Identity];
```

b) pour y2:

```
Series[1/√x, {x, 2, 2}]
```

$$\frac{1}{\sqrt{2}} - \frac{x-2}{4\sqrt{2}} + \frac{3(x-2)^2}{32\sqrt{2}} + O[x-2]^3$$

```
Normal[%]
```

$$\frac{1}{\sqrt{2}} - \frac{-2+x}{4\sqrt{2}} + \frac{3(-2+x)^2}{32\sqrt{2}}$$

```
dlg[2][2] = Simplify[%]
```

$$\frac{60 - 20x + 3x^2}{32\sqrt{2}}$$

4. Représentations des parties régulières

```
Plot[{%, 1/√x}, {x, 1.5, 2.5},
    PlotLabel → "ordre 2 pour 1/√x"];
```

ordre 2 pour $\frac{1}{\sqrt{x}}$

```
        0.8
        0.775
        0.75
        0.725
1.6  1.8       2.2  2.4
        0.675
        0.65
```

Engrangement du graphique sans affichage en utilisant l'option DisplayFunction:

```
g[2][2] = Plot[{dlg[2][2], 1/√x},
    {x, 1.5, 2.5}, PlotLabel → "ordre 2 pour 1/√x",
    Ticks → None,
    PlotStyle → {{RGBColor[0, 1, 0]}, {RGBColor[0, 0, 0]}},
    DisplayFunction → Identity];
```

c) pour y3:

```
Series[x/((x - 1) √x), {x, 2, 2}]
```

$\sqrt{2} + \left(\frac{1}{2\sqrt{2}} - \sqrt{2}\right)(x-2) + \left(-\frac{9}{16\sqrt{2}} + \sqrt{2}\right)(x-2)^2 + O[x-2]^3$

```
Normal[%]
```

$\sqrt{2} + \left(\frac{1}{2\sqrt{2}} - \sqrt{2}\right)(-2+x) + \left(-\frac{9}{16\sqrt{2}} + \sqrt{2}\right)(-2+x)^2$

```
dlg[3][2] = Simplify[%]
```

$\frac{172 - 116\, x + 23\, x^2}{16\sqrt{2}}$

$$\text{Plot}\left[\left\{\%, \frac{x}{(x-1)\sqrt{x}}\right\}, \{x, 1.5, 2.5\},\right.$$
$$\left.\text{PlotLabel} \to \text{"ordre 2 pour } \frac{x}{(x-1)\sqrt{x}}\text{"}\right];$$

ordre 2 pour $\dfrac{x}{(x-1)\sqrt{x}}$

Engrangement du graphique sans affichage en utilisant l'option DisplayFunction:

$$g[3][2] = \text{Plot}\left[\left\{\text{dlg}[3][2], \frac{x}{(x-1)\sqrt{x}}\right\}, \{x, 1.5, 2.5\},\right.$$
$$\text{PlotLabel} \to \text{"ordre 2 pour } \frac{x}{(x-1)\sqrt{x}}\text{"}, \text{Ticks} \to \text{None},$$
$$\text{PlotStyle} \to \{\{\text{RGBColor}[0, 1, 0]\}, \{\text{RGBColor}[0, 0, 0]\}\},$$
$$\left.\text{DisplayFunction} \to \text{Identity}\right];$$

3) ordre 3:

a) pour y1:

$$\text{Series}\left[\frac{x}{x-1}, \{x, 2, 3\}\right]$$

$2 - (x-2) + (x-2)^2 - (x-2)^3 + O[x-2]^4$

Normal[%]

$4 + (-2+x)^2 - (-2+x)^3 - x$

dlg[1][3] = Simplify[%]

$16 - 17x + 7x^2 - x^3$

4. Représentations des parties régulières

```
Plot[{%, x/(x-1)}, {x, 1.5, 2.5},
    PlotLabel → "ordre 3 pour x/(x-1)"];
```

ordre 3 pour $\frac{x}{x-1}$

[graphique]

Engrangement du graphique sans affichage en utilisant l'option DisplayFunction:

```
g[1][3] = Plot[{dlg[1][3], x/(x-1)},
    {x, 1.5, 2.5}, PlotLabel → "ordre 3 pour x/(x-1)",
    Ticks → None,
    PlotStyle → {{RGBColor[0, 0, 1]}, {RGBColor[0, 0, 0]}},
    DisplayFunction → Identity];
```

b) pour y2:

```
Series[1/√x, {x, 2, 3}]
```

$$\frac{1}{\sqrt{2}} - \frac{x-2}{4\sqrt{2}} + \frac{3(x-2)^2}{32\sqrt{2}} - \frac{5(x-2)^3}{128\sqrt{2}} + O[x-2]^4$$

```
Normal[%]
```

$$\frac{1}{\sqrt{2}} - \frac{-2+x}{4\sqrt{2}} + \frac{3(-2+x)^2}{32\sqrt{2}} - \frac{5(-2+x)^3}{128\sqrt{2}}$$

```
dlg[2][3] = Simplify[%]
```

$$\frac{280 - 140x + 42x^2 - 5x^3}{128\sqrt{2}}$$

```
Plot[{%, 1/√x}, {x, 1.5, 2.5},
    PlotLabel → "ordre 3 pour 1/√x"];
```

ordre 3 pour $\frac{1}{\sqrt{x}}$

```
                    0.8
                    0.775
                    0.75
                    0.725
       1.6    1.8         2.2    2.4
                    0.675
                    0.65
```

Engrangement du graphique sans affichage en utilisant l'option DisplayFunction:

```
g[2][3] = Plot[{dlg[2][3], 1/√x}, {x, 1.5, 2.5},
    PlotLabel → "ordre 3 pour 1/√x", Ticks → None,
    PlotStyle → {{RGBColor[0, 0, 1]}, {RGBColor[0, 0, 0]}},
    DisplayFunction → Identity];
```

c) pour y3:

```
Series[x/((x-1)√x), {x, 2, 3}]
```

$\sqrt{2} + \left(\frac{1}{2\sqrt{2}} - \sqrt{2}\right)(x-2) + \left(-\frac{9}{16\sqrt{2}} + \sqrt{2}\right)(x-2)^2 +$
$\left(\frac{37}{64\sqrt{2}} - \sqrt{2}\right)(x-2)^3 + O[x-2]^4$

```
Normal[%]
```

$\sqrt{2} + \left(\frac{1}{2\sqrt{2}} - \sqrt{2}\right)(-2+x) + \left(-\frac{9}{16\sqrt{2}} + \sqrt{2}\right)(-2+x)^2 +$
$\left(\frac{37}{64\sqrt{2}} - \sqrt{2}\right)(-2+x)^3$

```
dlg[3][3] = Simplify[%]
```

$\frac{1416 - 1556 x + 638 x^2 - 91 x^3}{64 \sqrt{2}}$

4. Représentations des parties régulières 323

```
Plot[{%, x/((x-1) √x)}, {x, 1.5, 2.5},
    PlotLabel, "ordre 3 pour x/((x-1) √x)"];
```

$$\text{ordre 3 pour } \frac{x}{(x-1)\sqrt{x}}$$

```
                    2.4
                    2.2
                    2
                    1.8
                    1.6
                    1.4
                    1.2
        1.6  1.8        2.2  2.4
```

Engrangement du graphique sans affichage en utilisant l'option DisplayFunction:

```
g[3][3] = Plot[{dlg[3][3], x/((x-1) √x)},
    {x, 1.5, 2.5}, PlotLabel → "ordre 3 pour x/((x-1) √x)",
    Ticks → None,
    PlotStyle → {{RGBColor[0, 0, 1]}, {RGBColor[0, 0, 0]}},
    DisplayFunction → Identity];
```

■ 4.2 Comparaisons

L'engrangement des divers graphiques permet d'obtenir des comparaisons graphiques sous différents points de vue avec options panachées à souhait. En voici quelques exemples:

Tableau avec les 9 courbes épurées

```
Show[GraphicsArray[Table[g[i][j], {j, 1, 3}, {i, 1, 3}]],
    Frame → True];
```

Voir le résultat en forme paysage sur la page suivante...

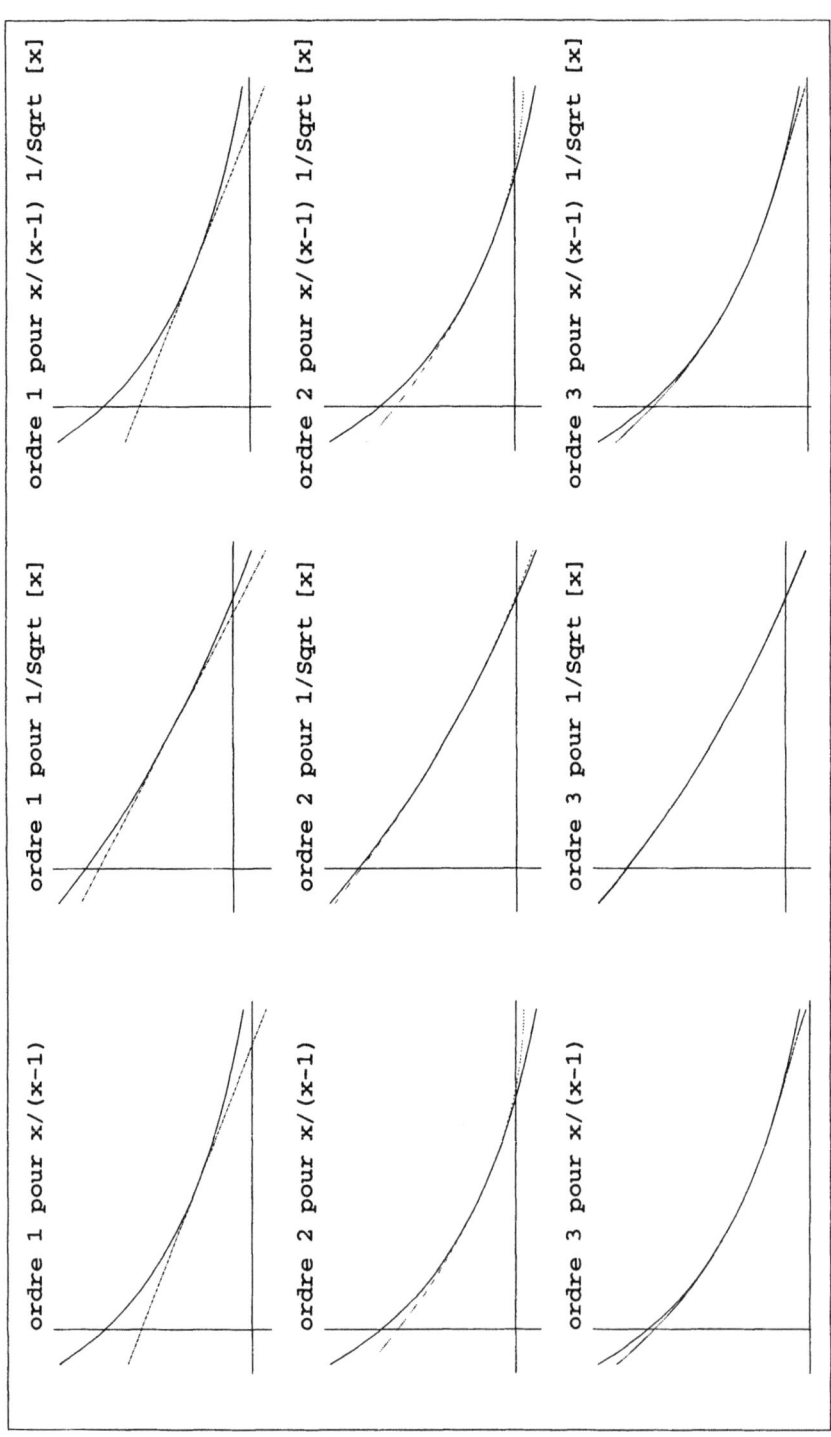

4. Représentations des parties régulières

Comportement graphique, fonction par fonction des différentes parties régulières

a) pour y1:

```
Plot[Evaluate[Append[Table[dlg[1][i], {i, 1, 3}], x/(x-1)]],
  {x, 1.5, 2.5}]];
```

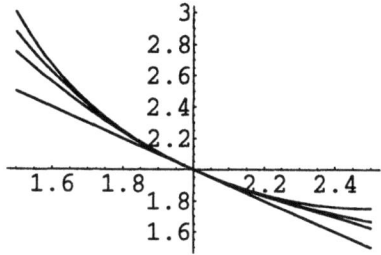

```
g[1] =
Plot[
  Evaluate[
    Append[Table[dlg[1][i], {i, 1, 3}], x/(x-1)]],
    {x, 1.1, 2.9},
    PlotLabel → " fonction x → x/(x-1) ",
    PlotRange → {0, 3}, AspectRatio → Automatic,
    DisplayFunction → Identity];
```

b) pour y2:

```
Plot[Evaluate[Append[Table[dlg[2][i], {i, 1, 3}], 1/√x]],
  {x, 1.5, 2.5}]];
```

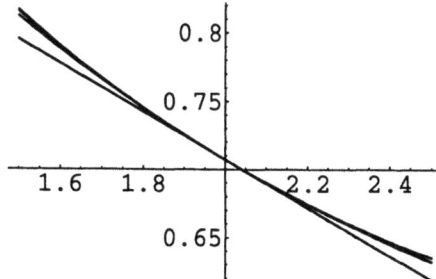

```
g[2] =
 Plot[
  Evaluate[
   Append[Table[dlg[2][i], {i, 1, 3}], 1/√x]],
    {x, 1.1, 2.9},
   PlotLabel → " fonction 1/√x ", AspectRatio → Automatic,
   PlotRange → {0, 3}, DisplayFunction → Identity];
```

c) *pour y3:*

```
Plot[
 Evaluate[Append[Table[dlg[3][i], {i, 1, 3}], x/((x-1)√x)]],
  {x, 1.5, 2.5}]];
```

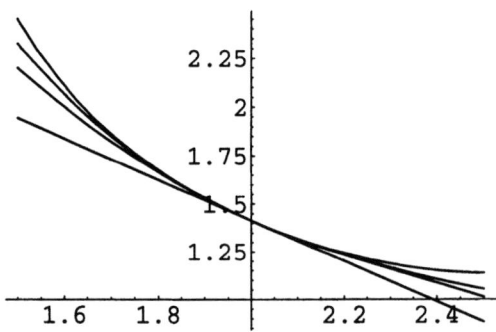

```
g[3] =
 Plot[
  Evaluate[
   Append[
    Table[dlg[3][i], {i, 1, 3}], x/((x-1)√x)]],
    {x, 1.1, 2.9},
   PlotLabel, " fonction x/((x-1)√x) ] ",
   PlotRange → {0, 3},
   AspectRatio → Automatic, DisplayFunction → Identity];
```

Comportements comparés

```
    Show[GraphicsArray[Table[g[i], {i, 1, 3}]], Frame → True];
```

Voir le résultat page suivante...

4. Représentations des parties régulières

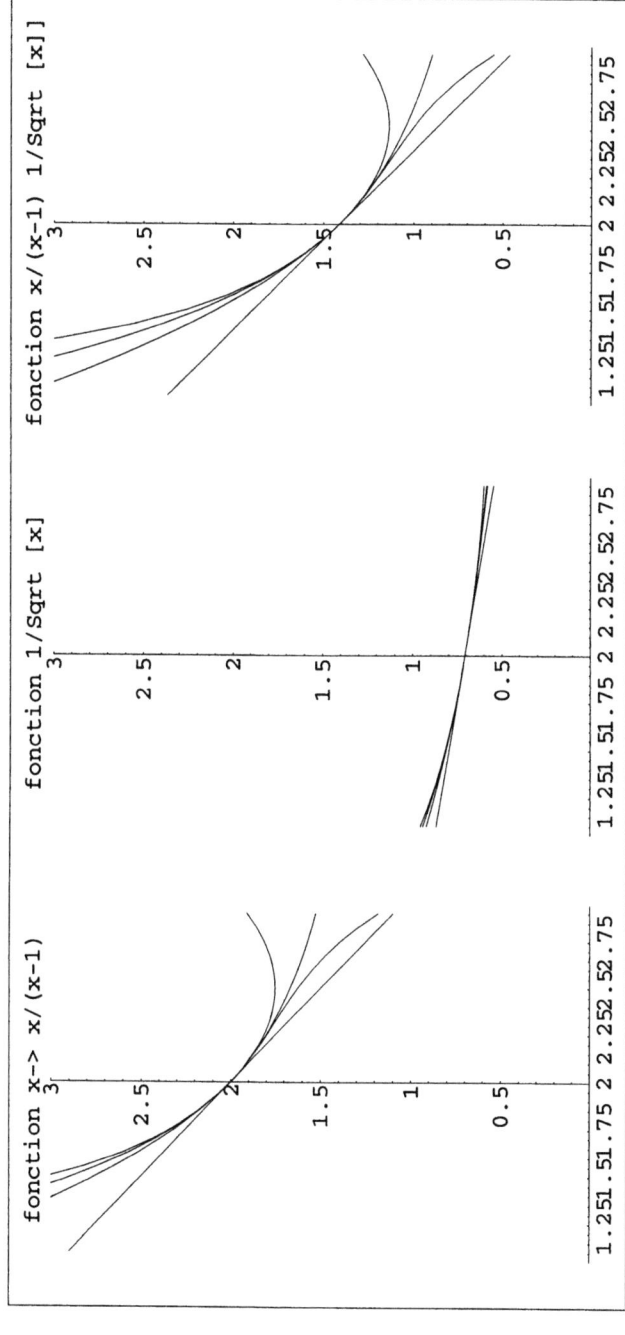

5. Précision des branches infinies de courbes

◊ **Exemple 22**

Etude de la fonction définie par:

$f(x) = \frac{x}{1+\text{Exp}[\frac{1}{x}]}$ pour $x \neq 0$ et $f(0) = 0$

```
f[x_] := x / (1 + Exp[1/x])

f[0] = 0;

Plot[f[x], {x, -3, 3}];
```

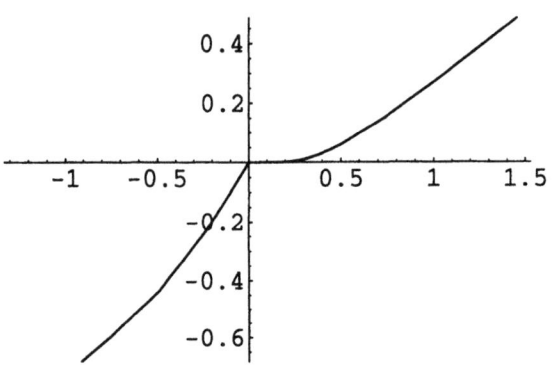

Mathematica indique la singularité à l'origine.

Deux choses intéressantes sont en fait à préciser: les branches infinies et le comportement à l'origine.

Branches infinies

```
Series[x / (1 + Exp[1/x]), {x, -∞, 3}]
```

$\frac{1}{\frac{2}{x}} - \frac{1}{4} + \frac{1}{48}\left(\frac{1}{x}\right)^{\wedge}2 + O[\frac{1}{x}]^{\wedge}3$

```
Series[x / (1 + Exp[1/x]), {x, ∞, 3}]
```

$\frac{1}{\frac{2}{x}} - \frac{1}{4} + \frac{1}{48}\left(\frac{1}{x}\right)^{2} + O[\frac{1}{x}]^{3}$

On peut donc préciser les branches infinies de la représentation graphique, par le tracé de l'asymptote:

5. Précision des branches infinies de courbes

```
Plot[{f[x], x/2 - 1/4}, {x, -1, 1},
  PlotStyle → {RGBColor[0, 0, 0], RGBColor[1, 0, 0]}];
```

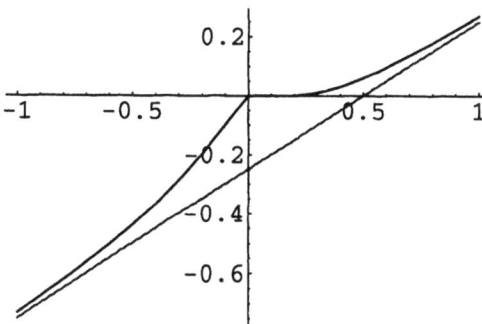

```
repésentationGraphique = %;
```

Demi-tangentes à l'origine

$$\text{Limit}\left[\frac{1}{1 + \text{Exp}[\frac{1}{x}]}, x \to 0, \text{Direction} \to -1\right]$$

0

$$\text{Limit}\left[\frac{1}{1 + \text{Exp}[\frac{1}{x}]}, x \to 0, \text{Direction} \to 1\right]$$

1

Les demi-tangentes peuvent être tracées en utilisant le package Arrow.

```
Needs["Graphics`Arrow`"]

Show[repésentationGraphique,
  Graphics[{Arrow[{0, 0}, {-0.3, -0.3}],
    Arrow[{0, 0}, {0.15, 0}, HeadCenter → 0]}]];
```

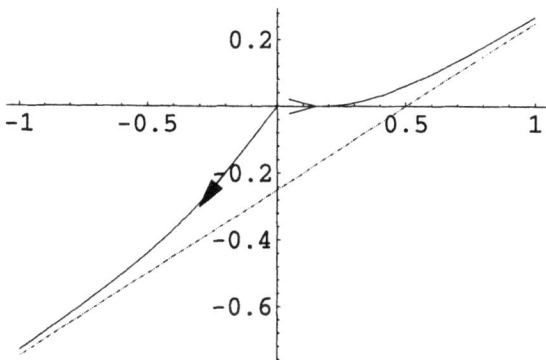

À titre d'exemple, deux têtes de flèches différentes ont été choisies

Calcul de limites

Introduction

La primitive clef de ce notebook est `Limit`

```
? Limit
```

> Limit[expr, x->x0] finds the limiting value of expr
> when x approaches x0.

Traduction adaptée

> Limit[expr, x->x0] trouve la limite de expr quand x
> tend vers x0.

1. Limites toutes simples

⚡ Exemple 1

Calculer les limites de $\sqrt{(x-1)(x-2)}$ quand x tend vers 0, 1 et 2

```
Limit[√((x-1) (x-2)) , x → 0]
Sqrt[2]

Limit[√((x-1) (x-2)) , x → 1]
0
```

```
Limit[√(x - 1) (x - 2) , x → 2]
0
```

۵ Exemple 2

Calculer la limite de $\frac{1}{\sqrt{(x-1)(x-2)}}$ quand x tend vers 2

```
Limit[ 1 / √(x - 1) (x - 2) , x → 2]
Infinity
```

۵ Exemple 3

Calculer la limite de $\frac{1}{x^2-3x+2}$ quand x tend vers 1

par valeurs inférieures

```
Limit[ 1 / x² - 3 x + 2 , x → 1, Direction → 1]
Infinity
```

par valeurs supérieures

```
Limit[ 1 / x² - 3 x + 2 , x → 1, Direction → -1]
-Infinity
```

۵ Exemple 4

Calculer la limite de $\frac{1}{x^2-3x+2}$ quand x tend vers 2

par valeurs inférieures

```
Limit[ 1 / x² - 3 x + 2 , x → 2, Direction → 1]
-Infinity
```

par valeurs supérieures

```
Limit[ 1 / x² - 3 x + 2 , x → 2, Direction → -1]
Infinity
```

Ceci coïncide bien avec la représentation graphique de la fonction:

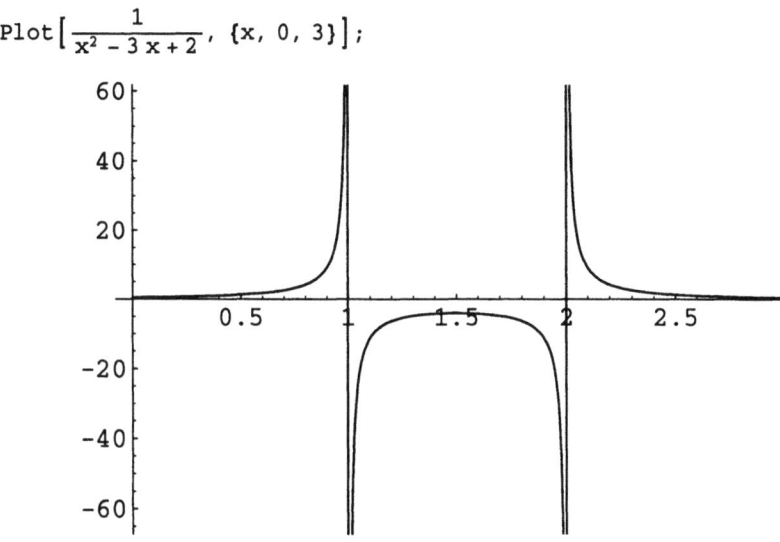

2. Limites moins simples pour un humain

Les limites ci-dessous peuvent se retrouver en utilisant les développements limités effectués dans le notebook précédent : "développements limités et asymptotiques".

ϔ Exemple 5

Calculer la limite de $\dfrac{\sin(x)-\sinh(x)}{-\frac{x^2}{2}-x+e^x-1}$ quand x tend vers 0

```
Limit[ (Sin[x] - Sinh[x]) / (Exp[x] - 1 - x - x^2/2), x → 0]
```
-2

ϔ Exemple 6

Calculer la limite de $\dfrac{\cos(x)-\frac{2}{x^2+2}}{x^4}$ quand x tend vers 0

```
Limit[ (Cos[x] - 2/(2+x^2)) / x^4, x → 0]
```
$-\left(\dfrac{5}{24}\right)$

ϙ Exemple 7

Calculer la limite de $\dfrac{\cosh(x) - \frac{5x^2+12}{12-x^2}}{x^4}$ quand x tend vers 0

```
Limit[ (Cosh[x] - (12+5 x^2)/(12-x^2))/x^4 , x → 0]
```
0

ϙ Exemple 8

Calculer la limite de $\dfrac{\sqrt{x+3} - \sqrt[3]{3x+5}}{\tan(x-1)}$ quand x tend vers 1

```
Limit[ (√(x+3) - (3 x + 5)^(1/3))/Tan[x - 1] , x → 1]
```
0

ϙ Exemple 9

Calculer la limite de $\dfrac{(5\cos(x)-8)\,x + 3\,(x^2+1)\sin(x)}{x^5}$ quand x tend vers 0

```
Limit[ (3 (1 + x^2) Sin[x] + x (5 Cos[x] - 8))/x^5 , x → 0]
```
$-\left(\dfrac{4}{15}\right)$

3. Limites moins simples pour *Mathematica*

Lorsque *Mathematica* ne trouve pas la limite demandée, il retourne la demande telle que.

ϙ Exemple 10

Calculer la limite de x-log(cosh(x)) quand x tend vers +∞

```
Limit[x - Log[Cosh[x]], x → ∞]
Limit[x - Log[Cosh[x]], x -> Infinity]
```

en fonction des exponentielles:

$$x - \text{Log}[\text{Cosh}[x]] \; / . \; \{\text{Cosh}[x] \to \frac{1}{2}(\text{Exp}[x] + \text{Exp}[-x])\}$$

$$x - \text{Log}[\frac{E^{-x} + E^{x}}{2}]$$

on met $\frac{e^x}{2}$ en facteur sous le Log et on vérifie:

$$\text{Expand}[\frac{1}{2}\text{Exp}[x](1 - \text{Exp}[-2x])]$$

$$\frac{-1}{2\,E^x} + \frac{E^x}{2}$$

d'où, en appliquant les propriétés du Log:

$$x - \text{Log}[\frac{1}{2}\text{Exp}[x](1-\text{Exp}[-2x])] \; // .$$
$$\{\text{Log}[a\_\,b\_] \to \text{Log}[a] + \text{Log}[b]\}$$
$$x - \text{Log}[\tfrac{1}{2}] - \text{Log}[E^x] - \text{Log}[1 - E^{-2x}]$$

$$\% \; / . \; \text{Log}[\text{Exp}[x]] \to x$$
$$-\text{Log}[\tfrac{1}{2}] - \text{Log}[1 - E^{-2x}]$$

et on remarque que:

$$\text{Limit}[\text{Log}[1 - E^{-2x}], \; x \to \infty]$$
$$0$$

et on en déduit que la limite cherchée est Log [2].

4. Limites plus récalcitrantes

Pour un certain nombre de limites, *Mathematica* retourne la demande telle que, ce qui veut dire qu'il n'est pas en mesure de déterminer la limite. Dans ce cas, il faut penser à charger le package `limit.m` qui redéfinit cette fonction et améliore ses prestations. En voici quelques exemples:

■ 4.1 Avant chargement du package

۞ Exemple 11

Calculer les limites de $e^{x^3}(x^5+\log(|x|))$ quand x tend vers $-\infty$

```
Limit[Exp[x³] (x⁵ + Log[Abs[x]]), x → -∞]

Limit[E^(x³) (x⁵ + Log[Abs[x]]), x -> -Infinity]
```

۞ Exemple 12

Calculer la limite de $(\log(\cos(x))+1)^{\left(\frac{1}{\sin(x)}\right)^2}$ quand x tend vers 0

```
Limit[(1 + Log[Cos[x]])^(1/Sin[x])², x → 0]

Limit[(1 + Log[Cos[x]])^Csc[x]², x -> 0]
```

۞ Exemple 13

Calculer la limite de $x^2\left((1+\frac{1}{x})^x - 4(1+\frac{1}{2x})^{2x} + 3(1+\frac{1}{3x})^{3x}\right)$
quand x tend vers +∞

```
Limit[x² ((1 + 1/x)^x - 4 (1 + 1/(2x))^(2x) + 3 (1 + 1/(3x))^(3x)), x → ∞]

Limit[(3 (1 + 1/(3x))^(3x) - 4 (1 + 1/(2x))^(2x) + (1 + 1/x)^x) x², x -> Inf
```

■ 4.2 Accès au package et chargement

Version 2.2

Sur les Macs...

Dans la menu Help, en choisissant l'item Packages (cf figure) et en cliquant sur Evaluate, la demande Needs["Calculus`Limit`"] s'inscrit dans le notebook et le package limit.m est chargé.

4. Limites plus récalcitrantes

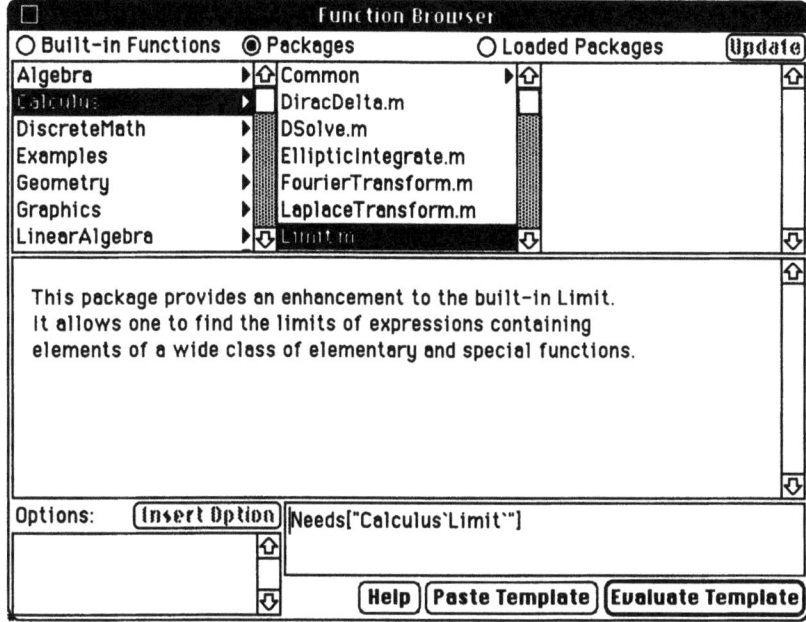

```
Needs["Calculus`Limit`"]
```

Sur les PCs...

1) Pour trouver la fiche d'informations sur Limit, il y a lieu de suivre les menus hiérarchiques.

Dans

> Help

choisir:

> Search for Help On

puis taper:

> ca

alors s'affiche calculus dans la fenêtre déroulante. Cliquer dans la case

> afficher les rubriques

enfin:

> Double - cliquer sur limit

2) pour voir le contenu du package limit, choisir open dans l'item file du menu principal, puis packages, puis limit et OK.

Version 3.0

on cherche `Limit`

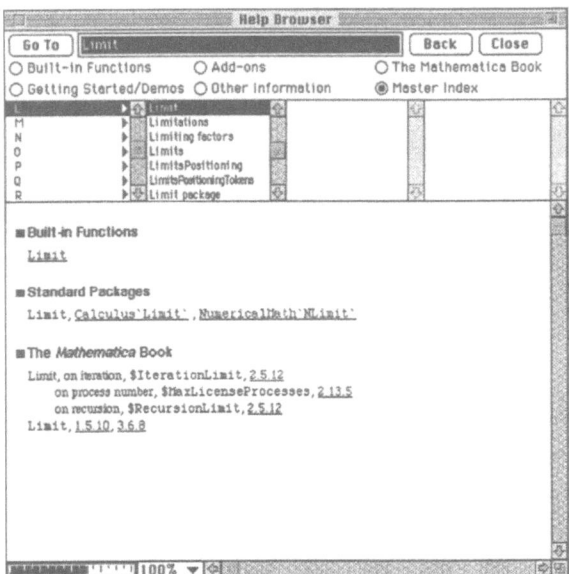

puis on utilise le lien hypertexte pour entrer dans la fiche d'aide du package

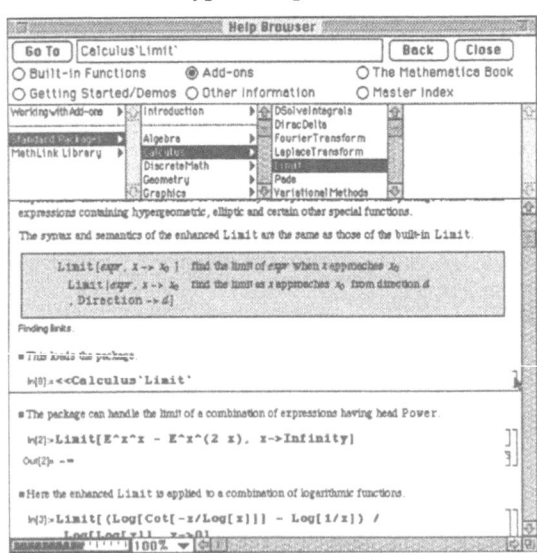

On charge le package à partir de cette fiche d'aide, tout simplement... (cf flèche sur la copie d'écran ci-dessus)

4. Limites plus récalcitrantes

■ 4.3 Après le chargement du package

Le package étant chargé, les limites à problèmes peuvent être redemandées:

ϕ Exemple 14

Calculer les limites de $e^{x^3} (x^5 + \log(|x|))$ quand x tend vers -∞

```
Limit[Exp[x³] (x⁵ + Log[Abs[x]]), x → -∞]
```
0

```
Limit[Exp[x³] (x⁵ + Log[-x]), x → -∞]
```
0

ϕ Exemple 15

Calculer la limite de $(\log(\cos(x)) + 1)^{\left(\frac{1}{\sin(x)}\right)^2}$ quand x tend vers 0

```
Limit[(1 + Log[Cos[x]])^(1/Sin[x])², x → 0]
```

$$\frac{1}{\sqrt{E}}$$

ce qui est cohérent avec la représentation graphique:

```
Plot[(1 + Log[Cos[x]])^(1/Sin[x])², {x, -1/10, 1/10}];
```

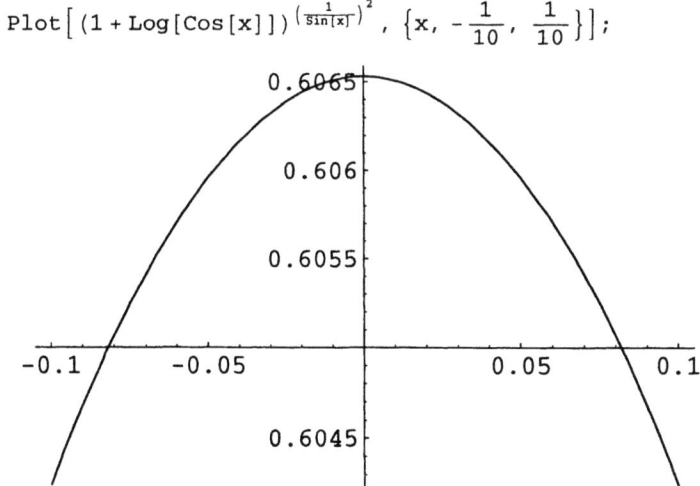

ϙ Exemple 16

Calculer la limite de $x^2 \left((1+\frac{1}{x})^x - 4(1+\frac{1}{2x})^{2x} + 3(1+\frac{1}{3x})^{3x}\right)$

quand x tend vers +∞

```
Limit[x² ((1 + 1/x)^x - 4 (1 + 1/(2x))^(2x) + 3 (1 + 1/(3x))^(3x)), x → ∞]
```

$$\frac{11\,E}{72}$$

```
N[%]
```

0.415293

ce qui est cohérent avec la représentation graphique:

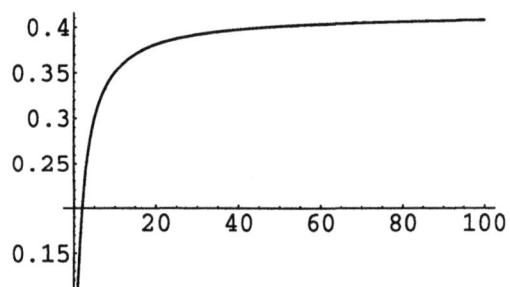

On peut facilement faire figurer cette limite sur le dessin

```
Show[%,
  Graphics[Line[{{0, 0.415293}, {100, 0.415293}}]]];
```

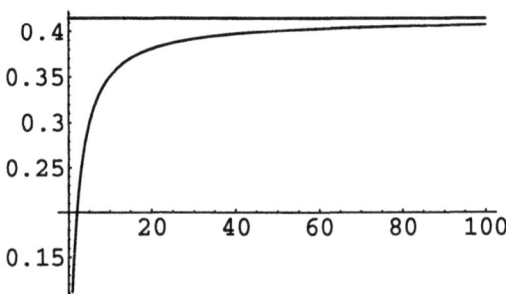

5. Limites dépendant d'un paramètre

Pour autant qu'elles entrent dans une catégorie traitable facilement, les limites dépendant d'un ou de plusieurs paramètres, ne posent pas de problème particulier.

᷈ Exemple 17

Calculer la limite de $(\frac{t}{n}+1)^n$ quand x tend vers +∞

```
Limit[(1 + t/n)^n, n → ∞]
```
E^t

```
Limit[Exp[t² x], x → ∞]
```
$E^{\infty \, \text{Sign}[t]^2}$

```
% /. t → √2
```
∞

Suites et séries

Introduction

Dans ce chapitre-notebook, nous verrons le calcul des termes d'une suite puis nous travaillerons sur les suites de fonctions. Enfin nous donnerons des exemples de calcul de sommes d'une série.

Aucune difficulté ou subtilité dans ce chapitre-notebook, aussi j'en profite pour glisser un petit rappel à l'ordre: négliger les messages d'erreur et ne pas respecter le système peut être lourd de conséquences.

1. Termes d'une suite numérique; plusieurs approches

Deux points de vue sont possibles: considérer les termes un à un, sans considération pour le fait qu'ils sont tous éléments de la même suite, ou bien considérer qu'il s'agit d'un objet, la suite qui est définie par une relation, le concept d'élément venant après coup. À ces deux points de vue correspond en *Mathematica* deux approches.

- La première consite à calculer les termes u_n un à un, sans souci de mémorisation pour une utilisation extérieure par d'autres éléments; dans ce cas le processus de calcul est en second plan.

- La seconde approche consiste à mettre en premier plan le processus de fabrication de la suite et à construire petit à petit les constituants de l'entité (u_n) à laquelle on s'intéresse, qui viennent alors en second plan à l'appui de l'étude de la suite.

D'ailleurs, en mathématiques même si on donne le même nom aux deux concepts, on distingue généralement le terme u_n courant de la suite (u_n) entourée, elle, de parenthèses. En fait, il s'agit de distinguer la fonction des valeurs de cette fonction.

■ 1.1 Sans mémorisation: calcul des termes un à un

⚡ Exemple 1

Définition

```
u[n_] := 10/3 u[n - 1] - u[n - 2]

u[0] = 1; u[1] = 1/3;
```

valeur en 2.

```
u[2]
```
$$\frac{1}{9}$$

valeur en 3:

```
u[3]
```
$$\frac{1}{27}$$

valeurs de 3 à 10:

```
Table[u[n], {n, 1, 10}]
```
$$\{\frac{1}{3}, \frac{1}{9}, \frac{1}{27}, \frac{1}{81}, \frac{1}{243}, \frac{1}{729}, \frac{1}{2187}, \frac{1}{6561}, \frac{1}{19683}, \frac{1}{59049}\}$$

Mathematica est en présence de l'application d'une fonction. Il va donc chercher la définition de cette fonction auprès du symbole u. Il est donc amené à évaluer u[1] et u[0] qu'il trouve attaché au même symbole u. Par exemple, pour calculer u_7, c'est la définition qui est appliquée, ce qui nécessite le calcul de u_3, u_4, etc. De même, le calcul de u_8 nécessitera le calcul de u_3, u_4, etc. jusqu'à u_7. On voit que le calcul d'un terme est effectué plusieurs fois. C'est un bon exercice que de trouver combien de fois le terme u_3 va être calculé si on demande u_{10} par exemple. Dans ce calcul, qui nécessite le calcul de u_9 et u_8, il ne faut pas oublier que u_9 nécessite aussi le calcul de u_8. On vérifiera ses résultats en utilisant la fonction Trace.

1. Termes d'une suite numérique 345

```
Ø Timing[Table[u[n], {n, 1, 10}]]
  {0.0833333 Second, {1/3, 1/9, 1/27, 1/81, 1/243,
    1/729, 1/2187, 1/6561, 1/19683, 1/59049}}
```

En mémoire, attaché au symbole u il y a:

```
? u

Global`u

u[0] = 1

u[1] = 1/3

u[n_] := 10/3 * u[n - 1] - u[n - 2]
```

■ 1.2 Avec mémorisation. On nomme le processus

Cette fois on s'intéresse au processus. C'est lui que l'on représente par un symbole.

۞ Exemple 2

Définition:

$$v[n\_] := v[n] = \frac{10}{3} v[n-1] - v[n-2]$$

$$v[0] = 1; v[1] = \frac{1}{3};$$

les 10 premières valeurs de vn:

```
Ø Timing[Table[v[n], {n, 1, 10}]]
  {0. Second, {1/3, 1/9, 1/27, 1/81, 1/243, 1/729, 1/2187,
    1/6561, 1/19683, 1/59049}}
```

En mémoire, attaché au symbole v, il y a:

```
? v

Global`v

v[0] = 1

v[1] = 1/3

v[2] = 1/9

v[3] = 1/27

v[4] = 1/81

v[5] = 1/243

v[6] = 1/729

v[7] = 1/2187

v[8] = 1/6561

v[9] = 1/19683

v[10] = 1/59049

v[n_] := v[n] = 10/3*v[n - 1] - v[n - 2]
```

On gagne donc en temps mais on perd en place...

Valeur approchée des 20 premiers termes:

```
TableForm[Table[N[v[n]], {n, 1, 20}]]
```

0.333333
0.111111
0.037037
0.0123457
0.00411523
0.00137174
0.000457247
0.000152416
0.0000508053
0.0000169351
5.64503×10^{-6}
1.88168×10^{-6}
6.27225×10^{-7}
2.09075×10^{-7}
6.96917×10^{-8}
2.32306×10^{-8}
7.74352×10^{-9}
2.58117×10^{-9}
8.60392×10^{-10}
2.86797×10^{-10}

1.3 Représentation graphique

```
ListPlot[%];
```

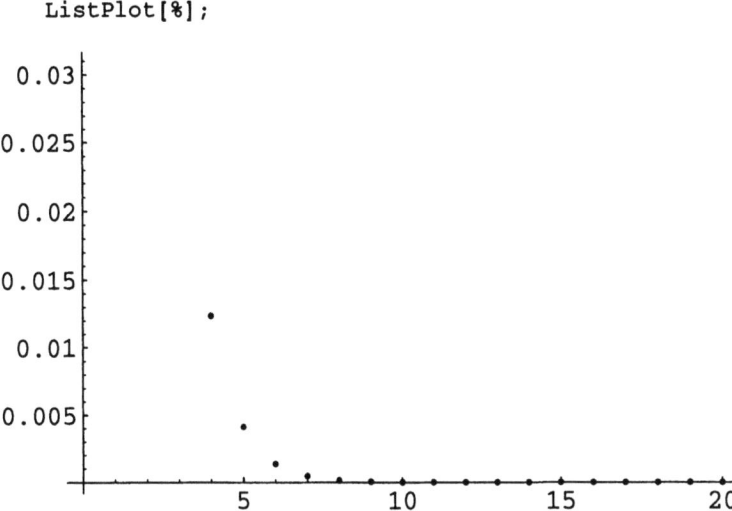

et si on préfère relier les points représentatifs:

```
ListPlot[%%, PlotJoined → True];
```

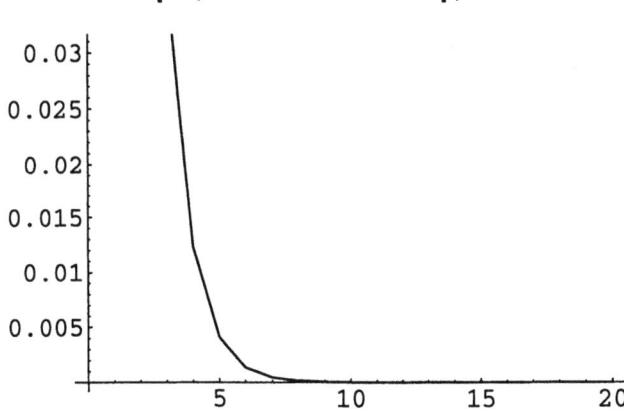

Les options de `ListPlot` sont:

```
Map[Print, Options[ListPlot]];
```

AspectRatio → $\frac{1}{\text{GoldenRatio}}$
Axes → Automatic
AxesLabel → None
AxesOrigin → Automatic
AxesStyle → Automatic
Background → Automatic
ColorOutput → Automatic
DefaultColor → Automatic
Epilog → {}
Frame → False
FrameLabel → None
FrameStyle → Automatic
FrameTicks → Automatic
GridLines → None
ImageSize → Automatic
PlotJoined → False
PlotLabel → None
PlotRange → Automatic
PlotRegion → Automatic
PlotStyle → Automatic
Prolog → {}
RotateLabel → True
Ticks → Automatic
DefaultFont :→ $DefaultFont
DisplayFunction :→ $DisplayFunction
FormatType :→ $FormatType
TextStyle :→ $TextStyle

Un bon exercice consiste à modifier les options et à vérifier si les résultats obtenus sont à la mesure de ceux escomptés.

2. Convergence de suites de fonctions

■ **Introduction**

Ici aussi plusieurs approches sont possibles, tant pour les définitions des suites que pour leur représentation. Nous allons mettre quelques exemples des possibilités offertes en évidence grâce à la représentation graphique:

- la suite de fonctions n'a pas de nom, mais elle est considérée comme une suite de fonctions indexées par un paramètre;
- la suite de fonctions n'a pas de nom, mais elle est considérée comme une fonction à deux variables;
- plusieurs suites de fonctions, vues chacune comme une fonction de deux variables sont étudiées, mais elles n'ont pas de nom;
- la suite de fonctions est définie comme une fonction simple de deux variables;
- la suite de fonctions est définie comme une fonction polymorphe de deux variables ;
- la suite de fonctions est définie comme une suite de fonctions d'une variable, indexées par une autre variable;
- la suite de fonctions prend des valeurs différentes suivant la variable.

Il ne s'agit que de quelques exemples qui sont loin de recouvrir toutes les possibilités. C'est l'utilisateur qui doit choisir son mode de représentation mathématique sans arrière pensée de la programmation. Une fois son choix fait, une analyse de ses motivations et de ce qu'il a choisi le guident pour demander à *Mathematica* ce qu'il souhaite, c'est-à-dire pour *programmer*.

Plus les choses se compliquent et plus il faut être attentif et vérifier les résultats obtenus. En particulier, il arrive que dans les divers copier-coller un crochet ou une parenthèse disparaissent. Alors *Mathematica* rouspète. Remettre hâtivement un crochet ou une parenthèse est toujours très tentant, mais cela peut avoir des conséquences difficiles à déceler. Nous terminerons par un de ces exemples.

■ 2.1 Sans nom, suite de fonctions indexées par un paramètre

Trois courbes de la famille

ϙ Exemple 3

```
Plot[Evaluate[Table[Sin[n x]/(n √x), {n, 1, 3}]], {x, π/4, π}];
```

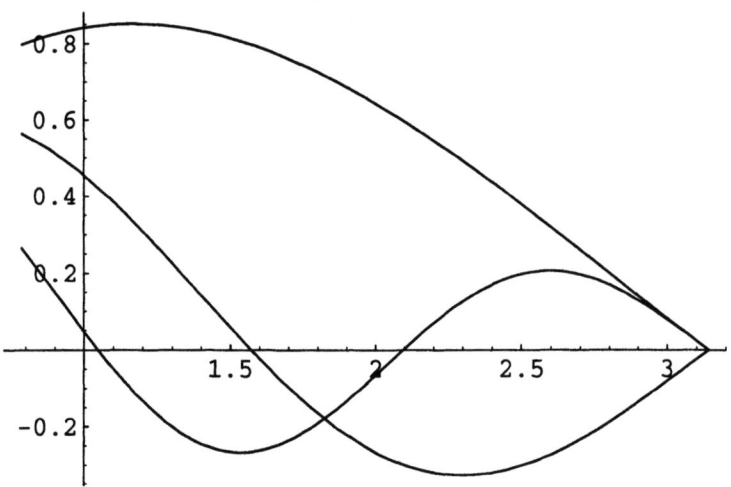

Quatre courbes de la famille

```
Plot[Evaluate[Table[Sin[n x]/(n √x), {n, 1, 4}]], {x, π/4, π}];
```

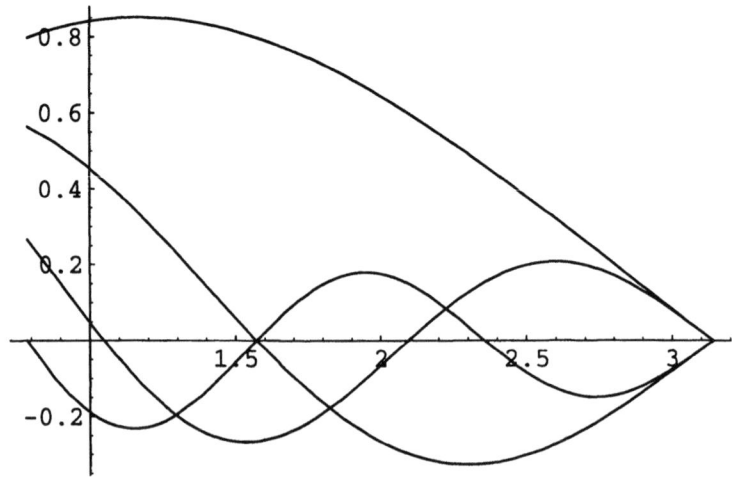

2. Convergence de suites de fonctions

Dix courbes de la même famille

```
Plot[Evaluate[Table[Sin[n x]/(n √x), {n, 1, 10}]],
    {x, π/4, π}];
```

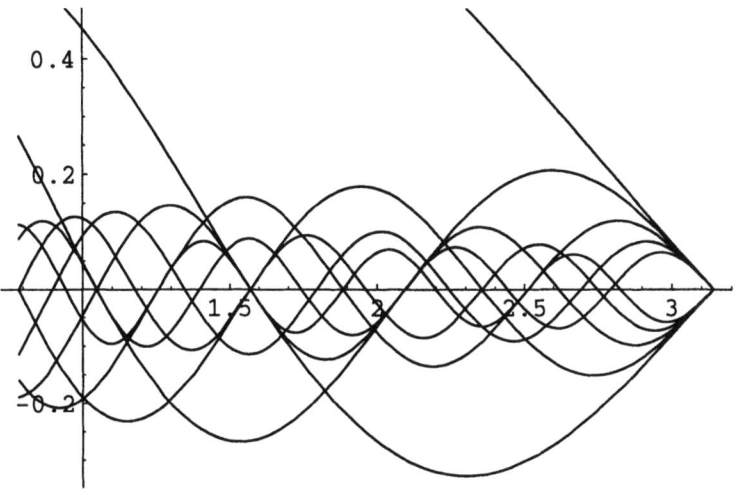

Et enfin vingt courbes de la même famille

```
Plot[Evaluate[Table[Sin[n x]/(n √x), {n, 1, 20}]],
    {x, π/4, π}];
```

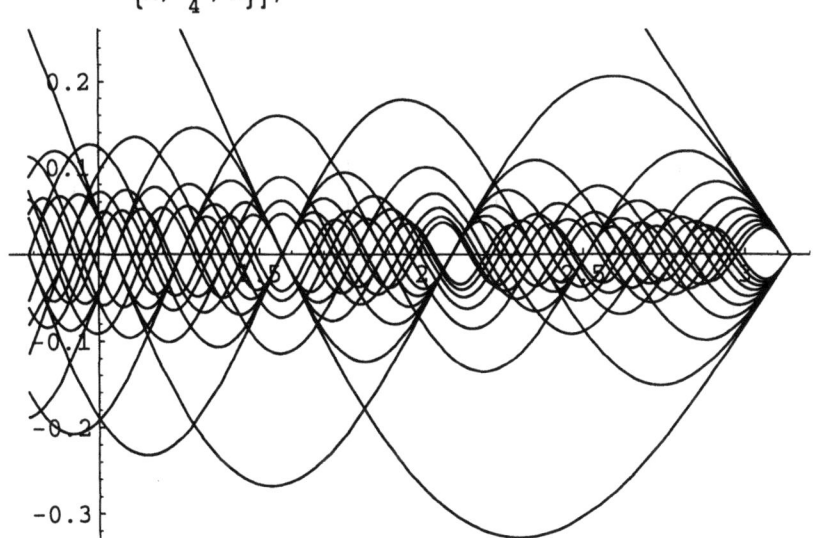

■ 2.2 Sans nom, fonction à deux variables

r et t sont deux variables qui jouent le même rôle dans l'expression de la fonction. La variation en r est discrète et imposée par l'utilisateur de 0.1 en 0.1, alors que la variation en t entre 0.5 et 0.5 est laissée à *Mathematica*.

۵ Exemple 4

```
Plot[Evaluate[Table[
       1 - r²
    ─────────────── , {r, 0.1, 0.6, 0.1}]],
    1 - 2 r Cos[2 π t] + r²
 {t, -0.5, 0.5}];
```

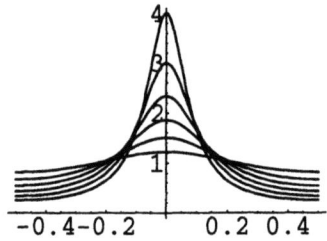

■ 2.3 Sans nom, suite de fonctions de deux variables

L'utilisateur souhaite voir comment de petits changements de la fonction précédente influe sur son comportement, mais il ne souhaite pas pour autant donner un nom à tous ses essais. C'est simple, il procède par copier-coller puis modifie ce qu'il a envie de modifier et enfin valide.

۵ Exemple 5

```
Plot[Evaluate[
    Table[ 2 ((1 - r²) Sin[2 π t]²)
         ─────────────────────── , {r, 0.1, 0.8, 0.1}]],
         (1 - 2 r Cos[2 π t] + r²)²
 {t, -0.5, 0.5}];
```

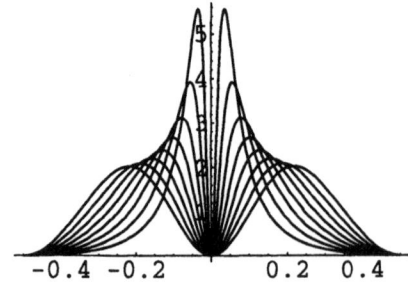

■ 2.4 Définie comme une fonction simple de deux variables

۞ Exemple 6

$$f[n\_, t\_] := \frac{(\frac{1}{2} \operatorname{Sin}[(n+1)\pi t] + \operatorname{Sin}[\pi t])^2}{n+1}$$

Trois courbes de la famille

```
Plot[Evaluate[Table[f[n, t], {n, 1, 3}]], {t, -0.6, 0.6}];
```

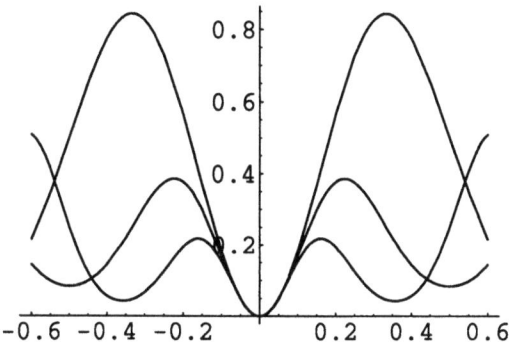

Dix courbes de la famille

```
Plot[Evaluate[Table[f[n, t], {n, 1, 10}]],
    {t, -0.6, 0.6}];
```

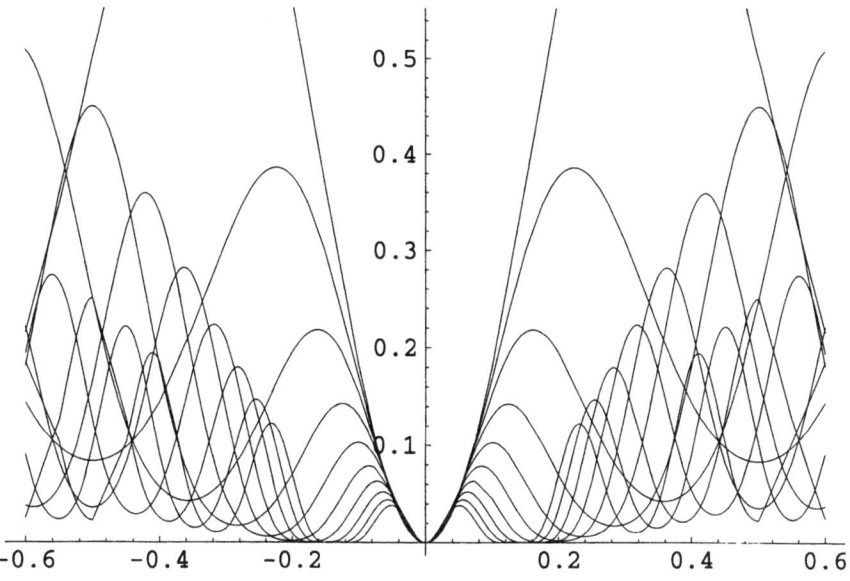

```
Clear[f]
```

■ 2.5 Définie comme une fonction polymorphe de deux variables

Pour les valeurs entières de la variable t, la fonction est prolongée par continuité:

۩ Exemple 7

```
f[n_, t_Integer] := n + 1;
```

$$f[n\_, t\_] := \frac{\left(\frac{\mathrm{Sin}[(n+1)\,\pi\,t]}{\mathrm{Sin}[\pi\,t]}\right)^2}{n+1}$$

```
Plot[Evaluate[Table[f[n, t], {n, 1, 3}]], {t, -0.6, 0.6}];
```

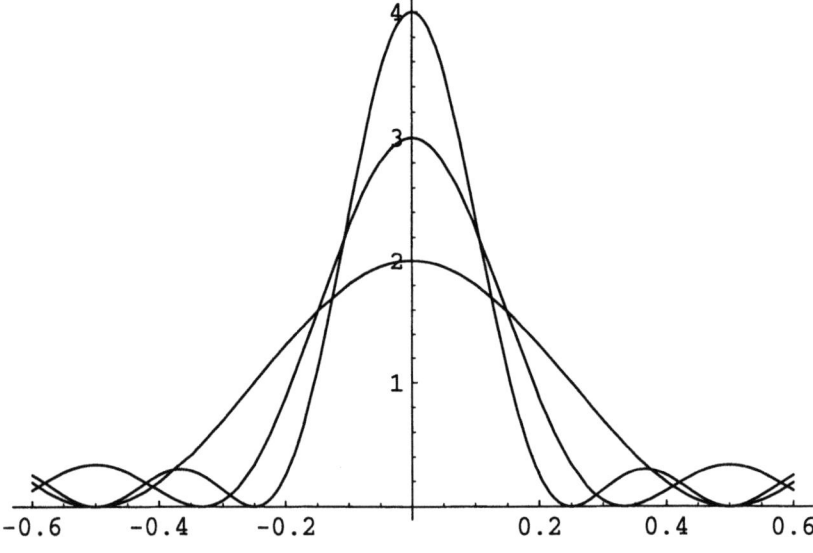

```
Clear[f]
```

2. Convergence de suites de fonctions

■ 2.6 Définie comme une suite de fonctions d'une variable indexées par une autre variable

ϕ Exemple 8

```
f[n_][t_Integer] := 2 n + 1;

f[n_][t_] := Sin[(2 n + 1) π t]
             ─────────────────
                  Sin[π t]

Plot[Evaluate[Table[f[n][t], {n, 1, 4}]],
  {t, -0.6, 0.6}];
```

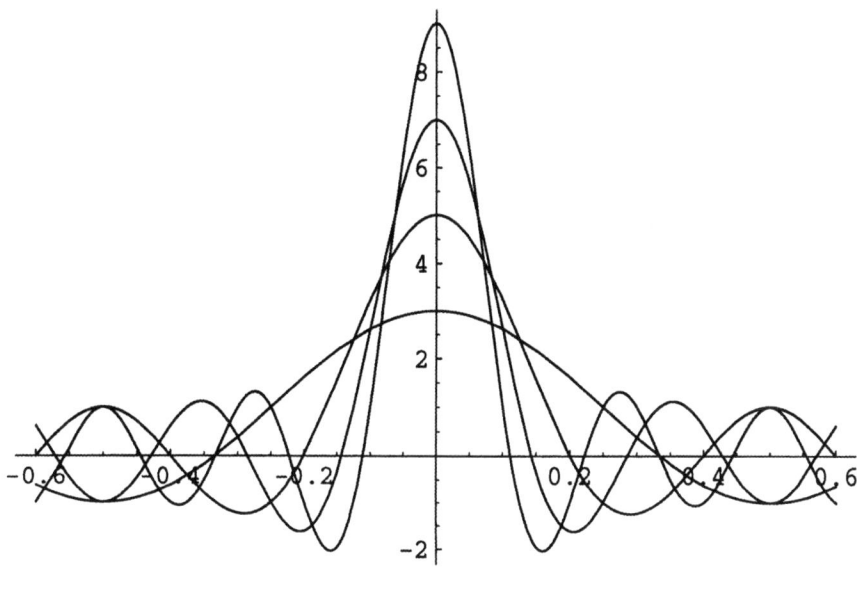

```
Clear[f]
```

■ 2.7 Valeurs différentes suivant la variable et le paramètre

ϕ Exemple 9

```
f[n_][t_Integer] := 2 n + 1;
```

une première version:

$$f[n\_][t\_] := \text{Max}\left[\frac{\text{Sin}[(2n+1)\pi t]}{\text{Sin}[\pi t]}, \frac{\text{Sin}[(2n)\pi t]}{\text{Sin}[\pi t]}\right]$$

```
Plot[Evaluate[Table[f[n][t], {n, 1, 3}]],
  {t, -0.6, 0.6}];
```

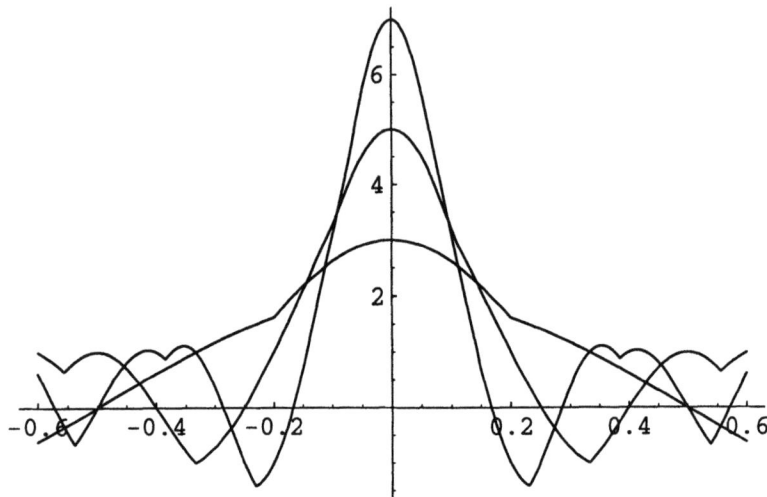

ϙ Exemple 10

une autre version où on supprime tout ce qui est sous l'axe des x:

$$f[n\_][t\_] := \text{Max}\left[\frac{\text{Sin}[(2n+1)\pi t]}{\text{Sin}[\pi t]}, \frac{\text{Sin}[(2n)\pi t]}{\text{Sin}[\pi t]}, 0\right]$$

```
Plot[Evaluate[Table[f[n][t], {n, 1, 3}]],
  {t, -0.6, 0.6}];
```

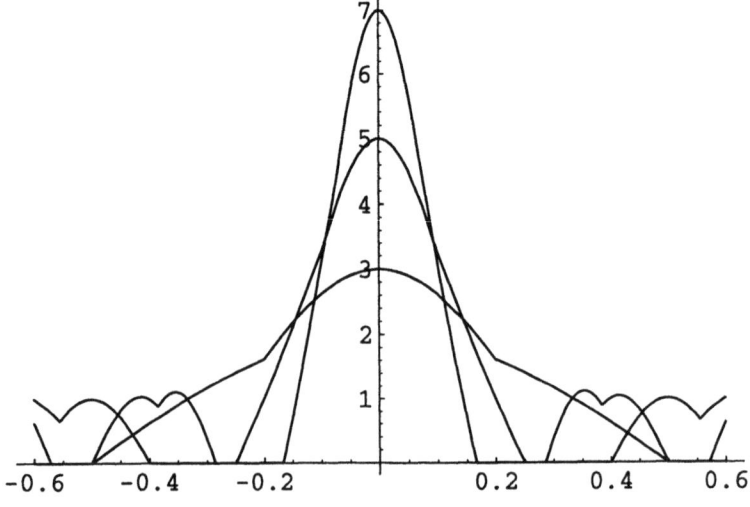

2.8 Ne pas négliger les messages d'erreur

Dans le feu de l'action, il arrive que l'on n'obtienne pas ce que l'on veut. Voici un exemple de message d'erreur. J'ai recopié la suite de fonctions de la section précédente, puis après différents essais et des modifications, voici ce que j'ai obtenu:

⚱ Exemple 11

```
f[n_][t_Integer] := 2 n + 1;

f [n_][t_] := Sin [(2 n + 1) Pi t / Sin [Pi t]
Syntax::sntxi :
  Incomplete expression; more input is needed.


Plot[Evaluate[Table[f[n][t], {n, 1, 4}]], {t, -0.6, 0.6},
  PlotPoints → 100];
Plot::plnr :
  f[1][t] is not a machine-size real number at t = -0.6.
Plot::plnr : f[1][t] is not a machine-size real
   number at t = -0.588199.
Plot::plnr : f[1][t] is not a machine-size real
   number at t = -0.575328.
General::stop : Further output of Plot::plnr will
   be suppressed during this calculation.
```

Le premier message d'erreur concerne l'expression de la fonction. Les autres en sont des conséquences. On s'aperçoit alors qu'il manque un crochet. Remettre ce crochet de façon hâtive est dangereux. On peut par exemple être tenté de remettre un crochet à la fin de l'expression pour fermer le tout. Voici ce que cela donne:

```
f[n_][t_Integer] := 2 n + 1;
```

En version 2:

```
f[n_][t_] := Sin[((2*n + 1)*Pi*t)/Sin[Pi*t]]
```

```
Plot[Evaluate[Table[f[n][t], {n, 1, 4}]], {t, -0.6, 0.6},
  PlotPoints → 100];
```

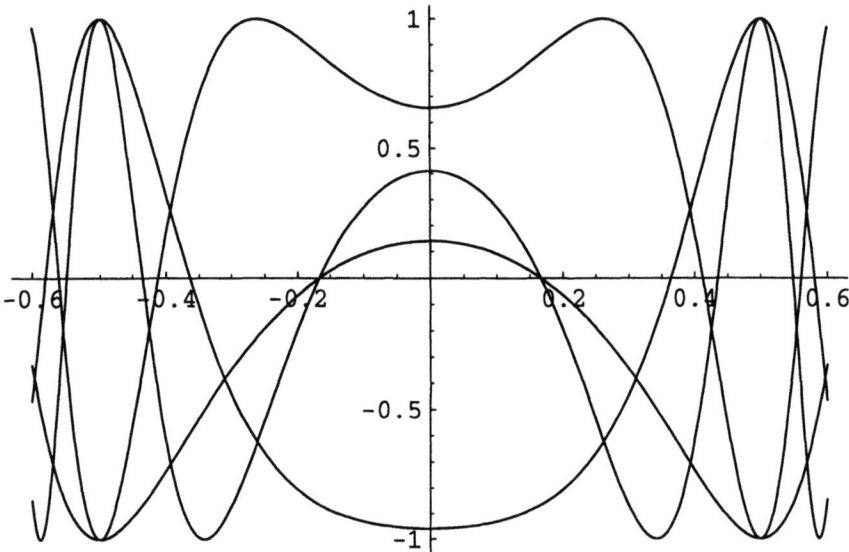

🕮 En version 3, comme on voit mieux les expressions, on risque moins ce genre d'erreur. En effet, on distingue bien:

$$\frac{\operatorname{Sin}[(2n+1)\pi t]}{\operatorname{Sin}[\pi t]} \quad \text{de :} \quad \operatorname{Sin}\left[\frac{(2n+1)\pi t}{\operatorname{Sin}[\pi t]}\right]$$

```
Clear[f]
```

3. Termes d'une série numérique

> ? Sum
>
> ```
> Sum[f, {i, imax}] evaluates the sum of f with i running
> from 1 to imax.
> Sum[f, {i, imin, imax}] starts with i = imin.
> Sum[f, {i, imin, imax,di}] uses steps di.
> Sum[f, {i, imin, imax}, {j, jmin, jmax}, ...] evaluates
> a multiple sum.
> ```

traduction adaptée

3. Termes d'une série numérique

```
Sum[f, {i, imax}] évalue la somme des f(i) pour i
allant de 1 à imax.
Sum[f, {i, imin, imax}] commence à i = imin.
Sum[f, {i, imin, imax,di}] utilise le pas di.
Sum[f, {i, imin, imax}, {j, jmin, jmax}, ...] evalue
une somme multiple.
```

> ? NSum

```
NSum[f, {i, imin, imax}] gives a numerical
approximation to the sum of f with i running from imin
to imax.
NSum[f, {i, imin, imax, di}] uses a step di in the sum.
NSum[f, {i, imin, imax}, {j, jmin, jmax}, ...] gives a
multi-dimensional summation.
```

traduction adaptée

```
NSum[f, {i, imin, imax}] donne une approximation de
f(i) pour i variant de imin à imax.
NSum[f, {i, imin, imax, di}] utilise le pas di pour la
sommation.
NSum[f, {i, imin, imax}, {j, jmin, jmax}, ...] donne
une somme multiple.
```

✧ Exemple 12

Calculer la somme des premiers termes de la série S_n

Définition de la série

$$S[n\_] := \text{NSum}\left[\frac{1}{k\,(k+3)}, \{k, 1, n\}\right]$$

Les 30 premières valeurs

```
Table[S[n], {n, 1, 30}]
```

{0.25, 0.35, 0.405556, 0.44127, 0.46627, 0.484788,
 0.499074, 0.510438, 0.519697, 0.527389, 0.533883, 0.539438,
 0.544246, 0.548448, 0.552151, 0.555441, 0.558382, 0.561028,
 0.56342, 0.565594, 0.567578, 0.569396, 0.571068, 0.572612, 0.57404,
 0.575366, 0.576601, 0.577753, 0.578831, 0.579841}

Représentation graphique

```
ListPlot[%];
```

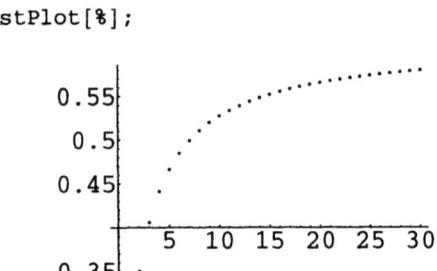

Les 20 valeurs suivantes

```
Table[S[n], {n, 31, 50}]
```

{0.58079, 0.581682, 0.582524, 0.583319, 0.584071, 0.584783,
 0.585459, 0.586101, 0.586711, 0.587293, 0.587847, 0.588376,
 0.588882, 0.589365, 0.589828, 0.590272, 0.590697, 0.591106,
 0.591498, 0.591876}

À partir de là, pour représenter graphiquement les 50 premiers termes, on peut tout simplement copier-coller les deux suites résultats l'une à la suite de l'autre.

```
ListPlot[{0.25, 0.35, 0.4055555555555555 ,
  0.4412698412698412698 , 0.4662698412698412698 ,
  0.4847883597883597884 , 0.4990740740740740741 , 0.5104377104377104376 ,
  0.5196969696969696969 , 0.5273892773892773892 , 0.5338827838827838827 ,
  0.5394383394383394383 , 0.544246031746031746 , 0.5484477124183006536 ,
  0.5521514161220043573 , 0.5554408898062148836 , 0.5583820662768031189 ,
  0.5610275689223057644 , 0.5634199134199134199 , 0.5655938264633916807 ,
  0.5675779534475186649 , 0.5693961352657004831 , 0.5710683760683760684 ,
  0.5726115859449192782 , 0.5740401573256721763 , 0.5753664172720084004 ,
  0.5766009851727856728 , 0.5777530589051600427 , 0.5788306451117944868 ,
  0.5798407461216942662 , 0.5807895127249540132 , 0.5816823698676895435 ,
  0.5825241207093447525 , 0.5833190332688874588 , 0.5840709129680752016 ,
  0.5847831636802774767 , 0.5854588393559140634 , 0.5861006878796307352 ,
  0.5867111884901054626 , 0.5872925838389214457 , 0.5878469075639593879 ,
  0.5883760080930454385 , 0.5888815692659353215 , 0.5893651282601225631 ,
  0.5898280912230771012 , 0.590271746946228841 , 0.5906972788611164705 ,
  0.5911057755931375396 , 0.5914982402713121882 , 0.5918755987618745449 }];
```

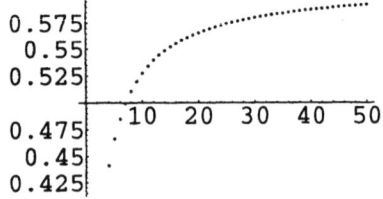

4. Somme d'une série

▌ Version 2.2

Il y a lieu de charger le package adéquat:

```
Needs["Algebra`SymbolicSum`"]
```

▌ Version 3.0

Le package a été intégré au noyau et il n'est donc plus utile de charger de package.

۞ **Exemple 13**

$$\sum_{k=1}^{\infty} \frac{1}{k\,(k+1)}$$

1

ou en version 2 (et ça marche aussi en version 3!):

```
Sum[1/(k (k + 1)), {k, 1, Infinity}]
```

۞ **Exemple 14**

$$\sum_{n=1}^{\infty} \frac{1}{(2n-1)\,(2n+1)}$$

$\dfrac{1}{2}$

۞ **Exemple 15**

$$\sum_{n=1}^{\infty} \frac{1}{(3n-2)\,(3n+1)}$$

$\dfrac{1}{3}$

※ **Exemple 16**

$$\sum_{k=1}^{\infty} \frac{1}{k(k+3)}$$

$\frac{11}{18}$

※ **Exemple 17**

$$\sum_{k=1}^{\infty} \frac{1}{(2k-1)(2k+5)}$$

$\frac{23}{90}$

※ **Exemple 18**

$$\sum_{n=1}^{\infty} \frac{1}{n(n+1)(n+2)}$$

$\frac{1}{4}$

※ **Exemple 19**

$$\sum_{n=1}^{\infty} \frac{3^n + 2^n}{6^n}$$

$\frac{3}{2}$

※ **Exemple 20**

$$\sum_{n=1}^{\infty} \frac{2n+1}{n^2(n+1)^2}$$

1

Calcul matriciel élémentaire

1. Opérations élémentaires

Les matrices sont simplement représentées comme des listes de listes. La visualisation traditionnelle est obtenue en appliquant la fonction d'interface `MatrixForm` dont le seul rôle est de bien présenter la matrice en version 2. Par conséquent, il est inutile de la garder dans une composée d'opérations et il est préférable de travailler avec la représentation sous forme de liste de listes. En version 3, on utilisera pour entrer les données, le menu `Input`, l'item create `Table/Matrix/Palette`. Les opérations d'addition et de multiplication par un scalaire s'écrivent comme en mathématiques.

▽ **Exemple 1**

```
matrice = {{a, b}, {c, d}};
autreMatrice = {{a', b'}, {c', d'}};
```

forme standard

```
MatrixForm[matrice]
```

$\begin{pmatrix} a & b \\ c & d \end{pmatrix}$

forme traditionnelle

$\begin{pmatrix} a & b \\ c & d \end{pmatrix}$

```
MatrixForm[x matrice]
```

$\begin{pmatrix} ax & bx \\ cx & dx \end{pmatrix}$

```
MatrixForm[matrice + autreMatrice]
```

$\begin{pmatrix} a+a' & b+b' \\ c+c' & d+d' \end{pmatrix}$

On passe de la forme standard à la forme traditionnelle en version 3, en utilisant par exemple le menu Cell et l'item Convert To.

Par contre la multiplication matricielle qui n'est pas une multiplication terme à terme, est désignée par un point entouré d'un espace de chaque côté:

MatrixForm[matrice . autreMatrice]

$$\begin{pmatrix} aa'+bc' & ab'+bd' \\ ca'+dc' & cb'+dd' \end{pmatrix}$$

alors que la multiplication terme à terme s'écrit soit avec une espace, soit avec une étoile:

MatrixForm[matrice autreMatrice]

$$\begin{pmatrix} aa' & bb' \\ cc' & dd' \end{pmatrix}$$

MatrixForm[matrice * autreMatrice]

$$\begin{pmatrix} aa' & bb' \\ cc' & dd' \end{pmatrix}$$

Quant aux autres fonctions usuelles définies sur l'espace des matrices, l'inverse et la transposée, ainsi que le déterminant, les recherches de valeurs propres et de vecteurs propres, tous sont assurés par des primitives. Le package LinearAlgebra offre des fonctionnalités supplémentaires importantes, en particulier en ce qui concerne la manipulation des lignes et des colonnes.

Voici quelques exemples élémentaires:

MatrixForm[Inverse[matrice]]

$$\begin{pmatrix} \frac{d}{-bc+ad} & -\frac{b}{-bc+ad} \\ -\frac{c}{-bc+ad} & \frac{a}{-bc+ad} \end{pmatrix}$$

Det[%]

$$-\frac{bc}{(-bc+ad)^2} + \frac{ad}{(-bc+ad)^2}$$

Si la matrice n'est pas régulière, il y a affichage de messages d'erreur

Inverse[matrice] /. {a → 1, b → 2, c → 2, d → 4}

{{ComplexInfinity, ComplexInfinity},
 {ComplexInfinity, ComplexInfinity}}

Clear[matrice]

2. Inverse de matrices et pratiques numériques

Les langages informatiques qui ne traitent que de nombres se livrent à des opérations sur les matrices qui, parfois, ne sont pas sans surprises. En effet, par exemple, les erreurs d'arrondi rendent régulières en pratique des matrices en théorie singulières. Il est même arrivé que de gros programmes tournent sur des erreurs d'arrondi, tant les matrices manipulées ne sont pas bien contrôlées. La maintenance de tels systèmes est un art difficile. Voici sur un petit exemple, des effets d'erreur d'arrondi:

■ 2.1 Calculs exacts

ϕ Exemple 2

Voici une matrice singulière:

```
matrice = {{1, 2, 3}, {4, 5, 6}, {7, 8, 9}}
{{1, 2, 3}, {4, 5, 6}, {7, 8, 9}}

MatrixForm[%]
```

$$\begin{pmatrix} 1 & 2 & 3 \\ 4 & 5 & 6 \\ 7 & 8 & 9 \end{pmatrix}$$

puisque :

```
Det[matrice]
0
```

demander l'inverse provoque un message:

```
MatrixForm[Inverse[matrice]]

Inverse::sing :
 Matrix {{1, 2, 3},
    {4, 5, 6}, {7, 8, 9}}
    is singular.
Inverse[{{1, 2, 3}, {4, 5, 6}, {7, 8, 9}}]
```

ϕ Exemple 3

Voici maintenant une matrice régulière:

```
matrice = {{4, 5, 6}, {1, 2, 3}, {-2, 1, 0}};

MatrixForm[%]
```
$$\begin{pmatrix} 4 & 5 & 6 \\ 1 & 2 & 3 \\ -2 & 1 & 0 \end{pmatrix}$$

```
MatrixForm[Inverse[matrice]]
```
$$\begin{pmatrix} \frac{1}{4} & -\frac{1}{2} & -\frac{1}{4} \\ \frac{1}{2} & -1 & \frac{1}{2} \\ -\frac{5}{12} & \frac{7}{6} & -\frac{1}{4} \end{pmatrix}$$

Vérification

```
MatrixForm[matrice . Inverse[matrice]]
```
$$\begin{pmatrix} 1 & 0 & 0 \\ 0 & 1 & 0 \\ 0 & 0 & 1 \end{pmatrix}$$

et aussi, on retrouve bien la matrice initiale en reprenant l'inverse.

```
MatrixForm[Inverse[Inverse[matrice]]]
```
$$\begin{pmatrix} 4 & 5 & 6 \\ 1 & 2 & 3 \\ -2 & 1 & 0 \end{pmatrix}$$

```
Clear[matrice]
```

■ 2.2 Calculs approchés : danger!

☼ Exemple 4

Maintenant, considérons une matrice à coefficients approchés (Voir le livre de Lachand Robert [.]):

```
matrice = {{4., 5, 6}, {1, 2, 3}, {-2, 1, 0}};

MatrixForm[%]
```
$$\begin{pmatrix} 4. & 5 & 6 \\ 1 & 2 & 3 \\ -2 & 1 & 0 \end{pmatrix}$$

alors:

2. Inverse de matrices et pratiques numériques

```
MatrixForm[Inverse[matrice]]
```

$$\begin{pmatrix} 0.25 & -0.5 & -0.25 \\ 0.5 & -1. & 0.5 \\ -0.416667 & 1.16667 & -0.25 \end{pmatrix}$$

```
Inverse[matrice] . matrice
```

$\{\{1., 5.55112 \times 10^{-17}, 1.11022 \times 10^{-16}\}, \{0., 1., -2.22045 \times 10^{-16}\},$
$\{-1.11022 \times 10^{-16}, 5.55112 \times 10^{-17}, 1.\}\}$

et tout va presque très bien. Et aussi,

```
MatrixForm[Inverse[Inverse[matrice]]]
```

$$\begin{pmatrix} 4. & 5. & 6. \\ 1. & 2. & 3. \\ -2. & 1. & 0. \end{pmatrix}$$

▽ Exemple 5

Maintenant, considérons cette matrice:

```
matrice = {{4.3, 5, 6}, {1.23, 2, 3}, {-2, 1, 0}};
```

```
MatrixForm[%]
```

$$\begin{pmatrix} 4.3 & 5 & 6 \\ 1.23 & 2 & 3 \\ -2 & 1 & 0 \end{pmatrix}$$

alors:

```
MatrixForm[Inverse[matrice]]
```

$$\begin{pmatrix} 0.260417 & -0.520833 & -0.260417 \\ 0.520833 & -1.04167 & 0.479167 \\ -0.453993 & 1.24132 & -0.212674 \end{pmatrix}$$

et

```
MatrixForm[Inverse[matrice] . matrice]
```

$$\begin{pmatrix} 1. & 1.66533 \times 10^{-16} & -1.11022 \times 10^{-16} \\ -4.44089 \times 10^{-16} & 1. & -6.66134 \times 10^{-16} \\ 3.33067 \times 10^{-16} & 2.77556 \times 10^{-17} & 1. \end{pmatrix}$$

n'est toujours pas la matrice identité. Si par contre, on travaille avec les mêmes données, mais en valeur exacte:

```
matriceExacte = {{43/10, 5, 6}, {123/100, 2, 3}, {-2, 1, 0}};
```

```
MatrixForm[%]
```

$$\begin{pmatrix} \frac{43}{10} & 5 & 6 \\ \frac{123}{100} & 2 & 3 \\ -2 & 1 & 0 \end{pmatrix}$$

alors:

```
MatrixForm [Inverse[matriceExacte]]
```

$$\begin{pmatrix} \frac{25}{96} & -\frac{25}{48} & -\frac{25}{96} \\ \frac{25}{48} & -\frac{25}{24} & \frac{23}{48} \\ -\frac{523}{1152} & \frac{715}{576} & -\frac{245}{1152} \end{pmatrix}$$

et

```
MatrixForm[matriceExacte . Inverse[matriceExacte]]
```

$$\begin{pmatrix} 1 & 0 & 0 \\ 0 & 1 & 0 \\ 0 & 0 & 1 \end{pmatrix}$$

```
Clear[matrice, matriceExacte]
```

3. Matrices industrielles

Voici deux matrices de données (i. e. de résultats de mesures). Elles ont été relevées dans un programme écrit en Fortran, concernant l'équilibre des fluides dans un réseau maillé de tuyauteries. Le but de ce paragraphe est de montrer sur un exemple réel les exemples des difficultés que l'on peut rencontrer Il s'agit d'un *petit* réseau à 6 noeuds (il n'est pas rare d'avoir des réseaux d'une trentaine de noeuds et certains dépassent les 50 noeuds).

3. Matrices industrielles

■ 3.1 Matrices de données

```
matrice[1] =
```

$$\begin{pmatrix} -16483 & -21528 & -26788 & -32226 & -37820 & -43554 \\ -47335 & 53028 & 58997 & -65201 & -71609 & -78199 \\ 13289 & 7430 & 1274 & -5133 & -11757 & -18563 \\ -85608 & -91692 & -98037 & -104606 & -111371 & -118310 \\ -68268 & -59946 & -77749 & -82762 & -87920 & -93207 \\ -107048 & -11260 & -117801 & -123515 & -129433 & -135492 \end{pmatrix} ;$$

```
matrice[2] =
```

$$\begin{pmatrix} -26942 & -31529 & -36367 & -41415 & -46677 & -52135 \\ 16596 & 11045 & 5296 & -754 & -6954 & -12954 \\ 4500 & -5500 & -14800 & -24800 & -35400 & -46600 \\ -12626 & -17638 & -22831 & -28173 & -33645 & -39228 \\ 14319 & 9539 & 4489 & -611 & -5911 & -11211 \\ -7336 & -10576 & -13926 & -17496 & -21176 & -24976 \end{pmatrix} ;$$

■ 3.2 Inverse de la première matrice

```
MatrixForm[Inverse[matrice[1]]]
```

Voir résultat en forme paysage

■ 3.3 Valeurs approchées, plus manipulables & affichage

```
MatrixForm[N[matrice[2]]]
```

$$\begin{pmatrix} -26942. & -31529. & -36367. & -41415. & -46677. & -52135. \\ 16596. & 11045. & 5296. & -754. & -6954. & -12954. \\ 4500. & -5500. & -14800. & -24800. & -35400. & -46600. \\ -12626. & -17638. & -22831. & -28173. & -33645. & -39228. \\ 14319. & 9539. & 4489. & -611. & -5911. & -11211. \\ -7336. & -10576. & -13926. & -17496. & -21176. & -24976. \end{pmatrix}$$

si on veut stocker des résultats dans une variable, pour utilisation ultérieure:

```
res = N[Inverse[matrice[1]]];
```

et la demande

```
res
{{-140.803, -0.0226999, 71.5521, -355.725, 618.425, -79.3378},
 {-0.428312, -0.0000690457, 0.21766, -1.08208, 1.88117, -0.241326},
 {0.507912, 0.0000903513, -0.258113, 1.28315, -2.23074, 0.286173},
 {2403.31, 0.387406, -1221.3, 6071.44, -10555.2, 1354.13},
 {-4083.35, -0.658235, 2075.06, -10315.6, 17933.8, -2300.72},
 {1820.73, 0.293501, -925.247, 4599.62, -7996.44, 1025.86}}
```

Il s'agit d'un *affichage*.

Ceci ne veut pas dire que *Mathematica* calcule ensuite avec ces valeurs affichées. En effet, avec la version 2.2, si on sélectionne la cellule et si on change le style de la cellule en cellule Input, on voit apparaître:

```
{{-140.8028787298747931, -0.02269990013728100089,
  71.55208138040796616, -355.7246563584963991,
  618.4246036107219866, -79.33778770660678362},
 {-0.4283124521313105098, -0.00006904573616833410412,
  0.2176600061671704331, -1.082081433411509426,
  1.881173147051584489, -0.2413260855043309903},
 {0.5079121980816604164, 0.00009035133714650061003,
  -0.2581134892131766613, 1.283147911202287023,
  -2.230741587634640458, 0.2861732738842248725},
 {2403.306791338446736, 0.3874057870935083603, -1221.297994774171944,
  6071.440577769360632, -10555.20141681345309, 1354.128359186754826},
 {-4083.353081922235891, -0.6582352916491863411,
  2075.055301708594764, -10315.64193448601003,
  17933.76008426512413, -2300.724743889406649},
 {1820.726374368323791, 0.2935011336329242096, -925.2469745346828693,
  4599.615775742199933, -7996.44393304523937, 1025.864979653325175}}
```

Quant à la version 3, il suffit de modifier un tout petit peu la cellule de sortie par exemple en agrandissant un espace, pour qu'elle se recopie et là on voit apparaître les quantités manipulées.

```
{{-140.80287872987478`, -0.0226999001372809994`,
  71.5520813804079658`, -355.724656358496371`,
  618.424603610722023`, -79.3377877066067771`},
 {-0.42831245213131055`, -0.0000690457361683340931`,
  0.217660006167170427`, -1.08208143341150941`,
  1.88117314705158449`, -0.241326085504331011`},
 {0.507912198081660459`, 0.0000903513371465061077`,
  -0.258113489213176672`, 1.28314791120228699`,
  -2.23074158763464058`, 0.286173273884224865`},
 {2403.30679133844693`, 0.387405787093508369`, -1221.29799477417178`,
  6071.4405777693603`, -10555.2014168134555`, 1354.12835918675478`},
 {-4083.35308192223589`, -0.658235291649186393`,
  2075.05530170859442`, -10315.6419344860106`,
  17933.7600842651241`, -2300.72474388940628`},
 {1820.72637436832351`, 0.293501133632924204`, -925.246974534682742`,
  4599.61577574219937`, -7996.44393304523948`, 1025.86497965332523`}}
```

■ 3.4 Valeurs approchées affichées & manipulées

À la section précédente, res désignait la liste des valeurs approchées demandées. Soit maintenant la liste des valeurs approchées affichées:

```
resApproché =
  {{-140.803, -0.0226999, 71.5521, -355.725, 618.425, -79.3378},
   {-0.428312, -0.0000690457, 0.21766, -1.08208, 1.88117, -0.241326},
   {0.507912, 0.0000903513, -0.258113, 1.28315, -2.23074, 0.286173},
   {2403.31, 0.387406, -1221.3, 6071.44, -10555.2, 1354.13},
   {-4083.35, -0.658235, 2075.06, -10315.6, 17933.8, -2300.72},
   {1820.73, 0.293501, -925.247, 4599.62, -7996.44, 1025.86}};
```

la différence entre les composantes des valeurs approchées affichées et des valeurs approchées utilisées par le système est au maximum de:

```
Max[res - resApproché]
```

0.00497965

ce qui est faible et que l'on pourrait considérer comme négligeable, puisque les coeffficicients des matrices sont gros en valeur absolue et compris entre:

```
Min[Abs[matrice[1]]]
```

1274

```
Min[Abs[matrice[2]]]
```

611

■ 3.5 Effets du remplacement par des valeurs approchées

En fait, dans les calculs ultérieurs, la différence entre valeurs approchées (avec lesquelles travaille *Mathematica*) et valeurs approchées affichées (par *Mathematica*) est non négligeable. Nous allons dans ce paragraphe effectuer les calculs exacts, mesurer l'écart avec cette valeur lorsqu'on remplace par les valeurs approchées de travail et les valeurs approchées lues.

Produit exact de la première matrice par son inverse

```
MatrixForm[matrice[1] . Inverse[matrice[1]]]
```

$$\begin{pmatrix} 1 & 0 & 0 & 0 & 0 & 0 \\ 0 & 1 & 0 & 0 & 0 & 0 \\ 0 & 0 & 1 & 0 & 0 & 0 \\ 0 & 0 & 0 & 1 & 0 & 0 \\ 0 & 0 & 0 & 0 & 1 & 0 \\ 0 & 0 & 0 & 0 & 0 & 1 \end{pmatrix}$$

Cas des valeurs approchées de travail:

    MatrixForm [matrice[1] . res]

Voir résultat en forme paysage

Cas des valeurs approchées lues:

    MatrixForm[matrice[1] . resApproché]

$$\begin{pmatrix} -374.877 & -0.0120731 & -112.28 & -1745.75 & -1733.08 & -15.1988 \\ -707.669 & 0.975677 & -204.559 & -3279.08 & -3277.1 & -56.7136 \\ -121.615 & -0.00203909 & -43.2243 & -573.026 & -544.325 & 28.078 \\ -1097.47 & -0.0389539 & -312.123 & -5079.54 & -5092.78 & -109.756 \\ -866.185 & -0.0308155 & -246.053 & -4009.58 & -4019.23 & -87.8858 \\ -1273.46 & -0.0459507 & -359.039 & -5892.17 & -5916.89 & -139.63 \end{pmatrix}$$

on est donc très loin du compte.

Différences

Voici les différences entre la valeur exacte et la valeur approchée lue:

    MatrixForm[
      matrice[1] . Inverse[matrice[1]] - matrice[1] . resApproché]

$$\begin{pmatrix} 375.877 & 0.0120731 & 112.28 & 1745.75 & 1733.08 & 15.1988 \\ 707.669 & 0.0243232 & 204.559 & 3279.08 & 3277.1 & 56.7136 \\ 121.615 & 0.00203909 & 44.2243 & 573.026 & 544.325 & -28.078 \\ 1097.47 & 0.0389539 & 312.123 & 5080.54 & 5092.78 & 109.756 \\ 866.185 & 0.0308155 & 246.053 & 4009.58 & 4020.23 & 87.8858 \\ 1273.46 & 0.0459507 & 359.039 & 5892.17 & 5916.89 & 140.63 \end{pmatrix}$$

Différence maximum sur les composantes:

Max[%]	5916.89
Min[%%]	-28.078

Le même phénomène de distorsion non uniforme se produit lors de la multiplication avec la matrice [2], que l'on multiplie à droite ou à gauche:

multiplication à droite

    MatrixForm [matrice[2] . Inverse[matrice[1]]]

Voir résultat en forme paysage

3. Matrices industrielles

Voici la comparaison entre la valeur exacte et la valeur approchée de travail dans le calcul de `matrice [2] . Inverse [matrice [1]]`

```
MatrixForm [
    matrice[2] . Inverse[matrice[1]] - matrice[2] . res]
```

Voir résultat en forme paysage

l'écart est très faible. En voici les bornes extrêmes:

```
{Min[%], Max[%]}
```

$\{-1.22644 \times 10^{-7}, 1.19107 \times 10^{-8}\}$

La comparaison entre la valeur exacte et la valeur approchée lue donne:

calcul de matrice [2] . Inverse [matrice [1]]

```
MatrixForm[matrice[2] . Inverse[matrice[1]] -
    matrice[2] . resApproché]
```

$$\begin{pmatrix} 462.504 & 0.0154674 & 135.447 & 2144.54 & 2137.51 & 29.4321 \\ 72.8261 & 0.000455098 & 30.5186 & 351.574 & 323.039 & -30.0757 \\ 358.175 & 0.0093762 & 115.327 & 1668.59 & 1629.66 & -23.3743 \\ 334.787 & 0.0105701 & 100.828 & 1556.05 & 1542.15 & 10.333 \\ 62.5577 & 0.000353722 & 25.9922 & 299.777 & 275.248 & -26.6068 \\ 211.068 & 0.00656423 & 63.9149 & 980.924 & 971.173 & 4.69936 \end{pmatrix}$$

```
{Min[%], Max[%]}
```

$\{-30.0757, 2144.54\}$

l'écart n'est plus négligeable du tout puisqu'il atteint 2144, et dépasse de beaucoup, en valeur absolue, les valeurs minimales des coefficients des deux matrices.

multiplication à gauche

```
MatrixForm [Inverse[matrice[1]] . matrice[2]
```

Voir résultat en forme paysage

```
MatrixForm [
    Inverse[matrice[1]] . matrice[2] - res . matrice[2]]
```

Voir résultat en forme paysage

l'écart reste encore très faible

```
{Min[%], Max[%]}
```

$\{-5.96046 \times 10^{-8}, 5.96046 \times 10^{-8}\}$

alors qu'il devient important lorsqu'on utilise la valeur approchée lue.

MatrixForm [Inverse[matrice[1]]]

$$\begin{pmatrix} -\frac{4626111120665084417}{328552311103204463} & \frac{74581046503003}{328552311103204463} & \frac{23508601696688596738}{328552311103204463} & -\frac{11687415793766390142}{328552311103204463} & \frac{20318483271537884070}{328552311103204463} & -\frac{2606661350317539878}{328552311103204463} \\ -\frac{5628921839661762}{131420924412817852} & -\frac{4537022237003}{657104622064098926} & \frac{2860507921818917}{131420924412817852} & \frac{7110407113444378}{657104622064098926} & \frac{247225513966088967}{131420924412817852} & \frac{3171529721419059013}{131420924412817852} \\ \frac{3337514529621903}{657104622064098926} & \frac{29685140624324}{328552311103204463} & -\frac{1696075667790678}{657104622064098926} & -\frac{4215812114562191}{328552311103204463} & \frac{1465830607865306870}{657104622064098926} & \frac{188045780980536690}{657104622064098926} \\ -\frac{789612000041325453519}{328552311103204463} & \frac{1272830665576604210}{328552311103204463} & -\frac{40126027864185615769}{328552311103204463} & \frac{19947858331198572275}{328552311103204463} & -\frac{34679358189027717918100}{328552311103204463} & \frac{4449200184483892090}{328552311103204463} \\ -\frac{2683190183650744925750}{657104622064098926} & -\frac{2162647262741920800}{328552311103204463} & \frac{136352842979131087543}{657104622064098926} & \frac{33892279973544501298}{328552311103204463} & \frac{11784356642359083950590}{657104622064098926} & -\frac{15118168633069471120900}{657104622064098926} \\ -\frac{5982038580557044949}{328552311103204463} & \frac{96430475745622}{328552311103204463} & \frac{3039920317587774033100}{328552311103204463} & -\frac{15112143929795505139800}{328552311103204463} & -\frac{26272501342401857501500}{328552311103204463} & \frac{3370503098719414288000}{328552311103204463} \end{pmatrix}$$

MatrixForm [matrice[1].res]

$$\begin{pmatrix} 1. & 1.66289 \times 10^{-12} & 5.46152 \times 10^{-10} & -7.49969 \times 10^{-10} & 1.25079 \times 10^{-7} & -8.51423 \times 10^{-9} \\ -4.5452 \times 10^{-10} & 1. & 7.38305 \times 10^{-9} & 1.22509 \times 10^{-9} & 1.27181 \times 10^{-7} & -1.08241 \times 10^{-8} \\ 2.57683 \times 10^{-9} & 4.56857 \times 10^{-13} & 1. & 2.61844 \times 10^{-9} & 1.91512 \times 10^{-8} & -4.79326 \times 10^{-9} \\ 3.73348 \times 10^{-10} & 6.91425 \times 10^{-12} & 1.51281 \times 10^{-8} & 1. & 1.49217 \times 10^{-7} & -3.59764 \times 10^{-8} \\ 1.00447 \times 10^{-8} & 3.73468 \times 10^{-12} & 7.30302 \times 10^{-9} & 1.59225 \times 10^{-8} & 1. & -2.42046 \times 10^{-8} \\ -5.40695 \times 10^{-9} & 8.24274 \times 10^{-12} & 1.39562 \times 10^{-8} & -1.47666 \times 10^{-8} & 2.20123 \times 10^{-7} & 1. \end{pmatrix}$$

MatrixForm [matrice[2].Inverse[matrice[1]]]

$$\begin{pmatrix} \frac{9180030085714240416810}{131420924412817852} & \frac{7340909829399923137900}{657104622064098926} & \frac{4625381173424782688479}{131420924412817852} & \frac{11504260721305959927751300}{657104622064098926} & \frac{40000570215474837790662900}{131420924412817852} & \frac{5131670901017196455727}{131420924412817852} \\ \frac{8661205160282098626881}{131420924412817852} & \frac{6981009368386677709}{657104622064098926} & \frac{4401433208557772718772003}{131420924412817852} & \frac{10940203150816510032246690}{657104622064098926} & \frac{3803942881131160873867450}{131420924412817852} & \frac{4880039652145080600560300}{131420924412817852} \\ -\frac{17601929455500548883759}{328552311103204463} & -\frac{2834095584826747350}{328552311103204463} & -\frac{89480867685996387025}{328552311103204463} & -\frac{4442601856722952623550}{657104622064098926} & -\frac{7733153752598467992267500}{328552311103204463} & -\frac{9921081945780009942842500}{328552311103204463} \\ -\frac{17309129639054852159799}{657104622064098926} & -\frac{1394584326142197510}{328552311103204463} & -\frac{8793097931820642372150}{657104622064098926} & -\frac{21855152214733015663470}{328552311103204463} & -\frac{7599088352502997271105}{657104622064098926} & -\frac{9748861720287229536210}{657104622064098926} \\ -\frac{31298639798711452772707}{657104622064098926} & -\frac{2522646845796637812900}{328552311103204463} & -\frac{15904897123010078401385}{328552311103204463} & -\frac{39533361810176012801113143}{657104622064098926} & -\frac{13745869713517977443348270}{131420924412817852} & -\frac{17616369674184667173243300}{131420924412817852} \\ -\frac{7637566150662422324997}{131420924412817852} & -\frac{1231074304077000800}{131420924412817852} & -\frac{38813624608058182045}{328552311103204463} & -\frac{192926777385162341754260}{657104622064098926} & -\frac{33542314410772260480370}{131420924412817852} & -\frac{43031485955516224662300}{131420924412817852} \end{pmatrix}$$

3. Matrices industrielles

MatrixForm[matrice[2].Inverse[matrice[1]]-matrice[2].res]

$$\begin{pmatrix} 8.14907 \times 10^{-10} & -1.68754 \times 10^{-12} & -3.89991 \times 10^{-9} & -1.07684 \times 10^{-8} & -1.22644 \times 10^{-7} & 1.08994 \times 10^{-8} \\ -4.5402 \times 10^{-9} & -4.26326 \times 10^{-13} & -1.39698 \times 10^{-9} & -2.32831 \times 10^{-9} & -1.16415 \times 10^{-8} & 2.38651 \times 10^{-9} \\ -1.74623 \times 10^{-9} & -2.8848 \times 10^{-12} & -1.92085 \times 10^{-9} & -2.16532 \times 10^{-8} & -6.1933 \times 10^{-8} & 3.66708 \times 10^{-9} \\ -8.31278 \times 10^{-9} & -1.81188 \times 10^{-12} & -3.61979 \times 10^{-10} & -1.99216 \times 10^{-8} & -9.33796 \times 10^{-8} & 1.19107 \times 10^{-8} \\ -2.91038 \times 10^{-9} & -6.39488 \times 10^{-13} & 5.23869 \times 10^{-10} & -5.82077 \times 10^{-9} & -5.23869 \times 10^{-9} & 2.00816 \times 10^{-9} \\ -1.02227 \times 10^{-9} & -1.33715 \times 10^{-12} & -1.89902 \times 10^{-9} & -2.452 \times 10^{-9} & -3.96831 \times 10^{-8} & 6.71935 \times 10^{-9} \end{pmatrix}$$

MatrixForm[Inverse[matrice[1]].matrice[2]]

$$\begin{pmatrix} \frac{5928113205492029991190164}{328552311103204463} & \frac{5604473912523405723257297}{328552311103204463} & \frac{5277863530159896956103019}{328552311103204463} & \frac{4957507410597394196339559}{328552311103204463} & \frac{4610369156555909957930077}{328552311103204463} & \frac{4274292852843417512649}{328552311103204463} \\ \frac{7213321944864969671323}{328552311103204463} & \frac{3409643491434044841599}{657104622060408926} & \frac{1605470858633405377912}{328552311103204463} & \frac{3016042450318778370715}{657104622060408926} & \frac{1402425102931901551291}{328552311103204463} & \frac{1300154071651410178560}{328552311103204463} \\ \frac{1314209244128117852}{657104622060408926} & \frac{2021619068381964985550}{328552311103204463} & \frac{1903805655311867235324}{328552311103204463} & \frac{1788246748307620175381}{328552311103204463} & \frac{1663027701591624643220}{328552311103204463} & \frac{1541790424543355399246}{328552311103204463} \\ -\frac{4278681466186991068883}{657104622060408926} & -\frac{9565729525962064132944010}{328552311103204463} & -\frac{9008271792871353785040715}{328552311103204463} & -\frac{8461481997364256674707077}{328552311103204463} & -\frac{7868983612664287595653455}{328552311103204463} & -\frac{7295364407566342275605082}{328552311103204463} \\ -\frac{1011846253846218468299849}{328552311103204463} & \frac{1625262398220570943505584}{328552311103204463} & \frac{1530547666965479591614475}{328552311103204463} & \frac{1437645459757455291166506}{328552311103204463} & \frac{1336977116619253764470869}{328552311103204463} & \frac{1239516429018960856744525}{328552311103204463} \\ -\frac{3438348862635388737285015}{657104622060408926} & -\frac{7246853076245664198989270}{328552311103204463} & -\frac{6824351121407944671693253}{328552311103204463} & -\frac{6410290858249908426626313}{328552311103204463} & -\frac{5961422420588531890675129}{328552311103204463} & -\frac{5526845641123549367666885}{328552311103204463} \\ -\frac{7665596079764150789945674}{328552311103204463} & \frac{328552311103204463}{328552311103204463} & \frac{328552311103204463}{328552311103204463} & \frac{328552311103204463}{328552311103204463} & \frac{328552311103204463}{328552311103204463} & \frac{328552311103204463}{328552311103204463} \end{pmatrix}$$

MatrixForm [Inverse[matrice[1]].matrice[2]-res.matrice[2]]

$$\begin{pmatrix} 0. & 3.72529 \times 10^{-9} & 0. & 1.86265 \times 10^{-9} & 1.86265 \times 10^{-9} & 1.86265 \times 10^{-9} \\ 0. & 0. & 0. & 7.27596 \times 10^{-12} & 7.27596 \times 10^{-12} & 0. \\ 0. & 0. & 0. & 2.98023 \times 10^{-8} & 0. & 0. \\ 5.96046 \times 10^{-8} & 5.96046 \times 10^{-8} & 0. & -5.96046 \times 10^{-8} & -5.96046 \times 10^{-8} & -5.96046 \times 10^{-8} \\ -5.96046 \times 10^{-8} & 5.96046 \times 10^{-8} & 0. & -5.96046 \times 10^{-8} & -2.98023 \times 10^{-8} & -5.96046 \times 10^{-8} \\ -2.98023 \times 10^{-8} & 0. & 0. & 2.98023 \times 10^{-8} & -2.98023 \times 10^{-8} & 2.98023 \times 10^{-8} \end{pmatrix}$$

```
MatrixForm[
  Inverse[matrice[1]] . matrice[2] - resApproché . matrice[2]]
```

$$\begin{pmatrix} -13.456 & -13.6934 & -13.9309 & -14.2149 & -14.4805 & -14.7982 \\ 0.0759966 & 0.0704275 & 0.0643953 & 0.0585287 & 0.0523216 & 0.0463688 \\ -0.00590695 & 0.0152469 & 0.0367853 & 0.0589548 & 0.0819344 & 0.105368 \\ 79.9225 & 83.7824 & 90.3098 & 96.4531 & 102.469 & 108.043 \\ 54.5986 & 532.063 & 1025.9 & 1532.96 & 2057.46 & 2590.6 \\ 58.286 & 98.4993 & 140.919 & 183.813 & 228.255 & 273.265 \end{pmatrix}$$

```
{Min[%], Max[%]}
{-14.7982, 2590.6}
```

4. Matrices avec paramètres

ϒ Exemple 6

Déterminant

voici une matrice singulière numérique:

```
Det[{{7, 8, 9}, {1, 2, 3}, {4, 5, 6}}]
0
```

que l'on modifie légèrement par un paramètre. Quel est son inverse?

Inverse de la matrice

```
MatrixForm[Inverse[{{7, 8, 9}, {1, 2 a, 3}, {4, 5, 6}}]]
```

$$\begin{pmatrix} \frac{-15+12a}{-12+12a} & -\frac{3}{-12+12a} & \frac{24-18a}{-12+12a} \\ \frac{6}{-12+12a} & \frac{6}{-12+12a} & -\frac{12}{-12+12a} \\ \frac{5-8a}{-12+12a} & -\frac{3}{-12+12a} & \frac{-8+14a}{-12+12a} \end{pmatrix}$$

Simplification

```
MatrixForm[Simplify/@%]
```

$$\begin{pmatrix} \frac{5-4a}{4-4a} & \frac{1}{4-4a} & \frac{4-3a}{-2+2a} \\ \frac{1}{-2+2a} & \frac{1}{-2+2a} & \frac{1}{1-a} \\ \frac{5-8a}{12(-1+a)} & \frac{1}{4-4a} & \frac{4-7a}{6-6a} \end{pmatrix}$$

Valeurs particulières de a

valeur régulière: a = 1/10

```
MatrixForm[% /. a → 1/10]
```
$$\begin{pmatrix} \frac{23}{18} & \frac{5}{18} & -\frac{37}{18} \\ -\frac{5}{9} & -\frac{5}{9} & \frac{10}{9} \\ -\frac{7}{18} & \frac{5}{18} & \frac{11}{18} \end{pmatrix}$$

valeur singulière: a = 1

```
MatrixForm[%% /. a → 1]
```
$$\begin{pmatrix} \text{ComplexInfinity} & \text{ComplexInfinity} & \text{ComplexInfinity} \\ \text{ComplexInfinity} & \text{ComplexInfinity} & \text{ComplexInfinity} \\ \text{ComplexInfinity} & \text{ComplexInfinity} & \text{ComplexInfinity} \end{pmatrix}$$

```
Clear[matrice]
```

5. Valeurs propres & vecteurs propres, polynôme caractéristique

En *Mathematica*, comme en mathématiques, mille et un chemin mènent au résultat. En voici quelques uns:

```
? Eigensystem

Eigensystem[m] gives a list {values, vectors} of the
eigenvalues and eigenvectors of the square matrix m.
```

Traduction adaptée

> Eigensystem[m] donne une liste {values, vectors} des valeurs propres et des vecteurs propres de la matrice carrée m.

■ 5.1 Valeurs propres d'un système & vecteurs propres

ϕ Exemple 7

Voici un système très classique:

$$\begin{cases} 2x - y = 0 \\ -x + 2y - z = 0 \\ -y + 2z = 0 \end{cases}$$

les valeurs propres et vecteurs propres sont donnés par:

```
MatrixForm[
  Eigensystem[{{2, -1, 0}, {-1, 2, -1}, {0, -1, 2}}]]
```

$$\begin{pmatrix} 2 & 2-\sqrt{2} & 2+\sqrt{2} \\ \{-1, 0, 1\} & \{1, \sqrt{2}, 1\} & \{1, -\sqrt{2}, 1\} \end{pmatrix}$$

■ 5.2 Polynôme caractéristique

On peut aussi retrouver les valeurs propres en écrivant:

```
CharacteristicPolynomial[
  {{2, -1, 0}, {-1, 2, -1}, {0, -1, 2}}, x]
```
$4 - 10x + 6x^2 - x^3$

puis:

```
Simplify[Solve[% == 0]]
```
$\{\{x \to 2\}, \{x \to 2 - \sqrt{2}\}, \{x \to 2 + \sqrt{2}\}\}$

■ 5.3 Valeur propre: plus petite en valeur absolue & plus grande valeur propre réelle

Plus grande valeur propre

```
Max[N[x /. %]]
```
3.41421

Autre façon pour obtenir les valeurs propres

```
Eigenvalues[{{2, -1, 0}, {-1, 2, -1}, {0, -1, 2}}]
```
$\{2, 2-\sqrt{2}, 2+\sqrt{2}\}$

Plus grande valeur propre, une autre façon de faire:

```
Select[%, N[#1] == Max[N[%]]&]
```
$\{2+\sqrt{2}\}$

et encore une autre:

5. Valeurs propres & vecteurs propres, polynôme caractéristique

```
With[{vP = Simplify[
    Eigenvalues[{{2, -1, 0}, {-1, 2, -1}, {0, -1, 2}}]]},
  Select[vP, N[#1] == Min[Abs[N[vP]]]&]]
{2 - √2 }
```

ϙ Exemple 8

Trouver les valeurs propres de la matrice $\begin{pmatrix} 8 & -5i & 3-2i \\ 5i & 3 & 0 \\ 3+2i & 0 & 2 \end{pmatrix}$

```
MatrixForm[Eigenvalues[
    {{8, -5 I, 3 - 2 I}, {5 I, 3, 0}, {3 + 2 I, 0, 2}}]]
```

$$\begin{pmatrix} \frac{13}{3} + \frac{145}{3\left(\frac{1}{2}(2351+3\,I\,\sqrt{740811})\right)^{1/3}} + \frac{1}{3}\left(\frac{1}{2}(2351+3\,I\,\sqrt{740811})\right)^{1/3} \\ \frac{13}{3} - \frac{1}{6}\left(1+I\,\sqrt{3}\right)\left(\frac{1}{2}(2351+3\,I\,\sqrt{740811})\right)^{1/3} - \frac{145\,(1-I\,\sqrt{3})}{3\,2^{2/3}\,(2351+3\,I\,\sqrt{740811})^{1/3}} \\ \frac{13}{3} - \frac{1}{6}\left(1-I\,\sqrt{3}\right)\left(\frac{1}{2}(2351+3\,I\,\sqrt{740811})\right)^{1/3} - \frac{145\,(1+I\,\sqrt{3})}{3\,2^{2/3}\,(2351+3\,I\,\sqrt{740811})^{1/3}} \end{pmatrix}$$

On remarquera que les résultats peuvent se compliquer rapidement même dans le cadre de matrices 3x3 à coefficients relativement simples. Comment vérifier simplement de tels résultats?

■ 5.4 Système à valeurs propres complexes

ϙ Exemple 9

Calculer les valeurs propres de la matrice suivante
$\begin{pmatrix} 2 & 1 & 0 \\ -2 & 2 & -1 \\ 0 & -1 & 2 \end{pmatrix}$

```
MatrixForm[
  Eigensystem[{{2, 1, 0}, {-2, 2, -1}, {0, -1, 2}}]]
```
$\begin{pmatrix} 2 & 2-I & 2+I \\ \{-1, 0, 2\} & \{-1, I, 1\} & \{-1, -I, 1\} \end{pmatrix}$

On remarquera que même des coefficients très simples peuvent donner des valeurs propres complexes.

Systèmes d'équations: solution formelle & numérique

Introduction

Dans ce notebook, les équations sont des équations algébriques linéaires ou non, paramétriques ou non. Les deux principales primitives sont Solve et Reduce.

> ?Solve

>> Solve[eqns, vars] attempts to solve an equation or set of equations for the variables vars. Any variable in eqns but not vars is regarded as a parameter.
>> Solve[eqns] treats all variables encountered as vars above.
>> Solve[eqns, vars, elims] attempts to solve the equations for vars, eliminating the variables elims.

Traduction adaptée

>> Solve[eqns, vars] essaie de résoudre une équation ou un système d'équations par rapport aux variables vars. Toute variable, à l'exception de vars est considérée comme un paramètre.
>> Solve[eqns] traite toutes les variables qu'il rencontre comme il le fait ci-dessus pour vars
>> Solve[eqns, vars, elims] essaie de résoudre les équations en vars, en éliminant les variables elims.

> ?Reduce

>> Reduce[eqns, vars] simplifies the equations eqns, attempting to solve for the variables vars. The equations generated by Reduce are equivalent to eqns, and contain all the possible solutions. Any variable in eqns but not vars is regarded as a parameter.
>> Reduce[eqns] treats all variables encountered as vars above.
>> Reduce[eqns, vars, elims] simplifies the equations, trying to eliminate the variables elims.

Traduction adaptée

>> Reduce[eqns, vars] simplifie les équations eqns, en essayant de résoudre par rapport aux variables vars. Les équations engendrées par Reduce sont équivalentes à eqns, et contiennent toutes les solutions possibles. Toute variable dans eqns qui n'est pas dans vars est considérée comme un paramètre.
>> Reduce[eqns] traite toutes les variables qu'il rencontre comme il le fait ci-dessus pour vars

Reduce[eqns, vars, elims] simplifie les équations, en essayant d'éliminer les variables elims.

1. Exemples très simples

ϙ Exemple 1

Un système de Cramer:

```
Solve[{x - 2 y + z - t == 1, x - 3 y - 3 z - t == 2,
    3 x + 5 y - 3 z + t == 3, -x + y - z + 3 t == 0},
    {x, y, z, t}]
```

$\{\{x \to \frac{63}{58}, y \to -\frac{7}{29}, z \to -\frac{11}{58}, t \to \frac{11}{29}\}\}$

ϙ Exemple 2

La demande peut être simplifiée si elle reste sans ambiguité:

```
Solve[{x - 2 y + z - t == 1, x - 3 y - 3 z - t == 2,
    3 x + 5 y - 3 z + t == 3, -x + y - z + 3 t == 0}]
```

$\{\{t \to \frac{11}{29}, x \to \frac{63}{58}, y \to -\frac{7}{29}, z \to -\frac{11}{58}\}\}$

ϙ Exemple 3

Un système à une indéterminée, traité avec Solve:

```
Solve[{x + 2 y - z - t == 1, x - 3 y - 3 z - t == 2,
    3 x + 6 y - 3 z - 3 t == 3, x + 2 y - 3 z - t == 0},
    {x, y, z, t}]

Solve::svars : Equations may not give solutions
    for all "solve" variables.
```

$\{\{x \to \frac{23}{10} + t, y \to -\frac{2}{5}, z \to \frac{1}{2}\}\}$

ϙ Exemple 4

Un système à une indéterminée, traité avec Reduce:

```
Reduce[{x + 2 y - z - t == 1, x - 3 y - 3 z - t == 2,
    3 x + 6 y - 3 z - 3 t == 3, x + 2 y - 3 z - t == 0},
   {x, y, z, t}]
```

$$x == \frac{23}{10} + t \;\&\&\; y == -\frac{2}{5} \;\&\&\; z == \frac{1}{2}$$

Le résultat est donné sous forme de clause logique et le && correspond à la conjonction "et".

۞ Exemple 5

Un système sans solutions:

```
Solve[{x + 2 y - z - t == 1, x + 3 y - 3 z - t == 2,
    x + 2 y - z - t == 0, -x - y - z + 3 t == 0}]
{ }
```

2. Exemples moins simples

۞ Exemple 6

Un système avec paramètres avec Solve

```
Solve[{x + 2 y - z - a t == 1, x + 3 y + (a - 3) z - (a - b) t == 2,
    3 x + 6 y + (a - b - 3) z + (b - 3 a - 2) t == 3,
    -x - y + (b - 1) z + (2 a - b + 2) t == 0},
   {x, y, z, t}]
{{x → -1, y → 1, z → 0, t → 0}}
```

Commentaires sur la solution

Ici, toutes les solutions ne sont pas données. Seule une solution évidente l'est. On peut vérifier de plusieurs façons ce résultat. Par exemple, on peut regarder pour les valeurs trouvées un des membres:

```
x + 2 y - z - a t == 1 /. %
{True}
```

ou tous les premiers membres:

```
{x + 2 y - z - a t /. %%, x + 3 y + (a - 3) z - (a - b) t /. %%,
    3 x + 6 y + (a - b - 3) z + (b - 3 a - 2) t /. %%,
    -x - y + (b - 1) z + (2 a - b + 2) t /. %%}
{{1}, {2}, {3}, {0}}
```

ϒ Exemple 7

Le même système avec paramètres avec Reduce

```
Reduce[{x + 2 y - z - a t == 1, x + 3 y + (a - 3) z - (a - b) t == 2,
    3 x + 6 y + (a - b - 3) z + (b - 3 a - 2) t == 3,
    -x - y + (b - 1) z + (2 a - b + 2) t == 0},
    {x, y, z, t}]

x == -1 + 6 t + z &&
  y == 1 - 2 t &&
  b == 2 && a == 2 ||
  -2 + a ≠ 0 && b == a &&
  x == -1 - 3 z + 2 a z &&
  y == 1 + 2 z - a z && t == 0 ||
  -a + b ≠ 0 && x == -1 &&
  y == 1 && z == 0 && t == 0
```

Le résultat est donné sous forme de clause logique. Le && correspond à la conjonction "et" et les deux barres verticales || correspondantes à la disjonction "ou".

Commentaires sur la solution

Il se présente donc trois cas

$x == -1 + 6\,t + z$ et $y == 1 - 2\,t$ et $b == 2$ et $a == 2$

ou:

$-2 + a \neq 0$ et $b == a$ et $x == -1 - 3\,z + 2\,a\,z$ et
$y == 1 + 2\,z - a\,z$ et $t == 0$

ou:

$-a + b \neq 0$ et $x == -1$ et $y == 1$ et $z == 0$ et $t == 0$

Cette solution peut se représenter sous la forme de l'arbre page ci-contre.

2. Exemples moins simples

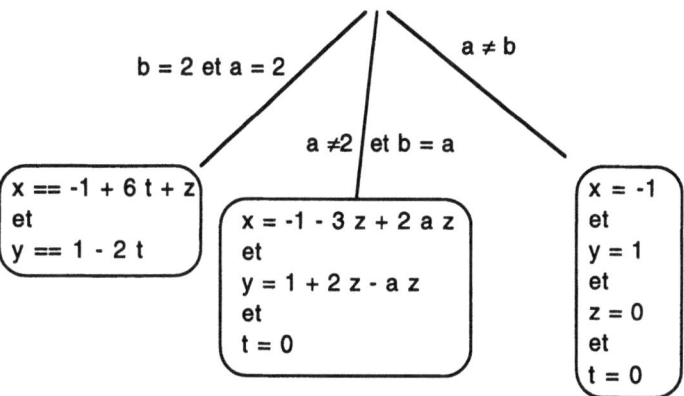

ou encore sous forme d'arbre binaire

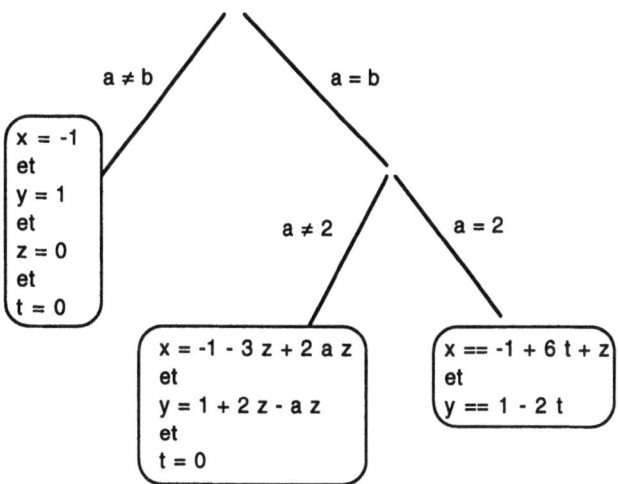

Pour des résultats dans des cas particuliers, on peut soit demander la substitution avant la résolution, soit après:

avant

```
Reduce[{x + 2 y - z - a t == 1, x + 3 y + (a - 3) z - (a - b) t == 2,
    3 x + 6 y + (a - b - 3) z + (b - 3 a - 2) t == 3,
    -x - y + (b - 1) z + (2 a - b + 2) t == 0}, {x, y, z, t}] /.
    {b → a, a → 4}

        a == 4 && x == -1 + 5 z &&
            y == 1 - 2 z && t == 0 ||
        -4 + a ≠ 0 && x == -1 &&
            y == 1 && z == 0 && t == 0
```

d'où la solution:

$$x == -1 + 5 z \, , \, y == 1 - 2 z \, , \, t == 0$$

après

```
x == -1 + 6 t + z && y == 1 - 2 t && b == 2 && a == 2 || -2 + a ≠ 0 &&
    b == a && x == -1 - 3 z + 2 a z && y == 1 + 2 z - a z && t == 0 ||
    -a + b ≠ 0 && x == -1 && y == 1 && z == 0 && t == 0 /.
{b → a, a → 4}

a == 4 && x == -1 + 5 z && y == 1 - 2 z && t == 0 ||
    -4 + a != 0 && x == -1 && y == 1 && z == 0 && t == 0
```

d'où la solution:

```
x == -1 + 5 z , y == 1 - 2 z , t == 0
```

3. Substitutions élémentaires & solution "à la main"

Pour différentes raisons, on peut ne pas vouloir utiliser la solution donnée par *Mathematica* ou bien être en présence d'un système dont on veut suivre la résolution pas à pas suivant une méthodologie déterminée. Ceci est tout à fait possible et nous allons voir quelques exemples très simples de manipulation, ainsi que quelques procédés de vérification des résultats.

♡ Exemple 8

Considérons le système suivant:

$$\begin{cases} 3a - 2b = -8 \\ 5a + 7b = 17 \end{cases}$$

Résolution par "tirer-porter" pas à pas

1°) "tirer" a en fonction de b en utilisant la première équation

```
Solve[3 a - 2 b == -8, a]
```
$$\{\{a \to \frac{2}{3}(-4+b)\}\}$$

2°) Porter cette valeur dans la deuxième équation

```
5 a + 7 b == 17 /. %
```
$$\{\frac{10}{3}(-4+b)+7b == 17\}$$

3°) Résoudre en b l'équation ainsi obtenue

>   Solve[%, b]
>
> $\{\{b \to \frac{91}{31}\}\}$

4°) En déduire a

> $\{\{a \to -\frac{2}{3}(4-b)\}\}$ /. %
>
> $\{\{\{a \to -\frac{22}{31}\}\}\}$
>
>   Flatten[%]
>
> $\{a \to -\frac{22}{31}\}$

Résolution raccourcie par composée de substitutions

Les 3 opérations précédentes de substitution peuvent se composer pour donner immédiatement le résultat:

>   Solve[5 a + 7 b == 17 /. Solve[3 a - 2 b == -8, a], b]
>
> $\{\{b \to \frac{91}{31}\}\}$

Vérification Résolution directe du système:

>   Solve[{3 a - 2 b == -8, 5 a + 7 b == 17}, {a, b}]
>
> $\{\{a \to -\frac{22}{31},\ b \to \frac{91}{31}\}\}$
>
>   N[a /. %]
>
>   {-0.709677}
>
>   N[b /. %%]
>
>   {2.93548}

Vérification géométrique

>   Needs["Graphics`ImplicitPlot`"]

```
ImplicitPlot[{3 a - 2 b == -8, 5 a + 7 b == 17}, {a, -5, 5},
   {b, 0, 5}];
```

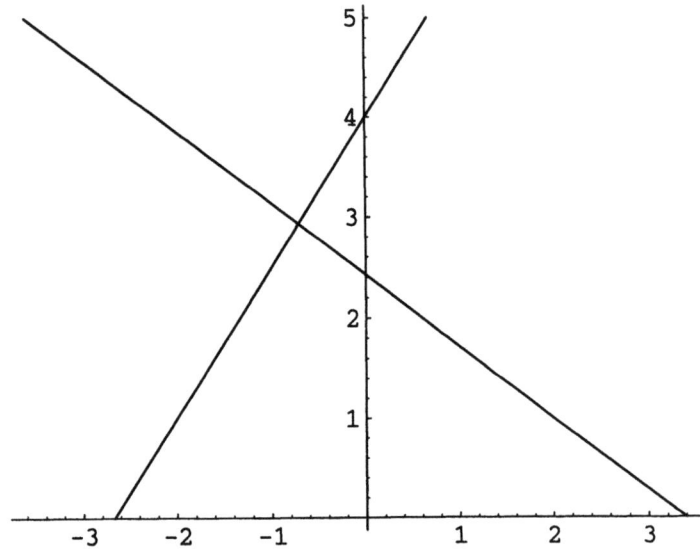

♣ ♣ *Coordonnées lues à la souris sur le dessin*

   {-0.706068, 2.93829}

♣ ♣ *Pour lire les coordonnées d'un point à la souris sur le dessin:*

♣ Sur un Mac:

- cliquer sur le dessin
- appuyer sur , le curseur se transforme
- positionner le curseur sur le point choisi
- cliquer
- copier
- coller à l'endroit désiré dans le notebook

♣ Sur un PC

- cliquer sur le dessin
- appuyer sur CTRL, le curseur se transforme
- positionner le curseur sur le point choisi
- cliquer
- copier
- coller à l'endroit désiré dans le notebook

4. Système non linéaire: substitutions élémentaires

Les problèmes se traitent de façon similaire. Il faut simplement être attentif à la démarche pour récupérer les solutions.

۷ Exemple 9

on considère la relation $y^2 + z^2 == x^2$:

entre x, y et z:

```
relation1 = y² + z² == x² ;
```

on sait de plus que $x - y = 1$ et que $y - z = 1$.

Calculer x, y et z et vérifier le résultat.

```
relation2 = x - y == 1;

relation3 = y - z == 1;
```

Une façon de faire consiste par exemple à remplacer x et z dans la première relation donnée, par leur valeur "tirée" des dernières relations. La valeur de y obtenue à partir de cette première relation est alors reportée dans les deux dernières relations, ce qui permet de calculer x et z.

Résolution à la main

```
relation1 /. Solve[relation2, x] /. Solve[relation3, z]
```

$\{\{(-1+y)^2 + y^2 == (1+y)^2\}\}$

```
Solve[Flatten[%], y]
```

$\{\{y \to 0\}, \{y \to 4\}\}$

```
relation2 /. %
```

$\{x == 1, -4 + x == 1\}$

```
relation3 /. %%
```

$\{-z == 1, 4 - z == 1\}$

```
Solve[-4 + x == 1, x]
```

$\{\{x \to 5\}\}$

```
Solve[4 - z == 1, z]
{{z → 3}}
```

d'où les solutions:

```
{{y → 0, x → 1, z → -1}, {y → 4, x → 5, z → 3}}
```

Vérification:

```
relation1 /. {{y → 0, x → 1, z → -1}, {y → 4, x → 5, z → 3}}
{True, True}

relation2 /. {{y → 0, x → 1, z → -1}, {y → 4, x → 5, z → 3}}
{True, True}

relation3 /. {{y → 0, x → 1, z → -1}, {y → 4, x → 5, z → 3}}
{True, True}
```

Remarque : Interchanger les valeurs pour x, y ne donne pas une solution du problème posé. Par exemple:

```
relation1 /. {{y → 0, x → 5, z → -1}, {y → 4, x → 1, z → 3}}
{False, False}

relation1 /. {{y → 0, x → 5, z → 3}, {y → 4, x → 1, z → -1}}
{False, False}
```

Vérification par résolution directe du système:

```
Solve[{relation1, relation2, relation3}, {x, y, z}]
{{x → 1, z → -1, y → 0}, {x → 5, z → 3, y → 4}}
```

4. Système non linéaire: substitutions élémentaires

Vérification géométrique

```
ImplicitPlot[
 Evaluate[{relation1, relation2, relation3} /. z → -1],
 {x, -10, 10}, {y, -10, 10}];
```

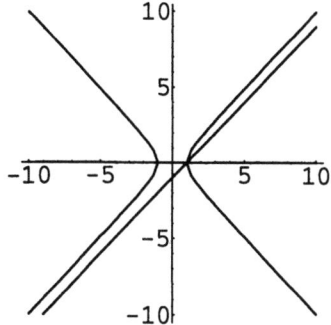

les 3 courbes correspondent à

```
relation1 /. z → -1
```
$1 + y^2 == x^2$

```
relation2 /. z → -1
```
$x - y == 1$

```
relation3 /. z → -1
```
$1 + y == 1$

le seul point commun à ces trois courbes est le point de coordonnées (x= 1, y = 0)

```
ImplicitPlot[
 Evaluate[{relation1, relation2, relation3} /. z → 3],
 {x, -10, 10}, {y, -10, 10}];
```

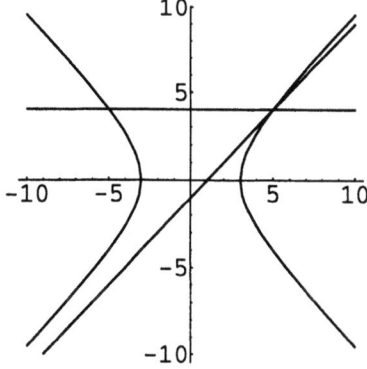

les 3 courbes correspondent à

> relation1 /. z → 3
>
> $9 + y^2 == x^2$
>
> relation2 /. z → 3
>
> x - y == 1
>
> relation3 /. z → 3
>
> -3 + y == 1

le seul point commun à ces trois courbes est le point de coordonnées (x=5, y=4)

5. Manipulations globales de lignes

▽ Exemple 10

reprenons le tout premier exemple de ce notebook traitant d'un système linéaire paramétrique:

> $\begin{vmatrix} x + 2y - z - a\,t == 1 \\ x + 3y + (a-3)\,z - (a-b)\,t == 2 \\ 3x + 6y + (a-b-3)\,z + (b-3a-2)\,t == 3 \\ -x - y + (b-1)\,z + (2a-b+2)\,t == 0 \end{vmatrix}$

on peut tout à fait, si on le souhaite, le manipuler à la main, ligne par ligne, globalement, afin de mener une discussion habituelle:

> E1 = {x + 2 y - z - a t, 1};
>
> E2 = {x + 3 y + (a - 3) z - (a - b) t, 2};
>
> E3 = {3 x + 6 y + (a - b - 3) z + (b - 3 a - 2) t, 3};
>
> E4 = {-x - y + (b - 1) z + (2 a - b + 2) t, 0};
>
> E12 = Simplify[E2 - E1]
>
> {b t + y + (-2 + a) z, 1}
>
> E13 = Simplify[E3 - 3 E1]
>
> {(-2 + b) t + (a - b) z, 0}

5. Manipulations globales de lignes 393

```
E14 = Simplify[E4 + E1]
{(2 + a - b) t + y + (-2 + b) z, 1}

E142 = E14 - E12
{(2 + a - b) t - b t - (-2 + a) z + (-2 + b) z, 0}

Print/@{E1, E12, E13, E142};
{-a t + x + 2 y - z, 1}
{b t + y + (-2 + a) z, 1}
{(-2 + b) t + (a - b) z, 0}
{(2 + a - b) t - b t - (-2 + a) z + (-2 + b) z, 0}
```

A ce stade, deux solutions sont possibles: ou a=b ou a≠b

1°) a-b≠0, en ajoutant les deux dernières équations:

```
E1423 = E142 + E13
{(2 + a - b) t + (-2 + b) t - b t - (-2 + a) z + (a - b) z + (-2 + b) z, 0}
```

il existe donc une solution et une seule pour laquelle, t=0.

d'où, en reportant dans E13:

```
{-2 t + b t + a z - b z, 0} /. t → 0
{a z - b z, 0}
```

donc z=0; d'où en reportant ces valeurs dans E12:

```
{b t + y - 2 z + a z, 1} /. {z → 0, t → 0}
{y, 1}
```

donc y=1; d'où en reportant ces valeurs dans E1:

```
{x + 2 y - z - a t, 1} /. {z → 0, t → 0, y → 1}
{2 + x, 1}
```

d'où : x = -1.

2°) a=b

```
E12 /. b → a
{a t + y + (-2 + a) z, 1}
```

```
E13 /. b → a
{(-2 + a) t, 0}
```

deux solutions sont possibles:

(i) a=2

```
E1 /. b → a /. a → 2
{-2 t + x + 2 y - z, 1}

E12 /. b → a /. a → 2
{2 t + y, 1}

Solve[{2 t + y == 1, -2 t + x + 2 y - z == 1}, {x, y}]
{{x → -1 + 6 t + z, y → 1 - 2 t}}

Simplify[%]
{{x → -1 + 6 t + z, y → 1 - 2 t}}
```

(ii) a≠2 donc t=0

```
E1 /. {t → 0}
{x + 2 y - z, 1}

E12 /. {t → 0}
{y + (-2 + a) z, 1}

Solve[{x + 2 y - z == 1, y - 2 z + a z == 1}, {x, y}]
{{x → -1 - 3 z + 2 a z, y → 1 + 2 z - a z}}

Simplify[%]
{{x → -1 + (-3 + 2 a) z, y → 1 - (-2 + a) z}}
```

et tous les résultats précédents sont bien retrouvés.

```
Clear [E1, E2, E3, E4, E12, E13, E14, E1423, E142]
```

6. Résolution numérique

```
? NSolve
```

La résolution numérique se fait en utilisant la primitive NSolve

۵ Exemple 11

$\text{NSolve}\left[\left\{x + 2y - z - \dfrac{t}{10^3} == 1,\ x + 5y + (\pi - 3)z - \dfrac{t}{10^4} == 2,\right.\right.$
$\left.\left.3x + 6y + 200z - 2t == 3,\ -x - y + z + 0.001t == 0\right\},\right.$
$\left.\{x, y, z, t\}\right]$

$\{\{x \to -2.78683,\ y \to 1.,\ z \to -1.62195,\ t \to -164.876\}\}$

Intégration des fonctions

Introduction

```
? Integrate
```

```
Integrate[f,x] gives the indefinite integral of f with respect
to x.
Integrate[f,{x,xmin,xmax}] gives the definite integral.
Integrate[f,{x,xmin,xmax},{y,ymin,ymax}] gives a multiple
integral.
```

Traduction adaptée

```
Integrate[f,x] donne une intégrale indéfinie de f par rapport
à x.
Integrate[f,{x,xmin,xmax}] donne l'intégrale définie.
Integrate[f,{x,xmin,xmax},{y,ymin,ymax}] donne une intégrale
multiple.
```

Les problèmes d'intégration sont beaucoup plus difficiles à résoudre que les problèmes de dérivation. *Mathematica* donne généralement une réponse pour les intégrales usuelles et relevant du programme des classes préparatoires paru au BO (numéro spécial de juillet 95 & 96). Mais il faut savoir que les fonctions mathématiques traditionnelles ne permettent pas de toujours donner une primitive, même pour des intégrales relativement simples. Lorsque *Mathematica* ne sait pas répondre, il retourne la demande telle que. Pour les curieux, il est à signaler que le package EllipticIntegrate permet de calculer un certain nombre d'intégrales elliptiques. Outre des exemples pris parmi les grands classiques, et les exemples de Mathématiques Informatique et Enseignement [12] que j'avais alors traités en Maple, j'ai repris dans ce notebook et traité avec *Mathematica* les exemples pathologiques signalés par Hervé Lehning, dans le très bon article: Learning mathematics with CAS [16]. Afin de respecter l'esprit du programme, j'ai donné également la courbe représentative de la fonction intégrée sur l'intervalle considéré.

Même si vous n'avez pas *Mathematica*, vous pouvez essayer gratuitement de rivaliser avec lui sur le Web (Integrator).

```
http://www.wolfram.com
```

1. Calcul de primitives

◊ Exemple 1

En version 2 on utilisera Integrate, tandis qu'en version 3 on utilisera plutôt les palettes ou les raccourcis clavier. On peut aussi si on veut utiliser le menu Cell et l'item Convert To si on a l'habitude d'utiliser Integrate et que l'on souhaite une écriture plus lisible mathématiquement.

$$\int \frac{1}{x^2 - 4}\, dx$$

$$\frac{\text{Log}[-2 + x]}{4} - \frac{\text{Log}[2 + x]}{4}$$

◊ Exemple 2

$$\int \frac{x + 1}{x^3 + x^2 - 6x}\, dx$$

$$\frac{3\,\text{Log}[-2 + x]}{10} - \frac{\text{Log}[x]}{6} - \frac{2\,\text{Log}[3 + x]}{15}$$

◊ Exemple 3

$$\int \frac{3x + 5}{x^3 - x^2 - x + 1}\, dx$$

$$\frac{-4}{-1 + x} - \frac{\text{Log}[1 - x]}{2} + \frac{\text{Log}[1 + x]}{2}$$

◊ Exemple 4

$$\int \frac{x^4 - x^3 - x}{x^3 + x^2 - 6x}\, dx$$

$$-2x + \frac{x^2}{2} + \frac{3\,\text{Log}[-2 + x]}{5} + \frac{37\,\text{Log}[3 + x]}{5}$$

◊ Exemple 5

$$\int \frac{1}{x}\, dx$$

$$\text{Log}[x]$$

Ce résultat choque bon nombre d'entre nous puisque la valeur absolue de x est absente. On pourrait donc s'attendre à des erreurs lorsque la valeur absolue opère significativement. Mais il n'en n'est rien comme nous allons le voir à la section suivante.

2. Intégrales définies

ϔ Exemple 6

Calcul de l'intégrale de x (x-1) entre 0 et 1:

$$\int_0^1 x\,(x-1)\,dx$$

$-(\frac{1}{6})$

ϔ Exemple 7

Autour de l'intégrale de 1/x

Intégrations sur divers intervalles - cas sans problème

$$\int_{-3}^{-2} \frac{1}{x}\,dx$$

Log[2] - Log[3]

Courbe associée

```
Plot[1/x, {x, -3, -2},
    PlotRange → {-1, 0}, AspectRatio → Automatic,
    Ticks -> {{-2.8, -2.4, -2.2}, Automatic}];
```

singularité

En cas de non convergence sur l'intervalle d'intégration, *Mathematica* génère des messages d'erreur:

$$\int_{-1}^{2} \frac{1}{x}\, dx$$

```
Integrate::idiv: Integral does not converge.
```

Indeterminate

Courbe associée

```
Plot[1/x, {x, -1, 2},
  PlotRange -> {-2, 2},
  AspectRatio ->
    Automatic];
```

```
Power::infy: Infinite expression 1/0 encountered.
```

```
Plot::plnr: CompiledFunction[{x}, 1/x, -CompiledCode-][x]
  is not a machine-size real number at x = 0..
```

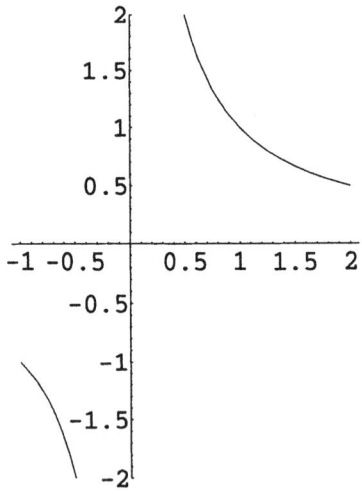

Rôle des bornes

$$\int_{1}^{2} \frac{1}{x}\, dx$$

Log[2]

2. Intégrales définies

$$\int_2^1 \frac{1}{x}\,dx$$

-Log[2]

ϙ Exemple 8

Avec borne symbolique:

Courbe associée

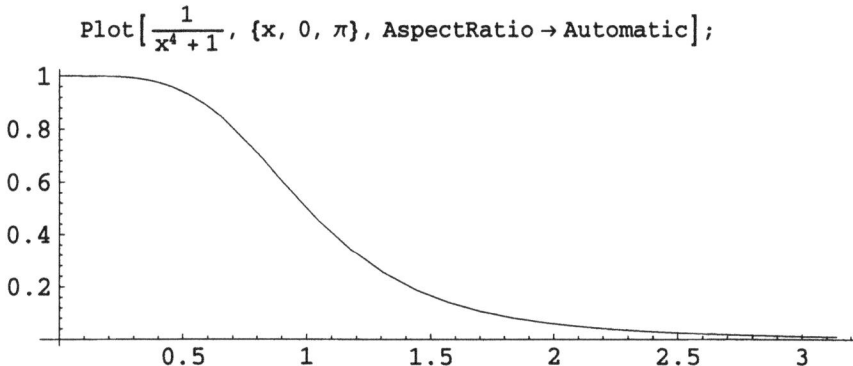

```
Plot[1/(x^4 + 1), {x, 0, π}, AspectRatio → Automatic];
```

Calcul de l'intégrale

$$\int_0^\pi \frac{1}{x^4+1}\,dx$$

$$\frac{I\pi}{4\sqrt{2}} + \frac{1}{4\sqrt{2}}$$
$$(-2\,\text{ArcTan}[1-\sqrt{2}\,\pi] +$$
$$2\,\text{ArcTan}[1+\sqrt{2}\,\pi] -$$
$$\text{Log}[-1+\sqrt{2}\,\pi-\pi^2] +$$
$$\text{Log}[1+\sqrt{2}\,\pi+\pi^2])$$

N[%]

1.10002

ϙ Exemple 9

intégration de fonction trigonométrique avec borne symbolique

$$\int_0^\pi \frac{1}{3+2\cos[t]}\,dt$$

$$\frac{\pi}{\sqrt{5}}$$

Valeur approchée

```
N[%]
```
1.40496

Courbe associée

```
Plot[
    1/(3 + 2 Cos[t]), {t, 0, π},
    AspectRatio → Automatic,
    PlotRange → {0, 1}];
```

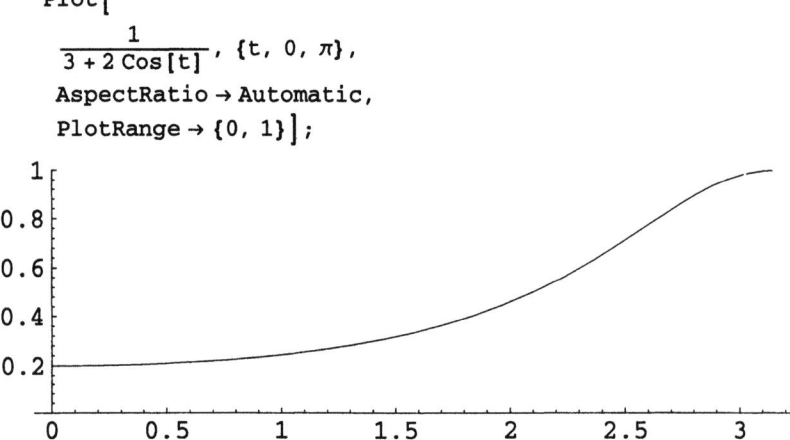

3. Calculs d'aire et de masse

ϕ Exemple 10

Calculer l'aire de l'intérieur d'une ellipse.

3. Calculs d'aire et de masse

Représentation géométrique:

```
Show [
    Graphics [{Text ["y = b√(b² - x²)/a", {-5, 1} {-1.1, 3.2}],
    Text ["y = -b√(b² - x²)/a", {-5, -1} {-1.2, 3}],
    Line[{{5, -5}, {5, 5}}],
    Circle[{0, 0}, {9, 5}]}, Axes → True]];
```

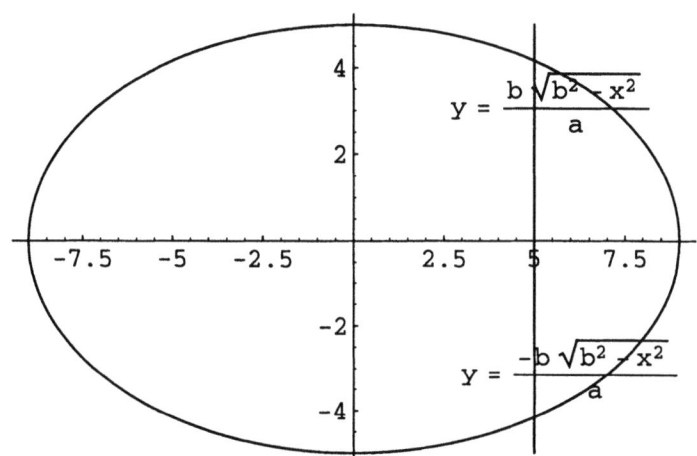

Calcul de l'intégrale

pour x compris entre -a et a, y varie de $-\dfrac{b\sqrt{a^2-x^2}}{a}$ à $\dfrac{b\sqrt{a^2-x^2}}{a}$

$$\int_{-a}^{a}\left(\int_{-\frac{b\sqrt{a^2-x^2}}{a}}^{\frac{b\sqrt{a^2-x^2}}{a}} 1\, dy\right) dx$$

Integrate::gener : Unable to check convergence

$$\frac{a\,b\,\pi\,\text{Sign}[a]}{2\sqrt{\text{Sign}[a]^2}} + \frac{a\,b\,\pi\sqrt{\text{Sign}[a]^2}}{2\,\text{Sign}[a]}$$

{Sign [2], Sign [-2]}

{1, -1}

%% /. Sign[a] -> 1

a b π

ϙ Exemple 11

Calculer la masse d'une plaque délimitée par les courbes d'équation $y^2 = x$ et $y^2 = 4 - x$. La densité de la plaque est donnée comme étant $1 + 2x + y$.

Représentation géométrique:

```
Needs["Graphics`ImplicitPlot`"]

ImplicitPlot[
  {y^2 == x, y^2 == 4 - x},
  {x, -5, 5}, {y, -3, 3},
  AspectRatio → Automatic];
```

intersection des deux courbes:

```
Solve[{y^2 == x, y^2 == 4 - x}, {x, y}]
{{x -> 2, y -> -Sqrt[2]}, {x -> 2, y -> Sqrt[2]}}
```

Pour y compris entre $-\sqrt{2}$ et $\sqrt{2}$, x varie de y^2 à $4 - y^2$

$$\int_{-\sqrt{2}}^{\sqrt{2}} \left(\int_{y^2}^{4-y^2} (1 + 2x + y) \, dx \right) dy$$

$$\frac{80\sqrt{2}}{3}$$

4. Intégrales plus délicates

◊ **Exemple 12**

Calculer l'intégrale de $\sqrt{(x-2)(1-x)}$ entre 1 et 2

$$\int_1^2 \sqrt{(x-2)\ (1-x)}\ dx$$

Integrate::gener : Unable to check convergence

$$\frac{\pi}{8}$$

même calcul mais cette fois entre 2 et 1

$$\int_2^1 \sqrt{(x-2)\ (1-x)}\ dx$$

Integrate::gener : Unable to check convergence

$$-\frac{\pi}{8}$$

représentation géométrique:

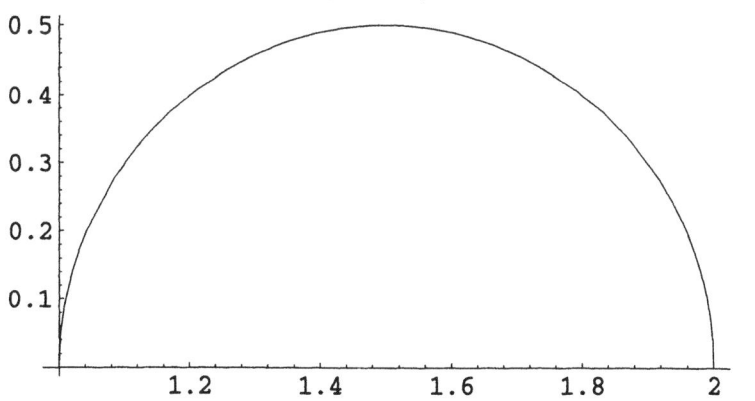

◊ **Exemple 13**

Calculer l'intégrale de $\sqrt{(x-3)\ (4-x)}$ entre 1 et 2

$$\int_3^5 \sqrt{(x-3)(4-x)}\, dx$$

Integrate::gener : Unable to check convergence

$$\frac{\pi}{16} + \frac{1}{8} I \left(6\sqrt{2} - \text{ArcTanh}\left[\frac{3}{2\sqrt{2}}\right]\right)$$

représentation géométrique:

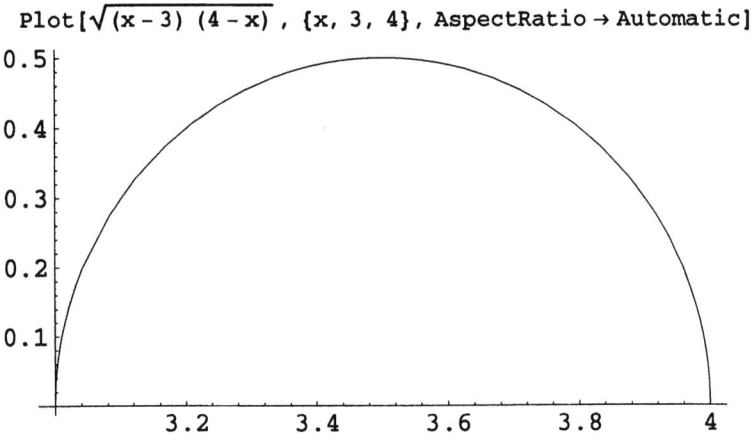

Plot[√(x-3)(4-x), {x, 3, 4}, AspectRatio → Automatic];

۵ Exemple 14

Calculer l'intégrale de $\frac{1}{\sqrt{1-x^2}+\sqrt{x^2+1}}$ entre -1 et 1

une première façon de faire

$$\int_{-1}^{1} \frac{1}{\sqrt{1+x^2}+\sqrt{1-x^2}}\, dx$$

$$-\frac{1}{\sqrt{2}} + \frac{\pi}{4} + \frac{\text{ArcSinh}[1]}{2} + \frac{1}{4}\left(-2\sqrt{2} + \pi + 2\,\text{ArcSinh}[1]\right)$$

Valeur approchée

N[%]

1.03796

Représentation géométrique:

```
Plot[1/(√(1+x²) + √(1-x²)), {x, -1, 1},
    AspectRatio → Automatic];
```

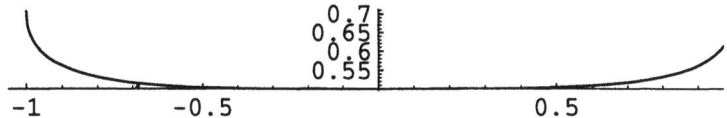

et une autre façon de faire

$$\int_{-1}^{1} \frac{\sqrt{1+x^2} - \sqrt{1-x^2}}{2x^2} \, dx$$

$$-\frac{1}{\sqrt{2}} + \frac{\pi}{4} + \frac{\text{ArcSinh}[1]}{2} + \frac{1}{4}(-2\sqrt{2} + \pi + 2\,\text{ArcSinh}[1])$$

Valeur approchée

```
N[%]
```
1.03796

5. Intégrales généralisées

ϕ Exemple 15

Calculer l'intégrale de $\frac{1}{\sqrt{(1-x)(x+1)}}$ entre -1 et 1

$$\int_{-1}^{1} \frac{1}{\sqrt{(1-x)(1+x)}} \, dx$$

```
Integrate::gener : Unable to check convergence
```

π

Représentation géométrique:

```
Plot[1/√((1-x)(1+x)), {x, -1, 1},
  AspectRatio → Automatic];
```

```
            1
Power::infy: Infinite expression
-- encountered.

0.
                                 1
Plot::plnr: CompiledFunction[{x}, ----------,
-CompiledCode-][x]
                                 Sqrt[<<2>>]
is not a machine-size real number at x = -1..
                          1
Power::infy: Infinite expression -- encountered.
                          0.
                                 1
Plot::plnr: CompiledFunction[{x}, ----------,
-CompiledCode-][x]
                                 Sqrt[<<2>>]
is not a machine-size real number at x = 1..
```

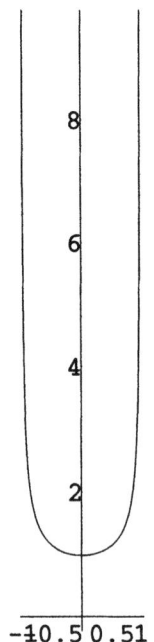

ϙ Exemple 16

Calculer l'intégrale de Sin[x] sur [0, ∞[

$$\int_0^\infty \frac{\sin[x]}{x}\,dx$$

$$\frac{\pi}{2}$$

Représentation géométrique:

```
Plot[ Sin[x]/x , {x, 0, 50}];
```
```
                              1
Power::infy: Infinite expression -- encountered.
                              0.

Infinity::indet: Indeterminate expression 0.
ComplexInfinity encountered.

                                    Sin[x]
Plot::plnr: CompiledFunction[{x}, ------,
-CompiledCode-][x]
                                      x
is not a machine-size real number at x = 0..
```

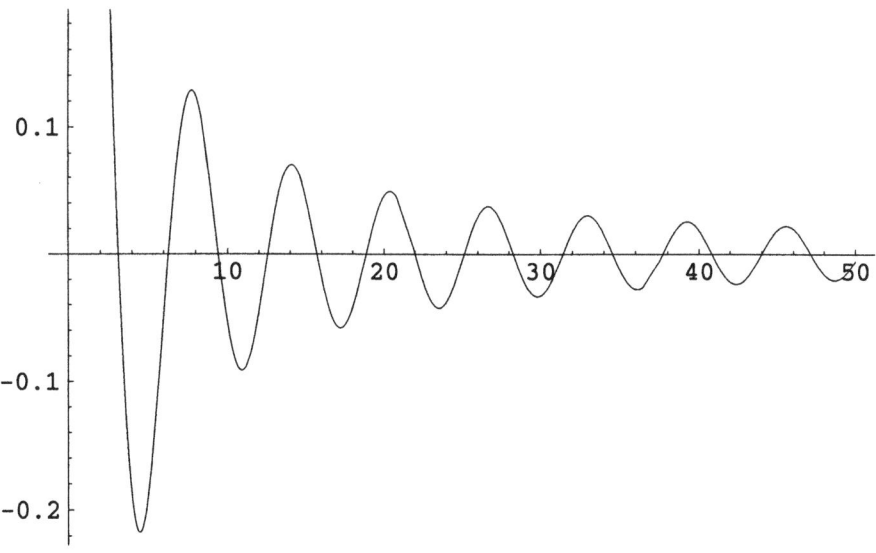

6. Intégrales dépendant d'un paramètre

ϙ Exemple 17

Calculer l'intégrale de $\dfrac{1}{x^2-a^2}$ sur $[0, \infty[$

$$\int_0^\infty \dfrac{1}{x^2-a^2}\, dx$$

$$\text{If}\left[\text{Arg}[a^2] \neq 0,\ \dfrac{1}{2}\sqrt{\dfrac{-1}{a^2}}\ \pi,\ \int_0^\infty \dfrac{1}{-a^2+x^2}\, dx\right]$$

ϙ Exemple 18

Calculer l'intégrale de $\dfrac{1}{\cos(a)\cos(x)+1}$ sur $[0, \pi]$

$$\int_0^\pi \dfrac{1}{1+\text{Cos}[a]\,\text{Cos}[x]}\, dx$$

```
Integrate::gener : Unable to check convergence
```

$-\pi\,\text{Csc}[a]$

```
? Csc
Csc[z] gives the cosecant of z.
```

La cosécante de x est l'inverse du sinus

$\partial_x\,\text{Csc}[x]$

$-(\text{Cot}[x]\,\text{Csc}[x])$

7. Intégration numérique

```
?NIntegrate
```

NIntegrate[f, {x, xmin, xmax}] gives a numerical
approximation to the integral of f with respect to x
over the interval xmin to xmax.

Traduction adaptée

NIntegrate[f, {x, xmin, xmax}] donne une approximation
numérique de l'intégrale de f (x), pour x de xmin à xmax.

Autant que faire se peut, il est préférable de travailler en symbolique. Lorsque nécessaire, l'intégration numérique se fait en appliquant la primitive NIntegrate, avec la même syntaxe que Integrate. Il y a lieu de travailler prudemment dans le domaine du numérique approché (cf par exemple le chapitre-notebook sur le calcul matriciel élémentaire pour se convaincre des difficultés d'une situation en apparence banale). Un graphique est souvent bien utile. Il peut être fait avant ou après le calcul d'intégrale.

◊ Exemple 19

Calcul d'intégrale

```
NIntegrate[Sin[2 π t]², {t, -0.5, 0.5}]
0.5
```

puis représentation géométrique:

```
Plot[Sin[2 π t]², {t, -0.5, 0.5}, AspectRatio → Automatic];
```

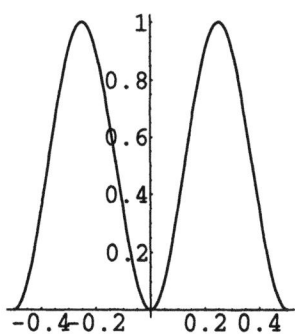

✧ Exemple 20

Famille de courbes et intégrales associées.

Représentation géométrique:

```
Plot[Evaluate[
    Table[2 (1 - r²) Sin[2 π t]², {r, 0.1, 0.8, 0.1}]],
    {t, -0.5, 0.5}, AspectRatio → Automatic];
```

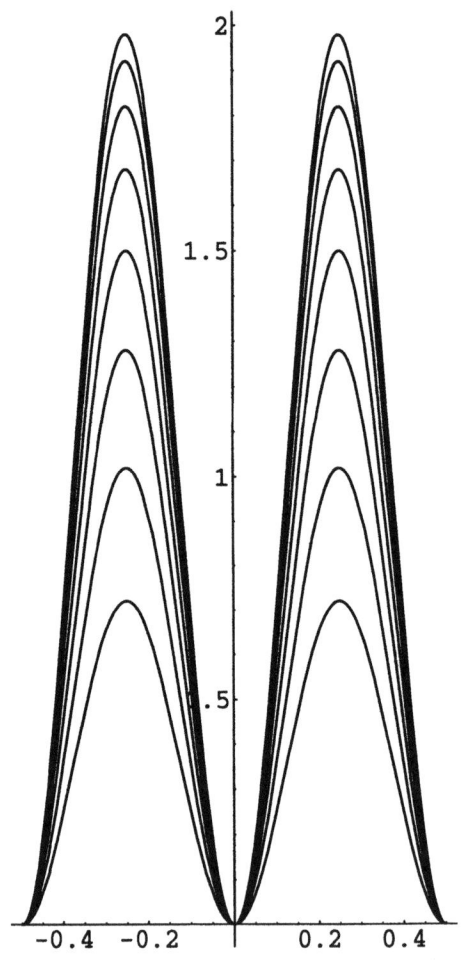

puis calcul d'intégrales

```
(NIntegrate[#1, {t, -0.5, 0.5}]&) /@
    Table[2 (1 - r²) Sin[2 π t]², {r, 0.1, 0.8, 0.1}]
{0.99, 0.96, 0.91, 0.84, 0.75, 0.64, 0.51, 0.36}
```

Systèmes différentiels

Fonction clef

```
? DSolve
```

DSolve[eqn, y[x], x] solves a differential equation for the
functions y[x], with independent variable x.
DSolve[{eqn1, eqn2, ...}, {y1[x1,...], ...}, {x1, ...}] solves
a list of differential equations.

Traduction adaptée

DSolve[eqn, y[x], x] donne la solution d'une équation
différentielle pour la fonction y de la variable x
DSolve[{eqn1, eqn2, ...}, {y1[x1,...], ...}, {x1, ...}] résout
un système différentiel.

1. Solution générale

La solution générale des systèmes peut être constituée soit des expressions des fonctions solutions, soient des fonctions elle-mêmes. La demande que l'on fait à *Mathematica* dépend donc de ce que l'on veut faire du résultat. Si on considère le problème terminé avec l'écriture des solutions, alors, l'expression suffit. Mais, si on veut utiliser les solutions en tant que telles, par exemple, si on souhaite les dériver ou les représenter graphiquement, alors, il est préférable de faire une demande concernant les fonctions, et non les expressions.

1.1 Retour d'expressions

⚡ Exemple 1

Si on demande les expressions, alors ce sont les expressions qui sont retournées:

```
DSolve[
 {2 x'[t] == 6 Exp[t], 3 y'[t] == -3 y[t], 2 z'[t] + x[t] == 9},
 {x[t], y[t], z[t]}, t]
```

$\{\{x[t] \to 3 E^t + C[1], y[t] \to E^{-t} C[2],$
$z[t] \to \frac{1}{2} (-3 E^t + 9 t - t C[1] + 2 C[3])\}\}$

Pour avoir les trois expressions solutions:

```
{x[t], y[t], z[t]} /. %
```

$\{\{3 E^t + C[1], E^{-t} C[2], \frac{1}{2} (-3 E^t + 9 t - t C[1] + 2 C[3])\}\}$

Pour obtenir une des solutions, par exemple x[t]:

```
x[t] /. %%
```

$\{3 E^t + C[1]\}$

pour avoir x[3], il faut écrire:

```
% /. t → 3
```

$\{3 E^3 + C[1]\}$

car x est une expression et ne correspond pas à une fonction connue. Donc x[3] n'est pas reconnu.

Ceci peut se voir également ainsi:

```
{x[t], y[t], z[t]} =
Flatten[
   {x[t], y[t], z[t]} /. DSolve[{2 x'[t] == 6 Exp[t],
      3 y'[t] == -3 y[t], 2 z'[t] + x[t] == 9},
     {x[t], y[t], z[t]}, t]]
```

$\{3 E^t + C[1], E^{-t} C[2], \frac{1}{2} (-3 E^t + 9 t - t C[1] + 2 C[3])\}$

x[t]	$3 E^t + C[1]$
x[3]	x[3]
x[t] /. t -> 3	$3 E^3 + C[1]$
x'[t]	x'[t]

1. Solution générale

```
Clear [x, y, z]
```

■ 1.2 Retour de fonctions

Si on demande de trouver les fonctions solutions:

۞ Exemple 2

```
DSolve[
  {2 x'[t] == 6 Exp[t], 3 y'[t] == -3 y[t], 2 z'[t] + x[t] == 9},
  {x, y, z}, t]

{{x → (3 E^#1 + C[1]&), y → (E^-#1 C[2]&),
  z → (1/2 (-3 E^#1 + 2 C[3] + 9 #1 - C[1] #1)&)}}
```

alors ce sont des lambda-fonctions qui sont retournées et comme d'habitude, elles sont données sous forme de règles de transformation.

Pour obtenir une des solutions, par exemple x[t], on procède comme pour les expressions. Mais en plus, puisqu'il s'agit de fonctions, on peut les représenter graphiquement, les dériver, etc. Par exemple:

Représentation graphique

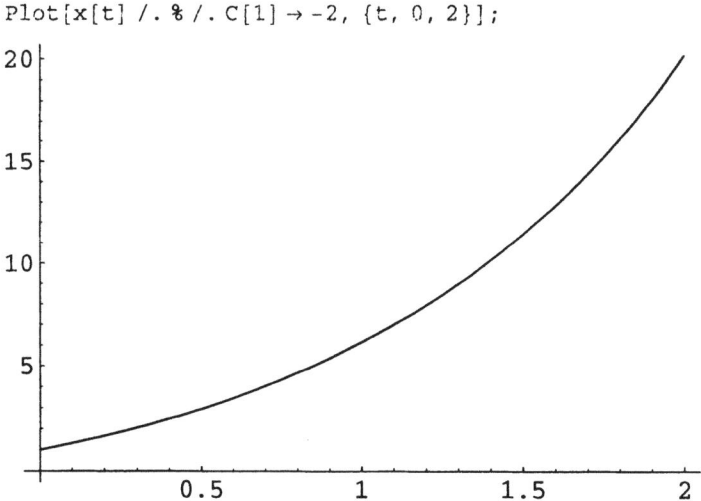

```
Plot[x[t] /. % /. C[1] → -2, {t, 0, 2}];
```

Représentation géométrique, un exemple de représentation paramétrique dans l'espace:

Pour obtenir la courbe paramétrique représentant x y et z sur le même dessin:

%% /. {C[1] → -2, C[3] → 5, C[2] → $\frac{-1}{3}$}

{{x → (3 E^#1 - 2&), y → ($\frac{1}{3}$ E^-#1 (-1)&),

z → ($\frac{1}{2}$ (-3 E^#1 + 2 5 + 9 #1 - -2 #1)&)}}

{x, y, z} /. %

{{3 E^#1 - 2&, $\frac{1}{3}$ E^-#1 (-1)&, $\frac{1}{2}$ (-3 E^#1 + 2 5 + 9 #1 - -2 #1)&}}

{x, y, z} = Flatten[%]

{3 E^#1 - 2&, $\frac{1}{3}$ E^-#1 (-1)&, $\frac{1}{2}$ (-3 E^#1 + 2 5 + 9 #1 - -2 #1)&}

ParametricPlot3D[{x[t], y[t], z[t]}, {t, 0, 3/2}];

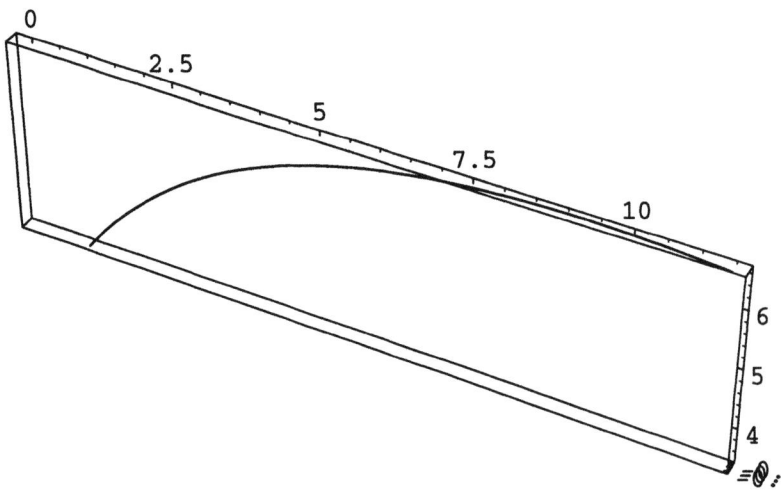

Dérivées et vérification

x'[t]	3 E^t
y'[t]	$\frac{E^{-t}}{3}$
z'[t]	$\frac{1}{2}$ (11 - 3 E^t)

{2 x'[t] == 6 Exp[t], 3 y'[t] == -3 y[t], 2 z'[t] + x[t] == 9}

{True, True, True}

2. Solution avec conditions initiales

Il suffit simplement de mettre les conditions initiales dans la liste des équations, pour obtenir, suivant ses besoins, les expressions ou les fonctions solutions :

۞ Exemple 3

```
DSolve[{2 x'[t] == 6 Exp[t], 3 y'[t] == -3 y[t],
    2 z'[t] + x[t] == 9, x[0] == 0, y[1] == 1, z[2] == 2},
  {x, y, z}, t]
```

$$\left\{\left\{x \to (-3 + 3 E^{\#1}\&), y \to (E^{1-\#1}\&), z \to \left(\frac{1}{2}\left(-3 E^{\#1} + 2\left(-10 + \frac{3 E^2}{2}\right) + 12 \#1\right)\&\right)\right\}\right\}$$

Représentation géométrique, valeurs comparées de x, y et z

```
{x, y, z} /. Flatten[%]
```

$$\left\{-3 + 3 E^{\#1}\&, E^{1-\#1}\&, \frac{1}{2}\left(-3 E^{\#1} + 2\left(-10 + \frac{3 E^2}{2}\right) + 12 \#1\right)\&\right\}$$

```
{x, y, z} = %
```

$$\left\{-3 + 3 E^{\#1}\&, E^{1-\#1}\&, \frac{1}{2}\left(-3 E^{\#1} + 2\left(-10 + \frac{3 E^2}{2}\right) + 12 \#1\right)\&\right\}$$

x[t]	$-3 + 3 E^t$
x[3]	$-3 + 3 E^3$

```
g1 = Plot[x[t], {t, 0, 3},
    DisplayFunction → Identity, PlotLabel → "x(t)"];
g2 = Plot[y[t], {t, 0, 3},
    DisplayFunction → Identity, PlotLabel → "y(t)"];
g3 = Plot[z[t], {t, 0, 3}, DisplayFunction → Identity,
    PlotLabel → "z(t)"];

Show[GraphicsArray[{g1, g2, g3}],
    DisplayFunction → $DisplayFunction];
```

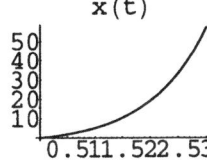
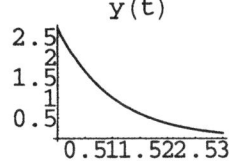
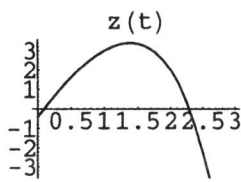

3. Manipulations symboliques

■ 3.1 Résolution directe

Considérons maintenant un système un peu moins simple. On peut le résoudre directement, comme précédemment:

ϕ Exemple 4

```
DSolve[{2 x'[t] + z'[t] + 2 y[t] + z[t] == 6 Cos[t] - 2 Sin[t],
   3 y'[t] + 2 x[t] - 2 y[t] + 3 z[t] == -3 Cos[t] + 7 Sin[t],
   x'[t] + 2 z'[t] + x[t] + 3 y[t] - z[t] == 9 Cos[t] - 5 Sin[t]},
  {x, y, z}, t]
```

$$\left\{\left\{x \to \left(\frac{1}{3} E^{-\#1} (C[1] + 2 E^{2\#1} C[1] + C[2] - 2 E^{2\#1} C[2] + \right.\right.\right.$$
$$\left. E^{3\#1} C[2] + C[3] - E^{3\#1} C[3] + 3 E^{\#1} \cos[\#1] + 3 E^{\#1} \sin[\#1])\&\right),$$
$$y \to \left(\frac{1}{3} E^{-\#1} (C[1] - E^{2\#1} C[1] + C[2] + E^{2\#1} C[2] + \right.$$
$$\left. E^{3\#1} C[2] + C[3] - E^{3\#1} C[3] + 3 E^{\#1} \cos[\#1] - 3 E^{\#1} \sin[\#1])\&\right),$$
$$z \to \left(-\frac{1}{3} E^{-\#1} (-C[1] + E^{2\#1} C[1] - C[2] - E^{2\#1} C[2] + 2 E^{3\#1} C[2] - \right.$$
$$\left.\left.\left. C[3] - 2 E^{3\#1} C[3] - 6 E^{\#1} \sin[\#1])\&\right)\right\}\right\}$$

d'où:

```
{x[t], y[t], z[t]} /. %
```

$$\left\{\left\{\frac{1}{3} E^{-t} (C[1] + 2 E^{2t} C[1] + C[2] - 2 E^{2t} C[2] + \right.\right.$$
$$\left. E^{3t} C[2] + C[3] - E^{3t} C[3] + 3 E^{t} \cos[t] + 3 E^{t} \sin[t]),$$
$$\frac{1}{3} E^{-t} (C[1] - E^{2t} C[1] + C[2] + E^{2t} C[2] +$$
$$\left. E^{3t} C[2] + C[3] - E^{3t} C[3] + 3 E^{t} \cos[t] - 3 E^{t} \sin[t]),$$
$$-\frac{1}{3} E^{-t} (-C[1] + E^{2t} C[1] - C[2] - E^{2t} C[2] + 2 E^{3t} C[2] - C[3] -$$
$$\left.\left. 2 E^{3t} C[3] - 6 E^{t} \sin[t])\right\}\right\}$$

3. Manipulations symboliques

```
Expand [%]
```

$$\{\{\frac{1}{3} E^{-t} C[1] + \frac{2}{3} E^{t} C[1] + \frac{1}{3} E^{-t} C[2] - \frac{2}{3} E^{t} C[2] +$$
$$\frac{1}{3} E^{2t} C[2] + \frac{1}{3} E^{-t} C[3] - \frac{1}{3} E^{2t} C[3] + \text{Cos}[t] + \text{Sin}[t],$$
$$\frac{1}{3} E^{-t} C[1] - \frac{1}{3} E^{t} C[1] + \frac{1}{3} E^{-t} C[2] + \frac{1}{3} E^{t} C[2] +$$
$$\frac{1}{3} E^{2t} C[2] + \frac{1}{3} E^{-t} C[3] - \frac{1}{3} E^{2t} C[3] + \text{Cos}[t] - \text{Sin}[t],$$
$$\frac{1}{3} E^{-t} C[1] - \frac{1}{3} E^{t} C[1] + \frac{1}{3} E^{-t} C[2] + \frac{1}{3} E^{t} C[2] - \frac{2}{3} E^{2t} C[2] +$$
$$\frac{1}{3} E^{-t} C[3] + \frac{2}{3} E^{2t} C[3] + 2 \text{Sin}[t]\}\}$$

Pour regrouper les termes à sa façon, il suffit de tenter de modifier ce retour. La cellule est alors dupliquée et on peut transformer les expressions à sa guise:

Soit pour x:

$$\frac{1}{3} E^{-t} C[1] + \frac{2}{3} E^{t} C[1] + \frac{1}{3} E^{-t} C[2] -$$
$$\frac{2}{3} E^{t} C[2] + \frac{1}{3} E^{2t} C[2] + \frac{1}{3} E^{-t} C[3] -$$
$$\frac{1}{3} E^{2t} C[3] + \text{Cos}[t] + \text{Sin}[t]$$

▌ En regroupant les termes

$$\text{Factor} \left[\frac{1}{3} E^{-t} C[1] + \frac{1}{3} E^{-t} C[2] + \frac{1}{3} E^{-t} C[3] \right]$$

$$\frac{1}{3} E^{-t} (C[1] + C[2] + C[3])$$

$$\text{Factor} \left[\frac{2}{3} E^{t} C[1] - \frac{2}{3} E^{t} C[2] \right]$$

$$\frac{2}{3} E^{t} (C[1] - C[2])$$

$$\text{Factor} \left[\frac{1}{3} E^{2t} C[2] - \frac{1}{3} E^{2t} C[3] \right]$$

$$\frac{1}{3} E^{2t} (C[2] - C[3])$$

Pour y

$$\frac{1}{3} E^{-t} C[1] - \frac{1}{3} E^{t} C[1] + \frac{1}{3} E^{-t} C[2] + \frac{1}{3} E^{t} C[2] +$$
$$\frac{1}{3} E^{2t} C[2] + \frac{1}{3} E^{-t} C[3] - \frac{1}{3} E^{2t} C[3] + \text{Cos}[t] - \text{Sin}[t]$$

▌En regroupant les termes

$$\text{Factor}\left[\frac{1}{3}E^{-t}C[1]+\frac{1}{3}E^{-t}C[2]+\frac{1}{3}E^{-t}C[3]\right]$$

$$\frac{1}{3}E^{-t}(C[1]+C[2]+C[3])$$

$$\text{Factor}\left[-\frac{1}{3}E^{t}C[1]+\frac{1}{3}E^{t}C[2]\right]$$

$$-\frac{1}{3}E^{t}(C[1]-C[2])$$

$$\text{Factor}\left[\frac{1}{3}E^{2t}C[2]-\frac{1}{3}E^{2t}C[3]\right]$$

$$\frac{1}{3}E^{2t}(C[2]-C[3])$$

Pour z

$$\frac{1}{3}E^{-t}C[1]-\frac{1}{3}E^{t}C[1]+\frac{1}{3}E^{-t}C[2]+\frac{1}{3}E^{t}C[2]-$$
$$\frac{2}{3}E^{2t}C[2]+\frac{1}{3}E^{-t}C[3]+\frac{2}{3}E^{2t}C[3]+2\,\text{Sin}[t]\}\}$$

▌En regroupant les termes

$$\text{Factor}\left[\frac{1}{3}E^{-t}C[1]+\frac{1}{3}E^{-t}C[2]+\frac{1}{3}E^{-t}C[3]\right]$$

$$\frac{1}{3}E^{-t}(C[1]+C[2]+C[3])$$

$$\text{Factor}\left[-\frac{1}{3}E^{t}C[1]+\frac{1}{3}E^{t}C[2]\right]$$

$$-\frac{1}{3}E^{t}(C[1]-C[2])$$

$$\text{Factor}\left[-\frac{2}{3}E^{2t}C[2]+\frac{2}{3}E^{2t}C[3]\right]$$

$$-\frac{2}{3}E^{2t}(C[2]-C[3])$$

□	x[t]	y[t]	z[t]
E^{-t}	$\frac{1}{3}(C[1]+C[2]+C[3])$	$\frac{1}{3}(C[1]+C[2]+C[3])$	$\frac{1}{3}(C[1]+C[2]+C[3])$
E^{t}	$\frac{2}{3}(C[1]-C[2])$	$-\frac{1}{3}(C[1]-C[2])$	$-\frac{1}{3}(C[1]-C[2])$
E^{2t}	$\frac{1}{3}(C[2]-C[3])$	$\frac{1}{3}(C[2]-C[3])$	$-\frac{2}{3}(C[2]-C[3])$

■ 3.2 Résolution par transformation symbolique

En pratique, il arrive très souvent que le système soit écrit mathématiquement, ainsi:

3. Manipulations symboliques

$$\left|\begin{array}{l}\frac{2\,dx}{dt}+\frac{dz}{dt}+2\,y+z\quad=6\cos t-2\sin t\\ \frac{3\,dy}{dt}+2\,x-2\,y+3\,z=7\sin t-3\cos t\\ \frac{dx}{dt}+\frac{2\,dz}{dt}+x+3\,y-z=9\cos t-5\sin t\end{array}\right.$$

avec des conditions initiales exprimées ainsi:

$x(0) = \alpha - 2\beta + \gamma + 1;$

$y(0) = \alpha + \beta + \gamma + 1;$

$z(0) = -2\alpha + \beta + \gamma;$

soit en forme standard:

```
x[0] = α - 2 β + γ + 1;

y[0] = α + β + γ + 1;

z[0] = -2 α + β + γ;
```

et il arrive qu'on veuille le résoudre autrement, c'est-à-dire par des manipulations symboliques en appliquant une transformation. C'est pourquoi nous allons voir successivement, toujours à partir du même exemple:

- comment faire de la traduction syntaxique;
- comment transformer les équations de façon symbolique;
- comment résoudre le système linéaire associé;
- comment revenir au système proposé.

Petite traduction syntaxique

```
règlesAllerPremierMembre =
```
$\left\{\frac{dx}{dt}\to -x[0]+p\,X[p],\ \frac{dy}{dt}\to -y[0]+p\,Y[p],\right.$
$\left.\frac{dz}{dt}\to -z[0]+p\,Z[p],\ x\to X[p],\ y\to Y[p],\ z\to Z[p]\right\};$

```
règlesAllerSecondMembre =
```
$\left\{\sin t \to \frac{1}{1+p^2},\ \cos t \to \frac{p}{1+p^2}\right\};$

Transformées des équations: (premiers, puis second membre)

▌ premiers membres

Transformée de la première équation

$$\frac{2\,dx}{dt} + \frac{dz}{dt} + 2\,y + z \;/.\; \text{règlesAllerPremierMembre}$$

$2\alpha - \beta - \gamma + 2\,(-1 - \alpha + 2\beta - \gamma + p\,X[p]) + 2\,Y[p] + Z[p] + p\,Z[p]$

```
equation1 = %;
```

Transformée de la deuxième équation

$$\frac{3\,dy}{dt} + 2\,x - 2\,y + 3\,z \;/.\; \text{règlesAllerPremierMembre}$$

$2\,X[p] - 2\,Y[p] + 3\,(-1 - \alpha - \beta - \gamma + p\,Y[p]) + 3\,Z[p]$

```
equation2 = %;
```

Transformée de la troisième équation

$$\frac{dx}{dt} + \frac{2\,dz}{dt} + x + 3\,y - z \;/.\; \text{règlesAllerPremierMembre}$$

$-1 - \alpha + 2\beta - \gamma + X[p] + p\,X[p] + 3\,Y[p] - Z[p] + 2\,(2\alpha - \beta - \gamma + p\,Z[p])$

```
Simplify[%]
```

$-1 + 3\alpha - 3\gamma + (1+p)\,X[p] + 3\,Y[p] - Z[p] + 2\,p\,Z[p]$

```
equation3 = %;
```

seconds membres

Transformée de la première équation

```
secondMembre1 = 6 cos t - 2 sin t /. règlesAllerSecondMembre
```

$$-\frac{2}{1+p^2} + \frac{6p}{1+p^2}$$

Transformée de la deuxième équation

```
secondMembre2 = -3 cos t + 7 sin t /. règlesAllerSecondMembre
```

$$\frac{7}{1+p^2} - \frac{3p}{1+p^2}$$

Transformée de la troisième équation

```
secondMembre3 = 9 cos t - 5 sin t /. règlesAllerSecondMembre
```

$$-\frac{5}{1+p^2} + \frac{9p}{1+p^2}$$

3. Manipulations symboliques

Système linéaire associé obtenu

on obtient ainsi un système linéaire en X[p], Y[p], Z[p]:

  equation1 == secondMembre1

  equation2 == secondMembre2

  equation3 == secondMembre3

Résolution du sytème linéaire associé; simplification des solutions

la solution de ce système est donnée par:

```
DSolve[{equation1 == secondMembre1,
  equation2 == secondMembre2, equation3 == secondMembre3},
  {X[p], Y[p], Z[p]}, p]
```

$\{\{X[p] \to -(-2 - p + 3\,p^2 + p^3 - p^4 + \alpha - p^4\,\alpha - 4\,\beta - 2\,p\,\beta -$
$\qquad 2\,p^2\,\beta - 2\,p^3\,\beta + 2\,p^4\,\beta - 2\,\gamma + 3\,p\,\gamma - 3\,p^2\,\gamma + 3\,p^3\,\gamma - p^4\,\gamma)\,/$
$\qquad ((1+p)\,(1+p^2)\,(2-3\,p+p^2)),$
$Y[p] \to -(2 - 3\,p - p^2 + 3\,p^3 - p^4 + \alpha - p^4\,\alpha + 2\,\beta + p\,\beta +$
$\qquad p^2\,\beta + p^3\,\beta - p^4\,\beta - 2\,\gamma + 3\,p\,\gamma - 3\,p^2\,\gamma + 3\,p^3\,\gamma - p^4\,\gamma)\,/$
$\qquad ((1+p^2)\,(2-p-2\,p^2+p^3)),$
$Z[p] \to -(-4 + 2\,p + 4\,p^2 - 2\,p^3 - 2\,\alpha + 2\,p^4\,\alpha + 2\,\beta +$
$\qquad p\,\beta + p^2\,\beta + p^3\,\beta - p^4\,\beta - 2\,\gamma + 3\,p\,\gamma - 3\,p^2\,\gamma + 3\,p^3\,\gamma - p^4\,\gamma)\,/$
$\qquad ((1+p^2)\,(2-p-2\,p^2+p^3))\}\}$

Eh bien, ce n'est pas simple! Alors demandons un peu d'aide:

```
Simplify[%]
```

$\{\{X[p] \to \dfrac{1}{2-p-2\,p^4+p^5}\,(2 - \alpha + 4\,\beta + p^3\,(-1 + 2\,\beta - 3\,\gamma) +$
$\qquad p\,(1 + 2\,\beta - 3\,\gamma) + 2\,\gamma + p^4\,(1 + \alpha - 2\,\beta + \gamma) + p^2\,(-3 + 2\,\beta + 3\,\gamma)),$
$Y[p] \to -1\,/\,(2-p-2\,p^4+p^5)\,(2 + \alpha + 2\,\beta + p^2\,(-1 + \beta - 3\,\gamma) -$
$\qquad 2\,\gamma - p^4\,(1 + \alpha + \beta + \gamma) + p\,(-3 + \beta + 3\,\gamma) + p^3\,(3 + \beta + 3\,\gamma)),$
$Z[p] \to -1\,/\,(2-p-2\,p^4+p^5)\,(p^2\,(4 + \beta - 3\,\gamma) - 2\,(2 + \alpha - \beta + \gamma) -$
$\qquad p^4\,(-2\,\alpha + \beta + \gamma) + p^3\,(-2 + \beta + 3\,\gamma) + p\,(2 + \beta + 3\,\gamma))\}\}$

Voilà qui est un peu mieux...

Il n'est peut-être pas utile de refaire le calcul, aussi appelons ce résultat solutions:

```
solutions = %;
```

On obtient facilement X[p]

```
Simplify [X[p] /. solutions]
```

$$\left\{ \frac{1}{2-p-2p^4+p^5} (2-\alpha+4\beta+p^3(-1+2\beta-3\gamma)+p(1+2\beta-3\gamma)+ \right.$$
$$\left. 2\gamma+p^4(1+\alpha-2\beta+\gamma)+p^2(-3+2\beta+3\gamma)) \right\}$$

La technique de décomposition des fractions rationnelles en éléments simples donne alors:

Pour X

```
Apart[%]
```

$$\left\{ (2-p-2p^2+p^3-\alpha+p\alpha-p^2\alpha+p^3\alpha+4\beta-2p\beta+4p^2\beta-2p^3\beta) \right/$$
$$((-2+p)(-1+p)(1+p^2)) +$$
$$\frac{\gamma}{1+p} \right\}$$

```
Apart [ (2 - p - 2 p² + p³ -
    α + p α - p² α + p³ α + 4 β - 2 p β + 4 p² β - 2 p³ β) /
    ((-2 + p) (-1 + p) (1 + p²)) ]
```

$$\frac{-2-p+p^2+\alpha+p^2\alpha}{(-2+p)(1+p^2)} - \frac{2\beta}{-1+p}$$

$$\text{Apart}\left[\frac{-2-p+p^2+\alpha+p^2\alpha}{(-2+p)(1+p^2)} \right]$$

$$\frac{1+p}{1+p^2} + \frac{\alpha}{-2+p}$$

Pour Y

```
Apart[Y[p] /. solutions]
```

$$\left\{ (-2+5p-4p^2+p^3-\alpha+p\alpha-p^2\alpha+p^3\alpha-2\beta+p\beta-2p^2\beta+p^3\beta) \right/$$
$$((-2+p)(-1+p)(1+p^2)) +$$
$$\frac{\gamma}{1+p} \right\}$$

```
Apart[ (-2 + 5 p - 4 p² +
    p³ - α + p α - p² α + p³ α - 2 β + p β - 2 p² β + p³ β) /
    ((-2 + p) (-1 + p) (1 + p²)) ]
```

$$\frac{2-3p+p^2+\alpha+p^2\alpha}{(-2+p)(1+p^2)} + \frac{\beta}{-1+p}$$

$$\text{Apart}\left[\frac{2-3p+p^2+\alpha+p^2\alpha}{(-2+p)(1+p^2)} \right]$$

$$\frac{-1+p}{1+p^2} + \frac{\alpha}{-2+p}$$

3. Manipulations symboliques

Pour Z

```
Apart[Z[p] /. solutions]
```

$\left\{ (4 - 6p + 2p^2 + 2\alpha - 2p\alpha + 2p^2\alpha - 2p^3\alpha - 2\beta + p\beta - 2p^2\beta + p^3\beta) \right.$ /
$((-2+p)(-1+p)(1+p^2)) +$
$\left. \dfrac{\gamma}{1+p} \right\}$

```
Apart[(4 - 6p + 2p² + 2α -
    2pα + 2p² α - 2p³ α - 2β + pβ - 2p² β + p³ β) /
    ((-2+p)(-1+p)(1+p²))]
```

$-\dfrac{2(2-p+\alpha+p^2\alpha)}{(-2+p)(1+p^2)} + \dfrac{\beta}{-1+p}$

$\text{Apart}\left[-\dfrac{2(2-p+\alpha+p^2\alpha)}{(-2+p)(1+p^2)} \right]$

$\dfrac{2}{1+p^2} - \dfrac{2\alpha}{-2+p}$

Conclusion

X[p] /. solutions	$\dfrac{\gamma}{1+p} - \dfrac{2\beta}{-1+p} + \dfrac{1+p}{1+p^2} + \dfrac{\alpha}{-2+p}$
Y[p] /. solutions	$\dfrac{\gamma}{1+p} + \dfrac{\beta}{-1+p} + \dfrac{-1+p}{1+p^2} + \dfrac{\alpha}{-2+p}$
Z[p] /. solutions	$\dfrac{\gamma}{1+p} + \dfrac{\beta}{-1+p} + \dfrac{2}{1+p^2} - \dfrac{2\alpha}{-2+p}$

Comment revenir au système proposé?

En appliquant la transformation inverse, on retrouve bien les solutions trouvées directement. En effet, les règles de transformation inverse sont:

- $\exp at < -\dfrac{a}{p-a}$
- $\sin t < -\dfrac{1}{p^2+1}$
- $\cos t < -\dfrac{p}{p^2+1}$

Soit en *Mathematica* :

```
règlesRetour =
```
$\left\{ \dfrac{b\_}{a\_+p} \to b\,\text{Exp}[-a\,t],\ \dfrac{1}{1+p^2} \to \text{Sin}[t],\ \dfrac{p}{1+p^2} \to \text{Cos}[t] \right\};$

Appliquées aux valeurs précédentes encadrées de X, Y et Z (récupérées à la souris et copiées-collées, on a respectivement:

pour X:

$$\left\{\frac{\alpha}{p-2} - \frac{2\beta}{p-1} + \frac{\gamma}{p+1} + \text{Expand}\left[\frac{p+1}{p^2+1}\right]\right\} \text{ /. règlesRetour}$$

$\{E^{2t}\alpha - 2E^t\beta + E^{-t}\gamma + \text{Cos}[t] + \text{Sin}[t]\}$

pour Y:

$\{\alpha/(p-2) + \beta/(p-1) +$
$\quad \gamma/(p+1) - \text{Expand}[(1-p)/(p^2+1)]\}$ /.
règlesRetour

$\{E^{2t}\alpha + E^t\beta + E^{-t}\gamma + \text{Cos}[t] - \text{Sin}[t]\}$

pour Z:

$\{-(2\alpha)/(-2+p) + \beta/(-1+p) + \gamma/(1+p) + 2/(1+p^2)\}$ /.
règlesRetour

$\{-2E^{2t}\alpha + E^t\beta + E^{-t}\gamma + 2\text{Sin}[t]\}$

Vérification

La résolution directe donnait comme solution:

$\{x[t], y[t], z[t]\} =$
$\text{Flatten}\Big[\Big\{\Big\{\frac{1}{3}E^{-t}(C[1] + 2E^{2t}C[1] + C[2] - 2E^{2t}C[2] +$
$\quad E^{3t}C[2] + C[3] - E^{3t}C[3] + 3E^t\text{Cos}[t] + 3E^t\text{Sin}[t]),$
$\quad \frac{1}{3}E^{-t}(C[1] - E^{2t}C[1] + C[2] + E^{2t}C[2] +$
$\quad\quad E^{3t}C[2] + C[3] - E^{3t}C[3] + 3E^t\text{Cos}[t] - 3E^t\text{Sin}[t]),$
$\quad \frac{1}{3}E^{-t}(C[1] - E^{2t}C[1] + C[2] + E^{2t}C[2] - 2E^{3t}C[2] + C[3] +$
$\quad\quad 2E^{3t}C[3] + 6E^t\text{Sin}[t])\Big\}\Big\}\Big];$

Les expressions de α, β et γ en fonction de C[1], C[2] et C[3] sont données par:

$\text{Solve}[\{x[t] == \alpha - 2\beta + \gamma + 1 \text{ /. } t \to 0,$
$\quad y[t] == \alpha + \beta + \gamma + 1 \text{ /. } t \to 0, z[t] == -2\alpha + \beta + \gamma \text{ /. } t \to 0\},$
$\{\alpha, \beta, \gamma\}]$

$\Big\{\Big\{\alpha \to \frac{1}{3}(C[2] - C[3]), \beta \to \frac{1}{3}(-C[1] + C[2]),$
$\quad \gamma \to \frac{1}{3}(C[1] + C[2] + C[3])\Big\}\Big\}$

Pour plus de clarté, on peut donner un nom à ces règles d'expression:

règlesDesConstantes = %;

3. Manipulations symboliques

Les solutions trouvées par la méthode de transformation peuvent alors s'exprimer en fonction de C[1], C[2] et C[3] en appliquant ces règles de transformation des constantes. On obtient successivement pour x, y et z:

x(t)

$$\{E^{2t}\alpha - 2E^t\beta + E^{-t}\gamma + \text{Cos}[t] + \text{Sin}[t]\} /. \text{règlesDesConstantes}$$

$$\{\{-\frac{2}{3}E^t(-C[1]+C[2]) + \frac{1}{3}E^{2t}(C[2]-C[3]) +$$
$$\frac{1}{3}E^{-t}(C[1]+C[2]+C[3]) + \text{Cos}[t] + \text{Sin}[t]\}\}$$

y(t)

$$\{\beta E^t + \alpha E^{2t} + \frac{\gamma}{E^t} + \text{Cos}[t] - \text{Sin}[t]\} /. \text{règlesDesConstantes}$$

$$\{\{\frac{1}{3}E^t(-C[1]+C[2]) + \frac{1}{3}E^{2t}(C[2]-C[3]) +$$
$$\frac{1}{3}E^{-t}(C[1]+C[2]+C[3]) + \text{Cos}[t] - \text{Sin}[t]\}\}$$

z(t)

$$\{\beta E^t - 2\alpha E^{2t} + \frac{\gamma}{E^t} + 2\text{Sin}[t]\} /. \text{règlesDesConstantes}$$

$$\{\{\frac{1}{3}E^t(-C[1]+C[2]) - \frac{2}{3}E^{2t}(C[2]-C[3]) +$$
$$\frac{1}{3}E^{-t}(C[1]+C[2]+C[3]) + 2\text{Sin}[t]\}\}$$

□	x[t]	y[t]	z[t]
E^{-t}	$\frac{1}{3}(C[1]+C[2]+C[3])$	$\frac{1}{3}(C[1]+C[2]+C[3])$	$\frac{1}{3}(C[1]+C[2]+C[3])$
E^t	$-\frac{2}{3}(-C[1]+C[2])$	$-\frac{1}{3}(C[1]-C[2])$	$-\frac{1}{3}(C[1]-C[2])$
E^{2t}	$\frac{1}{3}(C[2]-C[3])$	$\frac{1}{3}(C[2]-C[3])$	$-\frac{2}{3}(C[2]-C[3])$

et on retrouve bien ainsi les solutions trouvées directement.

■ 3.3 Remarque

Le texte de cet exercice, est proposé dans le chapitre 1 de [19].

■ 3.4 Nettoyage

```
Clear[courbesSolution, g1, g2, g3, x, y, z,
  règlesAllerPremierMembre, règlesAllerSecondMembre equation1,
  equation2, equation3, secondMembre1, secondMembre2,
  secondMembre3, solutions, règlesRetour, règlesDesConstantes]
```

4. Intégration numérique

```
?NDSolve
```

NDSolve[eqns, y, {x, xmin, xmax}] finds a numerical solution
   to the ordinary differential equations eqns for the function
   y with the independent variable x in the range xmin to xmax.
NDSolve[
   eqns, y, {x, xmin, xmax}, {t, tmin, tmax}] finds a numerical
   solution to the partial differential equations eqns.
NDSolve[eqns, {y1, y2, ... }, {x, xmin, xmax}] finds
   numerical solutions for the functionsyi.

NDSolve[{x'[t] == x[t] (1 - $\frac{x[t]}{10}$ - $\frac{y[t]}{5}$),
y'[t] == y[t] (1 - $\frac{x[t]}{7}$ - $\frac{y[t]}{7}$),
x[0] == 4, y[0] == 6},
{x, y}, {t, 0, 10}]

{{x -> InterpolatingFunction[{0., 10.}, <>],
  y -> InterpolatingFunction[{0., 10.}, <>]}}

Sol = %

{{x -> InterpolatingFunction[{0., 10.}, <>],
  y -> InterpolatingFunction[{0., 10.}, <>]}}

Plot[Evaluate [x[t] /.Sol], {t, 0, 10}];

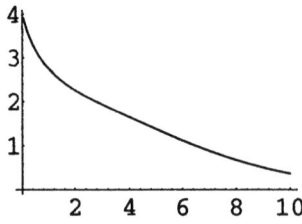

Plot[Evaluate [y[t] /.Sol], {t, 0, 10}];

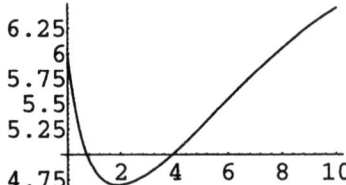

Outils vectoriels

1. Calcul de produits scalaires et vectoriels

■ 1.1 Produit scalaire

Le produit scalaire est noté par un point comme en mathématiques. Il en va de même pour le produit matriciel.

ϙ Exemple 1

```
{x1, x2, x3} . {y1, y2, y3}
x1 y1 + x2 y2 + x3 y3
```

■ 1.2 Produit vectoriel

▍ Version 2

Pour pouvoir disposer du produit vectoriel, il y a lieu de charger le package
"LinearAlgebra`CrossProduct`"

```
Needs["LinearAlgebra`CrossProduct`"]
```

▍ Version 3

Il n'est plus utile de charger ce package, les fonctions utiles ont été intégrées au noyau.

ϙ Exemple 2

```
{x1, x2, x3} × {y1, y2, y3}
{-x3 y2 + x2 y3, x3 y1 - x1 y3, -x2 y1 + x1 y2}
```

ϔ Exemple 3

Voici un extrait d'un problème classique de mécanique où sont calculés: vitesses et accélérations, équations et solutions.

Données: 3 points A, B et C et un point M.

```
M = {X, Y, Z};

A = {x[t], 0, 0};

B = {0, y[t], 0};

CC = {x[t], y[t]};
```

La lettre C est réservée et plutôt que d'enlever la protection, ce qui aurait permis de la redéfinir, j'ai simplement doublé la lettre.

$$\omega = \left\{\phi'[t], 0, \frac{x'[t]}{y}\right\};$$

Vecteurs $\overrightarrow{MA}$ et $\overrightarrow{MB}$

```
MA = A - M
{-X + x[t], -Y, -Z}

MB = B - M
{-X, -Y + y[t], -Z}
```

pour représenter les flèches au-desssus des vecteurs on peut par exemple, utiliser la palette `BasicTypesetting` du menu `file` (Palettes) pour introduire une case au-dessus des deux lettres, puis remplir cette case avec une flèche prise dans la palette `CompleteCharacters, Operators, Arrows`.

Vitesses

$$VA = \partial_t A + MA \times \omega$$

$$\left\{x'[t] - \frac{Y x'[t]}{y}, \frac{X x'[t]}{y} - \frac{x[t] x'[t]}{y} - Z \phi'[t], Y \phi'[t]\right\}$$

$$VB = \partial_t B + MB \times \omega$$

$$\left\{-\frac{Y x'[t]}{y} + \frac{y[t] x'[t]}{y}, \frac{X x'[t]}{y} + y'[t] - Z \phi'[t], Y \phi'[t] - y[t] \phi'[t]\right\}$$

Accélérations

VA × ω

$$\{\frac{X\,x'[t]^2}{y^2} - \frac{1}{y^2}\left(x[t]\,x'[t]^2\right) - \frac{1}{y}\left(Z\,x'[t]\,\phi'[t]\right),$$

$$-\frac{x'[t]^2}{y} + \frac{Y\,x'[t]^2}{y^2} + Y\,\phi'[t]^2,$$

$$-\frac{1}{y}\left(X\,x'[t]\,\phi'[t]\right) + \frac{1}{y}\left(x[t]\,x'[t]\,\phi'[t]\right) + Z\,\phi'[t]^2\}$$

Équations

```
TableForm[MapThread[Equal, {VA×ω, {0, 0, 0}}]]
```

$\frac{X\,x'[t]^2}{y^2} - \frac{x[t]\,x'[t]^2}{y^2} - \frac{Z\,x'[t]\,\phi'[t]}{y} == 0$

$-\frac{x'[t]^2}{y} + \frac{Y\,x'[t]^2}{y^2} + Y\,\phi'[t]^2 == 0$

$-\frac{X\,x'[t]\,\phi'[t]}{y} + \frac{x[t]\,x'[t]\,\phi'[t]}{y} + Z\,\phi'[t]^2 == 0$

Point dans le plan des {x,y}

```
TableForm[% /. Z → 0]
```

$\frac{X\,x'[t]^2}{y^2} - \frac{x[t]\,x'[t]^2}{y^2} == 0$

$-\frac{x'[t]^2}{y} + \frac{Y\,x'[t]^2}{y^2} + Y\,\phi'[t]^2 == 0$

$-\frac{X\,x'[t]\,\phi'[t]}{y} + \frac{x[t]\,x'[t]\,\phi'[t]}{y} == 0$

Solutions en {X, Y}

```
Solve[%, {X, Y}]
```

$\{\{Y \to \frac{y\,x'[t]^2}{x'[t]^2 + y^2\,\phi'[t]^2},\ X \to x[t]\}\}$

```
Clear[x, y, z, t, X, Y, Z, M, A, B, CC, omega, MA, MB,
VA, VB, phi]
```

2. Analyse vectorielle: gradient, rotationnel et divergence

Il y a lieu de charger le package `"Calculus`VectorAnalysis`"` pour pouvoir disposer des fonctions donnant le gradient, la divergence et le rotationnel.

```
Needs["Calculus`VectorAnalysis`"]
```

Il faut dire dans quel système de coordonnées on souhaite travailler, si on ne travaille pas en coordonnées cartésiennes.

ϙ Exemple 4

Calcul de gradient

```
SetCoordinates[Spherical[ρ, θ, ϕ]];
```

$$-\text{Grad}\left[\frac{k\rho\cos[\theta]}{r^2}\right]$$

$$\left\{-\frac{k\cos[\theta]}{r^2}, \frac{k\sin[\theta]}{r^2}, 0\right\}$$

on est tout à fait libre du nom des variables. Voici par exemple le même calcul mais avec des notations différentes:

ϙ Exemple 5

Calcul de gradient

```
SetCoordinates[Spherical[r, θ, ϕ]];
```

$$-\text{Grad}\left[\frac{k\,r\cos[\theta]}{r^2}\right]$$

$$\left\{\frac{k\cos[\theta]}{r^2}, \frac{k\sin[\theta]}{r^2}, 0\right\}$$

ϙ Exemple 6

Calcul de constantes satisfaisant des conditions sur la divergence, le gradient et le rotationnel.

```
SetCoordinates[Cylindrical[r, θ, z]]
Cylindrical[r, θ, z]

B = {a r + b r² + c z², 0, d r z}
{a r + b r² + c z², 0, d r z}
```

Divergence, gradient et rotationnel.

```
Grad[B]
{{a + 2 b r, 0, 2 c z}, {0, 0, 0}, {d z, 0, d r}}

Div[B]
```

$$\frac{a r + b r^2 + d r^2 + r\,(a + 2\,b\,r) + c z^2}{r}$$

2. Analyse vectorielle: gradient, rotationnel et divergence

```
Curl[B]
{0, 2 c z - d z, 0}
```

Calculer les constantes a, et b en fonction de d telles que la première composante du gradient soit nulle, la divergence soit nulle et la deuxième composante du rotationnel soit nul.

```
Reduce[{Grad[B][[1]] == 0, Div[B] == 0, Curl[B][[2]] == 0},
  {a, b, d}]
r ≠ 0 && a == -2 d r &&
  b == d && z == 0 ||
  r ≠ 0 && z ≠ 0 && a == 0 &&
  b == 0 && d == 0 && c == 0
```

Bibliographie

Cette bibliographie n'est pas une liste exhaustive sur le sujet des ouvrages existants (près de 200 déjà autour de Mathematica), mais plutôt la liste des livres auxquels le lecteur a été renvoyé au moins une fois ou qu'il pourrait consulter pour aller plus loin.

★ Programmes officiels des classes préparatoires aux grandes écoles

[1] BO numéro hors série du 20 juillet 95

 (Volume 1, Volume 2, Volume 3, Volume 4)

 BO numéro hors série du 18 juillet 96

 (Volume 5, Volume 6 et Volume 7)

★ Livres de référence sur Mathematica

[2] The *Mathematica* Book, livre principal de Stephen Wolfram (universel) livré en standard ou en libraire. Livré avec la version 2 ou la version 3, il est aussi totalement intégré à la version 3.0 dans l'aide hypertexte.

[3] livre sur l'interface pour la version 2 ou "Getting Started" pour la version 3.0 et spécifique à la plateforme: PC, Mac ou station, livrés en standard avec la version de *Mathematica*.

[4] *Mathematica* Standard Add-on Packages livres sur les packages version 3 ou version 2, livrés en standard avec la version de *Mathematica*.

[5] livres sur les messages d'erreur: Technical report *Mathematica* Warning Messages

[6] livre sur les possibilités graphiques *Mathematica* Graphics Tom Wickham-Jones

[7] autres livres sur *Mathematica,* consulter le catalogue de Wolfram Research: Products & Services ou la page Web:

`http://www.wolfram.com`

★ Livres français

[10] Jacques Ferber "les systèmes multi-agents" chez InterEditions et toutes les précédentes publications…

[11] Emmanuel Saint-James "La programmation applicative (de LISP à la machine en passant par le lambda-calcul)" chez Hermes

[12] Jacqueline Zizi Mathématiques Informatique et Enseignement

[12 - 1] Derive Maple et Mathematica

[12 - 2] Programmation et édition scientifique

[12 - 3] Calcul symbolique et formel pour réfléchir

exercices en libre disposition sur le site de l'école polytechnique:

`http://medicis.polytechnique.fr/enseignement index.html`

ou à partir du site de l'école
`http://www.polytechnique.fr/`, suivre:
recherche, mathématiques, centre de calcul formel,
enseignement.

★ Articles de recherche

[13] The Combinatorial Classes of Parallel Manipulators de J-C Faugière et D. Lazard; Rapport 94.20 du LITP (Laboratoire Informatique Théorique et Programmation) 4, Place Jussieu 75 252 Paris Cedex 05

★ Articles de vulgarisation

[14] Mathématiques et Informatique la main dans la main, CNP (Conseil National des Programmes)

[15] Les dossiers de l'Ingénierie éducative n°19 CNDP (distribué gratuitement dans tous les CNDP de France)

★ Actes de congrès

[16] World Conference on Computers in Education VIWCCE'95 Liberating the learner Chapman &Hall

[17] Les actes des congrès AMeJ

★ Livres

[18] Lacombe Logique élémentaire, cours et exercices année 1968-1969 Paris Faculté des Sciences

[19] Laplace Transform M.G.Smith. The new university Mathematics series (Exercice 1.6).

[20] Zohar Manna: Mathematical theory of Computation chez MacGraw-Hill (1974).

bibliographie 437

[22] Kathleen Jensen et Niklaus Wirth - traduction de Philippe Krutchen et Jean-Alain Hernandez chez Eyrolles.

[23] TurboPascal Version Education Borland

[24] Programmation cours et exercices Guy Chaty & Jean Vicard chez Ellipses.

[25] Algorithmique et programmation en Pascal Patrick Cousot chez Ellipses

[.] Introduction à la programmation scientifique en Turbo-Pascal deThomas Lachand-Robert chez Sybex

★ Autres livres de la trilogie et à paraître

[Tome II] *Mathematica* **pour prépas et premier scycles scientifiques** - Exercices, TP, TIPE et Efficacité

[*] *Mathematica* **L'essentiel** pour étudiants en licence - maîtrise et école d'ingénieurs

[**] *Mathematica* **Programmation** pour étudiants en DEA et DESS, thèsards, enseignants, chercheurs et ingénieurs

Livre de logique

[26] Cori Lascar Logique Mathématique, chez Masson

★ Revues d'associations

[27] Plot n^0 71 2ème trimestre 1995 (cf graphiques)

[28] Les moyens de calcul modernes vont – ils révolutionner
l' enseignement des mathématiques ? par Roger Cuppens
bulletin APMEP 394 de juin 94

Index

Il existe des logiciels qui créent automatiquement un index. À la louche, cela se fait ainsi: ils parcourent le texte, éliminent les jumeaux et les mots courants comme et, ou, la, etc., puis donnent tous les mots qui apparaissent dans le texte. Il suffit alors de se débarasser des mots non désirés. On peut bien sûr raffiner le processus, mais pour le moment il n'existe pas encore de système qui se mette à la place du lecteur et qui inscrive dans l'index ce qu'il cherche. Par exemple, un lecteur passionné de logique peut vouloir trouver les connecteurs logiques et et ou qui risquent fort d'être éliminés par un tel processus. Il peut aussi vouloir trouver ce renseignement aussi bien à et qu'à ou, qu'à connecteur, qu'à logique. Ainsi, on voit qu'il peut être utile d'inscrire un mot conceptuel dans l'index, bien que celui-ci ne soit pas dans la page considérée. Autre exemple, un texte de problème n'indique pas forcément qu'il va s'agir de rubriques où on fait du calcul algébrique et de la géométrie. On entre généralement dans le vif du sujet sans préciser ces points. Mais ces mêmes textes de problèmes, s'ils sont rangés dans une base de données doivent être indexés aussi suivant ces mots clefs implicites. Une autre façon de faire l'index (comme par exemple en LaTeX) consiste à mettre, à la main, des balises d'index en face des mots que l'on souhaite voir figurer dans l'index et ajouter, au moment voulu, les mots conceptuels que l'on souhaite ajouter, puis à laisser le système se débrouiller pour redonner les mots clefs inscrits ainsi que les pages correspondantes. Mais pour qui connait la complexité d'un source LaTeX déjà codé et référencé par ailleurs, c'est une gymnastique délicate qui, si elle est faite en cours de route, peut s'avérer rapidement lacunaire et si elle est effectuée en fin de parcours, est une épreuve particulièrement éprouvante dans un *océan de backslash et d'accolades.*

L'index du livre [2] de Stephen Wolfram est particulièrement bien fait. J'y ai toujours trouvé tout ce que je voulais. J'ai donc demandé à Stephen lors du Workshop pour les auteurs comment il procédait. La réponse a été simple: "J'ai regardé les systèmes d'indexation automatique. Aucun n'est satisfaisant pour l'instant, aussi je me suis enfermé plusieurs jours et j'ai remis tout le livre dans ma tête, puis je me suis mis à la place d'un lecteur novice et j'ai mis les balises d'index".

J'ai essayé cette méthode, mais sans pouvoir m'enfermer... Mettre des balises d'index en *Mathematica* est techniquement, particulièrement facile (la dernière classe des item du menu Find permet de les mettre, de les voir etc.). Récupérer les mots clefs signalés et les pages adéquates, relève du dernier item de ce même menu. Il suffit alors de coller le résultat instantané où on veut (nouveau fichier par exemple) et de le formater suivant ses goûts. Mais le problème conceptuel reste entier. Par exemple, j'ai mis des verbes à l'infinitif, que le lecteur ne trouvera généralement pas dans le texte lui même, mais correspondant à des actes qu'il aimerait faire. Tous les endroits où figurent un mot ne sont pas forcément dans l'index. Les plus significatifs seulement ont été choisis. Il y a aussi lieu d'utiliser la table des matières. Enfin, comme le texte est structuré par cellules, il arrive qu'une cellule ne se situe pas sur une seule page et donc, dans ces cas, rares, les pages indiquées doivent se lire à ± 1 page près.

C'est avec plaisir que je recueillerais remarques, critiques et suggestions, utiles pour faciliter la tâche de mes prochains lecteurs.

Difficiles à classer

$DisplayFunction... 253, 417
$MachinePrecision... 72, 121
$RecursionLimit... 233
$RecursionLimit::reclim... 233
$Version... 38, 71
/@... 104

5 ème élément... 90
32767 et pas 32768 ?... 136
= ou := ?...51
_Integer... 54, 232
_Rational... 155
k++... 133

A

abréviation... 52
Abs... 48, 82, 183, , 371, 379
AbsolutePointSize... 270
accéder à des éléments d'un tableau... 111
accéder à des éléments d'une liste... 90
accélération... 430
accolade {}... 40, 53, 89
AccountingForm... 235
Ackermann... 132
activité... 169
adresse... 62
affectation... 62, 178
affichage... 209
affichage & valeur... 370
affichage d'un tableau... 263
affichage des graphiques ou non... 253
affichage des valeurs retournées... 54
afficher un point sur le cercle... 154
aide... 28
aide logicielle... 338
aide on line... 338
ajuster... 171
Algebra`SymbolicSum`... 361
Algebra`Trigonometry`... 272
algorithme... 132

algorithme d'affinage... 195
algorithme de tracé... 189
algorithme sophistiqué... 183
Amalberti Robert... 152
ambiguïté... 58
amusant... 231
analyse d'un message d'erreur... 202
And... 140
angle... 156
anomalie... 189, 195
anormalement pointue... 194
anti – machines... 189
Apart... 259, 424
appel de fonction... 54
application... 46, 51, 54, 59 – 60, 67, 344
application de =... 68
application de := ... 68
approche fonctionnelle... 67
approximation... 132
arbre... 117
arbre binaire... 385
arche... 192
Arg – argument d'un nombre complexe... 82
argument – définition... 61
argument de If – 3 ou 4... 131

Index 441

argument... 25, 137, 145, 147,
argument en nombre variable... 188
argument (évalué ou non)... 276
argument d'une lambda fonction... 120
arguments de Plot... 52
Array... 108
arrêt d'une boucle... 132
arrêter un calcul... 42
Arrow – flèche dans graphique... 216, 329
Arrows – flèche au – dessus des vecteurs... 430
AspectRatio... 146, 148, 155, 348, 402, 404, 407
asymptote... 340
asymptote oblique... 185
attribuer des valeurs... 282

attribut... 73, 137 – 138
Attributes... 66, 68, 173
augmenter... 103
augmenter le nombre de points... 184
Automatic... 402
automatiser... 284
autre langage de programmation... 223
avec ou sans mémorisation... 344
avoir... 102
axes orthonormés... 146 (cf AspectRatio)
Axes... 149, 155, 270, 403
à condition que... 139
à l'ancienne... 192
à la main... 233, 260, 306, 310, 386
à la souris... 214

B

barycentre... 108
BasicInput... 53
BasicTypesetting... 430
basic Calculations... 229
Bénabou Jean... 165, 233
benchmark... 132
bien séant... 189
binaire... 130
bktmch – erreur d'appariemment... 39 – 40
bleu... 187
Block... 77
BO... 45, 397

borne... 112, 139, 145
borne d'intégration... 400
boucle de parcours... 100
boucle... 24, 132, 165
boucle conditionnelle... 132
boucle d'interrogation... 24
boucle non conditionnelle... 132
branches infinies... 328
browser... 27, 86, 152, 336
Built – in... 92
bulletin de paye... 169

C

cadre... 147
calcul... 24
calculatrice... 17, 227, 232
calculer avec les caractères grecs... 299
Calculus`VectorAnalysis`... 431
calcul avec mémorisation... 344
calcul cumulatif... 132
calcul d'aire... 402
calcul d'intégrale (numérique)... 411
calcul exact... 78, 217
calcul formel... 24
calculatrice graphique... 189
calcul sans mémorisation... 344
calcul simple... 229
calcul symbolique et formel... 93
calculer une masse... 404
calculs approchés : danger!... 366
Calculus`Limit`... 336
calcul usuel... 217
calligraphie... 52, 218
calligraphie sophistiquée... 255
CAML... 12, 50, 106, 169
caractère et chaîne de caractères... 242
caractère '... 287
caractères grecs... 299
Cases... 101, 230, 232
case mémoire... 62, 70, 165
cas particulier (système d'équations)... 385
Catch... 154
Cell... 82
cellule... 32 – 34, 36
cercle... 146, 199, 209, 212
cercleRayon1... 147
cercle trigonométrique... 157
chaîne de caractère... 85, 114, 169, 247
changement d'état... 62

changement de la mémoire... 62
changer de look... 143
changer de notations... 142
changer de point de vue... 137
changer la taille de la pile... 234
changer un attribut... 139
chapitre – notebook... 31, 36
CharacteristicPolynomial... 378
Characters... 101, 114, 242
charger (package)... 86, 329, 336
chirurgieDeListes... 153
choisir... 127, 233, 378
choix conjoncturel et dynamique... 189
Circle... 146 – 148, 155, 199, 403
clause logique... 384
Clear... 66, 142
ClearAll... 165
ClearAttributes... 66
Cobol... 105, 169
code... 52
CoefficientList... 269, 307
cohérence avec graphique... 339
Collect... 259
coller... 388
colonne... 102, 110
combinaison... 100
combinaison linéaire... 100
commande.. 7, .31 – 32, 165
comparaison... 119 – 120
comparaison de résultats... 283
comparer... 127, 171
compatibilité ascendante... 17
compilateur... 24, 67, 176, 183
compilateur pas content... 198
CompleteCharacters... 430
Complex... 83

Index

complexe... 78
complexe conjugué – Conjugate... 82
complexité... 132
comportement à l'origine... 328
comportement d'une famille... 352
composante... 35 – 37
composer... 24, 38, 97
composer des fonctions... 197
composer des substitutions... 387, 389
composer des opérations... 269
composer des primitives (informatique)... 46
composer des substitutions... 387
comprendre les graphiques... 171
condition initiale (systèmes différentiels)... 417
conjecturer... 232, 294
conjonction... 140, 383
Conjugate – complexe conjugué... 82
connecteur logique... 124
construction de symbole... 85
construction perpétuelle... 52
construire des mots... 248
ContourPlot... 173
contraire... 125
contrôle... 42, 127
convergence... 349, 407
conversion de type... 223
Convert... 82
convertir... 248
ConvertTo... 255
coordonnée... 146, 150, 172
coordonnées cylindriques... 432

coordonnées lues à la souris... 388
coordonnées sphériques... 432
copier – coller des demandes... 187
copier des coordonnées lues (souris)... 388
copie d'écran... 338
Cori – Lascar... 140
corps... 29
corps d'une fonction... 59
correspondance... 105
cosecant (cosécante)... 410
cosécante... 410
couleur (attachée à un objet)... 150
couleur de tracé... 188
CountRoots... 86
couper les liens... 66
couple... 26, 35 – 37
courbe... 190, 205
Cousot Patrick... 106, 136
Create Table / Matrix / Palette... 97
créer un symbole... 86
créer 15 noms... 92
créer 15 symboles... 92
créer une douzaine de fichiers... 91
crible d'Eratosthène... 97
crochet... 32 – 33, 35 – 37, 53
crochet disparu... 349
croissance comparée... 205
Csc... 410
Cuppens Roger... 190
curseur... 388
Cylindrical... 432

D

Dashing... 172, 187, 189, 205, 245
Data... 159
D pour dériver... 37
debug... 52
décomposer − éléments simples... .259, 424
décor... 216
définir une fonction... 45, 47
définition... 24, 29, 34, 37, 51 − 52, 60
définition de fonction récursive... 151
définition (principe)... 165
définition associée à un symbole... 58
définition avec ambiguïté... 58
DeleteCases... 152
délier... 66
demande à Mathematica... 7, 24
demander à l'utilisateur.. 127
demi − tangente... 329
démonstration... 52
dénominateur commun... 258
DensityPlot... 173
dérivée... 285 (chapitre sur), 416
dérivée partielle... 297
dérivée première... 285
dérivée seconde... 285, 287
  des anomalies aux problèmes... 189
dessert... 189
déterminant... 95, 364, 376
déterminer un quadrant... 154
deux signes _... 153
développements limités (chapitre sur)... 301
développement asymptotique... 333
développement limité de composées... 309

développement limité moins simple... 311
développer un polynôme... 256
dialogue... 17 − 18, 31, 38, 59, 127
différence entre −> et :>... 68
différence entre = et :=... 51, 68
différence entre ^= et ^:=... 68
différent (flottant et réel)... 120
différer l'évaluation... 77
directive locale... 170, 188 − 189
discontinuité... 189
discret... 352
discussion d'un système... 392... 392
disjonction... 140, 384
DisplayFunction... 253, 417
DisplayFunction −> $DisplayFunction... 209
DisplayFunction −> Identity... 209
disposer le code... 52
disque... 169
distinguer des tracés... 188
divergence... 431
division par puissances croissantes... 306
dollar... 71
domaine de définition... 54
donnée... 368
données statistiques... 215
donner un attribut... 139
donner un nom... 47, 147
droite... 34, 37, 39, 42, 199, 213, 340
DSolve... 99, 120, 413
dupliquer une cellule... 419
dynamique... 70, 189

E

échanger... 63 – 64
effet de bord... 65 – 66, 174, 178
efficacité... 133, 136, 225
égalité... 119
Eigensystem... 377 – 378
Eigenvalues... 379
élément simple... 424
EllipticIntegrate... 397
encéphalogramme plat... 190
enchaîner des manipulations... 262
encodage de touches... 19
encre de chine... 192
engrangement... 253, 314
enlever un attribut... 66
enlever un symbole... 66
Ensemble... 113
ensemble d'arrivée... 67
ensemble de départ... 67
entier – IntegerQ... 84
entier... 78, 83, 101, 136, 223
entorse à l'ordre de présentation... 4, 45
entrée – sortie... 127
entrée... 70, 93
enveloppe... 34, 37, 281, 284
environnement... 26, 41, 51, 70, 75
épaisseur du trait... 170
eqf – équation mal formée... 39
Equal... 120, 431
équation... 25, 28, 31, 37, 39, 94, 119, 381
équation aux dérivées partielles... 297
équation caractéristique... 228
équation implicite... 211
équilibre de fluide... 368
équivalent... 140
Eratosthène... 97
erreur... 34, 38 – 42
erreur – message... 165, 176, 178, 235

erreur – f & f (x)... 109
erreur – source... 72
erreur – ne pas négliger... 357 – 358
erreur d'arrondis... 220, 365
espace... 53
espace fonctionnel... 67
et... 124, 140
état de la mémoire... 62
étoile... 169
être efficace... 8 – 9, 6, 345, tomeII
Evaluate... 93, 175, 179, 350, 391
évaluation différée... .77
évaluation dynamique... 77
évaluation forcée... 174
évaluer... 24, 30, 33, 42, 56, 67, 93, 174
évaluer plusieurs fois... 344
EvenQ... 84
éviter erreur... 165
exécutions... 156
exemples de manipulations complexes... 273
exemple de matrice... 97
exemple de tableau... 97
exemples intégrés... 28
exemple moins simple en logique... 125
exemples on – line... 28
Exp (exponentielle)... 270, 290, 305
Expand... 80, 123, 128, 230, 271, 292 – 293
explorer... 171
exponentielle... 270, 290, 305, 335
expression... 24, 26, 30, 32, 38, 42, 67
    69 – 70, 74 – 82, 99,
    109, 115 – 117, 413
expression algébrique... 123
expression paramétrique... 263
expression symbolique... 123
expr... 144

Exemples

1 →	Fonctions - I
2 →	Variables
3 →	Opérateurs
4 →	Contrôle
5 →	Fonctions - II
6 →	Graphiques
7 →	Calculs usuels
8 →	Polynômes et fractions
9 →	Trigonométrie
10 →	Dérivées
11 →	Développements limités
12 →	Calcul de limites
13 →	Suites et séries
14 →	Matrices
15 →	Systèmes d'équations
16 →	Intégration
17 →	Systèmes différentiels
18 →	Outils vectoriels

Les colonnes du tableau suivant représentent les chapitres, en accord avec la correspondance ci-contre.

E	1	2	3	4	5	6	7	8	9	10	11	12	13	14	15	16	17	18
1	46	71	119	128	138	174	217	256	271	285	301	331	344	363	382	398	414	429
2	46	71	120	129	139	175	218	257	271	286	302	332	345	365	382	398	415	429
3	46	72	123	130	140	175	219	257	272	286	303	332	350	365	382	398	417	430
4	47	72	124	133	142	176	224	258	272	287	303	332	352	366	382	398	418	432
5	47	73	124	134	145	177	229	259	272	288	304	333	352	367	383	398	..	432
6	48	74	124	135	146	179	229	262	273	292	304	333	353	376	383	399	..	432
7	50	76	125	..	147	180	234	263	275	297	305	334	354	377	384	399	..	..
8	51	78	150	..	..	183	235	265	281	299	305	334	355	379	401	401	..	..
9	53	79	150	..	..	188	236	268	..	299	306	334	355	379	389	401	..	..
10	53	79	152	..	..	190	247	..	..	..	306	334	356	..	392	402	..	..
11	54	80	..	..	..	195	247	..	..	..	309	336	357	..	395	404	..	..
12	54	80	..	..	..	195	249	..	..	..	309	336	359	..	..	405	..	..
13	59	81	..	..	..	200	249	..	..	..	309	336	361	..	..	405	..	..
14	61	81	..	..	..	202	250	..	..	..	310	339	361	..	..	406	..	..
15	64	82	..	..	..	204	250	..	..	..	310	339	361	..	..	407	..	..
16	66	82	..	..	..	205	252	..	..	..	310	340	362	..	..	409	..	..
17	68	84	..	..	..	206	..	..	..	..	311	341	362	..	..	410	..	..
18	..	86	..	..	..	207	..	..	..	..	312	..	362	..	..	410	..	..
19	..	86	..	..	..	211	..	..	..	..	312	..	362	..	..	411	..	..
20	..	87	..	..	..	211	..	..	..	..	313	..	362	..	..	412	..	..
21	..	87	..	..	..	211	..	..	..	..	313	..	..	..	..	..	..	..
22	..	88	..	..	..	212	..	..	..	..	328	..	..	..	..	..	..	..
23	..	90	..	..	..	213	..	..	..	..	..	..	..	..	..	..	..	..
24	..	90	..	..	..	215	..	..	..	..	..	..	..	..	..	..	..	..
25	..	90	..	..	..	216	..	..	..	..	..	..	..	..	..	..	..	..

Suite du chapitre - notebook variables

Exemples :	26	27	28	29	30	31	32	33	34	35	36	37	38	39	40	41	42	43	44
Pages :	90	91	91	91	91	92	93	94	94	95	95	97	98	100	100	100	101	101	101

Exemples :	45	46	47	48	49	50	51	52	53	54	55	56	57	58	59
Pages :	101	103	105	107	108	109	110	111	112	113	113	115	116	116	116

Exercices

Chapitre	Page	Thème	De façon plus précise
Fonctions – I	48	retour	Que veut dire retourner? Quand se produit – il un retour?
Variables	100	parcours de listes	Prendre un livre d'exercices en Pascal comportant des parcours de listes et le traiter globalement en utilisant des fonctionnelles
Fonctions – II	147	non commutativité des composées	Peut – on échanger le rôle des deux fonctionelles Show et Map?
Graphiques	193	résolution écran et choix des options	Comment déterminer le nombre de points utiles pour le tracé des courbes à fortes oscillations?
Graphiques	194	combinatoire	Répartition de x points dans y cases
Graphiques	201	localisation d'intervalles d'étude	Choisir une fonction avec un domaine de défintion non trivial et utiliser la méthode de l'exemple 14 pour l'étudier
Calculs usuels	232	nombres de Fibonacci	Conjecture & démonstration
Calculs usuels	240	périodicité	Recherche de périodes
Calculs usuels	249	tri	Ecrire une fonction qui permette de trier par exemple : M_{12}, N_2, P_{12}, M_7, M_1, P_{54}, N_{122}, P_0, R_{1222}
Trigonométrie	281	expressions trigonométriques	Prendre un exercice d'enveloppe et comparer les résultats obtenus lorsqu'ils sont différents
Développements limités	304	étude de propriétés	Parité et périodicité
Suites et séries	344	combinatoire	Nombre de fois où un terme est évalué en cas d'appel récursif non mémorisé
Suites et séries	348	options	Jouer avec les options de ListPlot et les comparer à celles de Plot

F

Factor... 420
factoriser un polynôme... 256
faiblesse technique... 189
faire varier un rayon... 148
False... 125, 140
famille de courbes... 93, 172, 195, 412
famille des tangentes... 197
famille indexée... 108
famille paramétrique... 189
Fateman... 190, 195
faux... 125, 140
fenêtre... 156
fenêtre de dialogue... 127
fenêtre s'ouvre... 128
Ferber Jacques... 106
feu... 107
Fibonacci... 235
fiche d'aide du package... 338
fichier... 85
figure encadrée... 170
figure géométrique... 172, 212 s
filtre... 29 – 30, 50 – 51, 54 – 55, 153
filtrer les éléments intéressants... 230
filtrer les rationnels... 155
First... 153, 241
Flatten... 275, 282, 387
flèche... 172, 216, 430
flèche (dans un graphique)... 329
flottant... 69, 78, 81, 84, 223
flottement... 201
fonction – primitive... 24 – 25, 28 – 31, 137
fonction – renseignements sur... 24 – 25, 28 – 31
fonction – application de... 34 – 40
fonction – pour arrêter un calcul... 42
fonction – nommer ou non... 67
fonction – base de l'informatique symbolique... 93
fonction –& boucles... 132
fonctionII... 1 3 7

fonction – une propriété des... 139
fonction & options... 173
fonctionnelle – approche... 45, 67, 132, 13
fonctionnelle – exemples de... 144 – 149,
    161 – 169, 199, 220, 293
fonctionnelle – programmation... 45
f /@... 144
fonction à 2 variables... 55, 56, 349
fonction caméléon... 250
fonction d'Ackermann... 132
fonctionnement de l'écran graphique... 190
fonction de tri... 124
fonction définie par intervalle... 54, 129, 14
fonction définie sur les entiers... 55
fonction discontinue... 199
fonctionnalité graphique... 169
fonction ou expression ?... 413
fonction périodique... 190, 192
fonction polymorphe... 349
fonction prolongée par continuité... 354
fonction puissance... 204
fonction pure... 14, 220, 231 – 232,
    248, 253, 293
fonction qui n'évalue pas ses arguments... 17
fonction récursive... 151, 233
fonction sans nom... 120, 147, 232, 248,
    253, 349, 412
fonction signe... 59
fonction utilisateur... 137
foo... 48, 231, 249, 251
foofoo... 232
forcer l'évaluation... 178
formater... 239
Formatted... 239
forme interne... 24, 32 – 33, 235
forme littérale... 68
forme standard... 143, 300, 363, 421
forme traditionnelle... 143, 146, 265, 300,

Index 449

forme traditionnelle d'un polynôme... 255
formule de trigonométrie... 271
formule à la TeX... 143
formule logique... 140
Fortran... 52, 368

fraction... 20, 156
fraction rationnelle... 255
Frame... 147 – 148
FullForm... 116, 180, 296, 302
Function... 147

G

garde fous... 179
General... 41
General::spell1... 268
General::stop :... 198, 357
généraliser le code... 52
générer des tableaux... 108
générer aléatoirement des fractions... 154
générer automatiquement... 88
gérer une boîte de dialogue... 154
gèrer la place mémoire... 217
globale... 34, 38, 69
GoldenRatio... 348
gourou... 52
gradient... 431

Graphics... 199, 270, 340, 403
GraphicsArray... 204, 253, 417
GraphicsSpacing... 204
Graphics`Arrow`... 216, 329
Graphics`ImplicitPlot`... 387, 404
Graphics`MultipleListPlot`... 226
Graphics (les dessous de)... 180
graphique – contexte... 24, 33, 36 – 37, 39
graphique – chapitre sur... 169
graphique – retour d'un... 46, 180
graphique & intégration... 411
graphique & trigo... 276 – 283
Greater::nord... 60

H

Head... 82
Help... 27
Hold... 67
HoldAll... 68, 173

HoldFirst... 68
homothétie... 108
HTML... 31
hypertexte... 27, 338

I

identifier... 260
identique... 120
Identity... 253, 417
If... 54, 127, 130, 75, 177
illisible... 192
Im... 253, 270
image... 245
imagesPoints... 253
image (représentation graphique)... 402
impair (OddQ)... 48, 84, 90, 112, 139
implication... 140
implicite... 255
ImplicitPlot... 388, 404
Implies... 125, 140
implique... 125
impossibilité syntaxique... 52
impression... 85
imprimer . –pas obligé d'.. 59 – 60
In... 32
Incomplete expression... 357
incrémenter... 133
index... 349
indexé... 107
index (informatique)... 288, 299, 433
indice... 231, 248
inégalité... 124
inférieur... 124
infini... 332, 361
Infinity... 332, 361
Infinity::indet : ... 198, 409
information... 28
informatique non symbolique... 132
informatique procédurale... 100
Input... 88, 127, 154
insérer des dessins... 172

instruction... 62
Integer... 83
IntegerQ... 84
IntegerQ... 84
Integral does not converge... 400
intégrale... 397
intégrale dépendant d'un paramètre... 410
intégrale généralisée... 407
intégrale plus délicate... 405
Integrate::gener... 410, 403, 405, 407
Integrate::idiv : ... 400
intégration sur divers intervalles... 399
intégration numérique... 411
intégrer... 52
interactif... 31, 34
interaction... 85
interchanger... 390
interface... 32, 110
interne... 82
interprète... 179
interruption... 42
intersection... 113
intersection de courbes... 208, 404
Interval... 115
IntervalIntersection... 115
Intervalle... 115
intervalle d'indexation... 53
intervalles d'intégration... 53
IntervalUnion... 115
Invalid comparison with I attempted... 60
Inverse::sing : Matrix... 365
inverse d'une matrice... 364
inverses des carrés... 90
ISSAC'92... 190
itérer... 222

J & K

jacobienne... 299
jeu des erreurs... 40
jeux interactif... 88
jeu trigonométrique... 154

Join... 243
joker... 28, 172
jolie formule... 143
k++... 1 3 3

L

label... 173
Lachand Robert... 366
lamba fonction – autour des... 45, 120, 165
lamba fonction – section consacrée aux... 147
lamba fonction – exemples de... 151, 220, 231 – 232, 248, 253, 267, 415
langage binaire... 69
langage C... 62, 106
langage informatique procédural... 45, 52, 62
langage informatique traditionnel... 45
Last... 179, 242
LaTeX... 132
lecture... 85
lecture de données... 159
lecture immédiate... 199, 199
légende... 173, 215, 227
légende sur les axes... 188
LegendPosition... 227
LegendShadow... 227
Length... 101, 114
Lehning Hervé... 397
lettre C : réservée... 430
lettre grecque... 432
liaison... 26, 33, 66
libérer un symbole... 66
lien... 72
ligne... 110
Limit... 48, 331
limitation du système... 233

limite... 80, 331
limiter l'image... 189
limite par valeurs inférieures... 332
limite par valeurs supérieures... 332
Line... 184, 199, 212, 340, .403
LinearAlgebra... 364
LinearAlgebra`CrossProduct`... 429
LISP... 24, 93, 100
List... 108, 180, 302
Listable... 138, 143
ListContourPlot... 173
ListDensityPlot... 173
liste – section sur... 89
liste – autour des... 107, 132
liste – intervalle à rattacher aux... 115
liste – prolongement à des... 139
listes et matrices... 363
liste des coefficients (complexe)... 269
liste des coefficients d'un polynôme... 307
liste de listes.. 180
liste linéaire... 100
ListPlot... 98, 173, .222, 347
Lists... 92
Local Kernel Input... 127
locale... 69
localiser... 194
Log... 195
logarithme... 195
logique binaire et rivaluée... 130

M

Mac... 132, 214, 227, 336, 388
machine... 132, 165
macrocaractère &... 147
majuscule... 35, 38, .46
manière procédurale... 234
manipulation... 386
manipulation enchaînée... 262
manipulations plus complexes... 273
manipulation symbolique... 418
manque crochet... 357
Map – autour de.. 137, 144, 147, 161, 180, 253
Map – section consacrée à... 144
Map – exemplesd'application... 161, 179, 270, 293 – 294, 348
Maple... 50, 144, 307
MapThread – autour de... 137
MapThread – section consacrée à... 149
MapThread – exemplesd'application... 105, 163, 241, 248, 266, 270, 431
marginal... 45
Mathematica... 80
Mathematica n'obéit pas ?... 65
Matrices... 92, 95, 363
Matrice industrielle... 368
matrice régulière... 364 – 365
matrice singulière... 364 – 365
MatrixForm... 97, 299 – 300, 363
MatrixQ... 95
Max... 371, 378
MaxBend... 183
maximum – Max... 371
mécanique... 430
mélange des genres... 248
même dessin... 416

même repère... 172
même valeur... 120
mémoire... 69, 106
mémorisation... 233, 345
menu... 27, 32, 34 – 35, 42, 299
menu Cell... 255
menu file... 430
menu Input... 97
menu interactif... 127
message – section consacrée à... 38 – 42
message – 26, 46, 85, 52 – 53
message – ne pas négliger... 357
message – exemples.. 176, 179, 191, 198 200, 202, 235, 268, 343, 364 – 365, 400, 409 – 410.
message du compilateur... 400, 409
méta – langage... 266
méthodologie... 67
mettre en évidence une discontinuité... 201
Min (minimum)... 371, 379
minimum – Min... 371
minuscule... 38, 52
mise au point... 52, 54
modifier un retour... 419
Module... 77
modules (symbole utilisateur)... 253
module (valeur absolue et module)... 82
module d'un nombre complexe... 251
monde scolaire... 199
montre... 9, 133, 136, 225
more input is needed... 357
MultipleListPlot... 227
multiples de...... 91
multiplication matricielle... 364

Index 453

N

n'évalue pas ses arguments... 179
naviguer... 172
Needs... 216, 226, 329, 336, 361, 387, 404, 429, 431
négation... 123, 125, 140
NestList... 220, 222 – 223
nettoyer... 142
NIntegrate... 411
niveau... 69, 86, 145
niveau de programmation... 137
nom... 105
nombre – NumberQ... 85
nombre de chiffres... 101
nombre de Fibonacci... 235
nombre de points d'intersection... 190
nombre de points par défaut... 183
nombre de points pour un tracé... 183

nombre décimal... 81
nombre premier... 97
nombre remarquable... 229
nommer... 59, 70, 74, 86
non... 125
nonopt – erreur option... 40
Normal... 302
Not... 125, 140
notation... 142
notebook... 31 – 34, 36
NSolve... 179, 395
NSum... 224, 359
NumberQ... 85
Numerator... 233
N [ ]... 122
numéro d'Input... 7, 24
numéro de version... 33, 38

O

objet... 24, 28, 36, 38, 59
objet géométrique abstrait... 212
objet graphique... 169
observation... 42
obtenir les caractères grecs... 299
OddQ... 48, 84, 112, 139
opérateur... 67, 247
opérateur de résolution... 137
opérateur logique... 140
opération algébrique... 82
opérations n – aires... 117
Operators... 430
opérer... 67
option... 61, 137, 172 – 173, 180, 222, 253, 271, 347

option de Plot... 181
option globale... 170
Or... 140
ordonné par puissance croissante... 255
ordre... 60
ordre (polynôme)... 255
ordre décroissant... 101
ordre des options... 61
ou... 120, 124, 140
oubli d'une virgule... 53
out... 32
outils vectoriels... 429
ouvrir une fenêtre... 128

P

package... 34, 86, 216, 226, 361, 404, 429, 431
package Algebra`Trigonometry`... 272
package Arrow... .329
package limit.m... 335
package LinearAlgebra... 364
pair – EvenQ... 84, 90
palette – principe... 19
palette – exemples... 53, 113, 187, 229, 255, 299, 398, 430
papier millimétré... 192
paradigme de programmation... 64, 67
paradigme objet... 67
paramètre – définition, explications... 61, 117
paramètre – exemple... 28 – 29, 36 – 37, 52 – 53, 179, 349, 376,
paramètre (mathématique)... 286, 341
paramètre d'entrée – sortie... 62
paramètre effectif... 61
paramètre formel... 61
paramètre réel... 61
ParametricPlot... 173, 276 – 277
ParametricPlot3D... 173, .416
parcourir... 100
parcours de tableau... 165
parenthèses ( )... 53
parité... 112
Part... 161
Part::partw... 111
partieIrrégulière... 242
partie imaginaire... 269
partie réelle... 252, 269

Partition... 204
par défaut... 183, 217
partie régulière... 302, 308, 313
Pascal... 62, 65, 69, 100, 106
passage au complémentaire... 113
passage à la ligne... 35
pas à pas... 386
passage des arguments... 60
passage des arguments par adresse... 62
passage des arguments par référence... 62
passage des arguments par valeur... 62
pas de valeur... 130
pas régulière... 190
patch... 52
PC... 132, 214, 337, 388 & tome II
pédagogie... 189
pensée mathématique... 64
pente de la tangente... 183
période... 240
périphérique... 62
permuter deux éléments... .64
petits points... 122
phase presse – boutons... 17
physique... 68
pile... 233
place mémoire... 346
pllim – erreur d'intervalle... 40
plnr... 41 – 42, 178
plnr – erreur... 41, 52, 61
Plot... 94, 99, 169, 172 – 173, 179, 245, 276, 333, 339, 350, 406, 415

Plot3D... 173
Plot3Matrix... 173
Plot::plnr... 357, 176, 178, .198, 202, 400
PlotColor... 173
Plot::plnr... 357, 176, 178, .198, 202, 400
PlotColor... 173
PlotDivision... 173, 183
PlotJoined... 173, 222, 227, 347
PlotPoints – option... 29, 39 – 41
PlotRange... 173, 178, 189, 197, .207, 245, 402
PlotRegion... 173
PlotStyle... 173, 187 – 188, 205, 245
Plot[If ....]... 175
Plot[Evaluate [Table....]]... 176
Plus... 116, 302
plusieurs définitions du même symbole... 54
plus petit commun multiple (polynômes)... 258
Point... 184, 212, 270
point... 253
pointillé... 172, 186, 189, 245
point anguleux... 328
point commun à trois courbes... 391
points de rebroussement... 189
points du plan... 146, 150, 431
points utilisés pour un graphique... 184
pointue... 194
point virgule... 34, 36, 54, 266
polygone... 212
polymorphe... 54, 66, 250, 349
polynôme... 255
polynôme caractéristique... 378
ponctuation... 54
portée scientifique et pédagogique... 45
Position... 100, 231 – 232
posons... 153
Power... 83, 116, 302
Power::infy : ... 400, 408
ppcom... 276
précision de lecture... 208
précision machine... 235

presse – bouton... 255
Prime... 97
primitive (informatique)... 17, 24, 27 – 28 31, 36, 38, .46, 92, 100, 110, 113, 132, 139, 173
primitive (mathématique)... 397
primitive graphique... 212
primitive Sec... 276
Print... 60, 134, 180, 267, 348
procédé légitime ?... 240
procédure... 62, 65
processus... 52
processus représenté par un symbole... 345
Product... 218
produit... 218
produit cartésien... 89
produit scalaire... 429
produit vectoriel... 429
programmation... 17
programmation applicative (ou fonctionnelle)... 45
programmation applicative pure... 45
programmation modulaire... 45, .153
programmation par objets... 45
programmation par règles... 45
programmes – exemples encadrés... 9
   128 – 131 : structures de contrôle
   152 – 153 : chirurgie de listes
   154 – 159 : jeu trigonométrique
   231 – 232 & 242 : nbres algébriques
   249 – 253 : tris
   267 : représentation de solutions
   294 : relations
   308 : division puissances croissantes
programmes scolaires... 31, 71
prolonger une fonction .. 138, 144, 270
propriété... 70, 75, 138
protocole... 85
prouver... 232

Q & R

raccourcis clavier... 18 – 19, 29
racine carrées... 230 – 231, 404
raisonnement... 64
Rational... 82, 302
Rationalize... 220
rationnel... 78, 83, 219
Re... 253, 270
Read... 160
ReadList... 160
Real... 83
reconstitution... 105
recopie automatique... 79
rectangle... 212
récupérer les solutions... 389
récupérer solution systèmes différentiels... 414
récursif, récursives, récursivité... 45, 100, 117
rédaction... 31
rédiger... 171
Reduce... 120, 381, 384, .433
réduire au même dénominateur... 258
réécriture... 52
réel... 223, 247, .69
référence... 62
règle – principe et explications... 71, 171
règle – exemples... 26, 32, 37, 40,
   75, 88, 94, 99, 142, 180,
   228, 231, 261, 266, 272, 280, 290,
   310, 313, 335, 364, 382, 415, 423, 431
règles de cohérence... 46
règle de réécriture... 99
règle de transformation... 425
regroupement de termes... 88, 258, 420
régulière... 190
relation... 67

relation de récurrence... 288, 294
relecture... 52
relever des points à la souris... 213 – 214, 388
relier les points représentatifs... 347
Remove... 66, 165
remplacement par une valeur approchée... 223
remplacer – principe... 70
remplacer – exemples... 66, 68,
   256, 266, 389
renseignement... 28
répartir x points dans y cases... 194
repèreDifférences... 242
repérer... 100
représentation... 117
représentation d'une matrice... 363
représentation des données... 70
représentation des limites... 189
représentation de suites de fonctions... 349
représentation géométrique... 411, 417
représentation graphique... 99, 172,
   179, 333
représentation graphique des
   parties régulières... 313
représentation interne... 78, 82, 116 – 117
représentation machine... 82
représentation paramétrique... 211
représentation paramétrique dans
   l'espace... 416
représenter 2 courbes ou plus... 93, 173, 350
représenter en axes orthonormés... 146
représenter f '... 295
représenter graphiquement
   une liste de points... 222
représenter une limite graphiquement... 340

Index 457

réseau maillé de tuyauteries... 368
résolution à la main... 389
résolution numérique... 395
résolution par transformation symbolique... 420
résoudre... 94
restreindre l'image... 197
résultat aberrant... 227
résultat approché... 217
résultat de mesures... 368
retour... 24 – 26, 46,

réunion... 152
réunir... 243
Reverse... 101
RGBColor... 188
RotateLeft... 64, 241
rotationnel... 431
rouge... 188
Rule... 180
RuleDelayed... 180

S

Saint – James Emmanuel... 61, 106
salaire... 101
SameQ... 120
sans mémorisation... 344
sans précaution... 295
sauvegarder... 31, 34, 85
scénario1... 153
scénario2... 154
schéma explicatif... 170, 199
scolaire... 2 – 5, 199
Sec... 276
sécante d'un angle... 276
Select... 250, 252, 378
sémantique... 125
SequenceForm... 204, 266
série... 132, 343
serieDo... 135
serieDoBis... 135
serieFor... 134
serieForBis... 134
serieForTer... 134
Series... 301

SeriesData... 302
serieWhile... 133
serieWhileBis... 133
série harmonique... 132
session... 47, 72
SetCoordinates... 432
SetDelayed... 68
Set (signe =)... 39, 68
SetAttributes... 139, 142 – 143, 145
Set ou signe =... 39 – 40
setraw – erreur affectation... 87
seuil... 132
se débarasser des verticales... 201
se tromper... 171
sélection... 54
séparateur... 53
Show – principe... 169
Show – exemples... 155, 199, 212, 253, 270, 340, 403, 417
Sign... 403
signe – fonction utilisateur... 59

Simplify... 233, 261, 271, 292, 376, 423
singular... 365
singularité – matrice.. 328
singulière – matrice... 376
situeToi... 155
si manque crochet... 357
si trouve pas la limite demandée... 334
Smalltalk... 27
soit... 153
solution... 99
solution évidente... 383
Solve – explications... 28
Solve – exemples... 25, 37, 39, 104, 120, 228, 378, 381 – 382, 404
Solve::ifun :... 191
Solve::svars :... 382
somme... 53
somme de fractions... 257
somme partielle... 132
Sort... 124, 247
sortie... 70, 93
source de problèmes... 201
souris... 171 – 172, 187 – 188, 239, 248
spell... 41
Spherical... 432
Sqrt... 230, 404
standard... 82, 300
statique... 70
stocker un résultat... 369
StringDrop... 249
StringJoin... 105, 248
StringMatchQ... 250
StringPosition... 241
StringTake... 241
String Manipulation... 86
structure... 33 – 34, 36, 38, 52
structure conditionnelle... 127

structure d'application... 89
structures de contrôle... 127
structure de données... 165
structure des expressions... 179
structure des objets... 165
structure itérative... 131 – 132
style... 29, 32
substitution – principe... 70 – 71
substitution – exemples... 290, 310, 383, 385, 387, 389, 424
suite – informatique... 53, 92
suite – mathématique... 343 (chapitre sur)
suite de Fibonacci... 233
suite de fonctions... 349
suite de nombres complexes... 252
suite récurrente... 228
suivre un chemin choisi... 262
Sum... 53, 358, 361
supérieur... 124
supprimer sous l'axe des x... 356
supprimer des termes... 152
suspecter... 294
Switch... 127 – 128, 154, 251
symbol... 41
symbole... 24, 26, 30, 33, 36 – 37, 52, 66, 117, 137, 147, 295
symbole *... 78
symbolique... 176
Syntax et syntaxe... 34, 36, 39 – 40
syntaxique... 125
système d'équations... 94, 119, 381
systèmes d'exploitation... 85, 171
système de Cramer... 382
systèmes différentiels... 98
système homogène... 274
système linéaire... 213
système non linéaire... 389

T

table... 105, 107
Table – explications... 89, 97, 100, 108 – 109
Table – exemples... 55, 95, 112, 176, 197, 230, 270, 290, 305, 350, 412
tableau... 105 – 108, 132, exemples : 204 – 205
tableau de graphiques... 204, 205, 210, 253, 417
TableForm... 96, 104, 110, 230, 263, 290, 292, 300, 305
TableHeadings... 110, 230
TableSpacing... 230, 263
table de vérité... 140
taille de la pile... 234
Take... 243
tangente... 195
technique récursive... 132
temps – gain de... 346
temps d'exécution... 54, 132
temps machine... 132, 225
tend vers x0... 331
tentative infructueuse... 201
tentative successive... 194
terme d'une série numérique... 358
termes d'une suite un à un... 344
test... 127, 132, .227
test comparatif... 136
TeX – like... 19
TeX... 31, 147, 155
Textures... 159
Throw... 154
TI82... 219
Ticks... 188
Times... 116, 302
Timing... 224 – 225
tirer – porter... 386
ToExpression... 87, 92, 249
Together... 257
tomeII... 4, 8, 34, 37, 308

trace... 26, 296
tracer des courbes différenciées... 227
tracer un cercle... 146 – 147
tracé d'asymptote... 185, 328
tracé des axes... 170
tracé en pointillé... 170
TradionalForm... 255, 265
traditionnel... 21, 267, 300
traduction adaptée – en attendant la versionn française... 86, 89, 173
traduction syntaxique... 421
traitement de textes... 31, 172
trame... 97
transformation... 32, 37, 40, 64
— — géométrique... 108
— — inverse... 425
— — caractères en symbole... 87
— — équations, symboliquement... 421
— — une expression... 419
transposée d'une matrice... 364
TreeForm... 116
triangle ou rectangle... 33
trier... 124, 247
Trig... 271
TrigFactor... 281
trigonométrie... 34, 36, 154, **271**
triplet... 35 – 37, 140
trivalué... 130
tri polymorphe... 124, 250
trois courbes d'une famille... 350
troisième niveau... 145
trouver une période... 241
trouve pas la limite demandée... 334
True... 120, 125, 140, 271, 383
type... 62, 82
t_Integer... 354

U

Unable to check convergence... 403, 405, 407
une fenêtre s'ouvre... 129 – 130
uniforme... 180
union... 113

Union... 114, 152, 242
utilisation ultérieure... 52
utiliser plusieurs fois... 295

V

valeur – explications... 24 – 26, 30, 36 – 42, 56 – 58, 66 – 67
valeur – exemples de... 46, 70, 75, 102, 134, 140, 179 – 180, 188, 194, 266
valeur absolue... 48, 82, 183, 249, 251, 371, 379, 399
valeur approchée... 78 – 79, 122, 223
valeur approchée N... 80
valeur globale... 62
valeur liée par effet de bord... 66
valeur numérique... 46
valeur particulière... 260
valeur particulière d'un paramètre... 265
valeur par défaut... 209
valeur propre... 364, 377, 379
valeur retournée par une demande de graphique... 180
valeur symbolique... 46
valider... 94, 352
variable... 62, 69, 72, 127, 140, 165, 349
variable globale... 150, 165, 233

variation... 352
vecteur... 105, 107, 430
vecteur propre... 364, 377
Verdier, Jacques.. 201, 219, 227
vérifier... 52, 171, 249, 379, 383, 386 – 387, 390, 416
version 2 & 3... 27, 31 – 33, 35, 38, 41 – 42, 53, 113, 124, 218, 227, 229, 231, 239, 272, 285, 336, 361, 370, 398, 429
vert... 188
vertical... 52
verticale... 201
verticales – discontinuité... .199
virgule... 53 – 54, 89
virgule et point virgule... 34, 36
visualisation d'une matrice... 363
vitesse... 430
vocabulaire... 5, 69
vrai (True)... .120, 140, 383

W & X

Which... 127, 129, 155
While... 132
Wickham – Jones... 169
With... 74, 77, 90, 128, 153, 231, 251, 379

Wolfram Stephen... 13, 169
Wolfram Conrad... 13
write... 39
x_Integer... 55

Index

Mathématique	
$\sum_{\square=\square}^{\square}$	18, 53
$\cap$	18, 114
$\cup$	114
$\int \square\, d\square$	18, 398

Relations	Pages correspondantes
<	124
<<	86
<=	124
<>	86, 105
≠	123
≤	124
=!=	114
==	114, 119 – 120
===	120

Liaisons, contraintes	Pages correspondantes
$	26, 37 – 38, 71, 78
%	99, 142, 179
% et %%	96
*	28 – 29
++	133
/;	54, 59, 112, 139, 88, 144 – 145, 180, 231 – 232, 248, 253
=	24 – 26, 28, 36 – 37, 39 – 40, 51, 68
:=	29 – 30, 32, 37, 51, 58, 76
= et :=	76, 77
^=	73
^= et ^:=	77

Règles et Lambda fonctions	Pages correspondantes
#	120, 147 – 148, 220, 231 – 232, 253
&	120, 147, 220, 231 – 232, 248, 253, 293, 412
:→	77
->	77, 228, 261, 272, 280, 290, 310, 313, 331, 335, 364, 377, 415
-> et :>	77
/.	142, 179, 228, 233, 266, 272, 275, 280, 290, 310, 313, 335, 364, 377, 383, 387, 415, 424
/@	293 – 294, 376, 412

Filtres		Logique		Ponctuation	
_	29 – 30, 37, 47, 50, 153	=!=	114	?	28
_	153	==	25 – 26, 37, 39, 114, 119 – 120	??	28
_Integer	114, 119 – 120	===	120	;	34
		!	125	() [] ou {}	35, 40
		!=	120, 123	[[ ]]	89, 110, 242, 299, 433
		&&	120, 124, 129, 140, 155, 383, 433		
		||	120, 124, 384		
		¬	125		

Printing: Mercedesdruck, Berlin
Binding: Buchbinderei Lüderitz & Bauer, Berlin

MIX
Papier aus verantwortungsvollen Quellen
Paper from responsible sources
FSC® C105338

If you have any concerns about our products,
you can contact us on
ProductSafety@springernature.com

In case Publisher is established outside the EU,
the EU authorized representative is:
**Springer Nature Customer Service Center GmbH
Europaplatz 3, 69115 Heidelberg, Germany**

Printed by Libri Plureos GmbH
in Hamburg, Germany